CHAIYOUJI

RANYOU
GONGJI XITONG
WEIXIU RUMEN

柴油机燃油供给系统维修入门

吴定才　　吴珂民　　编著

化学工业出版社

·北京·

本书是根据专业人才培养目标及职业岗位群需要的基本专业知识和基本技能而编著的，旨在帮助读者了解并熟悉柴油机燃油供给系统，主要介绍了喷油泵、调速器、燃油供给系统其他装置、喷油泵调试技术规范、喷油泵总成试验和柴油机燃油供给系故障判断及排除等内容。本书系统全面，内容翔实，图文并茂，通俗易懂，突出要点和难点，使读者能够快速掌握柴油发动机燃油供给系统的维修入门技能。

本书既可作广大柴油发动机燃油供给系统维修技工指导用书，也可作汽车维修职业技术学校的培训教材。

图书在版编目（CIP）数据

柴油机燃油供给系统维修入门/吴定才，吴珂民编著.
北京：化学工业出版社，2018.1（2023.1重印）
ISBN 978-7-122-30907-5

Ⅰ.①柴…　Ⅱ.①吴…②吴…　Ⅲ.①柴油机-供输油系统-维修　Ⅳ.①TK428

中国版本图书馆 CIP 数据核字（2017）第 266839 号

责任编辑：辛　田　陈景薇　　　　　　　文字编辑：冯国庆
责任校对：宋　夏　　　　　　　　　　　装帧设计：王晓宇

出版发行：化学工业出版社（北京市东城区青年湖南街13号　邮政编码100011）
印　　刷：三河市航远印刷有限公司
装　　订：三河市宇新装订厂
787mm×1092mm　1/16　印张18¾　字数448千字　2023年1月北京第1版第2次印刷

购书咨询：010-64518888　　　　　　　售后服务：010-64518899
网　　址：http://www.cip.com.cn
凡购买本书，如有缺损质量问题，本社销售中心负责调换。

定　　价：94.00元

前言 FOREWORD

柴油发动机（简称柴油机）的燃油供给系统是柴油汽车的"心脏"，其性能的好坏对柴油发动机各项性能指标影响极大，其正确的维修、调整试验对提高柴油发动机的经济性、动力性、可靠性，降低排放污染及噪声指标具有重要意义。因此，为满足广大柴油发动机喷油泵用户管理、使用、维修、教学的需要，掌握柴油发动机的结构原理、维修调整和试验等知识，特编写了本书。

本书较为全面、系统地介绍了柴油发动机燃油供给系统的各种喷油泵、调速器的结构、工作原理、拆装、维修、调试、常见故障诊断与排除及使用。本书采用大量的图片和通俗易懂的文字进行说明，帮助维修人员有效而准确地维修柴油发动机燃油供给系统。

本书内容系统全面，图文并茂，通俗易懂，切合实际，指导性较强，可作为广大柴油发动机喷油泵管理、使用、维修人员的入门教材，也可供柴油机工程技术人员和师生学习参考。愿本书能成为一条"小路"，引领维修入门。

本书由吴定才、吴珂民编著。王艳勇、丁忠汉、肖卫东、唐军仓、易继强、丁照灵、王勇、易金成、张廷海、张伟民、安强、金其学、朱云钟、赵欣、李洪德、谭昌权、朱毅、刘波、徐炜、王龙、朱存领、施猛、卢军、周小雄等为本书的编写提供了帮助与支持。

本书编写过程中参阅了一些著作和文献资料，借本书出版之际，谨向有关作者致以诚挚的感谢！编写过程中还得到了许多领导的关怀与指导、同志们的关心与支持，在此，一并致以衷心感谢！

鉴于笔者水平有限，书中疏漏之处诚望同行及读者提出宝贵意见，以便再版时修改、补充，在此表示诚挚的谢意。

编著者

目 录 CONTENTS

第三章 柴油发动机燃油供给系统调速器

第四章 柴油发动机燃油供给系统其他装置

第五章　柴油发动机燃油供给系统调试

第六章　柴油发动机燃油供给系统故障判断与排除

参考文献

第一章 柴油发动机燃油供给系统概述

第一节 柴油发动机概述

柴油发动机在内燃机行业中占有非常重要的地位，它与汽油发动机相比具有经济性好、工作可靠、耐久性好、功率范围广、排气污染小等优点；近年来国内外技术发展很快，新技术不断涌现，并向小型轿车化发展，为了更好地研究和探讨柴油发动机的燃油喷射系统，必须对柴油发动机的发展、完善、最新技术有一个大概的了解。

一、柴油发动机的概况

（一）柴油发动机的问世

柴油发动机是源于德国工程师鲁道夫·狄塞尔（Rudolf Diesel）博士于1893年取得的一项发动机专利，这种发动机是依靠压缩产生的热引燃煤粉燃料的，燃料在压缩行程终了时由压缩空气吹入气缸。

1909年，鲁道夫·狄塞尔博士研制了空气喷射方式的柴油发动机汽车。1年后，英国的一位制造商在装有燃油喷射装置的柴油发动机上做了多次试验，但仍遗留下许多需要解决的问题。

从那时起，由戴姆勒-奔驰（Daimler-Benz）公司和曼（MAN）公司花了大约10年的时间，终于在1924年制造出优良的柴油发动机卡车，它具有与今天的卡车相似的机构。与此同时，由德国工程师罗伯特·博世（Robert Bosch）进行了卓有成效的工作，发展了燃油喷射泵（博世型）取代了压缩空气装置。

然而，发展博世型燃油喷射泵与发展柴油发动机相比，耗费了很多年的时间，这也足以说明燃油喷射泵的发明难度很大。鲁道夫·狄塞尔的理想正是由于博世型燃油喷射泵的完成得以实现。这一事实证明了罗伯特·博世不朽的成就。

这种利用气缸内压缩空气的高温来点燃喷射进去的燃料的发动机被称为压燃式内燃机，这类发动机通常采用柴油为燃料，所以习惯上称"柴油发动机"。

（二）柴油发动机的发展历程

自1893年8月10日，世界第一台柴油发动机诞生后，由于柴油发动机在转矩和油耗方面比汽油发动机具有明显的优势，所以在卡车、大型运输设备及特种车领域，得到了广泛应用，随着车辆的迅速增加和石油资源的减少，由此激发了柴油发动机的进一步开发和应用，世界上多家公司都相继推出了自己的车用柴油发动机。

尽管初期的车用柴油发动机功率输出很差，但人们还是认可它具有高效率和低燃油消耗率。在 20 世纪 50 年代末和 60 年代初，对石油储量下降的担忧又一次掀起了柴油发动机的开发热；70 年代的 2 次"能源危机"导致柴油发动机车辆市场销量激增，同时又一次激发了柴油发动机的研制和开发；70 年代末，意大利 VM 发动机公司推出了涡轮增压柴油发动机。

由于非直喷式柴油发动机噪声小，运行平稳，制造成本低，尽管人们已经认识到直喷式柴油发动机较非直喷式柴油发动机有更高的效率，但由于缺乏合适的喷油系统，加之提升功率输出和烟度排放方面还不尽如人意，因此在当时的车辆中特别是小型乘坐车，大都采用非直喷式柴油发动机。

随着燃油喷射技术的研究和发展，以及相关产品的出现，直喷式柴油发动机逐步进入市场，才真正体现了柴油发动机良好的燃油经济性，但与非直喷式柴油发动机相比，还存在着噪声大，颗粒和 NO_x 排放高的问题。为了解决以上一系列问题，采用了具有高喷射压力的电子控制喷油系统、4 气门技术、喷油器垂直中置的燃烧系统、匹配涡轮增压器和中冷器等。直至 1997 年菲亚特公司推出了共轨式燃油系统的直喷式柴油发动机，昭示了柴油发动机的发展已进入一个崭新的时代。

现代柴油发动机普遍采用了直喷式燃烧室，4 气门，高压喷射，涡轮增压以及中冷，电子控制，废气再循环和氧化催化器等先进技术。有的甚至采用了柔性空气控制（可变几何涡轮）和动态调谐 EGR，使燃烧更完全，燃油经济性更好，尾气污染更低，在降低噪声、减小振动和提高行驶平顺性（NVH）等方面都得到明显的改善。

电子控制技术始于 20 世纪 80 年代初期，随着对柴油车舒适性、燃油消耗及环境保护要求的不断提高，电子控制技术的应用范围进一步扩大。目前 50％～80％的喷油系统采用了电子控制技术。

当代柴油发动机电子控制的内容主要有最佳喷油量控制、最佳的喷油正时控制、喷油压力控制、喷油率曲线类型控制、排气再循环控制、增压压力控制、电热塞通电时间控制和自诊断等，其中最重要的是燃油系统的控制，目前最先进的电子控制系统是共轨式燃油系统。

德国大众公司在 20 世纪 90 年代初推出的 1.9L 涡轮增压直喷式柴油发动机和 TDL 就是现代电子控制柴油发动机的典型代表，其电子控制系统能够实时监测柴油发动机的转速波动并选择性地校正各分泵喷油量，降低转速的波动性，实现平稳和低噪声运转，提高车辆的驾驶舒适性，依据大于 25 条特性曲线和图表的数字处理，计算出恰当的输出信号，再由激励器将这些信号转换成机械信号，控制排气再循环阀、螺旋式进气压力阀、输油调节器、断油阀以及启动喷油阀，从而实现电子控制系统的正常工作。

现阶段随着排放法规的日趋严格和世界各国对 CO_2 排放的重视，采用直喷式燃烧室也就成了改善柴油发动机的必然途径。柴油发动机所采用的燃烧室形式有涡流室式、预燃室式和直喷式三种，这几种燃烧室各有所长。涡流室式燃烧室和预燃室式燃烧室具有较低的 NO_x 排放及燃烧噪声，直喷式燃烧室则具有较好的燃油经济性，直喷式燃烧室较其他两种形式的燃烧室，油耗率降低 15％～20％，CO_2 排放减少 21％。在众多产品中，中间凸起的浅盆式 ω 形燃烧室最为常见，目前许多厂家在开发新产品时对直喷式燃烧室都进行了进一步优化，推出了颇具特色的燃烧式结构，如马自达公司的 FR 直喷式柴油发动机采用了"双反向卷流燃烧室（VOD）"。

目前使用机械控制喷油系统即可达到欧洲 I 和 II 标准。欧洲 III 标准：必须使用电子控制喷油系统。欧洲 IV 标准：目前的共轨式系统、泵喷嘴系统和 VP44 系统能够满足这个标准。

（三）燃油喷射系统的最新技术

当前，柴油发动机燃油喷射系统已经完成了从轿车用自然吸气式与非直接喷射相结合的发动机、载货车用直接喷射发动机，到 100％直接喷射与电子控制相结合的发动机的转变。

喷油器的峰值压力也由当时的 50～80MPa 增加到现在压力可以达到 200MPa 的泵喷嘴系统。

1. 泵喷嘴系统

在泵喷嘴系统中，电子控制的油泵和泵喷嘴没有用管路连接，而是被做成一体，直接装在气缸盖上，这样不占用更多的空间。每个油泵都像普通的低压泵那样，由顶置凸轮轴来驱动。这样，顶置凸轮轴将同时驱动气门和泵喷嘴。这也意味着顶置凸轮轴必须具有极高的硬度和刚度以承受喷油器产生的高压，同时凸轮轴的驱动系统也需专门设计。因为泵喷嘴系统结构紧凑，喷油嘴孔径非常小，所以燃油喷射压力非常高，目前用于满足欧洲Ⅳ标准的车辆上使用的柴油发动机的峰值压力可达 200MPa。

2. 共轨式喷油系统

共轨式喷油系统主要由高压供油系统、共轨油道、喷油器（每缸一个）、高压油泵和电子控制单元（ECU）组成。高压油泵安装在发动机的一侧，高压油从油泵进入一个储油管，这个储油管被称为共轨油道。在共轨油道和每个装在气缸盖上的喷油器之间有短油管相连，这种喷油器顶端始终保持着很高的压力。喷油器的开闭由 ECU 驱动电磁阀进行控制。具有这种始终保持的高压是共轨式系统与泵喷嘴系统的主要区别，它能实现燃烧过程中燃油再喷射，以减少 NO_x 的生成。共轨式喷油系统的峰值压力最高可达 160MPa，尽管看起来并不太高，但已经足够了。因为共轨式系统在整个喷油过程中都能保持这个压力，而泵喷嘴系统的峰值压力只能持续几毫秒，这个系统被用于戴姆勒-克莱斯勒公司生产的轿车中。因为它可以降低柴油发动机的噪声，使乘客在车中无法区分是汽油发动机还是柴油发动机。同时其性能比汽油发动机驱动的车辆更加卓越，因为柴油发动机可以在低速时提供较高的转矩输出。

3. 柴油发动机喷射技术的发展目标

① 精确计算所需的喷油量，以增加功率，减少振动。
② 提供较高且适宜的喷油压力，以改进燃烧，降低油耗，减少烟尘和颗粒物的排放。
③ 灵活而准确地控制喷油时刻，降低 HC 和 CO_x 的排放，提高燃油经济性。
④ 优化燃油喷射率曲线以降低噪声。

（四）柴油发动机的发展方向

柴油发动机具有较好的经济效益。柴油发动机的初置费用较高，但其燃油经济性比汽油发动机高 30％ 左右，加之柴油价格也比汽油便宜，因此经过一定里程的使用后，柴油发动机总的成本费用将会明显低于汽油发动机。由于柴油发动机没有点火系统和分电器，其故障率大大降低，因此，具有比汽油发动机更高的可靠性。

在排放方面，柴油发动机的 CO_2 排放量比汽油发动机低 20％，HC 和 CO 排放量是汽油发动机的 10％～17％，只是颗粒和 NO_x 排放量比汽油发动机严重，但通过优化燃烧室形状，采用多气门、涡轮增压和中冷、高压喷射、电子控制、废气再循环和排气后处理等技术，可以明显改善颗粒和 NO_x 的排放。在噪声方面，非直喷式柴油发动机的噪声已降低到同档功率的汽油发动机水平，直喷式柴油发动机通过电子控制喷油正时和废气再循环，采用双弹簧喷油器进行预喷等手段，可大幅度降低噪声，达到汽油发动机的噪声水平。

欧洲最新的柴油发动机与汽油发动机相比已没有多少区别，启动一样快，加速性相同甚至更好，柴油发动机的使用寿命一般是汽油发动机的 1.5 倍。

2000 年，欧洲、北美洲以及日本等开始实施欧Ⅲ标准，并对 CO_2 排放也逐渐加以限制。与欧Ⅱ标准相比，欧Ⅲ标准的要求 CO 排放减少 36％，NO_x＋HC 减少 38％ 左右，PM（颗粒）减少 50％，因此，车用柴油发动机未来的开发重点是进一步降低排放，严格限制油耗。

1. 继续发展电子控制技术

除对燃油喷射系统的喷油定时、喷射压力和喷油量进行精确控制外，还要对 EGR、放气阀或可变截面涡轮增压器等空气控制部件进行柔性控制和精确控制。另外，还需具备动态控制性能，以改进柴油发动机的瞬态排放和响应特性。

2. 共轨系统渐成主流

泵喷嘴和共轨式燃油系统的喷油压力会进一步提高，成为满足欧Ⅲ标准的主要手段。泵喷嘴的最高喷射压力将超过 220MPa。正在研制中的第二代共轨式燃油系统喷油压力达到了 150～160MPa，能降低排放 30%～40%，性能提高 6%～7%，是最有发展前途的一种燃油系统。

菲亚特公司正在开发的一种新型共轨式燃油系统，在不增加燃油总量的情况下，可在柴油发动机每一工作循环中进行多次喷油，实现柴油在缸内的多阶段分级逐渐燃烧，能更有效地降低燃烧噪声和排放。

3. 发展多孔、微孔和可调整化喷油嘴

喷油嘴喷孔数目逐渐由 5 个增加到 6 个，孔径也相应减小，基本上达到 0.14mm 左右，可变喷孔喷油嘴将会得到更多的应用。可变喷孔喷油嘴是根据工况的变化来变换喷油方式的，能充分控制喷雾浓度，在低转速时能喷射较常规喷嘴更少量的燃油。博世公司在 2002 年推广了这种喷油嘴。AVL 公司研制的 2.0L 4 缸增压直喷式柴油发动机就采用了 AVL 公司部分复荷/全负荷喷油器，能在两种不同的喷孔组合下工作，与常规喷油器相比，该喷油器能明显降低 NO_x 和颗粒排放。

4. 排气后处理

① 水冷 EGR（排气后处理）应用日增。对 EGR 进行水冷，可使 NO_x 进一步降低 20%。未来的轿车柴油发动机在力求大幅度降低 CO_x 排放的同时，还要获得 CO_x 排放与燃油经济性的最佳均衡，因此，水冷 EGR 将会得到越来越多的应用。

② 4 气门、涡轮增压中冷和氧化催化器。满足欧Ⅲ标准的直喷式轿车柴油发动机将全部采用 4 气门技术；具有动态控制功能的可变截面涡轮增压器将逐渐取代普通的涡轮增压器；氧化催化器成为轿车柴油发动机必备的降低 HC、CO 和可溶性颗粒排放的有效工具。

③ 正在开发的 NO_x-存储式催化器能有效地降低 NO_x 的排放，其转化率可达到 35%～65%。如要实际应用 NO_x-存储式催化器，必须使用几乎不含 S 的柴油，因为柴油中的 S 会几乎完全消除 NO_x 的存储能力。

④ SCR 法（选择性催化还原法）也有望成为降低 NO_x 排放的利器。它是以尿素为还原剂，催化器中的排气温度足够高时，NO_x 转化率可达到 50%～60%。这种方法的缺点是需随车携带大量的液态或固态的尿素。

⑤ 减少轿车柴油发动机颗粒排放的一个重要措施就是采用颗粒过滤器。采用 CRT 系统进行颗粒后处理较为有利。CRT 系统也需要采用几乎无 S 的柴油，因为排气中的 SO_2 会阻碍 CO_2 的形成，而且 S 生成的硫酸盐会阻塞过滤器的表面。

上述几种技术将日趋完善，是今后满足欧Ⅳ和 Tie（国际公认标准）以及更严格排放标准的解决方案，代表了柴油发动机技术的发展趋势。

5. 提高燃油品质

采用优质燃油可以进一步降低油耗，减少 CO_2 和有害废气的排放。对未来的排放后处理技术来说，必须采用含 S 体积分数为 $10×10^{-6}$ 的柴油，只有这样才能确保催化器的持久高效。提高燃油品质的主要途径是改进配方，即改进沸点范围，提高十六烷值 CN 和 CI，降低总芳烃含量，最大限度减少含 S 量（表 1-1）。

表 1-1　对柴油品质的要求

技术指标	一般柴油	要求达到的柴油
十六烷值	49～55	≥58

技术指标	一般柴油	要求达到的柴油
密度/(kg/mL)	0.82~0.86	0.82~0.84
终馏点(95%体积蒸发温度)/℃	≤360	≤340
总芳烃物质(体积分数)/%	15~20	≤10
S体积分数/×10⁻⁶	≤500	≤10

6. 小排量柴油发动机

目前,欧洲和美国纷纷开始了单缸排量为250~300mL的3缸和4缸直喷式柴油发动机的研究及开发,以满足小型直喷式柴油发动机的需要,实现"3L轿车"的目标,并取得了显著的进展,不断有新的产品问世。

7. 二冲程柴油发动机

在提高升功率方面,二冲程柴油发动机具有较大的优势,很有发展潜力。因此在发展小排量、高升功率柴油发动机时,不可忽视二冲程柴油发动机。现在已有许多厂家开始了轿车用二冲程柴油发动机的研究开发。

二、柴油发动机的组成

柴油发动机由曲柄连杆机构、配气机构、燃油供给系统、润滑系统、冷却系统、启动系统等组成,如图1-1所示。

曲柄连杆机构主要包括气缸体、曲轴箱、气缸套、气缸盖、气门室罩、活塞、连杆、曲轴、飞轮和扭转减振器等机件。它是柴油发动机进行能量转换和传递动力的机构,燃油在气缸内燃烧释放出热能推动活塞直线运动,再通过曲柄连杆机构把活塞的直线运动转变为曲轴的旋转运动,对外输出动力。

配气机构主要包括进气门、排气门、气门弹簧、摇臂、推杆、挺杆、凸轮轴和凸轮轴驱动齿轮等机件。它是柴油发动机的换气机构,由它控制气门按时开闭,以保证柴油发动机的气缸及时充入、充足新鲜空气和排出废气。

图1-1 柴油发动机基本构造

燃油供给系统主要包括燃油箱、输油泵、燃油滤清器、喷油泵、调速器、喷油器空气滤清器、进气歧管、排气歧管、排气消声器等机件。它可保证向气缸内供入工作所需的清洁空气和燃油,并导出废气。

润滑系统主要包括机油泵、集滤器、机油滤清器、限压阀、润滑油道和机油散热器、油温表、油压表等机件。它可向柴油发动机运动机件的摩擦表面供给润滑油,以减轻它们之间的摩擦阻力,减轻机件的磨损,清洗摩擦表面和冷却摩擦机件。

冷却系统是用来吸收柴油发动机受热零件的多余热量,使其散发到大气中去,以保持柴油发动机的正常工作温度。其组成取决于采用的冷却方式。当采用水冷系统时,主要包括水泵、散热器、风扇、节温器和水道等;当采用风冷系统时,主要包括风扇、气缸套和气缸盖上的散热片、导风罩等。

启动系统用于启动柴油发动机,主要包括起动机及附属装置。为了适应在寒冷地区启动的需要,有的柴油发动机还附加有冷启动装置。

三、柴油发动机的工作原理

（一）柴油发动机的工作循环

发动机活塞在曲轴的带动下，完成一次进气、压缩、做功、排气的过程称为一个工作循环。柴油发动机曲轴旋转两周完成一个工作循环的称为四冲程柴油发动机。曲轴旋转一周完成一个工作循环的称为二冲程柴油发动机。

活塞由上止点向下运动时，外界新鲜空气经进气门吸入气缸。活塞由下止点向上运动时，空气被压缩，同时空气温度、压力都有较大提升。在活塞接近上止点时，柴油经喷油器喷入气缸内与高温、高压空气混合，使柴油自行着火燃烧，放出热量，此时混合气的温度和压力急剧升高，推动活塞由上止点向下运动做功，活塞的往复运动通过曲轴、连杆转化为旋转运动向外输送。活塞到达下止点前气门打开，活塞由下止点向上运动把废气排出。

（二）柴油发动机的基本原理

柴油发动机使用的燃料是柴油，而柴油与汽油相比，黏度大，蒸发性差。一般来说，不可能通过化油器在气缸外部与空气形成均匀的混合气，故采用高压喷射的方法，在压缩行程接近终了时把柴油喷入气缸，直接在气缸内部形成混合气，并借压缩行程末了，缸内空气的高温使其自行燃烧。此特点决定了柴油发动机燃油系统的功用、组成、构造及其工作原理与汽油发动机供给系统有较大的区别。

柴油发动机为了将燃料的化学能转化为热能，再将热能转化为机械能，对外输出动力，必须在其气缸内部完成进气、压缩、做功和排气过程，并且依次不断反复进行循环。每完成一次进气、压缩、做功、排气这一连续过程，称为一个工作循环。

四冲程柴油发动机的工作原理如图1-2所示，它是经过进气、压缩、做功、排气四个行程完成一个工作循环。

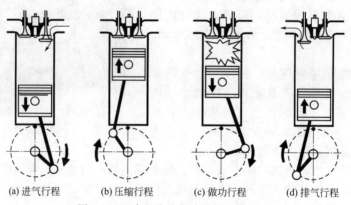

(a) 进气行程　　　(b) 压缩行程　　　(c) 做功行程　　　(d) 排气行程

图1-2　四冲程柴油发动机的工作原理

1. 进气行程

进气行程如图1-2(a)所示。此时进气门开启，排气门关闭，活塞从上止点向下止点移动，活塞上方容积增大，气缸内压力下降，经过滤清后的空气通过进气道吸入气缸。活塞移动到下止点后，进气门关闭，进气行程结束。进气终了时气缸内的气体压力为0.08～0.095MPa，温度为300～340K。

2. 压缩行程

压缩行程如图1-2(b)所示。此时进、排气门关闭，曲轴继续旋转，活塞由下止点向上移动，空气被压缩到燃烧室内。活塞到达上止点时，压缩行程结束。压缩行程中，为保证柴油喷入气缸后能迅速与空气形成可燃混合气，并能自行发火燃烧，所以柴油发动机有较高的压缩比，一般为 16～22。因此，压缩终了时气缸内的气体压力可达 3～5MPa，温度可达 750～950K，远远超过柴油的自燃温度（当环境压力为 3MPa 时，柴油的自燃温度约为 473K）。

3. 做功行程

做功行程如图 1-2（c）所示。当压缩行程接近终了，活塞到达上止点前，柴油经喷油泵将油压提高到 10MPa 以上，通过喷油器喷入燃烧室，在高温、高压空气的作用下迅速形成可燃混合气自行燃烧，使气缸内的气体压力和温度骤增，此时最高压力可达 6～9MPa，最高温度可达 1800～2200K。在高压气体作用下活塞向下运动，并通过连杆使曲轴旋转对外做功输出动力，活塞向下运动，气体的温度和压力也随之下降。活塞行至下止点时做行程结束。此时燃气压力为 0.2～0.4MPa，温度为 1000～1200K。

4. 排气行程

排气行程如图 1-2（d）所示。在做功行程接近终了时，排气门开启，靠燃烧后的废气压力进行自由排气。活塞由下止点向上止点移动，继续将废气强制排到大气中，活塞到达上止点，排气门关闭，排气行程结束。排气行程结束时气体压力为 0.105～0.12MPa，温度为 700～900K。

综上所述，柴油发动机的特点是进气过程中气缸吸入纯空气，在空气被压缩产生高温、高压的情况下喷入柴油，在气缸内迅速形成可燃混合气自行燃烧，所以又称压燃式内燃机。

汽油发动机由于可燃混合气主要是在气缸外部的化油器中形成的，并用电火花强制点火，所以又称点燃式内燃机。

柴油发动机由于压缩比高，燃烧气体膨胀比较充分，热量利用较好，所以省油，耗油率平均比汽油发动机低 30% 左右。柴油价格较低，经济性好，使用费用低。柴油发动机工作可靠性和耐久性均较好，此外柴油发动机在结构上采用一定措施后可燃用多种液体燃料（汽油、煤油和其他重油），这对车辆具有一定意义。鉴于柴油发动机具有上述优点，我国目前在 6.5t 以上载货汽车、越野汽车上广泛采用柴油发动机。柴油发动机存在的主要缺点是转速较低，工作粗暴，噪声大，因重量大，所以制造和修理费用高。但目前这些缺点正在被逐步克服，它的应用范围正在向中、轻型载货汽车扩展，国外已在 2.5t 以上的载货汽车上普遍采用柴油发动机，有的轿车也采用了柴油发动机，其转速可达 3000～5000r/min。

（三）柴油发动机的燃烧过程

柴油发动机与汽油发动机不同，由于活塞运动，进入柴油发动机燃烧室被压缩的仅仅是空气，燃油在压缩行程上止点前约 15° 到压缩行程上止点后约 10° 这段时间喷入气缸内，与被压缩而温度升高的空气混合而自燃。因此，要求柴油发动机的压缩比为 16～22，压缩空气的温度要达到 500℃（932℉）以上。燃烧过程可以分为四个不同的阶段，如图 1-3 所示。

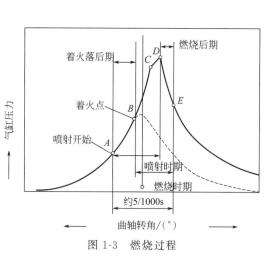

图 1-3　燃烧过程

1. 备燃期

备燃期如图 1-3 中 A 点到 B 点，这期间，进入一些燃油，但还未引燃，燃料的小颗粒从压缩空气中吸收热，并在备燃期终了时发生自燃，引燃后是压力迅速上升阶段。

2. 速燃期

速燃期如图 1-3 中 B 点到 C 点，压力迅速上升和传导，着火一旦开始并形成火焰，燃烧释放出的热就促进其他燃料颗粒的燃烧。因此全部燃料颗粒在燃烧室内迅速燃烧，燃烧室的压力急速上升。

3. 缓燃期

后喷进燃料的直接燃烧期，图 1-3 中 C 点到 D 点。在第三阶段，燃烧室内的温度和压力极高，以至于随后到达的燃料几乎一进来就立刻燃烧。

4. 补燃期

在图 1-3 中的 D 点，燃油停止喷入，在此刻以前喷入但尚未燃烧的燃料在图中 D 点到 E 点期间继续燃烧。

第二节　燃油供给系统概述

一、燃油供给系统的功用

燃油供给系统的功用是向气缸供给清洁的空气，以及按柴油发动机各种工况的要求定时、定量地向燃烧室喷入高压燃油，并将燃烧的废气排到大气中去。各部分的作用如下。

1. 喷油泵

喷油泵的作用是将一定量的燃油提高到一定的压力，并按发动机各缸活塞的运动规律适时、适当地分配供给各燃烧室。

2. 调速器

调速器是一种自动调节喷油泵供油量的装置。它能根据柴油发动机负荷的变化自动做相应的调节，使柴油发动机能以较稳定的转速进行运转，从而保证柴油发动机既不会产生超速，也不会在怠速时造成熄火。

3. 供油自动提前器

供油自动提前器可以自动调整喷油提前角，其目的是为了使发动机从低速到高速的整个转速范围内都能够获得最佳的燃烧状态。

4. 输油泵

柴油车的喷油泵和油箱的安装位置一般是分开的，而且油箱也不可能为了达到供油自流的目的而安装得很高。输油泵的作用就是保证从油箱吸入足够数量的燃油并加压送往喷油泵。装在输油泵上的手油泵的作用是用于柴油发动机启动前对低压油路中残存空气的排除。

5. 喷油器

喷油器可以把喷油泵送来的高压燃油雾化成较细的颗粒，并以一定的设计角度向发动机燃烧室内喷射。

二、燃油供给系统的要求

燃油供给系统是柴油发动机的重要组成部分，按柴油发动机的工作要求，将适量的燃油在适当时刻，以适当的空间状态喷入燃烧室内，以保证混合气的形成及燃烧过程能在最有利的条件下进行，从而使柴油发动机获得良好的经济性、动力性、稳定性及排污、噪声等指标。主要应满足下列性能要求。

① 能随时测量发动机负荷的变化，且能使供油量自动灵敏地进行自行调整，并往各缸做均匀的喷射。

② 应能根据转速和负荷的变化自动地改变喷油正时（即自动调整喷油的提前时间）。

③ 喷射的燃油必须获得充分的雾化，并能以最佳的状态引起燃烧。

④ 对外界环境（例如温度和气压）变化的适应幅度应宽广。

⑤ 对机械磨损和化学锈蚀应具有良好的抵抗力及耐久性。

⑥ 结构设计合理，要能耐冲击、抗疲劳，零部件互换性强，且价格尽可能低廉。

三、柴油发动机燃油供给系统各总成的要求

（一）喷油泵

根据柴油发动机可燃混合气形成的特点和燃烧过程的需要，喷油泵应满足以下要求。

1. 匹配而均匀的供油量

额定供油量的调整是与发动机的额定功率和额定转速相匹配的。为使运转平稳，对各分泵的供油量要均匀，这就需要与其相适应的柱塞直径、柱塞行程和方便的供油量调节机构。

2. 规范准确的供油时间

喷油泵的供油时间一方面要求与发动机的曲轴转动相同步（即基准分泵喷油起始时间要与发动机曲轴转角零位标记对正）；另一方面还要求各分泵供油间隔时间均匀一致，其反映在喷油泵凸轮轴转角的间隔度数的误差应控制在 0.5°以内。

为了防止喷油时间过长而造成燃烧不良，喷油泵还必须能在短促喷油之后迅速地暂停供油，这主要通过出油阀及喷油器结构的合理设计来保证。

3. 与高喷射压力相适应的结构设计

为了使燃油获得良好的雾化，要求喷油泵能够提供相当高的供油压力。经喷油器调定后，喷射压力将控制在 10～23MPa，当某些喷油嘴针阀卡死造成高压油路堵塞时，被近似封闭的燃油的压力经柱塞压缩后，其峰值压力可高达 60MPa 以上，这就对柱塞、出油阀偶件和泵体的柱塞座孔肩胛面的强度及加工精度提出了相当高的要求。

（二）调速器

车用柴油发动机的使用条件变化很大，而负荷和转速大范围的变动极易造成发动机超速或熄火。为了防止这些缺点，有必要对喷油泵装配调速器，以使其能起到自动调节发动机转速的作用。

对调速器的基本要求如下。

① 怠速控制。要能以最低的燃料消耗维持发动机空载低速的稳定运转。

② 高速控制。要在任何条件下都不超过规定的最高转速。也就是说，为了防止发动机的损坏，调速器应能自动实现高速控制。

③ 允许通过驾驶员的操纵随时改变发动机的输出功率和转速。

④ 当转速变动时，调速器应能自动调整喷油泵喷油量，使发动机的运行保持符合人们意愿的动态稳定。

（三）供油自动提前器

发动机最佳供油提前角随发动机转速升高而增大，随发动机转速降低而减小，供油自动提前器的作用就是使供油提前角始终处于最佳角度。其主要性能要求如下。

① 提前器开始起作用转速偏差为 50r/min（喷油泵凸轮轴转速）。

② 提前特性各转速相应的提前角允许偏差为 0.5°（喷油泵凸轮轴转角）。

③ 恢复特性（增速和减速）的角度差应不大于 0.3°（喷油泵凸轮轴转角）。

（四）输油泵

输油泵的主要性能要求如下。

① 在柴油发动机标定转速下，出油油路关闭时的油压不低于 0.2MPa。

② 在吸油负压不低于 0.012MPa，供油压力为 0.08MPa 时，达到规定的输出流量。

（五）喷油器

柴油发动机属于压燃式内燃机，为了适应发动机高速运转的需要，从喷油嘴喷入气缸的燃油必须尽快燃烧，并在最佳时刻迅速燃烧完毕，以保证将燃油的化学能最大限度地转化为推动发动机运转的机械能。要达到此目的，喷油器应满足以下要求。

1. 喷油器应具有一定的喷射压力和射程

气缸中的空气经压缩后，温度和压强都大大提高，喷油器的喷射压力若不能超过这一高压就根本无法进行燃油的喷射。喷油器的喷射压力是由喷油泵提供并经自身的调压弹簧调定的。而射程不仅与喷射压力有关，也与喷油器的结构和喷油嘴的喷孔直径、针阀形式有关。

2. 要有与燃烧室形状相匹配的合适的喷射方向和喷射锥角

由于不同的设计需要，发动机燃烧室除了具有预燃室式、涡流式和直接喷射式等多种形式外，活塞顶部形状还有平顶型、中心凹弧形、中心凹孔型、ω 形和非对称型等各式各样的变化，这就要求喷油器的喷射方向和喷射锥角要与其相匹配，使喷出的燃油能与燃烧室的构造特点及燃烧时气流运动的特点相适应，以达到使燃油能够迅速与空气充分均匀混合，从而提高燃烧效率的目的。

3. 要有良好的雾化性能

这是保证喷射的燃油能迅速与空气均匀混合以获得充分燃烧的重要条件。雾化的好坏与喷射压力的大小、喷油器内部的装配质量和喷油嘴的磨损程度有关。雾化性能的测量要在喷油器试验器上进行。磨损严重、雾化不良且难以修复的喷油嘴应坚决更换。

4. 在暂停喷油时刻要保持喷油嘴的密封性

除了从设计上设法适当减小密封面的接触面积，以使接触压力增大外，经常对喷油器进行维护保养也是十分重要的。喷油器能迅速完全地切断燃油供给，不允许发生燃油的滴漏现象。喷油嘴的针阀与针阀座面之间的密封不良会导致燃油滴漏。在气缸压力与气体温度因活塞下行而迅速下降后，滴漏所引起的燃烧只会造成燃烧不良、积炭增多、油耗增加和排气异常。

5. 应能经受高温、高压的严酷条件并长期安全使用

由于喷油嘴暴露在高温、高压的燃气中，温度和压力的反复骤变，使工作条件十分恶劣，加上运动疲劳磨损、燃油杂质磨损、高速油流冲刷磨损和燃烧中产生的腐蚀性气体（如 SO_3）的腐蚀磨损，使喷油嘴成为柴油发动机的易损件之一。因此，要使喷油器经常保持良好的工作状态，必须选择优质的制造材料、合理的制作工艺，并在维护保养喷油器本身的同时，注意加强对发动机、高压油泵的定期保养与维修，以求尽量改善喷油器运行的外部环境。

四、燃油供给系统的组成

柴油发动机燃油供给系统的组成如图 1-4 所示。

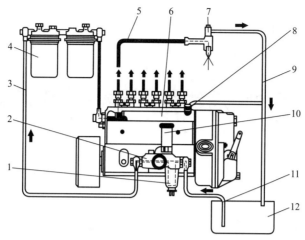

图 1-4　柴油发动机燃油供给系统的组成

1—粗滤器；2—输油泵；3—低压油管；4—细滤器；5—高压油管；6—喷油泵；

7—喷油器；8—限压阀；9—回油管；10—手油泵；11—吸油管；12—燃油箱

五、燃油供给系统的工作过程

　　柴油发动机燃油供给系统的工作过程如图 1-5 所示。燃油箱的燃油通过输油泵吸出，使其具备低压，克服柴油滤清器及低压油路的阻力，再通过喷油泵的工作，使低压油变为高压油，经高压油管到喷油器总成，喷油器使雾化后的燃油喷入燃烧室内进行燃烧做功。调速器的主要功能是自动控制油量，使喷油泵的供油量与柴油发动机负荷、转速变化相适应。

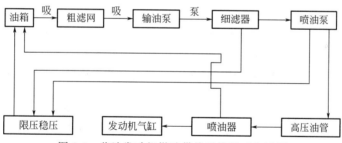

图 1-5　柴油发动机燃油供给系统的工作过程

第二章 柴油发动机燃油供给系统喷油泵

第一节 喷油泵概述

柴油发动机的动力性和经济性主要依赖于喷油泵的技术状态，虽然喷油泵和柴油发动机在出厂时做过匹配调试，但在使用中的无数次调试对保持柴油发动机的动力性、节约能源及降低排放具有非常重要意义。近年来各行业引进了国外许多先进柴油发动机及以柴油发动机为动力的新设备，车用发动机也日趋柴油化和小型化，同时结构复杂、性能优良的新型喷油泵不断增加。为了更好地进行喷油泵的维修和调试工作，必须对喷油泵的分类、型号的编制规则以及喷油泵的工作原理有一个系统的了解。

一、喷油泵的作用

喷油泵是柴油发动机燃油供给系统中最重要的组成部分，其作用是把燃油由低压变成高压，喷油泵使高压油路中的油压提高到 100kPa 以上，这个高压就是喷油泵建立的。那么，为什么要将油压提高到这么高呢？燃油压力的提高是为了使燃油通过喷油器呈雾状喷入燃烧室，与空气混合而形成可燃混合气。

① 根据发动机不同工作情况的要求，随时改变喷油泵的供油量，并保证向各缸均匀供油。

② 保证按规定时刻开始供油，并按选定的发火顺序和必要的供油规律供油。

③ 向喷油器提供足够高压力的燃油，以保证喷油雾化性良好，油压的建立和供油停止都必须迅速，防止喷油器滴漏。

综上所述，喷油泵的功用就是根据发动机的工作需求，将一定量的燃油，以足够高的压力，在准确的时间内供入气缸。

二、喷油泵的要求

多缸柴油发动机的喷油泵还应保证各缸的供油顺序与柴油发动机的工作顺序相对应，各缸供油间隔角度偏差不能大于 2°；各缸供油量应均匀一致，不均匀度在额定工况下不大于 4%；满足喷油开启和延续时间最佳；满足规定的喷射压力，且在规定喷射压力下不渗漏；满足与调速器匹配的要求。

三、喷油泵的分类

喷油泵和燃油喷射系统有许多种，目前常见的喷油泵按结构和工作原理的不同有以下几种。

（一）喷油泵按结构分类

（1）空气喷射式　是最早的喷油泵。

（2）机械喷射式　它又分为常压式、蓄压式和柱塞式。

（3）滑阀式　单体泵和多缸柱塞式泵（直列、V型）。

（4）分配式　转子分配式喷油泵，是借助柱塞往复运动泵油（增压）的同时，依靠转子或柱塞本身转动来实现向各缸分配供油。此种泵是 20 世纪 50 年代后期才出现的一种新型泵，它具有体积小、重量轻、成本低、使用方便等优点。但其可靠性、耐久性差，维修不方便。

（二）喷油泵按工作原理分类

喷油泵按工作原理分类，如图 2-1 所示。

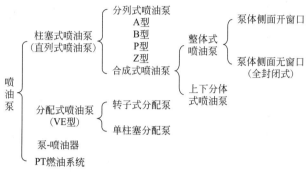

图 2-1　喷油泵按工作原理分类

1. 分列式喷油泵

分列式喷油泵总成的特点是不带凸轮轴，由发动机凸轮轴驱动，一般用于单缸或双缸柴油发动机上，少数也用于三缸柴油发动机。以博世 PF 为代表，大小可分为不同尺寸系列。分列式喷油泵具备以下优点。

① 因泵体的刚度好，可以用很短的油管，因此，能承受很高的泵端压力，可以减小高压系统中的有害容积。因此，喷射压力峰值可达 100MPa，最高可达 150MPa，明显高于合成式喷油泵。

② 功率覆盖面广，单缸功率最小可达 1kW，最大可达 1000kW。

2. 合成式喷油泵

合成式喷油泵带有凸轮轴，柱塞呈直列，柱塞数目与发动机数目相同。按大小可分为不同尺寸系列，其主要参数见表 2-1。

表 2-1　合成式喷油泵主要参数

类别	系列代号	主要参数						
		凸轮升程/mm	分泵中心距/mm	柱塞直径范围/mm	最大供油量范围/(mm³/循环)	分泵数	最大使用转速/(r/min)	适用柴油发动机缸径范围/mm
国产	I	7	25	7～8.5	60～150	1～12	1500	105 以下
	II	8	32	7～10	8～150	2～12	1200	105～135
	III	10	38	9～13	250～330	2～8	1000	140～160
	A	8	32	5～9.5	60～150	2～12	1400	105～135
	B	10	40	8～10	130～225	2～12	1000	135～150
	P	10	35	8～13	130～475	4～8	1500	120～160
	Z	12	45	10～13	300～600	2～8	900	150～180

类别	系列代号	主要参数						
		凸轮升程/mm	分泵中心距/mm	柱塞直径范围/mm	最大供油量范围/(mm³/循环)	分泵数	最大使用转速/(r/min)	适用柴油发动机缸径范围/mm
日本	PE-A	8.9		5～10	150	3～8	2600	
	PE-AD	10.11		5～10.5	170	4～10	1900	
	PE-P	10.11		7～13	400	4～6	1800	
	PE-PD	10		7～13	450	4～6	1500	
	PE-K	7		7～7.5	65	2～3	1800	
	PE-Z	12		10～15	600	4～8	1100	
	PE-ZW	12		10～16	700	4～8	1000	
波许	M	7	24	5～7	65	3,4		
	A	8	32	5～9.5	130	2～12		
	P7	10	32	7～11	230	4,6,8,10,12		
	P	10	35	7～13	415	4～12		
	ZW	12	45	14～16	700	4～12		
	P9	15	45	12～18	1200	4,6,8		
	CW	15	64	15～22	2100	6～10		

（1）整体式　A、B、AD（AW）、ZW为泵体开有侧窗式，而MW、P、P7、P9、BQ为整体全封闭式，有利于增强泵体强度与喷油速率。

（2）上下分体式　我国自行设计的Ⅰ、Ⅱ、Ⅲ型泵为上下分体式。

3. 分配泵

分配泵主要用于中、小型高速柴油发动机上，与直列泵相比具有外形小、重量轻、噪声低等优点。根据结构，可分为转子式分配泵和单柱塞分配泵。

（1）转子式分配泵　主要以英国CAV公司生产的DPA型、DPS型分配泵为代表，同时还有法国西格玛公司的PRS型分配泵。主要特点是由固定的内凸轮及旋转的径向对置柱塞进行泵油，由单一的分配转子和分配套把高压燃油定时、定量地分配给柴油发动机各缸，油量控制采用进油计量。

（2）单柱塞分配泵　以德国博世公司的VE型分配泵为代表，VE型分配泵的特点是单个柱塞在端面凸轮的作用下，既做往复运动，又做旋转运动，因此单个柱塞既有泵油作用，又有分配泵供油作用。

（三）国内常见的喷油泵

国内常见喷油泵有国产系列泵与进口泵两大类。国产的车用柴油发动机目前几乎全部采用柱塞式喷油泵。为了以较少的泵型适应柴油发动机范围很大的功率变化，一般将喷油泵分成不同的系列，每种系列又可配置一定直径尺寸范围的柱塞偶件，从而适应柴油发动机一定功率范围变化的需要。国产系列泵分为Ⅰ、Ⅱ、Ⅲ、A、B、P、Z型。

Ⅰ、Ⅱ、Ⅲ型系列泵的结构特点是泵体为上下分开的组合式，采用拨叉式油量调节机构，挺杆高度采用垫块调节，结构紧凑，常配以全程式调速器。但这类喷油泵泵体刚性较差，容易变形，调节机构不够灵活，个别零件易磨损，影响了整个油泵的使用寿命。

A、B型系列泵为整体式泵体、齿杆式油量调节机构。挺杆分为螺钉调节式和垫片调节式两种。这类泵的特点是油量调节机构灵活、精确且耐用。由于齿杆的安装位置较高，使这类泵方便配置类型众多的调速器，以适应不同用途的车型和不同调速器要求的需要。目前这类系列的喷油泵应用最为广泛。

P型系列泵也为整体式泵体，但结构不同于传统的柱塞泵，它取消了泵体侧边开的窗口，属密封性泵。柱塞、出油阀等泵油元件可全部装在钢质的凸缘衬套内并作为一个整体从上方插入泵体，用螺母紧固在泵体上。供油量调整是依靠旋转泵体上的衬套凸缘来实现的。这类泵具有极好的刚性，经久耐用。但整体式柱塞、出油阀偶件价格较贵，更换一次，费用是A、B型系列泵的数倍，因此对P型系列泵的平时保养要给予高度重视。另外这类泵的拆修较复杂，要求维修人员有较高的技术水平。

Z型系列泵属于大型喷油泵，所配柴油发动机型较少，一般维修单位难以涉及。

四、喷油泵的型号

（一）国产喷油泵型号编制规则

1. 国产分列式喷油泵型号编制规则

1	2	3	4	5	6	7	8	9	10
B	F	M	6	Ⅱ		×××	Y	S	×××

1——喷油泵型号。

2——喷油泵特征代号：F表示分列式（不带凸轮轴）。

3——安装方式：M表示平底安装式；D表示弧形底安装式；Z表示端面法兰及弧形底组合安装式；缺位表示法兰安装式。

4——喷油泵分泵数。

5——柱塞式喷油泵系列代号（0，Ⅰ，Ⅱ，Ⅲ）。

6——柱塞式喷油泵变形设计代号。

7——柱塞直径（mm）的10倍。

8——柱塞油量控制斜槽（或螺旋槽）旋向：Y表示右旋；Z表示左旋。

9——柱塞油量控制斜槽（或螺旋槽）位置：S表示上油量控制槽；A表示下油量控制槽；缺位表示上、下油量控制槽。

10——设计编号（以三位数表示）。

2. 国产合成式喷油泵型号编制规则

1	2	3	4	5	6	7	8	9
B	H	F	6	B	95	ZZ	S	81

1——喷油泵型号。

2——合成式。

3——法兰式固定。

4——分泵数。

5——泵尺寸代号：A表示A型泵；B表示B型泵。

6——柱塞直径的10倍（mm）。

7——柱塞螺旋槽特征代号。

8——调速器与输油泵位置代号：P表示无调速器，无输油泵；Q表示无调速器，有输油泵；R表示有调速器及输油泵，调速器装在喷油泵左侧；S表示有调速器及输油泵，调速器装在喷油泵右侧；T表示有调速器无输油泵，调速器装在喷油泵左侧；U表示有调速器无输油泵，调速器装在喷油泵右侧。

9——喷油泵设计编号。

3. Ⅰ、Ⅱ、Ⅲ号喷油泵型号编制规则

1	2	3	4	5	6	7	8	9
B	Ⅱ	6	M	R	85	F	Z	—1

1——喷油泵型号。

2——Ⅱ号喷油泵。

3——分泵数。

4——发动机使用多种燃料。

5——柱塞螺旋特征代号：R表示右旋。

6——柱塞直径（mm）的10倍。

7——供油自动提前器位置代号：F表示前置。

8——调速器位置代号：Z表示后置。

9——喷油泵设计编号。

4. 国产分配式喷油泵型号编制规则

1	2	3	4	5	6	7	8	9
B	PD	6	××	×××	J	××××	Y	××

1——喷油泵型号。

2——分配泵代号：PD表示单柱塞式；PZ表示转子式。

3——分泵数。

4——分配式喷油泵系列代号。

5——柱塞直径（mm）的10倍；螺旋特征代号为右旋。

6——调速器型式：Y表示液压式；D表示电控式；J表示机械式。

7——喷油泵转速（r/min）。

8——驱动轴转向（从驱动端看）：Y表示右旋；Z表示左旋。

9——喷油泵设计编号（以两位数表示）。

5. 柱塞偶件型号编制规则

1	2	3	4	5	6	7
S	S	Y	××	×	—	××

1——柱塞偶件代号。

2——油量控制槽位置：S表示上螺旋槽；A表示下螺旋槽。

3——油量控制槽旋向：Y表示螺旋槽（后斜槽）右旋；Z表示螺旋槽（或斜槽）左旋。

4——柱塞直径（mm）的10倍。

5——喷油泵系列代号。

6——油量控制槽参数特征代号（以一位数表示）。

7——设计编号（以两位数表示）。

6. 出油阀偶件型号的编制规则

1	2	3	4	5
F	Z	×		× ×

1——出油阀偶件代号。

2——密封型式：Z 表示锥面密封型式；P 表示平面密封型式。

3——出油阀圆柱工作面直径（mm）。

4——喷油泵系列代号。

5——设计编号（以两位数表示）

（二）进口喷油泵型号编制规则

1. 德国博世（Bosch）公司喷油泵型号编制规则

（1）直列式喷油泵

1	2	3	4	5	6	7	8	9	10
PE	6	Z	W	M	× ×	A		R	Z

1——PE 表示托架安装；PES 表示法兰安装。

2——分泵数：2、3、4、5、6、8、9、10、12。

3——Z 为系列型号：M、A、MW、P、HI、P10、ZW、P9、CW 等，HI 型为电控可变预行程泵。

4——W 表示强化型变形。

5——M 表示可使用多种燃油。

6——柱塞直径（mm），以 1/10 表示。

7——设计变型代号：A 表示第一次；B 表示第二次；C 表示第三次。

8——以数字表示凸轮轴装配位置和喷油次序，还表示有无调速器、提前器和输油泵，以及这些部件的安装位置。

9——凸轮轴旋向（从油泵驱动端看）：R 表示顺时针；L 表示逆时针。

10——表示不同调整的字母，应用时从字母"Z"倒排，只在型号相同、标定工况、预行程及其他调整不同时采用。

（2）分列式喷油泵

1	2	3	4	5	6
PF×	1	A	× ×	A	00

1——PFE、PFM 表示不带滚轮体；PF（R）表示不带（带）滚轮体。

2——分泵数：1、2、3。

3——A 为喷油泵系列型号。PFELA、PFR…K、PFMIP、PE…Z、PF（R）…C、PF（R）…W、PF（R）…D、PF…E、PF（R）…H 等。

4——柱塞直径（mm），以 1/10 表示。

5——设计变型代号为 A、B、C。

6——结构形式：00 表示法兰长轴与齿杆平行；03 表示法兰长轴与齿杆垂直。

电控分列式泵的系列型号为 EUP。

（3）分配式喷油泵

1	2	3	4	5	6	7	8	9
V	E	6	10	F	× × ×		R	1

1——分配式喷油泵。

2——型号。

3——分泵数。

4——柱塞直径（mm），以 1/10 表示。

5——机械式调速器。

6——最高全负荷转速（r/min）。

7——设计变型代号。

8——旋转方向（从油泵驱动端看）：R 表示顺时针；L 表示逆时针。

9——1 表示设计标志数字。

2. 日本喷油泵型号编制规则

```
1        2 3 4   5   6   7      8 9  10  11  12  13
NP  —  P E S ××  A  ×××  B ×   ×   ×   R   N51
```

1——NP 表示日本柴油发动机机器公司制造；ND 表示日本电装公司制造。

2——P 表示高压喷油泵。

3——E 表示带凸轮轴；F 表示无凸轮轴。

4——S 表示有装法兰盘；无 S 表示用底部圆弧面安装。

5——×× 表示分泵数。

6——A 表示 PE-A 型喷油泵；B 表示 PE-B 型喷油泵；P 表示 PE-P 型喷油泵。

7——××× 表示柱塞直径（mm）的 10 倍。

8——B 表示设计代号。

9——1 表示无输油泵，凸轮轴标志在左侧；2 表示无输油泵，凸轮轴标志在右侧；3 表示有输油泵，凸轮轴标志在左侧；4 表示有输油泵，凸轮轴标志在右侧。

10——0 表示无调速器；1 表示调速器在左侧；2 表示调速器在右侧。

11——0 表示无供油自动提前器；1 表示供油自动提前器在左侧；2 表示供油自动提前器在右侧。

12——R 表示从喷油泵传动侧看，喷油泵右转；L 表示从喷油泵传动侧看，喷油泵左转。

13——× 表示输出泵安装标志符号；/3 表示开装输油泵孔，在此装盖板；/4 表示输油泵有两个装配位置，中右侧盖板；/5 表示输油泵有两个装配位置，中左侧盖板；/6 表示输油泵有两个装配位置，中两侧盖板；N51 表示设计代号。

第二节　喷油泵的构造

一、喷油泵的组成

喷油泵的结构如图 2-2 所示。柱塞式喷油泵主要由分泵、油量调节机构、传动机构和泵体组成。

分泵是喷油泵的泵油机构，每台喷油泵（多缸）都由数个分泵组成，它的数目与配套发动机的缸数相同。分泵由柱塞偶件、柱塞弹簧及弹簧座、出油阀偶件、出油阀体弹簧、减容体、出油阀紧座、滚轮体等组成。

二、喷油泵柱塞偶件

柱塞和柱塞套是喷油泵中最精密的偶件之一，柱塞和柱塞套经选配和互相研磨而组成，统称为柱塞偶件（或柱塞副），不得互换。

（一）柱塞

柱塞对喷油泵的工作性能有很大的影响，柱塞的直径完全取决于配套柴油发动机的要求，柱塞的斜槽形状有螺旋线型和直线型两种（图2-3）。

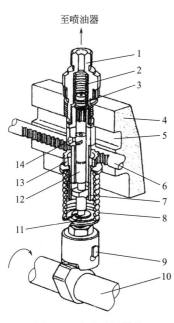

图 2-2　喷油泵的结构

1—出油阀接头；2—出油阀弹簧；3—出油阀偶件；
4—喷油泵体；5—低压腔；6—齿杆；7—油量控
制器；8—柱塞弹簧；9—挺柱体部件；10—凸
轮轴；11—弹簧座；12—柱塞偶件；
13—调节齿圈；14—进回油孔

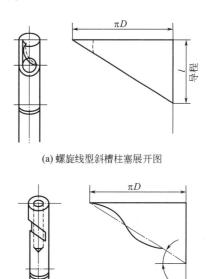

(a) 螺旋线型斜槽柱塞展开图

(b) 直线型斜槽柱塞展开图

图 2-3　柱塞展开图

如图2-4所示，在使用中，当转动柱塞改变循环供油量时，对不同形式的柱塞就会分别产生供油始点或供油终点的改变，或两者同时改变。

柱塞斜槽和螺旋槽的棱边按其倾角的方向可分为左旋和右旋。柱塞斜槽倾角和螺旋边的导程大小对发动机稳定性有一定影响。

柱塞的回油道有两种形式：一种是柱塞头部的外表面上开有直切槽［图2-3（a）］；另一种是柱塞中心钻有轴向孔和径向孔相通［图2-3（b）］。

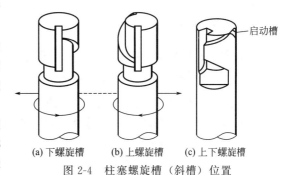

(a) 下螺旋槽　　(b) 上螺旋槽　　(c) 上下螺旋槽

图 2-4　柱塞螺旋槽（斜槽）位置

（二）柱塞套

柱塞套如图2-5所示。柱塞套也有多种形式，如两节外圆、三节外圆、悬挂式分体法兰柱塞套、整体法兰柱塞套等，后两种柱塞套结构大大地改善了柱塞受力环境，有利于油泵强化及喷油量、喷油压力提高。

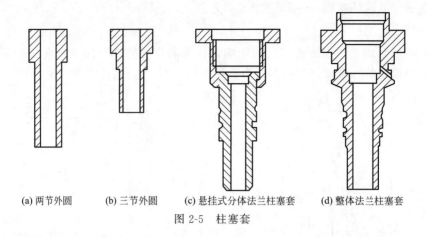

(a) 两节外圆　　　(b) 三节外圆　　　(c) 悬挂式分体法兰柱塞套　　　(d) 整体法兰柱塞套

图 2-5　柱塞套

(三) 柱塞偶件磨损

柱塞偶件的磨损主要与使用油的清洁度有关，它在很大程度上决定了柱塞副的使用寿命。柱塞副磨损很不均匀，柱塞磨损主要在常用状况下所处的供油位置，与油孔相对的顶部相应的棱边处，柱塞套磨损主要在油孔附近。

柱塞偶件磨损后会使柱塞的密封性大大下降，将对发动机工作性能有下列影响。

1. 供油时间改变

由于柱塞棱边及柱塞套上进油孔边缘的磨损，在开始供油时会使燃油从间隙中回流导致供油开始时间延迟。同时由于柱塞斜槽和回油孔的磨损，在供油中使高压油早泄而提前停止供油。即柱塞偶件磨损后会引起晚供、早停、供油时间减少的现象。

2. 供油量减少

由于晚供、早停及供油时间的减少，同时又由于磨损会使间隙变大引起泄漏，特别是在低速时更为明显，压力降低一般在高速、大油量时改变不太明显，这样会引起发动机低速不稳及启动困难，严重时不能启动。

3. 供油量不均匀

由于柱塞副磨损情况不同，使各分泵供油不均，尤其是在低速时更为严重，严重时出现低速不稳或无怠速情况。

三、喷油泵出油阀偶件

出油阀是喷油泵内的精密偶件之一，配对后不得互换。

(一) 出油阀的作用

① 在柱塞下行时，出油阀起止回阀的作用，可以阻止燃油从高压管流回压油腔。

② 出油阀可以控制高压油管残余压力，此压力的大小影响着喷油正时、喷油规律和是否产生二次喷射，同时它能保证喷油正时，喷油器迅速地停止喷油，并减少产生滴漏的可能性。

③ 有些具有校正作用的出油阀还起到油量校正作用。

(二) 出油阀的构造及工作过程

1. 减压式出油阀

减压式出油阀如图 2-6(a) 所示，由出油阀及出油阀座组成，出油阀又由密封座面、减压环带、导向面、油槽组成。

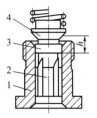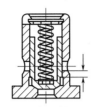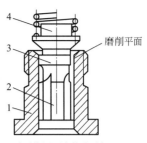

磨削平面

(a) 减压式出油阀(一)　(b) 减压式出油阀(二)　(c) 减压容积可变式出油阀　(d) 减压作用可变的出油阀

图 2-6　出油阀的结构

1—阀座；2—导向部分；3—减压环带；4—密封锥面

（1）密封座面　在柱塞吸油行程时，出油阀关闭，密封座面阻止高压管中燃油倒流入油腔，以保证柱塞下一行程的供油量。

（2）减压环带　在喷油泵停止供油后，迅速地降低高压油管中的残余压力。

油槽和导向面起通油及导向作用。

2. 减压式出油阀的工作过程

当柱塞压油腔的压力超过出油阀弹簧的预紧力和高压管残余压力之和以后，出油阀开始上升，其密封锥面离开阀座。但此时还不能立即向高压管供油，必须等到减压环带完全离开阀座的导向孔时，燃油才能进入高压油管。当柱塞开始停止供油时，柱塞上方的压力突然下降，出油阀在其弹簧和高压油的作用下迅速下降，当减压环带的下棱边进入阀座时，高压油管与柱塞上腔的通路切断，高压室的容积突然增加，压力迅速下降，从减压环带进入阀座导向孔开始到出油阀落座为止，让出的部分容积称为减压容积。减压容积的大小对燃油的喷射过程有一定的影响，由于有了减压容积，高压管内的压力降低，使压力波衰减，可以防止针阀再次打开，并可控制残余压力的大小。

在喷油泵调试中，为了解决各分泵供油不均的问题，常常有意识地相互调换各分泵出油阀偶件，可以达到满意效果。

3. 带校正结构出油阀

可以分为两种类型：出油阀容积可变式；出油阀减压作用可变式。

① 容积可变式出油阀　如图 2-6 中（a）所示为没有校正作用的普通出油阀，如图 2-6（c）所示为带有校正作用的出油阀，在出油阀尾部开有四条锥形切槽，燃油流通面积向上逐步减小，当油泵转速增高时，图 2-6(a) 中的容积不变，而图 2-6(c) 中由于变截面通道的节流作用增强，在出油阀落座过程中，提早起减压作用，使实际减压行程加大，相当于减压容积增加。当出油阀回座后，油管残余压力较低，下一次供油时必须以供油量的一部分填补此增加的减压容积所造成的压力降低，实际上减小了喷油量。因此，随着转速增高，喷油量减小。

② 减压作用可变式出油阀　加大一般出油阀减压环带凸缘和出油阀内孔间隙（一般为0.025~0.076mm），或在减压环带上削一个平面，可使不同转速时的减压作用不同。也是利用了转速越高，间隙越小，平面形成的节流作用越大，使得供油量减小的原理。

以上两种出油阀，即为当转速降低时，油量适当增加，以适应发动机转矩增加的要求。

③ 另外还有等压出油阀、阻尼出油阀等。

（三）出油阀磨损对喷油泵供油量等的影响

出油阀磨损的主要部位是减压环带表面和密封锥面。

出油阀磨损后，对喷油泵有较明显的影响，减压环带磨损后其配合间隙会增大，使出油阀的减压作用降低，高压油管中残余压力增高会引起供油量和供油提前角的增大，因此，喷油器可能出现滴油和二次喷射的情况。这样会引起发动机工作粗暴，特别是在高速时会产生严重的敲缸现象。

当出油阀密封锥面磨损时，会出现密封不严的情况，此时高压油管中较高压力的燃油会倒流，使残余压力大大降低，这样会使供油量减小和喷油压力下降，以致造成喷油器雾化不良，在发动机处于低速工作状态时，这种情况会表现得更加突出，所以出油阀锥面磨损严重时，发动机的启动就会变得非常困难。

四、喷油泵出油阀紧座、减容体、出油阀弹簧

出油阀接头内腔与出油阀之间的容积称为出油阀接头腔容积，它在整个高压系统中占有相当的比重，对供油规律有影响，高压系统内储油容积小，可以减小喷射过程中的压力波动，能提高压力上升速度。

为减小出油阀接头容积过大对燃油喷射性能的不利影响，在出油阀接头腔内装有减容体，同时改变出油阀与其压紧座的结构。

出油阀弹簧的作用是保证在柱塞停止供油时使出油阀能迅速地落座和保持闭合状态。如果在喷油泵各分泵中出油阀弹簧的刚度和预紧力不均，将会引起各缸高压油管中残余压力的不同，从而使油量不均。因此，在油泵的调式过程中也应该注意这个问题。

五、喷油泵的传动机构

喷油泵的传动机构包括凸轮轴和滚轮体部件。

（一）凸轮轴

凸轮轴传递动力，并通过凸轮轴强制柱塞上升使柱塞产生高压，同时还能保证喷油泵各分泵按一定顺序和一定规律供油。凸轮轴凸轮外形的选择必须和配套发动机相适应。

凸轮型线是影响喷油泵供油性能的重要原因。凸轮型线是指滚轮中心运动所产生的轨迹，它决定了柱塞的运动规律，对供油的开始时间、供油压力、供油规律以及最高工作转速等有着重要影响。但同一种柱塞即使用同一根凸轮轴，通过不同的调整，也可得到不同的柱塞运动速度、不同的供油速度和供油规律。

凸轮可分为3种基本形式，即切线凸轮、凹弧凸轮及凸弧凸轮（图2-7），此外还有多圆弧凸轮、函数凸轮等。

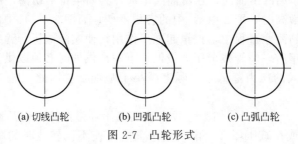

(a) 切线凸轮　　　(b) 凹弧凸轮　　　(c) 凸弧凸轮

图2-7　凸轮形式

凸轮外形可分为对称与非对称两种，对称凸轮可以正转，也可以反转。不对称凸轮如桃形凸轮，可以降低噪声，但不能反转。

在喷油泵调试中，必须准确调整滚轮体高度来保证预行程或供油起始角。如把预行程调得过大，就可能使供油终点落到凸轮的顶部小圆弧段上，这样不但影响发动机的性能，而且会使凸轮寿命降低。

（二）滚轮体部件

滚轮体部件是把凸轮旋转运动转换成柱塞上下往复运动的部件，滚轮体高度影响柱塞预行程的大小，从而影响凸轮的有效工作段，对供油规律变化起着重要作用。

滚轮体部件主要由滚轮、滚轮衬套、滚轮轴、滚轮体和调整组件组成。A型泵滚轮体高度调整有两种结构：垫片调整、螺钉调整，如图2-8所示。P型泵预行程调整机构不在滚轮体上。

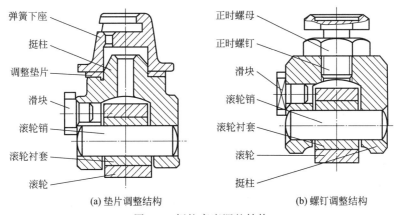

弹簧下座	正时螺母
挺柱	正时螺钉
调整垫片	滑块
滑块	滚轮销
滚轮销	滚轮衬套
滚轮衬套	滚轮
滚轮	挺柱

(a) 垫片调整结构　　　　　　(b) 螺钉调整结构

图 2-8　挺柱高度调整结构

六、喷油泵的工作过程

对直列泵来说，柱塞是在凸轮轴及柱塞弹簧的控制下作往复运动的。随着凸轮轴的旋转运动，柱塞在弹簧力的作用下，由上止点向下运动，高压腔（即柱塞顶与出油阀下部的空间）容积增大，压力下降，下行到一定位置，柱塞顶部打开回油孔，燃油将由低压腔通过进回油口进入柱塞高压腔，柱塞到下止点后，随着凸轮继续旋转，在凸轮的推动下，柱塞克服了弹簧的作用力向上运动，充油继续进行。柱塞上行到顶部，关闭进回油口后继续上升，高压腔内燃油压力升高，当燃油压力大于出油阀弹簧的压力及油管内残余压力时，便顶开出油阀，柱塞上升，使出油阀减压环带脱离出油阀导向孔时，油泵开始供油。柱塞继续上升到斜槽（或螺旋槽）与柱塞套回油孔相通，高压腔内燃油迅速卸压，出油阀在弹簧力和油压力的作用下很快落座，供油终止，但柱塞继续上升，直到凸轮最大升程为止，柱塞工作进入下一循环。

上述原理分析没有考虑到下列几方面的影响。

① 柴油在高压下的可压缩性。

② 高压油管在高压下产生的弹性变形。

③ 柱塞与柱塞套，针阀与针阀体间存在的泄漏损失。

④ 由于节流作用而产生的柱塞早供、出油阀早升和迟关，因此与实际供油情况存在着一定差距。

根据油泵工作过程，通常把油泵泵油全行程分解成下列四个阶段。

（1）预行程　柱塞由下止点上升到其上端面将其进回油孔完全关闭时，所移动的距离称为预行程。一般可以通过改变滚轮体高度或柱塞套下面的垫片来改变预行程。而不同的预行程，反应供油阶段凸轮所处的不同工作段。

（2）减压行程　从预行程结束到出油阀上的减压环带开始离开阀座的导向孔时（即高压油供油开始点），柱塞所上升的距离称为减压行程。之所以称为减压行程，是因为与柱塞下行时出油阀的减压行程相同而命名。

（3）有效行程　从高压供油开始到柱塞斜槽的棱边打开回油孔时（即停止供油），柱塞所上升的距离称为有效行程，有效行程的大小是通过改变柱塞斜槽与柱塞套上回油孔相对位置来实现的。

（4）剩余行程　从回油孔打开的停止供油点开始到柱塞达到上止点为止，它所上升的距离称为剩余行程。

从上述可见，柱塞只有在有效行程才供油。当需要改变发动机的供油量时，就必须改变柱塞有效行程。

七、喷油泵的油量调节

直列式喷油泵常见的油量调节机构有齿杆式机构［图 2-9（a）］、拨叉式机构［图 2-9（b）］、球销式机构［图 2-9（c）］。

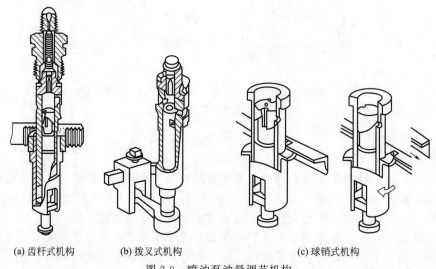

(a) 齿杆式机构　　　(b) 拨叉式机构　　　(c) 球销式机构

图 2-9　喷油泵油量调节机构

（1）齿杆式油量调节机构　齿杆式油量调节机构用于 A、B、ZW 等系列喷油泵。当移动供油齿杆时，齿杆驱动可调齿圈转动，齿圈连同套筒带动柱塞相对于固定不动的柱塞套转动，以调节供油量。

松开可调齿圈，改变可调齿圈与柱塞的相对位置，可改变油量。

（2）拨叉式油量调节机构　这种机构常用在Ⅰ、Ⅱ、Ⅲ号泵中，它通过改变拨叉在调节拉杆上的相对位置实现油量调节。

（3）球销式油量调节机构　柱塞下部的凸块嵌入控制套槽内，控制套上的凸缘装有小球头，它装在调节杆的切口里，当拉动调节杆时，通过带小球头的控制套带动柱塞转动，进行调节。

第三节　A 型喷油泵

一、A 型喷油泵的构造

A 型喷油泵总成是国际上通用的一种系列产品，也是国内中小型柴油发动机使用最为广泛的柱塞式喷油泵。

（一）A 型喷油泵概述

1. A 型喷油泵燃油供给系统的组成

A 型喷油泵燃油供给系统的组成如图 2-10 所示。

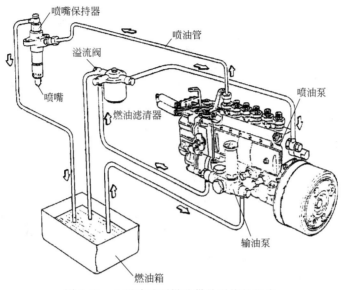

图 2-10　A 型喷油泵燃油供给系统的组成

2. A 型喷油泵的运动链

发动机的转动由联轴节或传动齿轮传到喷油泵凸轮轴，凸轮轴驱动输油泵从燃油箱吸油，并能以 0.18～0.25MPa 的压力克服燃油滤清器等的阻力，将经过滤清的燃油输往喷油泵壳体的燃油室。

由于凸轮轴的转动而升高的柱塞，可使燃油压力进一步提高。该燃油由喷油泵送出，经油管而到达喷油器总成，以便喷进发动机燃烧室内。A 型喷油泵的运动链如图 2-11 所示。

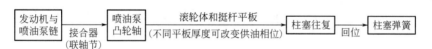

图 2-11　A 型喷油泵的运动链

3. A 型喷油泵燃油供给系统的油路

由于输油泵的出油量至少也是喷油泵最大喷油量 2 倍，因此油路中装设有溢流阀，以便在燃油压力超过规定值时使多余的燃油流回燃油箱内。

从喷油器泄漏的燃油（同时用以润滑喷油器总成内部），流经喷油器总成上的溢流阀而回到燃油箱。A 型喷油泵燃油供给系统的油路如图 2-12 所示。

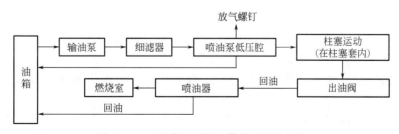

图 2-12　A 型喷油泵燃油供给系统的油路

（二）A 型喷油泵的结构

A 型喷油泵固定在发动机机体一侧的支架上，由柴油发动机曲轴通过齿轮驱动。齿轮轴和喷油泵的凸轮轴用联轴节连接，调速器装在喷油泵的后端。A 型喷油泵如图 2-13 所示。

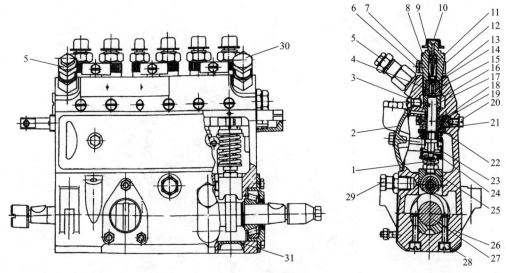

图 2-13 A 型喷油泵

1—调整螺钉；2—检查窗盖；3—挡油螺钉；4—出油阀；5—限压阀部件；6—槽形螺钉；7—前夹板；8—出油阀压紧座；
9—减容器；10—护帽；11—出油阀弹簧；12—后夹板；13—O 形密封圈；14—垫圈；15—出油阀套；16—柱塞套；
17—柱塞；18—可调齿圈；19—调节齿杆；20—齿杆限位螺钉；21—控制套筒；22—弹簧上支座；
23—柱塞弹簧；24—弹簧下支座；25—滚轮架部件；26—泵体；27—凸轮轴；28—紧固螺钉；
29—润滑油进油空心螺栓；30—柴油进油空心螺栓；31—堵盖

1. 泵体

A 型喷油泵泵体为整体式，由铝合金铸成，侧面有检查窗口，泵体中有纵向油道与柱塞套外围的低压油室相通。

按对外联结方式分，可分为支座固定式（泵体用四根螺栓与装在发动机侧的喷油泵支座固定）、固定法兰式及附加法兰联结三种；按在发动机上的位置分，有左机和右机两种；按油道高低压密封方式分，有基本型和高、低压密封分置型两种；按油腔润滑方式分，有飞溅润滑和强制润滑两种。

2. 油量调节机构

A 型泵的油量调节机构为齿杆式，传动平稳，工作可靠。柱塞下端的凸耳嵌入与油量控制套筒相应的切槽中，油量控制套筒的外部套一个可调节齿圈，用螺钉锁紧，可调节齿圈和齿杆相啮合。当移动齿杆时，齿杆驱动可调节齿圈使其传动，齿圈连同套筒带动柱塞相对于柱塞套转动，以调节油量。

3. 油泵分泵

分泵是带有一个副柱塞偶件的泵油机构，整个喷油泵中具有数目与发动机缸数相等、结构和尺寸完全相同的若干个分泵。

分泵的主要零件有柱塞偶件、柱塞弹簧、弹簧下座、出油阀偶件、出油阀弹簧、减容体、出油阀压紧座等。

A 型喷油泵分泵之间的中心距为 32mm，调节齿杆行程为 21mm，油泵最高转速为 1800r/min，柱塞直径有 7mm、8mm、8.5mm、9mm、9.5mm 等几种规格，旋向分左旋和右旋。

凸轮升程有 8mm、8.5mm、8.6mm、9mm 等，凸轮形状为上切线下偏心凸轮，这种凸轮能迅速供油，可缓慢地下降，充分发挥了两种曲线的优点。

4. 滚轮调节机构

A 型泵滚轮调节机构有螺栓调节和垫片调节两种，一般油泵转速在 1400r/min 以下的油泵采用螺栓来调节各分泵之间的夹角及预行程；油泵转速在 1400r/min 以上的油泵则采用垫片调整来达到上述要求。

5. 附加装置

A 型喷油泵还可以配提前器、冒烟限制器等附加装置。

二、A 型喷油泵的工作原理

从上述可知，喷油泵的结构相当复杂，但只要抓住供油压力的建立（高压的产生）、供油量的调节和供油时刻的调节三个问题，便能掌握其基本构造原理。

喷油泵的作用是根据发动机不同工况，将一定量的燃油提高到一定压力，按照规定的时间通过喷油器供入燃烧室的。

(一) 高压的产生

当凸轮离开柱塞，在柱塞弹簧弹力作用下，使柱塞下移（行）时，套筒内形成低压，柱塞继续下行，则柱塞顶面（端）露出（打开）柱塞套油孔时，泵体低压油腔内的燃油即经油孔充满（吸进）柱塞套与柱塞的空间，进油持续到柱塞到达下止点，如图 2-14 和图 2-15（a）所示。

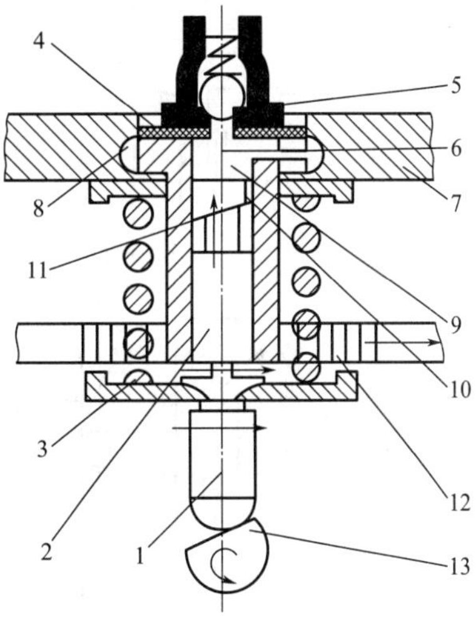

当凸轮顶动柱塞上行时，柱塞自下止点上行至柱塞的顶部遮住柱塞套油孔的上缘之前，在这个过程中，一部分柴油受柱塞挤压后又倒流入低压油路，直到柱塞顶面遮住油孔上缘为止。此后，由于柱塞偶件之间的精密配合，柱塞继续上行时，柱塞套筒内容积减小，柴油受到挤压，压力迅速升高，当柴油的压力达到能克服出油阀弹簧的张力及高压油管内的压力时，出油阀便被推开，柴油被压向高压油管和喷油器，待达到喷油压力时，便喷入燃烧室，即喷油泵开始供油（喷油）。如图 2-15（b）所示，由于这时泵油室（柱塞上部空间）充满高压柴油，所以，柱塞继续向上移动时，供油一直在进行。

图 2-14 喷油泵工作原理

1—挺杆；2—柱塞；3—弹簧；4—密封垫；5—出油阀；
6—充油孔；7—泵盖；8—进油道；9—喷油室；
10—回油和出油槽；11—柱塞斜面；
12—齿（拉）杆；13—凸轮

当柱塞上行到斜槽边缘露出油孔时，使泵油室与低压油路相通，泵油室中的高压柴油立即由此孔流至低压油腔，泵油室（柱塞套内）的油压迅速下降，出油阀在弹簧压力作用下立即回位，喷油泵的供油即停止，如图 2-15（c）所示。此后，柱塞虽然继续上行，直到上止点，但柴油经柱塞直槽从油孔流回低压油腔，故不再泵油。

柱塞下移并让出油孔后，柴油再次充入柱塞套筒油室，重复进行下一个供油过程，喷油泵就这样周而复始地进行喷油。

喷油泵泵油原理的关键是，当柱塞顶关闭进油孔时——几何供油始点；当柱塞下斜面打开回油孔时——几何供油终点。

（二）喷油量调节

柴油发动机的负荷改变时，喷油量也应相对变化。柴油发动机在进气行程中，进入气缸的空气量基本是个定值。功率的变化，只能通过调节油量的多少来进行。喷入气缸的油量多，发动机发出的功率就大；反之则小。然而，从上述高压油的产生中得知，柱塞在全部行程中，只有一部分实际供油行程，而且柱塞顶面遮住油孔的上缘就开始供油，供油开始时间是固定不变的，那么，供油量是怎样改变的呢？

柱塞在全行程中，只有一部分实际供油行程，即有效行程，也就是说柱塞从供油开始到供油结束时的行程。喷油泵柱塞运动的全行程是不变的，而供油延续时间和供油量由柱塞有效行程进行控制，也就是说，柱塞每循环供油量的大小取决于供油有效行程长短，供油有效行程长，供油量大，如图 2-15 中的大流量（d）和（e）所示；反之则小。因此，只要改变柱塞的有效行程，就可以改变它的供油量。通常采用改变柱塞螺旋槽（斜槽）和套筒上油孔的相对位置来改变供油量。也就是说，转动柱塞就可变动这个行程（有效行程），以达到改变供油量的目的。

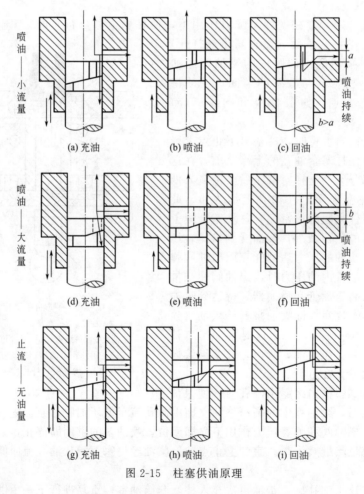

图 2-15　柱塞供油原理

那么，若需停机，不需喷油泵供油时，则将柱塞转至直槽与柱塞套油孔相对，如图 2-15 中的无油量（h）所示。这时柱塞上行过程中，始终不能遮蔽油孔（因有效行程为零），如图 2-15

中的无油量（i）所示，柴油均由直槽经油孔流回低压油腔，因此，喷油泵不供油。故这个位置供柴油发动机限速断油和停机用。

那么，柱塞又是怎样来实现转动的呢？前面已讲过，是由油量调节机构来实现的。

（三）出油阀工作

当柱塞下行时，柴油经油孔进入到柱塞上方时，出油阀在其弹簧张力作用下处于关闭状态，如图 2-16（a）所示。

当柱塞上行遮住油孔后，其上方压力迅速增高，当压力超过高压油管内上次喷油的剩余压力和弹簧张力时，出油阀开始上升，出油阀的锥面升起，这时还不能立即供油，一直要等到减压环完全离开阀座孔时，才有燃油进入高压油管，使管路油压迅速升高而达到喷油压力，喷油器迅速喷油，如图 2-16（b）所示。

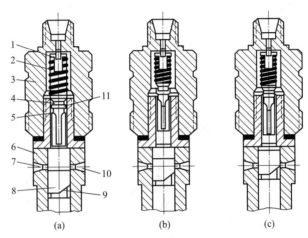

图 2-16　出油阀工作情况

1—减容体；2—出油阀弹簧；3—高压油管接头；4—出油阀；5—出油阀座；
6—柱塞套；7，10—油孔；8—柱塞；9—斜槽；11—减压环

喷油结束时，柱塞已完成供油行程，出油阀在弹簧作用下立即下落，减压环一经进入出油阀座，泵腔出油口便被切断，燃油便停止进入高压油管。同时，由于减压环下降所让出的容积充满燃油，高压油管的压力迅速降低，喷油器立即停止喷油，避免了滴漏现象和二次喷油。直到出油阀锥面和座接触后，高压油管内仍保持一定的剩余压力，为下一次喷油提供条件，如图 2-16（a）、（c）所示。

综上所述，出油阀一方面起单向阀的作用；另一方面还起到使供油和停油干脆迅速的作用。

有的喷油泵在高压油管接头内装有减容体，以减少高压油腔的容积，提高减压环对供油和停油干脆、迅速作用的效果。同时，还起限制出油阀最大升程的作用。

三、A 型喷油泵的分解

分解喷油泵按下列步骤进行。

（一）分解准备

① 分解前放尽燃油、润滑油，并彻底清洗外表。

② 分解用的工作台也要擦拭干净，工作台应保持清洁整齐。

③ 分解前要进行一次性能试验，记录原始数据，以备参考，做到心中有数。该项数据

有利于喷油泵拆卸后的检测与诊断故障情况。

④ 如单独从车上拆下喷油泵进行检修时，应先使一缸活塞处于上止点位置并与各标记对齐。

⑤ 分解时应注意装配标记或重做标记。

⑥ 分解按其顺序，用专用工具进行拆卸。

⑦ 拆卸的零件应按顺序、整齐地摆在工作台上，必要时应挂上标签，这样就可顺利完成装配工作。对不能互换的精密偶件，必须按原来的组合成对放置好，绝对不允许错乱。

(二) 分解步骤

① 将泵固定在专用拆装架上。

② 拆卸调速器。

③ 拆卸泵上体，分解各分泵。

④ 拆卸油量调节机构。

⑤ 拆卸传动机构。

(三) 分解方法

A 型喷油泵分解前，先把喷油泵表面清除干净。清理润滑脂及污尘，把喷油泵凸轮轴室及调速器室内的油放净。把放出的泵油集中管理，以便检验。

A 型喷油泵分解拆卸步骤与方法如图 2-17 所示。

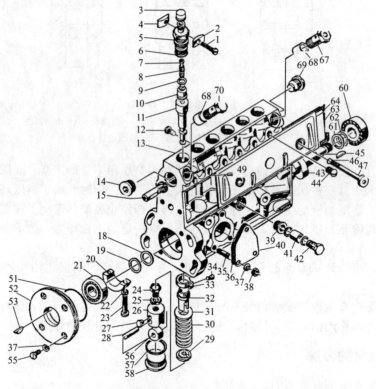

图 2-17　A 型喷油泵分解图

1—锁紧螺钉；2,4—夹板；3—护帽；5—高压油管接头；6,9,18,19,57—密封圈；7—出油阀弹簧；8—放气螺钉；10—出油阀；11—柱塞；12—柱塞定位销；13—喷油泵泵体；14,58—螺塞；15—调节齿杆；20—轴承座；21—轴承；22,25,37,61,62—垫圈；23,35,47—螺栓；24,27,44,55—螺钉；26—滚轮体；28—滚轮轴；29—上弹簧座；30—弹簧；31—下弹簧座；32—控制套筒；33—可调齿圈；34—锁紧螺钉；36,63—衬垫；38—螺母；39—螺套；40—密封板；41—衬套；42—空心螺栓；43—凸轮轴；45—半圆键；46—弹簧垫圈；49—专用工具；51—突缘；52—结合盘；53—半圆键；56—滚轮；60—轴承；64—侧盖；67—油管接头；68—油管接头套；69—堵盖；70—油管接头

① 转动凸轮轴，当凸轮处于上止点时，用插片插入挺柱部件的正时螺钉与正时螺母之间，

垫片结构的油泵则用销钉锁住挺柱上的销孔，拆去轴承侧盖，取出凸轮轴。

② 拆去油底塞和垫片。用挺柱顶持器顶起挺柱部件，拔出插片式销钉，取出挺柱部件。

③ 取出弹簧下座、柱塞弹簧、弹簧上座、油量控制套筒部件，旋出齿杆定位螺钉，取出调节齿杆。

④ 旋出出油阀接头，用专用工具取出出油阀偶件，然后取出柱塞偶件。

（四）输油泵分解

1. 输油泵分解

输油泵分解图如图 2-18 所示。

2. 输油泵拆卸方法

零件名称后面括号内的数字，指的是图 2-18 中的零件序号。

① 固定输油泵。用虎钳夹紧输油泵，如图 2-19 所示。

注意：应使用虎钳抓盖，以免损伤泵壳。

② 拆卸有眼螺栓、眼孔及衬垫。

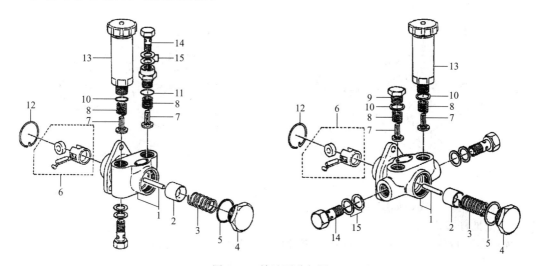

图 2-18　输油泵分解图

1—推杆；2—活塞；3—活塞弹簧；4,9—螺塞；5—衬垫；6—挺杆总成；7—止回阀；8—弹簧；
10,11—O 形环；12—卡环；13—启动注油泵；14—进油管接头；15—密封垫圈

③ 用扳手（SW24mm）拆卸启动注油泵及 O 形环，如图 2-20 所示。

图 2-19　夹紧输油泵

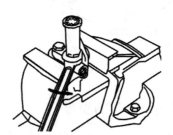

图 2-20　拆卸启动注油泵

④ 用套筒扳手套筒拆卸螺塞。

⑤ 拆卸止回阀及弹簧，如图 2-21 所示。

⑥ 使螺塞朝上，以虎钳夹紧输油泵。

⑦ 用套筒扳手套筒拆卸螺塞，如图 2-22 所示。

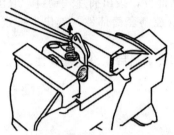

图 2-21　拆卸止回阀及弹簧

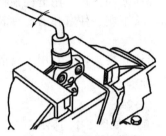

图 2-22　拆卸活塞螺塞

⑧ 拆卸衬垫及活塞弹簧。

⑨ 拆卸活塞，如图 2-23 所示。

⑩ 使挺杆总成朝上，用虎钳夹紧输油泵。

⑪ 拆卸保持挺杆的卡环，如图 2-24 所示。

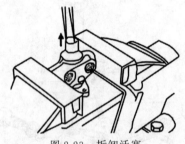

图 2-23　拆卸活塞

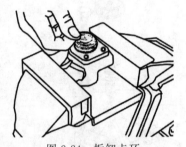

图 2-24　拆卸卡环

⑫ 拆卸挺杆总成，如图 2-25 所示。

⑬ 把推杆拉出。

输油泵的拆卸工作完成。拆卸后的零件应以清洁燃油彻底洗涤。

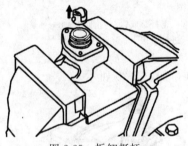

图 2-25　拆卸挺杆

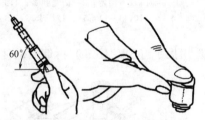

图 2-26　柱塞及出油阀检查

四、A 型喷油泵零件的检查

　　喷油泵被分解后，在干净柴油中清洗每一个零件并检查其是否磨损，是否有擦伤或其他可能的损伤。

1. 柱塞偶件检查

（1）观察　从柱塞套中抽出柱塞，观察柱塞螺旋槽部分，如果发现伤痕、磨损等情况时，应更换柱塞副。

（2）柱塞检查　柱塞的滑动检查如图 2-26 所示，将柱塞在柴油中浸泡之后，用手指拿住柱塞套，并倾斜 60°，轻轻抽出柱塞约 1/3，然后松开，在柱塞本身重量下自动下滑，落在柱塞套的支承面上，再将柱塞转动任何角度，重复上述动作，其结果一样，则说明灵活性良好。另外，还应检查柱塞密封性能。

2. 出油阀检查

① 观察出油阀的密封锥面和减压环带，如果有严重的磨损、擦伤沟痕，应更换新品。

② 吸回试验。如图 2-26 所示，在干净柴油中清洗出油阀后，用拇指堵住底部孔，将阀杆插入阀座并用手指把它向下压，当手指松开后，阀杆应回升到原来的位置。若不符合要求，则应更换新品。

③ 也可进行减压环带和密封锥面的密封性实验。

3. 调节齿杆与调节齿圈检查

检查调节齿杆是否弯曲。如果弯曲度超过 0.05mm，必须更换；若调节齿杆与调节齿圈的晃动量（空运转）超过 0.2mm，应更换套筒。

4. 油量控制套筒检查

检查控制套筒的槽与柱塞凸耳的配合间隙，若超过 0.2mm，应更换控制套筒。

5. 柱塞弹簧下座检查

将柱塞弹簧下座与柱塞放置在同一平面时，柱塞下端凸缘的顶面与弹簧下座的表面之间必须有一个间隙，如果弹簧下座没有这个间隙，将增大柱塞旋转阻力，必须修理或更换新品。

6. 滚轮体检查

若滚轮体调节螺栓的顶面与柱塞下端相接触之处有明显的凹痕，应更换新品。

更新前测量滚轮体的总高度，更换调整螺栓和垫片后，应预调滚轮体高度，以便调整供油时间。测量滚轮体滚轮、滚轮销和滚轮衬套的总间隙，如超过 0.3mm，必须更换新品。

7. 凸轮轴和轴承检查

① 检查凸轮轴轴头键槽是否损坏，凸轮轮廓有无剥落、麻坑等严重磨损，若有，应更换新品。

② 检查凸轮轴轴向跳动（凸轮轴的弯曲度）。将凸轮轴放在 V 形架上，转动凸轮轴，测量其径向跳动量，如超过 0.15mm，应冷压校直或更换新品。检查中间轴承，表面若有严重磨损或剥落等现象，应更换新品。

8. 柱塞弹簧和出油阀弹簧检查

检查是否有裂纹和断裂现象，测量自由长度和垂直度。检查弹簧不垂直度，应小于 1.5mm；出油阀弹簧不垂直度应小于 1.0mm，若超过，应予以更换。

9. 泵体检查

检查泵体，如果泵体出现裂纹，配合部位严重磨损或损坏，应予以修理或更换新品。尤其是柱塞套与泵体接触的台肩处磨损，应用平面铣刀铣平，加相应柱塞垫片修复。

五、A 型喷油泵的装配

喷油泵的装配必须保持清洁。检查修复后的喷油泵零件应有次序地放在工作台上，准备好各种油封、O 形环及密封剂。装配过程中注意各部件的装配标记，以免装错。一般来说装配顺序与拆卸顺序相反。

① 装配调节齿杆。先在待装的调节齿杆上涂上一层机油，从调速器端将齿杆装入泵体，调节齿杆装好后，须用导向螺钉定位，要求左右活动自如，否则，需用垫片调整导向螺钉拧进深度。A 型喷油泵调节齿杆中心位置是 17.5mm（由泵体驱动端测量）。此尺寸非常重要，应特别注意。

② 安装柱塞套时，有定位槽的一面对准喷油泵体上的定位销。

③ 安装出油阀及其压紧座。过紧会引起泵体开裂、柱塞咬死、密封垫破碎、齿杆卡滞等现象；过松会引起密封不良而泄漏柴油。

④ 调节齿杆行程的测量。将调节齿杆在 17.5mm 位置固定（由泵体驱动端测量），使调节齿圈与调节齿杆的齿部对准后，向下轻推，两齿啮合。然后再测量调节齿杆的行程。要求调节齿杆从泵体驱动端到调速器端的总移动量为 21mm。超过或小于此值，均需重新复查，直至完全正确为止。

⑤ 装配调节齿圈。调节齿圈套在控制套筒上，槽中心对准小孔，调节齿杆位置记号与泵体侧面齿杆外套对齐（或与侧面由一定距离），将油量控制部件装上，每装一个，检查一下齿杆滑动性。

装配柱塞弹簧上座和柱塞弹簧。将柱塞及柱塞弹簧下座平稳地装入柱塞套，注意装配记号朝向盖板。

⑥ 装滚轮体总成。经检修合格的滚轮体总成涂一层机油，从泵体底部装入后，转动凸轮轴，滚轮体总成应能上下运动自如。滚轮体的正时螺钉不得伸出过长，以免损坏柱塞及其他零件，并用插片托住滚轮体总成。

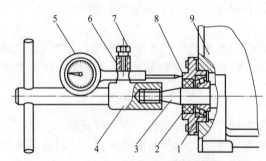

图 2-27　凸轮轴轴向间隙测量
1—轴承；2—油封；3—凸轮轴；4—固定螺套；
5—行程表；6—表杆支架；7—表杆
固定螺钉；8—轴承盖；9—泵体

⑦ 装凸轮轴。凸轮轴装入泵体前，应先弄清楚其旋转方向和喷油顺序，以免装错。固定好中间轴承块，肩胛两端均匀装垫圈和调整垫，每边 0.65～0.95mm，轴向间隙 0.02～0.1mm。凸轮轴轴向间隙测量如图 2-27 所示。轴向间隙太小，凸轮轴转动不灵活（这间隙是调速器的非控制区）；轴向间隙太大，会造成发动机转速忽高忽低。注意，凸轮轴油封不要漏装，偏心轮与输油泵的中心要对中并检查垂直度，同时检查偏移量，偏移量应小于 0.3mm，用增减垫片的方法调整好后，拔出插片，装上轴承盖板，涂密封胶。

⑧ 安装油底塞垫片和油底塞。

⑨ 安装结束后，齿杆在任何情况下都能滑动自如，并检查各分泵供油次序是否正确。

六、A 型喷油泵的使用注意事项

（一）燃油

由于劣质燃油会损害喷油泵并妨碍其性能，故仅可使用有关企业公司所推荐的柴油。应证实燃油的黏度正确，而且是清洁的燃油。

① 润滑柱塞、出油阀及喷油器的燃油，为了保证适当的润滑，应采用黏度正确的燃油。

② 黏度过低时，这些零件会卡住。

③ 黏度过高时，燃烧性能会变差。

④ 由于各项移动零件间隙极小，因此灰尘、铁锈等微粒会使喷油装置极端磨损。应确认燃油极清洁，燃油滤清器应定期维修，储油及处理设备应适当保养并定期维修。

⑤ 燃油中硫分过高时，对喷油泵有不利影响；经燃烧而形成氧化硫，它和燃油中的水分起作用而形成硫酸，并从而腐蚀喷油泵与发动机的内部零件。仅限于使用低硫分燃油。

⑥ 燃油中的水分会促使喷油泵内部生锈，最后导致喷油泵移动部分卡住不动。应保证燃油中没有水分。

⑦ 喷油器喉部及发动机积炭过多时，对喷油工作有不利影响，仅限于使用低炭渣燃油。

（二）燃油滤清器

由于燃油中的液体及固体杂质对喷油泵及其性能有不利影响，因此，燃油应适当地予以滤清。

应仔细阅读制造厂有关燃油滤清器的保修与更换说明书。

（三）燃油系统放气与启动注油

安装与装配喷油泵后，从燃油箱到喷油器的燃油系统应适当地进行初始运转以便放出系统中的空气。燃油系统中有空气时，会使发动机输出功率降低，怠速不稳，并使发动机不易启动。

在输油泵上装有启动注油泵，用以初始运转燃油系统并将系统中的空气排出。

① 把启动注油泵的螺钉头完全拧松。

② 运转启动注油泵时，把溢流阀或燃油滤清器上的放气螺钉放开。

③ 继续运转启动注油泵，直到从溢流阀或放气螺钉处流出的燃油中没有气泡为止。

④ 关闭该阀或拧紧螺钉。

⑤ 打开喷油泵的溢流阀并继续运转启动注油泵，直到从喷油泵溢流阀流出的燃油中没有气泡为止。

⑥ 运转起动机直到启动为止。

这样就完成燃油系统的放气及启动注油工作。

（四）润滑

1. 润滑油

限于使用规定的润滑油，并遵守表 2-2 所规定的润滑油量及润滑周期。

表 2-2 润滑表

部　　位	润滑油（零件号码）	备　　注
喷油泵柱塞 出油阀 喷油器等 喷油泵凸轮轴 机械式调速器等（独立润滑的喷油泵） 气压式调速器膜片 喷油泵（发动机统一润滑系统） 凸轮轴、机械式调速器等 SCD、SCDM 及 SBZ 型计时器	柴油（由制造厂规定） 喷油泵油： 131453-0120×1000mL 膜片油： 155413-1320×60mL 155413-0220×950mL 润滑油（由制造厂规定）	检查：每4000km 或 100h 更换：每12000km 或 300h
SAG 及 SAZ 型计时器 SA 型计时器	润滑油（由制造厂规定）： 车用润滑油 20#、30# 自动定时器润滑脂 156118-0120×150g	

2. 润滑步骤

① 对独立润滑的喷油泵，应以油位计检查凸轮轴室内的油量及状态；证实油面处于上、下两个标记之间。有油污或太稀薄时，应更换新油。用注油器（零件号码为 131499-0320）加油或泄油，比较方便。

② 采用发动机统一润滑系统时，在发动机侧检查油位。检查发动机润滑油油底壳，确认机油量是否充足。

安装或装配喷油泵时，凸轮轴室及调整器壳内应加注机油，如图 2-28 所示。

③ 加注膜片油。每隔 4000km 或 100h，应经放油孔塞泄出用过的油，并经滤清器旋塞把 4～5mL 的膜片油加注在膜片上，如图 2-29 所示。

④ 加注自动定时器润滑脂。拆卸两个旋塞后，把自动定时器润滑脂管拧入，并把润滑脂挤进转速自动提前器中，如图 2-30 所示。

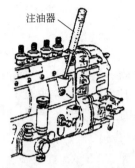 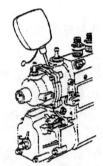 

图 2-28　加注喷油泵油　　　图 2-29　加注膜片油　　　图 2-30　加注自动定时器润滑脂

第四节　VE 型分配泵

VE 分配泵因其零件少、体积小、重量轻和良好的高速性、供油均匀性、维护保养方便等优点，在轿车和轻型车用小缸径柴油发动机上得到了广泛的应用。如 EQ1118G（145）型、EQ1141G（153）型汽车 B 系列发动机 VE 型分配泵，南京依维柯轻型车用 SOFIM8140.27S 柴油发动机装配的 BOSCHVE4/11F1900R294 喷油泵。

一、VE 型分配泵的总体结构

分配泵在燃油系中的布置如图 2-31 所示。

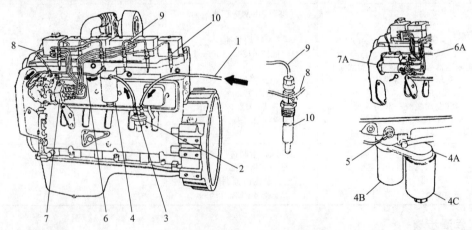

图 2-31　分配泵在燃油系中的布置

1—燃油来自燃油箱；2——级输油泵；3—低压油管；4—油水分离器；4A—双级燃油滤清器接头；4B—燃油滤清器；4C—油水分离器；5—放气螺钉；6—低压供油管（波许泵）；6A—低压供油管（西爱维泵）；7—波许 VE 型分配式喷油泵；7A—西爱维 DPA 型分配式喷油泵；8—燃油回油管；9—高压油管；10—喷油器

燃油从燃油箱经预滤器被吸入膜片式一级输油泵，并输入油水分离器 4C 和燃油滤清器 4B，流至安装在波许 VE 型分配式喷油泵壳体内的滑片式二级输油泵。在二级输油泵的作用下，燃油以一定的输油压力输入波许 VE 型分配式喷油泵的油腔内。部分燃油进入柱塞的压油腔以后，依靠端面凸轮和柱塞、柱塞弹簧的共同配合作用，产生高压燃油，并在规定的时间内将一定数量的燃油按柴油发动机的工作顺序分配给各个气缸的喷油器，最后喷入燃烧室内。分配泵油腔内的多余的燃油，从分配泵壳体盖上的溢流口流回燃油箱。

二、VE 型分配泵的组成

分配泵的结构如图 2-32 和图 2-33 所示。

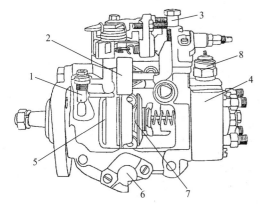
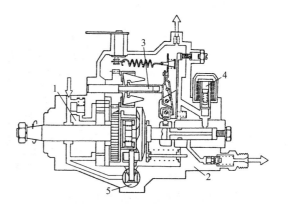

图 2-32　分配泵的结构（一）
1—压力控制阀；2—调速器；3—回油接头；4—高压泵；
5—二级输油泵；6—供油角自动调节机构；
7—端面凸轮盘；8—电磁式停油阀

图 2-33　分配泵的结构（二）
1—滑片式二级输油泵；2—高压泵；
3—调速器；4—电磁式停油阀；
5—供油角自动调节机构

分配泵由下列部分组成。

（1）滑片式二级输油泵　它能将燃油从燃油箱经滤清器提升到分配泵油腔内，并控制最大输油压力。

（2）高压泵　它能使低压燃油增压成高压燃油，并将高压燃油分配至各缸喷油器。

（3）电磁式停油阀　它能切断燃油的输送，使柴油发动机停止运转。

（4）供油角自动调节结构　它能根据柴油发动机转速的变化自动调节供油时间。

（5）调速器　它能根据柴油发动机负荷的变化自动改变供油量。

三、VE 型分配泵的技术参数

型式：单柱塞式、分配、调速、输油、供油定时一体。

型号：VE 型分配式喷油泵。

缸数：2、3、4、6、8。

柱塞直径：7～12mm。

凸轮形状：端面凸轮。

最大凸轮升程：2.2～2.8mm。

旋转方向：左旋、右旋。

输油泵：滑片式。

调速器：机械离心式。

调速器控制柴油发动机转速：600～5000r/min。

供油提前机构型式：燃油压力控制式。

外形尺寸：200mm×108mm×207mm。

总质量：5～5.5kg。

四、VE型分配泵内部的油路系统

分配泵内部的油路系统如图2-34所示。

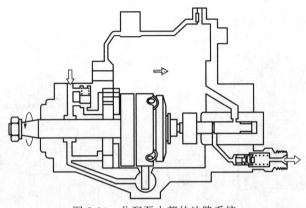

图2-34　分配泵内部的油路系统

分配泵的油路系统包括低压油路、高压油路和回油油路。

1. 低压油路

从燃油滤清器来的清洁燃油进入分配泵的进油接头后，分成两个支路：一路被二级输油泵输入分配泵的油腔内，其中部分燃油经电磁式停油阀（此时阀开起）进入柱塞上方的压油腔；另一路流入供油角自动调节机构的正时活塞一侧的油室内。

2. 高压油路

进入柱塞上方压油腔的燃油被柱塞压缩后，产生高压燃油，高压燃油沿柱塞的轴向油道和分配口，经分配套筒的分配通路、出油阀、出油接头和高压油管，送至喷油器。

3. 回油油路

分配泵油腔内的多余的燃油，润滑和冷却分配泵内部的工作零件后，经分配泵壳体盖上的溢流口流回燃油箱。所以，分配泵不再设置另外的润滑油槽。

五、VE型分配泵的结构原理

（一）壳体和壳体盖

壳体和壳体盖是分配泵的基础零件，分配泵的所有零件都安装在它们的内部和外部。壳体和壳体盖的结构如图2-35所示。

壳体左端的圆形台肩与柴油发动机接头的圆孔相配合，加工得比较精确。法兰盘上的长圆形孔是安装紧固螺栓用的，拧松紧固螺栓可以使壳体相对于柴油发动机机体略有转动，以便调整分配泵的供油提前角。在壳体的传动轴孔内安装有铜衬套和径向自紧油封，以支承传动轴转动，并防止分配泵漏油。

壳体上部制有进油接头螺孔，用来安装进油接头和进油管，并与二级输油泵的进油区相通，以便从燃油滤清器来的清洁燃油进入二级输油泵。此螺孔的下端通过壳体通路与供油角自动调节机构的正时活塞一侧的油室相通，壳体上部还制有调速轴螺孔和压力控制阀螺孔，

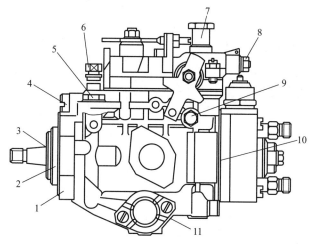

图 2-35　壳体和壳体盖的结构

1—法兰盘；2—圆形台肩；3—传动轴孔；4—调速轴螺孔；5—进油接头螺孔；6—压力控制阀螺孔；
7—回油接头螺孔；8—全负荷油量调节螺钉螺孔；9—槽肩螺钉螺孔；10—壳体镗孔；11—壳体通孔

调速轴螺孔用来安装调速器的调速轴和 O 形密封圈，调速轴上套装调速器飞锤总成和滑套，压力控制阀螺孔用来安装压力控制阀和 O 形密封圈，并与二级输油泵的压油区相通，以控制二级输油泵的最大输油压力。

　　壳体上制有两个螺孔，用来安装槽肩螺钉，以支承调速器杠杆机构的导杆。

　　壳体下部制有一个壳体通孔，用来安装供油角自动调节机构的正时活塞和压缩弹簧等零件，能够随着柴油发动机转速的变化自动调节供油提前角。

　　壳体内部是一个精加工的壳体镗孔，内装二级输油泵、传动齿轮、连接器、滚轮及滚轮圈、端面凸轮盘、高压泵头、分配套筒、柱塞、控制套筒、调速器杠杆机构等零件。镗孔的最底部有一个与垂直通孔的长圆形孔，用来安装供油角自动调节机构的调整销，调整销和滑轮将滚轮圈与正时活塞连接起来。当柴油发动机转速发生变化时，分配泵油腔内的燃油压力便相应地发生变化，通过供油角自动调节机构，利用调整销拨动滚轮圈转动，便可自动调节供油提前角。壳体内部还装有限制器轴，以限制调速器杠杆机构的张紧杆向左摆动的位置。

　　壳体与壳体盖用紧固螺栓连接，其间放置一个密封垫圈，以防止分配泵漏油。壳体盖上部安装有速度控制杆、怠速限制螺钉、高速限制螺钉、全负荷油量调节螺钉和机械停油手柄等零件，并制有回油接头螺孔，用来安装回油接头（或电磁式回油阀）和回油管，使分配泵油腔内的多余的燃油流回油箱。此外，拧松回油接头也可排除分配泵低压油路内的空气，壳体盖右端制有一个螺孔，用来安装全负荷油量调节螺钉，以调节分配泵的全负荷供油量。

　　壳体盖内装有调速器的调速弹簧，速度控制杆通过定位轴、连接板与调速弹簧的一端相连接，调速弹簧的另一端则与调速器杠杆机构的张紧杆上的固定销相连接。因此，在柴油发动机负荷不变的情况下，改变速度控制杆的位置，便可以改变调速弹簧的预紧力，从而达到改变柴油发动机转速的目的。

（二）传动机构

　　分配泵的传动机构将高压泵、调速器、二级输油泵连接起来，并传递柴油发动机传来的驱动转矩。传动机构的结构，如图 2-36 所示。

　　分配泵的传动轴由柴油发动机曲轴通过中间传动装置来驱动，传动轴直接带动二级输油泵的泵轮转动，其末端通过连接器带动端面凸轮盘转动，端面凸轮盘上装有传动销钉带动柱

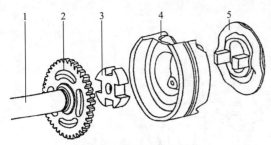

图 2-36 传动机构的结构

1—传动轴；2—传动齿轮；3—连接器；
4—滚轮及滚轮圈；5—端面凸轮盘

塞旋转，柱塞利用柱塞弹簧和弹簧座压向端面凸轮盘，端面凸轮坐落在滚轮及滚轮圈上，在端面凸轮和柱塞弹簧的共同配合转动作用下，柱塞既做往复运动，同时又做旋转运动。往复运动完成泵油动作，旋转运动则完成进油和配油动作。

此外，还通过传动轴末端的传动齿轮带动调速器飞锤总成一起旋转。由于调速器飞锤旋转而产生的离心力和调速弹簧张力的相互作用，使滑套左右移动，通过调速器杠杆机构使控制套筒移动，从而增加或减少分配泵的供油量，以适应柴油发动机各种工作状况的要求。

(三) 二级输油泵和压力控制阀

1. 二级输油泵

在分配泵壳体内安装一个二级输油泵，又称滑片式输油泵，它能使燃油以一定的输油压力（大约 0.7MPa）进入旋转的柱塞。此外，在分配泵内不设置另外的润滑油槽，全部零件都依靠这些压力燃油进行润滑和冷却。二级输油泵的结构如图 2-37 所示。

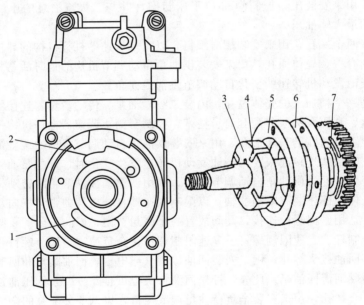

图 2-37 二级输油泵的结构

1—进油槽；2—压油槽；3—泵轮；4—滑片；5—偏心环；6—支承环；7—槽盘

二级输油泵由分配泵壳体内壁上的进油槽和压油槽、偏心环、泵轮、滑片、支承环及槽盘等零件组成。

二级输油泵的泵轮利用月牙键连接在传动轴的中部，并随同传动轴一起旋转。泵轮的十字槽内放置四片滑片，滑片一方面自由地在十字槽内做往复移动；另一方面随同泵轮转动。偏心环安装在壳体镗孔内壁，与滑片、泵轮共同构成两个油区，即进油区和压油区。装入偏心环时必须注意方向不能装反，否则会造成输油量不足，输油压力过低。同时，泵轮应以它的圆弧或顶端与偏心环内壁紧密接触。二级输油泵的端面被支承环、槽盘所遮盖，并用两个埋头螺栓将支承环、偏心环一起紧固在分配泵壳体壁上。二级输油泵的工作过程如图 2-38 所示。

由于泵轮中心与偏心环内孔中心有一个偏心距离，因此，当传动轴转动时，泵轮便带动滑片转动，同时滑片在十字槽中做往复移动。滑片端头始终紧贴在偏心环的内壁上，沿内表面刮动，从而改变了进油区的容积，进油区的容积由小到大，燃油被吸入进油区，压油区的容积由大到小，具有一定压力的燃油被压出压油区，完成泵油过程。所以，分配泵的油腔被具有一定压力的燃油所充满，并通过进油道、电磁式停油阀（此时阀开起）、进油口被压送到柱塞上方的压油腔中去。

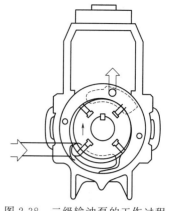

图 2-38　二级输油泵的工作过程

2. 压力控制阀

压力控制阀装置在二级输油泵压油区的油道上，用来控制最大输油压力。压力控制阀的结构如图 2-39 所示。

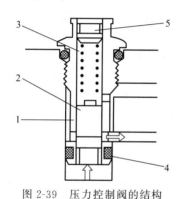

图 2-39　压力控制阀的结构

1—阀体；2—阀柱；3—弹簧；4—张套；5—调压活塞

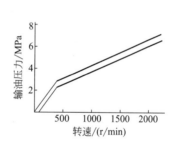

图 2-40　输油压力与转速的关系

压力控制阀由阀体、阀柱、弹簧、张套、调压活塞等零件组成。

二级输油泵的输油压力随着转速的增加而升高，如图 2-40 所示。转速越快，燃油压力也越大，阀体回油孔露出的面积也越大，重新流回二级输油泵的回油量也越多，从而限制了燃油压力继续升高，直到相当于弹簧所限定的燃油压力为止。

（四）高压泵

1. 高压泵的结构

高压泵是产生高压燃油的主要部件，起进油、泵油和配油的作用。高压泵的结构如图 2-41 所示。

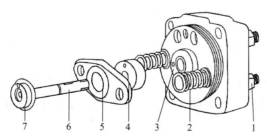

图 2-41　高压泵的结构

1—高压泵头；2—柱塞弹簧；3—分配套筒；4—控制套筒；5—柱塞弹簧座；6—柱塞；7—槽盘

高压泵由高压泵头、分配套筒、柱塞、柱塞弹簧、柱塞弹簧座、控制套筒、端面凸轮盘、滚轮及滚轮圈等零件组成。

（1）高压泵头　高压泵头的结构如图2-42所示。

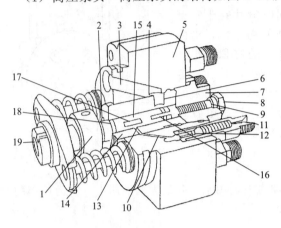

图2-42　高压泵头的结构

1—控制套筒；2—通路；3—进油通路；4—进油口；5—高压泵头；6—分配套筒进油口；7—螺塞；8—放气螺钉；9—紫铜垫圈；10—分配通路；11—出油接头；12—出油阀；13—分配套筒分配口；14—分配套筒；15—柱塞；16—进油槽；17—柱塞分配口；18—柱塞均压槽；19—柱塞缺口

高压泵头插入分配泵壳体的镗孔内，用四个紧固螺栓固定。高压泵头与壳体之间，用一个O形密封圈加以封闭，以防止分配泵漏油。高压泵头上部制有一个通孔（图中未画出），其上端的螺孔，用来安装电磁式停油阀，而下端则是一个进油口，此口与分配套筒进油口相通。

高压泵头左侧的上部制有一个带滤网的进油通路，此通路与分配套筒进油口相通，具有一定输油压力的燃油可从分配泵油腔经滤网、进油通路、电磁式停油阀（此时阀开起）进入分配套筒的进油口。另外，中部还制有一个通路，使分配泵油腔内的燃油通过此通路进入高压泵头前端的分配套筒与螺塞之间的油腔内。螺塞上紧固一个放气螺钉和紫铜垫圈，拧松放气螺钉可排除分配泵高压油路中的空气。高压泵头中心孔内加工有分配通路，分配通路的数目与柴油发动机气缸的数目相等，高

压泵头分配通路的一端与分配套筒分配口相通。当然，分配套筒分配口的数目与高压泵头上的分配通路的数目也是相等的。分配通路的另一端则通过出油阀、出油接头、高压油管与喷油器相通。

（2）分配套筒与柱塞　分配套筒与柱塞的结构如图2-42所示。

分配套筒与柱塞是分配泵的一对精密偶件，采用优质合金材料经过精密加工和选配、研磨而成，配对后不得互换。

分配套筒压配在高压泵头的中心孔内。分配套筒的进油口、配油口与高压泵头的进油口、配油口数目相等，并相通。另外在分配套筒的末端还制有一个均压孔，此孔与分配泵油腔相通。分配套筒的前端用螺塞、O形密封圈和放气螺钉、紫铜垫圈等封闭。

柱塞套装在分配套筒的中心孔内。柱塞上部制有进油槽，进油槽的数目与柴油发动机气缸的数目相等。全部进油槽被一条环形的沟槽连通，中部制有一个柱塞分配口，下部制有径向油道和溢油口。柱塞内制有轴向油道，轴向油道与分配口、径向油道、溢油口相通。在柱塞下部溢油口处套装着控制套筒（泄油环），以调节分配泵的供油量。当柱塞上的某一进油槽与分配套筒的进油口相通时，高压泵便会吸进具有一定压力的燃油。当柱塞上的分配口与分配套筒的某一个分配口相通时，高压泵便会排出高压燃油。当控制套筒打开柱塞溢油口时，高压燃油便会从溢油口流到分配泵油腔内。

在柱塞分配口的下方还制有柱塞均压槽，当此均压槽与分配套筒上的某一个分配通路相通时，该分配通路通过柱塞的均压槽和分配套筒的均压孔与分配泵油腔相通，因此分配通路内的燃油压力便与分配泵油腔内的燃油压力相平衡。这样，可使各个分配通路内的燃油压力在喷射前趋于一致，从而可使各缸供油量均匀。柱塞缺口与端面凸轮盘上的传动销钉相连接，以带动柱塞做旋转运动。

（3）控制套筒（泄油环）　控制套筒用于调节分配泵的供油量。控制套筒的结构如图 2-41 所示。

控制套筒的圆形凹坑与调速器杠杆机构的支承杆下端的球头连接，当支承杆受到杠杆结构的作用而左右摆动时，控制套筒就在柱塞上左右移动，柱塞溢油口与分配泵油腔相通的时刻改变，即供油结束的时刻改变，从而使柱塞的有效行程改变，分配泵的供油量也随之改变。

（4）端面凸轮盘　端面凸轮盘如图 2-43 所示。端面凸轮盘上制有若干分布均匀、间隔相等的端面凸轮，端面凸轮的数目与柴油发动机气缸的数目相等。当传动轴连接器带动端面凸轮盘转动时，端面凸轮便会转到滚轮圈的滚轮上面，滚轮使端面凸轮盘抬起，这样柱塞便会同时做旋转运动和往复运动。当端面凸轮盘旋转一圈时，柱塞也随同旋转一圈，并做了与柴油发动机气缸数目等次数的往复运动，这样分配泵便对柴油发动机的每个气缸完成了一次喷油动作。

由此可见，柱塞的往复运动是强制性的。当滚轮处于端面凸轮凹陷部位时，柱塞将处在下止点（BDC）位置，而当端面凸轮尖顶与滚轮相接触时，柱塞将处在上止点（TDC）位置，如图 2-43 所示。

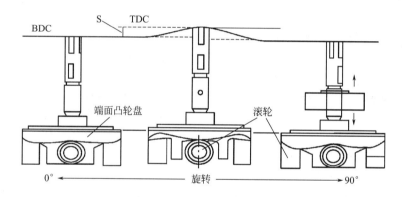

图 2-43　4 缸 VE 型喷油泵端面凸轮和滚轮与柱塞之间的运动关系

此外，在端面凸轮盘上还制有连接器方块和传动销钉等。

（5）滚轮及滚轮圈　滚轮及滚轮圈由滚轮、套筒、销轴及滚轮圈等零件组成。

滚轮圈安装在泵壳镗孔内，并在镗孔内可进行少量的转动。滚轮圈的底部有一个通孔，用以连接供油角自动调节机构的调整销等零件，以便根据柴油发动机转速的变化自动调节供油提前角。

滚轮总成放置在滚轮圈右侧的圆弧形凹槽内，布置匀称。

（6）柱塞弹簧　柱塞弹簧的作用是保证柱塞从上止点回到下止点位置，并使端面凸轮盘压紧在滚轮上。

柱塞弹簧总成由导向销、隔垫（调整垫）、压缩弹簧、弹簧座、槽盘、调整垫等零件组成。

（7）出油阀　出油阀是在分配泵进油过程中，起止回阀的作用，可防止高压燃油从高压油管流回柱塞的压油腔，否则供油量将会减少，在高压泵停止供油后，迅速降低高压油管中的燃油压力，能使喷油器立即停止喷油，防止产生漏滴。出油阀也是分配泵的一对精密偶件，选用优质合金材料经过精密加工和选配，研磨而成，配对后不得互换。出油阀的结构如图 2-44 所示。

出油阀上部有一个密封锥面，出油阀弹簧将此锥面压紧在出油阀座 1 上，使柱塞上方的

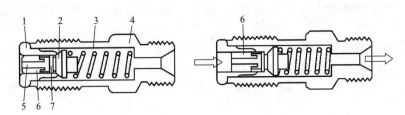

图 2-44   出油阀的结构
1—阀座；2—密封锥面；3—出油阀弹簧；4—出油接头；5—导向部；6—出油阀；7—减压环带

压油腔与高压油管隔断。锥面下面有一个圆柱形的环带，称为减压环带，它与阀座内孔严密配合，也具有密封作用。减压环带以下加工有四个直槽，使断面呈十字形，这部分称为导向部，起导向作用，而直槽则称为燃油的通路。

当柱塞上行旋转至进油口关闭时，柱塞上方压油腔的燃油压力开始升高，直到分配通路被打开时，高压燃油克服了出油阀弹簧的预紧力后，出油阀才开始上升，其密封锥面离开阀座，但此时还不能立即向高压油管供油，必须要等到出油阀上的减压环带完全离开阀座导向孔时，高压燃油才能进入高压油管。出油阀从落座位置上升到开始向高压油管供油时所移动的距离为 h。

当柱塞继续上行直到柱塞溢油口与分配泵油腔相通时，柱塞上方高压燃油的压力骤然下降，出油阀在其弹簧和高压油管内高压燃油的共同作用下迅速下落。当减压环带的下端进入阀座导向孔时，柱塞上方的压油腔与高压油管隔断，此时燃油则不能从高压油管中流回压油腔。接着出油阀继续下落，直至密封锥面落座，由于出油阀减压环带让出了一个减载容积等于 $\pi d^2/4h$ 的空间，使高压油管中油腔容积增大，压力便迅速降低，喷油器立即停喷，避免产生滴油现象。

此外，由于出油阀锥面与阀座配合严密，高压油管中保留了一定量的、具有一定剩余压力的燃油，这就使每次供油开始较为迅速。

另一种是减载作用可变的出油阀，这种出油阀的结构与一般常用的相同，只是将减压环带磨掉一块。出油阀的升程在各转速下接近与常数，但转速降低时，出油阀落座的速度较慢，由于减压环带处磨掉一块，环带切断油路慢，燃油便可流回柱塞压油腔一部分，因此，它的减载作用变小，使高压油管中的残余压力升高，供油量增多。这样，便可使喷油泵的循环供油量随转速下降而增加，从而起到校正的作用。

2. 工作过程

（1）进油   在柱塞弹簧的作用下，柱塞由上向下（自右向左）运动，行至接近下止点位置时，柱塞上部的进油槽与分配套筒的进油口相通，来自输油泵的具有一定输油压力的燃油，经电磁式停油阀（此时阀开起）进入柱塞上方的压油腔和轴向油道内。柱塞下行至下止点（BDC）位置时，柱塞上方的压油腔和轴向油道内被燃油所充满，如图 2-45 所示。

（2）泵油和配油   在端面凸轮的作用下，柱塞由下向上（自左向右）运动，行

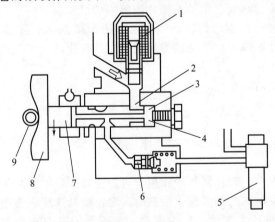

图 2-45   进油
1—电磁式停油阀；2—分配套筒进油口；3—柱塞
进油槽；4—压油腔；5—喷油器；6—出油阀；
7—柱塞；8—端面凸轮；9—滚轮

至柱塞上部的进油槽和环形槽越过进油口时，进油口便被关闭，柱塞上方压油腔的燃油受到压缩，压力开始上升。当柱塞继续上行并旋转至柱塞上的分配口与分配套筒上的分配口之一相通时，分配通路被打开。此时，燃油压力已增高至足以使出油阀打开，高压燃油便经出油阀、高压油管被压送到喷油器，最后喷入燃烧室内，如图2-46所示。

由于柱塞不断进行往复运动和旋转运动，因此柱塞上的分配口与分配套筒上的分配口的对合位置也是不断变化的，从而完成了高压燃油的分配，如图2-47所示。

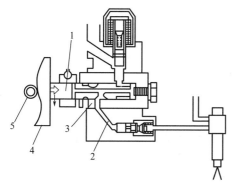

图 2-46 泵油

1—柱塞；2—分配通路；3—分配口；
4—端面凸轮；5—滚轮

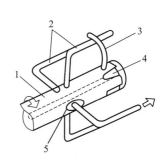

图 2-47 配油

1—柱塞；2—分配通路；3—进油通路；
4—柱塞进油槽；5—柱塞分配口

（3）供油结束 在端面凸轮的作用下，柱塞进一步向上运动，行至柱塞上的溢油口被控制套筒所打开，并与壳体油腔相通时，柱塞上方压油腔的高压燃油由轴向油道、径向油道、溢油口流回壳体油腔内。此时，柱塞上方压油腔的燃油压力急速降低，在出油阀弹簧作用下，出油阀迅速关闭，分配泵停止供油。然后，柱塞继续上行直到上止点（TDC）为止。此时，因为柱塞上方的压油区与壳体油腔是相通的，所以分配泵不供油，如图2-48所示。

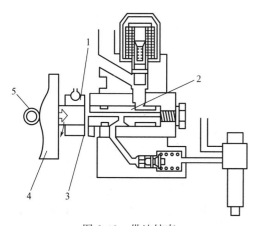

图 2-48 供油结束

1—控制套筒；2—柱塞；3—溢油口；4—端面凸轮；5—滚轮

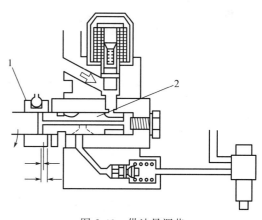

图 2-49 供油量调节

1—控制套筒；2—柱塞

（4）供油量的调节原理 在分配泵的供油过程中，柱塞从下止点位置移动到上止点位置时，柱塞所移动的距离称为柱塞的全行程。全行程的大小完全取决于端面凸轮的升程，柱塞从下止点上行到使进油口完全关闭时，柱塞所移动的距离称为柱塞的预行程，它是根据柴油发动机对供油提前角的要求而确定的。从出油阀开起控制套筒，将柱塞溢油口打开回油时，柱塞所移动的距离称为柱塞的有效行程。改变控制套筒的位置，即可改变柱塞的有效行程，柱塞的有效行程总是小于其全行程。

当通过调速器杠杆机构的支承杆使控制套筒移动时，由于改变了柱塞上的溢油口与壳体油腔相通的时刻，即改变了供油结束时刻，因此便改变了柱塞实际供油的有效行程 h。向左移动控制套筒，有效行程 h 减小，供油量减少；向右移动控制套筒，有效行程 h 加大，供油量增加，如图 2-49 所示。

可见，这种分配泵供油量的调节是靠调速器调节控制套筒的位置，从而控制断油时刻，即控制供油的有效行程来实现的，因此把这种调节方法称为断油计量。

（5）压力均衡化　供油结束后，柱塞再转过 $180°$，柱塞上的均压槽与分配套筒的分配通路相通，使分配通路内的燃油压力和壳体油腔内的燃油压力相平衡。这样，可使各个分配通路内的燃油压力在喷射前趋于一致，从而可使各缸喷油均匀，如图 2-50 所示。

（6）防止柴油发动机反转　这种分配泵可防止柴油发动机反转。当柴油发动机按正常方向运转时，柱塞下行到接近下止点位置，燃油被吸进柱塞上方的压油腔内。然后，柱塞上行至进油口关闭，柱塞分配口与分配套筒分配通路之一相通，压送燃油。而在柴油发动机反转的情况下，柱塞上升时进油口开起，因此，燃油得不到增压，不能喷射。

（五）电磁式停油阀

电磁式停油阀用以打开或切断进入气缸的燃油通路。

电磁式停油阀由阀体、电磁线圈、弹簧等零件组成。

电磁式停油阀的电路如图 2-51 所示。在开关上设有 ST、ON、OFF 开关。

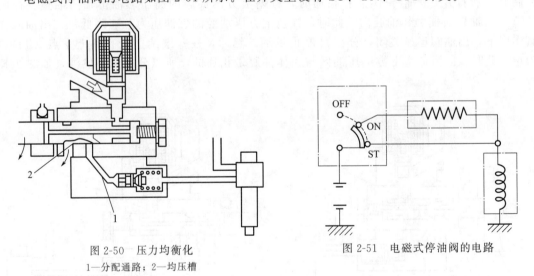

图 2-50　压力均衡化
1—分配通路；2—均压槽

图 2-51　电磁式停油阀的电路

启动时，将启动开关 ST 闭合，从蓄电池来的电流直接经电磁线圈，较大的电流使线圈内的阀柱被吸到上方并压缩弹簧，从而打开燃油通路，如图 2-52（b）所示。

柴油发动机启动后，将开关 ON 闭合，此时，由于电路中串入了电阻，使通过电磁线圈的电流减小，但能使阀柱保持在线圈内。

柴油发动机熄火时，将开关 OFF 闭合，电路被切断，线圈中的阀柱在弹簧作用下回落阀座，从而切断油路，柴油发动机熄火停车，如图 2-52（a）所示。

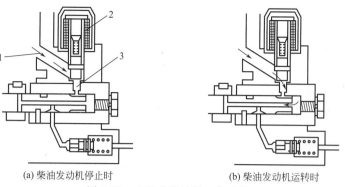

(a) 柴油发动机停止时　　　　　　　(b) 柴油发动机运转时

图 2-52　电磁式停油阀工作过程

1—燃油通路；2—线圈；3—进油口

第五节　P 型喷油泵

P 型喷油泵与 A 型喷油泵相比可以满足更大功率柴油发动机的需要，工作原理与 A 型喷油泵基本相同。P 型喷油泵是强化型直列式喷油泵。

一、P 型喷油泵的结构特点

P 型喷油泵的结构如图 2-53 所示。P 型喷油泵与 A、B 型喷油泵类似，但没有侧窗，是完全密闭式，其具有较高的强度和刚度，能够承受较高的泵端压力。P 型喷油泵采用强制润滑，泵体上设有润滑油供油孔，凸轮室内润滑油由回流口位置保证。P 型喷油泵与调速器之间没有油封，两者相通，泵底壳部分用底盖板密封。

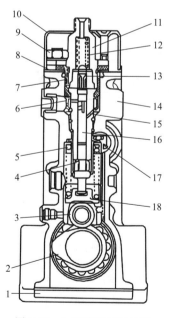

图 2-53　P 型喷油泵的结构

1—底板；2—凸轮轴；3—挺柱滚轮；4—控制套筒；5—柱塞弹簧；
6—挡油环；7—凸缘衬套；8—正时垫片；9—紧固螺母；10—护罩；
11—出油阀紧座；12—出油阀弹簧；13—出油阀；14—泵体；
15—柱塞套；16—柱塞；17—调节拉杆；18—柱塞弹簧下座

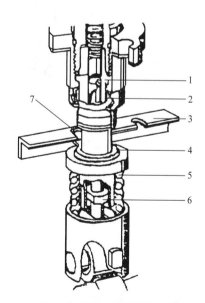

图 2-54　P 型喷油泵油量调节机构

1—柱塞；2—柱塞套；3—调节拉杆；4—控制套筒；
5—柱塞回位弹簧；6—柱塞调节臂；7—钢球

P型喷油泵的泵油系统采用预装悬挂式结构，柱塞套悬挂在法兰套内，由压入法兰套上的定位销定位，柱塞偶件、出油阀偶件、出油阀弹簧、减容体和出油阀垫片由出油阀紧座固定在法兰套内，坚硬的挡油圈由卡环固定在柱塞套的进回油孔处，防止燃油喷射结束时逆流冲蚀泵体。泵油系统作为一个整体，悬挂在泵体安装孔内，由螺栓固定。低压密封采用O形密封圈。法兰套开有腰形孔，可以在0°～10°范围内转动柱塞套以调整各分泵油量均匀度。用法兰套与泵体之间的垫片来调整供油预行程和各分泵供油间隔角度，以保证凸轮型线在最佳工作段上。

P型喷油泵油量调节机构如图2-54所示，主要由角型供油拉杆与油量控制套筒组成。角型拉杆是通过拉杆衬套安装在泵体上，套在柱塞套外圆上的油量控制套筒上的钢球与供油拉杆方槽啮合，柱塞下端的扁形块嵌在油量控制套筒的下部槽内，拉动供油拉杆，通过油量控制套筒带动柱塞转动，从而改变了柱塞与柱塞套的相对位置，达到改变供油量的目的。

二、P型喷油泵的分解

在P型喷油泵分解之前，应充分洗涤附着在喷油泵外表面的灰尘和油垢，并记录调整数据，分解前先准备好专用工具，P型喷油泵分解图如图2-55所示，按以下步骤进行分解。

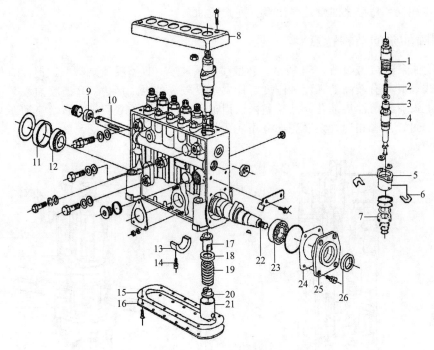

图2-55　P型喷油泵分解图

1—出油阀紧座；2—出油阀弹簧；3—出油阀偶件；4—柱塞偶件；5—凸缘衬套；6—正时垫片；7—挡油环；
8—护罩；9—拉杆衬套；10—拉杆；11—轴承套圈；12—后轴承；13—中间轴瓦；14—螺钉；15—密封垫；
16—底板；17—油量控制套筒；18—柱塞弹簧上座；19—柱塞弹簧；20—柱塞弹簧下座；21—挺柱；
22—凸轮轴；23—前轴承；24—调整垫片；25—前轴承盖；26—骨架油封

① 将P型喷油泵装在台虎钳上。

② 用内六方扳手拆下螺堵（用螺栓拧入后将其拉出）。

③ 转动凸轮轴，当各凸轮位于上止点时插入滚轮体保持器，并转动滚轮体保持器使凸轮与滚轮体不接触。

④ 拆下调速器总成。

⑤ 拆下提前器螺塞，拧入凸轮轴螺母，用专用工具拆下提前器总成。

⑥ 拆下输油泵总成。

⑦ 拧松螺栓，拆下底盖板（在凸轮轴拆下后将闷塞压入凸轮室，将其取出）。

⑧ 拆下固定中间轴承螺栓及轴承盖螺栓。

⑨ 取下轴承盖、凸轮轴及中间轴承。

⑩ 将滚轮体压装工具装于泵体安装孔内，压动杠杆，取下滚轮体保持器。

⑪ 取下滚轮体压装工具。

⑫ 从泵体内依次取出滚轮体总成，用钢丝钩住弹簧下座润滑油孔，将弹簧下座与柱塞一起拉出（拉出的柱塞一定要放在干净的柴油容器内并记住各分泵位置）并取出柱塞弹簧、油量控制套筒和弹簧上座。

⑬ 用螺丝刀拆下护罩螺钉并取下护罩。

⑭ 用套筒扳手拆下固定法兰套的螺母，将油泵总成拆下（对于拆下的分泵总成要与拆下的柱塞成对地放在一起）。

⑮ 用专用扳手拆下拉杆紧固螺套，取下定位销。

⑯ 拆下拉杆限位器，拆下拉杆。

⑰ 将分泵总成固定于台虎钳上，用套筒扳手松开出油阀紧座，并取出减容体、出油阀弹簧、密封垫、出油阀偶件。

⑱ 拆下柱塞套外面的 O 形圈、钢丝挡圈及挡油圈，并取下柱塞套。

三、零件的检查

① 检查调节拉杆是否平直，若其弯曲超过 0.05mm，应更换。

② 检查调节拉杆与调节套筒之间的齿隙，若超过允许极限，两个零件都应更新。允许极限为 0.2mm，精度标准为 0.15mm。

③ 其余与 A 型泵相同

四、P 型喷油泵的装配

P 型喷油泵的装配步骤与分解步骤相反，但应遵循下列要求。

1. 固定

用泵固定板将泵体可靠地固定在拆装台上。

2. 安装调节拉杆

将拉杆连同拉杆衬套和圆柱销（或拉杆止动销）一起装入泵体。用螺纹套固定扳手将拉杆螺纹套旋进孔中。

注意：

① 应保证装入的调节拉杆上表面平直；

② 装入的调节拉杆应移动灵活自如。

3. 分泵总成安装

① 将柱塞套筒装入分泵法兰套内。注意：插入柱塞套筒上的导向槽应与柱塞套筒锁销对准。

② 然后按顺序装上出油阀、出油阀密封垫、出油阀弹簧、出油阀减容体、带 O 形环的出油阀紧座。

③ 将挡油环和卡环安装到柱塞套筒上。注意：不可将挡油环安装颠倒，即装入的挡油环应使其孔眼在下部。假如装颠倒了，使孔眼正对着柱塞套筒的油孔，供油后期喷出的油将

侵蚀泵体。

4. 分泵总成的装复

① O 形环的安装。

a. 将 O 形环装在柱塞套筒的中间部位（大约距顶边缘 11mm）。

b. 装上的 O 形环应与边缘平行。

② 安装分泵总成。

a. 用压缩空气吹出泵体中的油。

b. 将分泵总成缓慢地插入泵体，随后将垫片尼龙垫圈和 O 形环装在分泵法兰盘下。装入的分泵总成应使外套中的套筒锁销朝向调节拉杆一侧。

注意：一定要使用新的尼龙垫圈和 O 形环，否则会引起漏油。

③ 分泵总成安装后再装上出油阀紧座压板弹簧垫圈和夹紧螺母，使用扭力扳手，交替地将螺母按规定力矩拧紧。紧固力矩为 20～30N·m。

④ 用套筒和扭力扳手将出油阀紧座按垫圈材料的不同紧固到规定力矩。

注意：力矩不足时，会造成漏油或其他有关零件的损伤，而过大的力矩，会妨碍柱塞运动。

5. 气密试验

从拆装台上卸下喷油泵，将柱塞插入与其配合的分泵，并用滚轮体支撑销将其顶住。通过进油孔，对浸在油中的泵通入 0.5MPa 的气压，以检查泵是否漏气。若柱塞套筒周围出现气泡，则说明 O 形圈密封不严。出现这种情况时，要卸下分泵总成，根据需要进行修复。

注意：柱塞套筒与柱塞之间出现的小白气泡是正常的。气密试验完成后，将喷油泵重新装在拆装台上，取下柱塞。

6. 调节套筒的安装

用调节套筒拔出器将调节套筒装在柱塞套筒上，要使调节套筒的球形臂恰好卡入调节拉杆的槽中。

注意：

① 为了便于安装调节套筒，应使调节拉杆的槽与泵体上的滚轮体导向槽对准。

② 若球形臂与调节拉杆的槽啮合不当，在安装其他零件时，球形臂会从根部弯曲，造成调节拉杆移动困难。

7. 柱塞的安装

依次将上弹簧座和柱塞弹簧装入泵体，将下弹簧座装入柱塞的下端，再一同装入柱塞套筒，并使柱塞凸耳上的标记（例如 0590）朝向泵前方或固定锁销的一侧，即柱塞套筒的油孔与柱塞上的螺旋槽对准。若装反了，对应的分泵将供油过多，且无法调整供油量。

8. 滚轮体的安装

将弹簧压缩器安装到泵体上，用弹簧压缩器将滚轮体压下直到可以装上滚轮体支撑销，若滚轮体移动距离不够，不能装上滚轮体支撑销，则表明柱塞凸耳未进入调节套筒，应加大弹簧压缩器手柄的压力，并来回缓慢移动调节拉杆，再装上滚轮体支撑销支撑滚轮体。

9. 凸轮轴的安装

① 将凸轮轴与中间轴承一起从驱动端插入泵体。用涂密封胶的紧固螺钉将中间轴承固定。注意：喷油泵凸轮轴轴径粗的一端为驱动端。

② 将轴承盖连同垫片和 O 形环一同装上，并用紧固螺钉固定轴承盖。

10. 凸轮轴轴向间隙测量

将凸轮轴轴向间隙测量器旋在凸轮轴驱动一端上，用固定在测量器上的百分表测量凸轮轴轴向间隙。

若测得值与规定值不符，可通过改变加在轴承盖和驱动端与泵体之间的垫片的厚度进行调整。

第六节　P7型喷油泵

上海柴油发动机厂生产的P7型喷油泵与日本电装公司生产的EP-9型喷油泵相似，具有P型喷油泵的功能和特点。

一、P7型喷油泵的结构特点

P7型喷油泵的结构特点是在不拆卸凸轮轴的情况下能从该型喷油泵的顶部拆卸和安装柱塞偶件，泵体为全封闭式，提高了泵体的强度和支承能力，使其适合更高的喷射压力。

出油阀和出油阀座装在柱塞套上，此柱塞套与分泵体是一个整体，柱塞套上有一个法兰，两个螺栓和螺母将柱塞固定在泵体上，像P型喷油泵那样，其柱塞偶件吊在泵体下，柱塞套壁很厚，即使出油阀接头在较大的扭紧力下，也不会使柱塞套变形。P7型喷油泵的结构如图2-56所示。

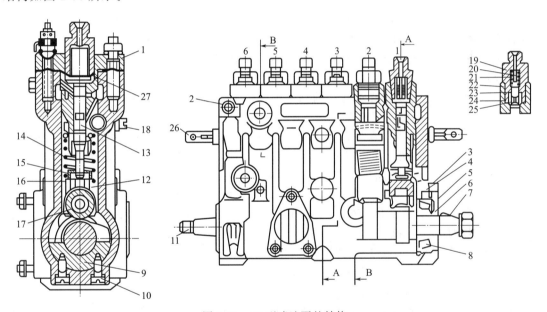

图2-56　P7型喷油泵的结构

1—泵体；2—放气螺钉；3—轴承盖；4—轴承盖垫片；5—轴向间隙调整垫片；6—轴用密封圈；7—半圆键；8—圆锥滚子轴承；9—中间轴承；10—内六角螺钉；11—凸轮轴；12—挺柱体；13—柱塞偶件；14—柱塞弹簧；15—弹簧座；16—钢丝挡圈；17—油量控制套筒；18—齿杆定位螺钉；19—出油阀接头；20—减容体；21—出油阀弹簧；22—O形橡胶密封圈；23—出油阀垫片；24—出油阀偶件；25—出油阀垫圈；26—齿杆；27—预行程调整垫片

（一）泵体

P7型喷油泵为悬挂整体法兰式全封闭型喷油泵，泵体具有以下特点。

① 泵体为全封闭型，轴箱为圆柱型平底安装，泵心距为32mm，铝合铸造，刚性好，重量轻，结构紧凑。

② 由于采用悬挂整体法兰式的柱塞套结构，泵体所受的力由螺柱承受，因此在泵体螺柱部分有加强筋，以承受泵油力。

③ 挺柱体部件及柱塞弹簧、弹簧座的装配由顶端孔安装及钢丝挡圈卡住。

④ 有三个挺柱体定位销，每个分别定位左右两个挺柱体，定位销在泵体尾部压配，孔口用环氧树脂封住。

⑤ 在中间挺柱体定位销的孔中有一个小的斜孔，为润滑油进油孔，贯通挺柱体的圆柱面使润滑油降压减量后流出，因此润滑为外循环。

⑥ 凸轮轴室有中间轴承安装孔，轴承外圈分别压配在泵体轴承孔两端。

⑦ 拉杆孔的两端安装拉杆衬套并同镗，中间安装齿杆定位螺钉孔。

⑧ 燃油进回油孔和润滑油进回油孔的螺孔装有钢丝螺套，泵体进油道两端装有放气螺钉 2。

⑨ 在泵体齿杆孔的对面外侧打有"S"记号，供装配时用。

（二）分泵总成

分泵总成包括柱塞偶件、柱塞弹簧、弹簧座、出油阀偶件、出油阀弹簧、减容体、出油阀接头、O 形橡胶密封圈、出油阀垫片、出油阀垫圈等组成。除柱塞弹簧、弹簧座由钢丝挡圈压在泵体内外，其他都独立安装成分泵总成部件，再装配到油泵体内。各零部件的结构特点如下。

① 柱塞偶件。

a. 柱塞套即法兰套，因此柱塞套壁较厚，即使出油阀接头在较大的扭紧力矩下，也不会使柱塞套变形，这样可保证分泵总成的高压密封。

b. 柱塞采用工作槽对称斜槽结构，可避免柱塞在运动状态下的单边磨损，提高了柱塞偶件的使用寿命。

c. 柱塞套回油孔上安装特殊结构的挡油圈，进回油孔采用高低孔，可避免柱塞的穴蚀现象，提高了柱塞偶件的使用寿命。

d. 柱塞头部有记号点。在柱塞插入挺柱体转动时该点应在齿条的对面，135 柴油发动机用柱塞偶件的柱塞套法兰面边缘上刻有"38P"字样，SteyrD6114 柴油发动机刻有"93P"字样，该面在安装时应与泵体刻有"S"记号同向。

② 出油阀减压环带铣有扁槽，以改善柴油发动机低速的稳定性，135 柴油发动机用的出油阀铣边 0.10mm，在阀体大外圆边上印有"10"字样（SteyD6114 柴油发动机出油阀铣边 0.15mm，阀体大外圆印有"15"字样）。

③ 出油阀垫片和出油阀垫圈为高压密封之用，出油阀垫片安装在出油阀体上平面与出油阀接孔内肩胛相压，出油阀垫圈安装在柱塞套肩胛平面和出油阀体大平面底部，以防止柱塞套肩胛面加工不良引起高压渗漏。

④ 两种 O 形橡胶密封圈材料为氟橡胶体基，具有良好的耐油、耐热性能，为低压密封。尤其应注意的是，安装柱塞时柱塞套底部的 O 形橡胶密封圈不能切边，否则会引起渗漏，燃油将流向凸轮室，并由润滑油外循环带到柴油发动机曲轴箱，使柴油发动机的整个润滑系统受到影响。

⑤ 在安装分泵组时，与泵体间有预行程调整垫片以调整预行程。

（三）油量控制结构

P7 型喷油泵油量控制机构由齿杆和油量控制套筒组成。

调节齿条的中间都有一个标志点，为装配记号。

油量控制套筒具有偏心环，装配后，油量控制套筒的偏心环在弹簧座内，它的齿圈平面具有标志点，在装配时应与油量控制套筒的标志点对准。

（四）挺柱体部件

挺柱体部件包括挺柱体、滚轮、滚轮套圈、滚轮销由锁簧定位，滚轮的外圆为鼓形，滚轮圈内孔为凸圆弧形，以降低凸轮和滚轮的边缘接触应力。

柱塞的头部卡在挺柱体头部的槽内，柱塞弹簧在挺柱体头部外圆的肩胛平面上。

（五）凸轮轴部件

凸轮轴部件包括凸轮轴和圆锥磙子轴承、中间轴承（两轴承型号不一样）。在安装凸轮轴部件时，轴承盖和调速器前壳轴承内孔均有调整垫片，以调整凸轮轴轴向间隙为 $0\sim0.05mm$，为了使凸轮和滚轮接触面全部贴合，由凸轮轴偏心轮调整间隙分配，调整结束后用专门工具测量凸轮在导程孔内的偏移度。

二、P7 型喷油泵的工作原理

（一）柱塞供油原理

当柱塞处于下止点时，燃油由低压油腔充满柱塞上部空间，如图 2-57 所示。

在柱塞上升至上棱边封闭柱塞套进油孔后，柱塞上部内燃油压力逐渐升高，直到出油阀开启，开始供油，如图 2-58 所示。

柱塞在开始供油后，继续上升，压缩燃油进行供油，如图 2-59 所示。

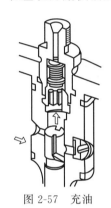 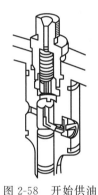 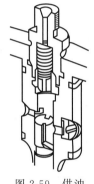 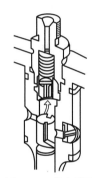

图 2-57　充油　　　　图 2-58　开始供油　　　　图 2-59　供油　　　　图 2-60　结束供油

当柱塞上升至螺旋槽刃缘与柱塞套回油孔的下缘相切时，柱塞上部燃油经直槽及回油孔流回低压腔，供油结束，如图 2-60 所示。

从开始供油到结束供油之间的柱塞行程称为有效行程。

（二）供油调节原理

调节齿杆移动时，油量控制套筒带动柱塞旋转，从而实现每循环供油量的调节。

供油量与有效行程成正比。当调节齿杆处于最大供油量位置时，柱塞有效行程最大，油量也最大。如图 2-61 所示为最大供油量位置，如图 2-62 所示为部分供油量位置。

当柱塞转到螺旋槽刃缘与柱塞套回油孔的下缘相切时，为零供油量位置，如图 2-63 所示。

（三）出油阀的工作原理

柱塞上部的燃油不断地被上升的柱塞所压缩，当燃油压力增大到超过出油阀弹簧预紧力时，出油阀向上升起。在减压环带越出出油阀座后，燃油经出油阀进入高压油腔，如图 2-64 所示。

在柱塞供油结束时，出油阀因出油阀弹簧作用下落，当减压环带进入阀座时，封闭了高压油腔。随后出油阀继续下降，直至落座，此时，高压油腔容积增大，油管压力迅速卸载，如图 2-65 所示。

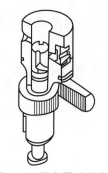
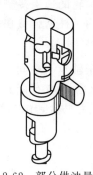
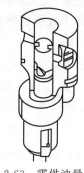

图 2-61 最大供油量位置　　图 2-62 部分供油量位置　　图 2-63 零供油量位置

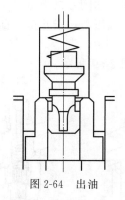
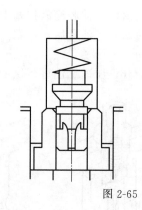
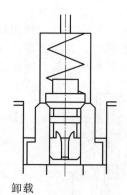

图 2-64 出油　　　　　　　　　　　　图 2-65 卸载

三、P7 型喷油泵的拆装与检查

（一）P7 型喷油泵的分解

将喷油泵紧固在专用夹具上，拆下喷油泵角度自动提前器。装上一个用于转动凸轮轴的辅助联轴节（六角螺母），装配时拧紧力矩为 5～7N·m。拆下输油泵，拆下调节齿杆限位装置，如图 2-66 所示。

拧下紧固分泵部件法兰的六角螺母，用专用工具将供油部件从泵体中取出，如图 2-67 所示。

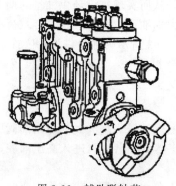

图 2-66 辅助联轴节

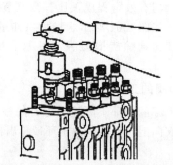

图 2-67 用专用工具取出泵油部件

用钳子取出油量控制套筒（装配时应使油量控制套筒顶端上的记号对准调节齿杆上的记

号）。旋转凸轮轴，使要拆的柱塞处于上止点位置，用柱塞钳将柱塞旋转90°，使柱塞尾部的凸缘从挺柱体顶部的槽中脱出，然后取出柱塞，在装配时应使柱塞端面上的记号对准泵体的进油腔（标有"S"记号）的一侧。

装配时应使油量控制套筒顶端上的标记对准调节齿杆上的标记，如图2-68所示。

旋转凸轮轴，使要拆的柱塞处于上止点位置。用柱塞钳将柱塞旋转约90°，以使柱塞尾部的凸缘从挺柱体顶部的槽中脱出，然后取出柱塞。在装配时应使柱塞端面上的标记背对泵体上标有"S"标记的一侧，如图2-69所示。

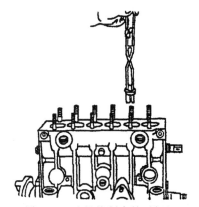
图2-68 油量控制套筒对标记

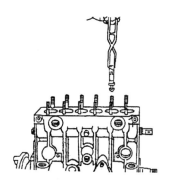
图2-69 柱塞端面对标记

注意：柱塞与柱塞套不能互换；柱塞顶部边缘不能碰毛，否则会影响柱塞偶件的滑动性。

旋出齿杆定位螺钉（装配时，涂上乐泰221，拧紧力矩为4～6N·m），从侧向取出调节齿杆，如图2-70所示。

旋转凸轮轴，使要拆的挺柱体部处于下止点位置。把专用工具插入泵体的柱塞套孔中，并将其短促有力地往下压（图2-71），锁住弹簧座的钢丝挡圈便可随工具取出。然后用钳子拿出弹簧座、柱塞弹簧和挺柱体部件，拆下辅助联轴节。

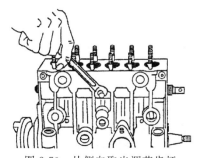
图2-70 从侧向取出调节齿杆

图2-71 专用工具下压锁住弹簧座钢丝挡圈

拆下紧固轴承盖的十字槽螺钉（装配时，涂上乐泰221，拧紧力矩为8～11N·m）。拧下在泵体底部的2个紧固中间轴承的内六角螺钉（装配时，涂上乐泰221，拧紧力矩为4～6N·m），如图2-72所示。

把泵体加热到80～100℃。把调速器端的凸轮轴轴承外圈向外压出，再在该端将凸轮轴连同轴承内圈和中间轴承从泵体中抽出。此时凸轮轴另一端的轴承外圈在泵体上，从反方向将其压出，如图2-73所示。

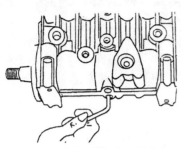

图 2-72 拆下泵体底部 2 个螺钉

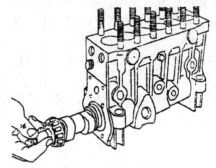

图 2-73 抽出凸轮轴

如要拆卸泵油部件，先取下柱塞套外圆上的 O 形密封圈，将其装在专用夹具上。拧下出油阀接头（装配时拧紧力矩 80～85N·m→0→60～70N·m），拿出出油阀弹簧、垫片及出油阀偶件，如图 2-74 所示。

注意：出油阀与出油阀座不能互换。

（二）P7 型喷油泵的检查

检查柱塞螺旋斜槽及头部的磨损、剥落及变色情况。

用柴油清洗柱塞偶件，然后将其倾斜 45°，把柱塞拉出约 10mm，放手后柱塞应能无阻滞地自行下滑至初始位置，如图 2-75 所示。把柱塞旋转到另外位置，按上述要求检查 2～3 次。

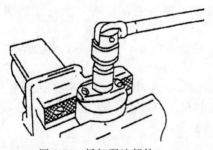

图 2-74 拆卸泵油部件

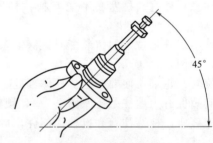

图 2-75 检查柱塞

检查出油阀密封锥面及外圆的磨损情况：用柴油清洗出油阀偶件；拉出出油阀，放手后应能无阻滞地下滑，直至与出油阀相碰。

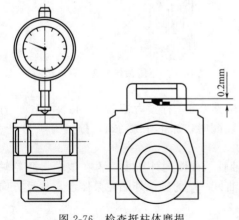

图 2-76 检查挺柱体磨损

检查滚轮内外表面的剥落，以及局部磨损和损伤情况；检查滚轮、滚轮套圈和滚轮销的总间隙，不应超过 0.3mm。

检查挺柱体与柱塞接触表面的磨损量，应小于 0.2mm，如图 2-76 所示。

检查凸轮轴锥部的损伤，凸轮表面剥落、局部磨损及损伤情况。

检查与轴用密封相接触部位的磨损量，应小于 0.2mm。如图 2-77 所示，箭头所指处为应检验部位。将凸轮轴的两端支承在 V 形铁上，用百分表测量凸轮轴中间点的跳动，应小于 0.15mm，否则应校正或更换。

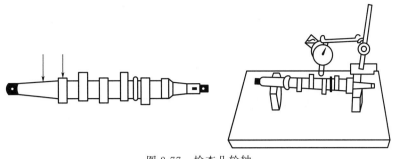

图 2-77　检查凸轮轴

（三）P7 型喷油泵的装配

喷油泵的装配按与分解过程相反的顺序进行，装配前应仔细清洗各壳体之间的密封平面，装配时务请注意：卸下的 O 形橡胶密封圈、出油阀垫片等均应更换；各螺钉、螺母按规定力矩拧紧；装配后各运动件应灵活无阻，如图 2-78 所示。

装配凸轮轴时应严格检查凸轮轴的轴向间隙，其值为 0～0.05mm，如图 2-79 所示。

装配结束后，检查并调节齿杆在任何情况下都能灵活移动。

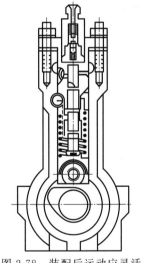

图 2-78　装配后运动应灵活

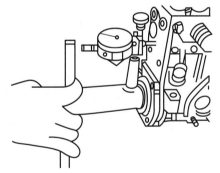

图 2-79　检查凸轮轴轴向间隙

第七节　PB 型喷油泵

一、PB 型喷油泵的结构

（一）PB 型喷油泵的技术参数

缸数	4～8 个	油泵最高转速	1800r/min
柱塞直径	9～12mm	最高泵端压力	95MPa
凸轮升程	10mm、11mm、12mm	适用发动机功率	45kW/单缸（最大）
最大供油量	230mm³/循环		

（二）PB 型喷油泵的特点

① PB 型喷油泵的基本尺寸与 A 型喷油泵相同，以便达到两种泵可以互换的目的。

② 喷油泵的柱塞及泵油部件壳体做成一体，以承受较高的喷射压力。

③ 整体密封设计保证了防水和防尘。

④ 采用 P 型喷油泵的直角形拉杆。

⑤ 在泵体、凸轮轴、轴承等处都采取了特殊的加固措施，以便能承受较高压力。

⑥ 泵油部件和挺柱体等运动部件都能从泵的顶部拆出。更换易损件时无需拆卸凸轮轴，因而大大提高了维修的方便性。

（三）PB 型喷油泵的结构

PB 型喷油泵的结构如图 2-80 所示。

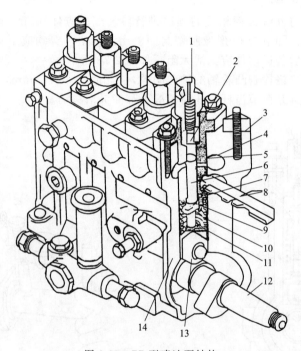

图 2-80 PB 型喷油泵结构

1—出油阀紧座；2—出油阀；3—垫片；4—前后衬套；5—柱塞套；6—柱塞；7—弹簧上座；
8—拉杆；9，10—柱塞弹簧；11—弹簧下座；12—凸轮轴；13—挺杆体；14—泵体

铝制泵体用于支承并保护内部零件。凸轮轴由两端的轴承支承着，并由发动机驱动，以带动柱塞和输油泵工作。

由柱塞和柱塞套组成的柱塞偶件是喷油泵的主要零部件。柱塞由凸轮通过挺杆体来带动，并在柱塞套内做往复运动，以便压缩和喷射燃油。同时通过拉杆带动油量控制套筒做旋转运动以调节供油量。出油阀和出油阀紧座装在柱塞套上，柱塞套上有一个法兰，由两个螺栓和螺母将柱塞偶件固定在泵体上。像 P 型喷油泵那样，其柱塞偶件装于泵体上，柱塞套承受出油阀紧座的拧紧力矩。不像 A 型喷油泵那样，拧紧力矩由泵体直接承受，因而 PB 型喷油泵更适合于高压喷射。柱塞顶升程是靠改变柱塞套下面垫片的厚度来调整的。柱塞套上法兰盘的螺栓孔是长孔，转动法兰盘能调整各个分泵柱塞偶件的供油量。

泵体油道内装有前后衬套，用以防止高压燃油回油时冲刷泵体。

PB 型喷油泵结构方面突出的特点是在不拆卸凸轮轴的情况下，能从泵的顶部拆卸和安

装柱塞偶件。在泵体的前面和底部不设窗口。这种设计提高了泵体的强度和支承能力，使得结构更适合于高压喷射。

如图 2-81 所示，定位销压装在泵体上，用来固定弹簧上座。

柱塞有两个扁位，分别装在油量控制套筒和弹簧下座内。工作时柱塞在下座内的位置，如图 2-82 所示。

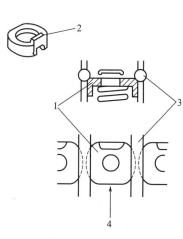

图 2-81 弹簧上座

1,2—弹簧上座；3—定位销；4—扁面

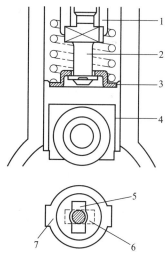

图 2-82 工作时柱塞在下座内的位置

1—油量控制套筒；2—柱塞；3,7—弹簧下座；
4—挺杆体；5—弹簧下座槽；6—扁位

泵体油道的进油侧和回油侧是彼此分隔的，如图 2-83 所示，这种结构使得回油压力更稳定。

如图 2-84 所示为柱塞偶件。在柱塞的圆柱面上开有单向或对称的斜槽和直槽。进油孔 a 与油道的进油侧相连，回油孔 b 与油道的回油侧相连。

柱塞套有一个环形槽和一个小而倾斜的回油孔。由上部泄下的燃油通过回油孔流回到油道的进油侧（低压侧）。

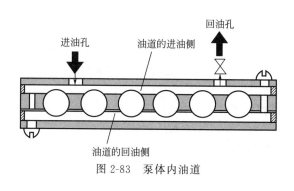

图 2-83 泵体内油道

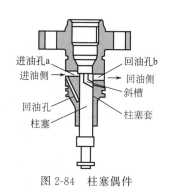

图 2-84 柱塞偶件

二、PB 型喷油泵的工作原理

（一）泵油过程

燃油由输油泵从油箱内吸出，借助凸轮轴的旋转使柱塞往复运动，将燃油按如图 2-85

所示过程输送。

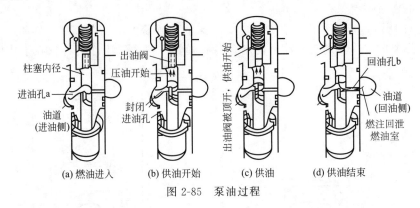

图 2-85　泵油过程

（1）燃油进入　柱塞位于下止点时，如图 2-85（a）所示，燃油从油道通过左边的进油孔 a 进入柱塞上端的压油腔。

（2）供油开始　随着凸轮轴转动，柱塞向上运动直到柱塞的上端面与进油孔的顶端平齐为止，如图 2-85（b）所示，在这一点燃油开始压缩。

（3）供油　由于柱塞继续向上运动，柱塞压油腔的油压增加到使出油阀打开的压力，如图 2-85（c）所示，燃油顶开出油阀，并通过高压油管进入喷油器，喷入发动机气缸中。

（4）供油结束　柱塞继续上升，柱塞斜槽棱边与右边回油孔 b 相通，如图 2-85（d）所示。在这一点压缩燃油经过斜槽、直槽、回油孔 b 流回到油道内（低压腔），喷油过程结束。

（二）供油量调节

燃油从油道进入压油腔后，通过各个分泵输送到喷油器。供油量的多少必须根据发动机负荷的大小来调节，详述如下。

首先由拉杆来转动柱塞，以改变控制斜槽的位置，从而确定有效行程。图 2-86 说明了柱塞在各个位置上供油量的改变。

（1）不供油　当柱塞处于回油孔 b 和直槽相通状态时，柱塞上升，压油腔内的燃油也不受压缩，因而不供油，如图 2-86（a）所示。

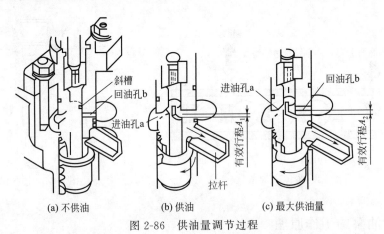

图 2-86　供油量调节过程

（2）供油　拉杆移动的同时使柱塞转动，此时柱塞上升就进入有效行程 A_1，因此，当柱塞在有效行程 A_1 内上升，就会供油，如图 2-86（b）所示。

（3）最大供油量 拉杆继续移动，直到行程终了为止，如图 2-86(c) 所示，这时为最大有效行程 A_2，油泵供油量最大。

（三）出油阀工作过程

出油阀是由阀芯和阀座组成的，如图 2-87 所示。阀芯座内上下滑动，有两个作用。

（1）防止倒流 一旦喷油结束，出油阀弹簧就使阀芯向下运动，当减压环带触到阀座时就关闭了高压油管和柱塞之间的通道，防止燃油倒流，如图 2-88(a) 所示。

（2）防止后滴 阀芯继续向下运动到锥面与阀座接触为止，减压环带已经关闭了高压油管和柱塞之间的通道，由于阀芯的下落，增加了高压油管侧的通道容积，使高压油管内的压力相应地下降。这有利于喷油嘴断油干净，防止后滴现象，如图 2-88(b) 所示。

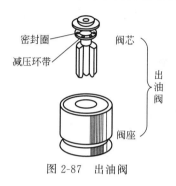

图 2-87 出油阀

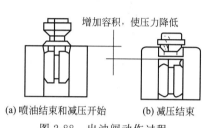

(a) 喷油结束和减压开始　(b) 减压结束

图 2-88 出油阀动作过程

三、PB 型喷油泵的分解

（一）PB 型喷油泵的分解注意事项

① 清洗喷油泵外部。

② 拆卸喷油泵之前，要测量供油特性并做记录，以便进行故障分析。

③ 每拆下一个零件，都要检查有无变形、损坏、表面粗糙不平或擦伤等情况。

④ 按顺序分组保存每一个分泵的零件。必须把要更换的零件与可持续使用的零件分别存放。

⑤ 对喷油泵的每一个零件，特别是柱塞偶件、出油阀偶件，必须小心操作，防止损坏，配对存放，不可互换。

（二）PB 型喷油泵的分解准备

① 将喷油泵安装在喷油泵固定架或台虎钳上，并用喷油泵夹具紧固。

② 拆下喷油泵，并使泵体倾斜，以免把泵腔内的润滑油倒出。

③ 拆下提前器。

④ 拆下调速器（这个工序，根据所用调速器的型号的不同，参看与所装调速器相应的说明书）。

（三）PB 型喷油泵的分解

1. 泵油系统部件的分解

① 拆下柱塞套紧固螺母，如图 2-89 所示。

② 将取出器放在双头螺柱上，顺时针拧出油阀紧座中，直到使柱塞套上的 O 形密封圈离开泵体，将泵油系统部件拔出来，如图 2-90 所示。

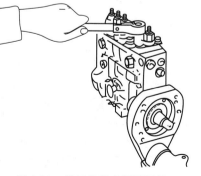

图 2-89 拆下柱塞套紧固螺母

2. 拆卸拉杆限位螺钉

拉杆限位螺钉的拆卸,如图 2-91 所示。

3. 拆卸油量控制套筒

① 将拉杆向大油量方向推到头。

② 用镊子把油量控制套筒的上缘夹住,并把油量控制套筒取出来。

注意:当凸轮轴处在该分泵上止点时,不易取出油量控制套筒,如图 2-92 所示。

4. 拆卸拉杆

拉杆的拆卸,如图 2-93 所示。

图 2-90 拆卸泵油系统部件

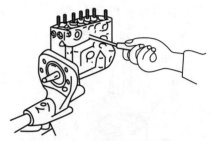

图 2-91 拆卸拉杆限位螺钉

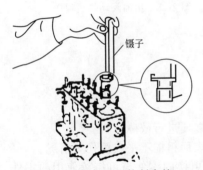

图 2-92 拆卸油量控制套筒

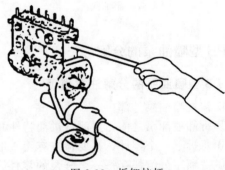

图 2-93 拆卸拉杆

5. 拆卸柱塞

① 使该分泵凸轮轴处于上止点。

② 用镊子将柱塞转动 90°,直至柱塞下端的法兰与弹簧下座槽方向相同时,拉出柱塞。

注意:

a. 取放柱塞时要小心,如图 2-94 所示,要用尼龙管把镊子脚套上。

b. 取出的柱塞应放在一个装有清洁柴油的容器中,必须将柱塞放回到原来的柱套内,彼此不能相混。

6. 拆卸弹簧上座

① 将弹簧压缩工具导向杆放入导程孔内,并将弹簧上座凸缘部分准确放入专用工具末端的导向平台内,如图 2-95 所示。

② 向下压手柄,压缩柱塞弹簧,然后将导向杆转动 90°,以便从定位销中取出弹簧上座,如图 2-96 所示。

注意:必须使该分泵的凸轮处于下止点。如果该凸轮处于上止点,则取不出弹簧座。

7. 取出弹簧上座和柱塞弹簧

弹簧上座和柱塞弹簧的取出,如图 2-97 所示。

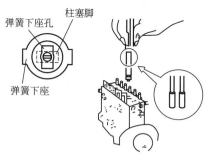

图 2-94　拆卸柱塞

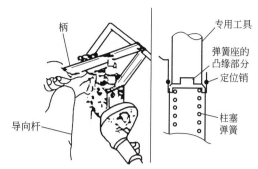

图 2-95　拆卸弹簧上座（一）

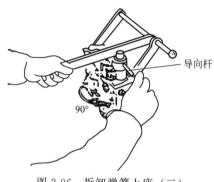

图 2-96　拆卸弹簧上座（二）

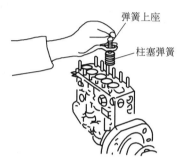

图 2-97　拆卸弹簧上座和柱塞弹簧

8. 取出弹簧下座

弹簧下座用镊子取出，如图 2-98 所示。

9. 拆卸挺柱体

挺柱体的拆卸，如图 2-99 所示。

注意：当该分泵凸轮处于上止点时，更容易取出挺柱体。

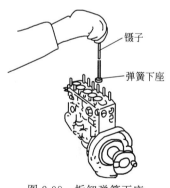

图 2-98　拆卸弹簧下座

图 2-99　拆卸挺柱体

10. 拆卸凸轮轴

① 拆卸托瓦螺钉，如图 2-100 所示。

② 拆卸轴承盖上的四个紧固螺钉，用木锤从调整器端敲击凸轮轴，并将凸轮轴及轴承盖一起拉出，如图 2-101 所示。

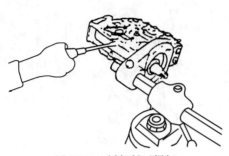

图 2-100 拆卸托瓦螺钉

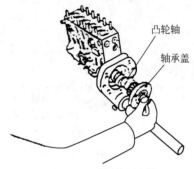

凸轮轴

轴承盖

图 2-101 拆卸凸轮轴

11. 拆卸泵油系零件

将装配架夹在台虎钳上，在装配架上放入泵油系统零件，拆下出油阀紧座，拆出各个零件，如图 2-102 和图 2-103 所示。

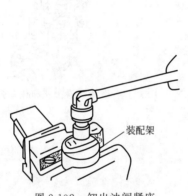

装配架

图 2-102 卸出油阀紧座

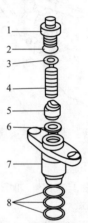

图 2-103 拆卸泵油系统零件

1—出油阀紧座；2,8—O形密封圈；3—减容器；
4—出油阀弹簧；5—出油阀；6—出油阀垫圈；7—柱塞套

四、PB型喷油泵零部件的检验

(一) 柱塞偶件

① 检查柱塞头部和尾部有无磨损、损伤或变色等缺陷。

② 用清洁柴油清洗柱塞偶件后，如图 2-104 所示，将其倾斜 60°，然后把柱塞拉出 10～15mm，放开手，观察柱塞在各个方向是否能依靠自重灵活地滑下去。如果发现柱塞有任何缺陷，应更换柱塞偶件。

(二) 出油阀

① 检查出油阀座和阀芯上有无划伤、磨损。

② 用清洁柴油清洗好出油阀，把阀芯向上拉出后放开手，观察阀芯是否能灵活地滑到与阀座相接触，如图 2-105 所示。

如果阀芯不能灵活地滑下，就要更换出油阀。

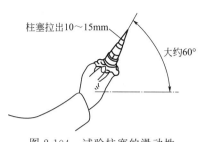

图 2-104　试验柱塞的滑动性

图 2-105　试验出油阀的滑动性

（三）挺柱体

① 检查挺柱体和滚轮表面有无剥落、局部磨损和划伤。

② 转动滚轮，观察滚轮、滚轮套圈和滚轮销能否灵活转动。

③ 检查滚轮、滚轮套圈和滚轮销的总间隙，允许极限为 0.3mm，如图 2-106 所示。

④ 检查滚轮体与柱塞脚接触表面有无磨损。磨损极限为 0.02mm，如图 2-107 所示。用百分表测量磨损量，如果超过磨损极限，则进行更换。

如果发现超出①～④的要求，需更换挺柱体。

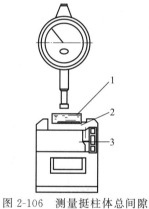

图 2-106　测量挺柱体总间隙

1—滚轮；2—滚轮套圈；3—滚轮销

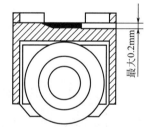

图 2-107　检查挺柱体

（四）凸轮轴

凸轮轴外部状况的检查，如图 2-108 所示。

① 检查键和键槽之间的间隙。检查凸轮轴锥面部分有无划伤、剥落、局部磨损或凸轮表面磨损，如发现任何缺陷，则应更换凸轮轴。

② 检查油封接触表面处有无磨损。磨损极限为 0.2mm。如超过磨损极限，则应更换凸轮轴。

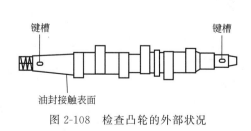

图 2-108　检查凸轮的外部状况

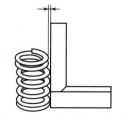

图 2-109　测量弹簧垂直度

（五）轴承

检查轴承表面有无剥落，是否无光泽，用手转动是否有不正常声响，如发现有缺陷，则应更换轴承。

（六）托瓦

检查托瓦内表面有无剥落、划伤和磨损。

（七）柱塞弹簧和出油阀弹簧

① 检查弹簧表面有无划伤、裂纹或锈斑。

② 测量弹簧顶部与角尺的垂直度，如图 2-109 所示。允许极限：柱塞弹簧 2mm；出油阀弹簧 1mm。如果超出允许极限，则应更换弹簧。

（八）出油阀紧座

检查出油阀紧座与高压油管和出油阀连接处有无划伤、碰伤，如发现有划伤、碰伤，则应更换出油阀紧座，否则会引起漏油。

（九）泵体

检查泵体各面有无划伤、刻痕、裂纹或破损，如发现有影响功能的缺陷，则应更换泵体。

（十）O 形密封圈、密封垫圈

O 形密封圈、密封垫圈无论是否有缺陷，这些零件每次拆下来都必须更换新件。使用旧件，可能会引起漏油。

五、PB 型喷油泵的装配

（一）装配注意事项

① 要按正确的顺序和标准（离矩、装配尺寸等）装配各个零件。规定的力矩，如图 2-110

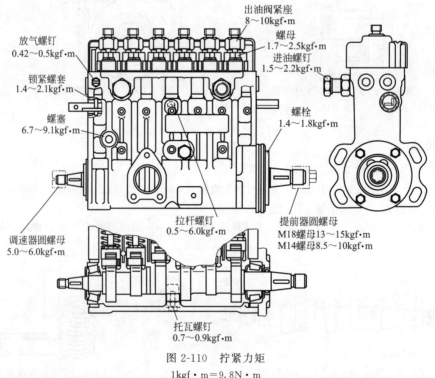

图 2-110　拧紧力矩

1kgf·m＝9.8N·m

所示。

② 在装配之前，要用清洁的柴油清洗零件。

③ 当装配零件时，勿使脏物、异物进入泵内。

④ O 形密封圈和密封垫，每次装配都必须使用新件。

⑤ O 形密封圈和油封，在装上之前，要涂上润滑脂

（二）凸轮轴装配

1. 调整凸轮轴间隙

调整方法基本同 A 型喷油泵。

① 在泵与调速器前壳间加调整垫至输油泵偏心轮位于输油泵孔中间位置（用量规测量，允差±0.5mm）。

② 在泵体与轴承盖间加减调整垫片，调整凸轮轴间隙，间隙应在 0.03～0.05mm 之间，如图 2-111 所示。

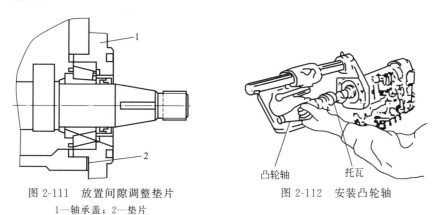

图 2-111　放置间隙调整垫片

1—轴承盖；2—垫片

图 2-112　安装凸轮轴

2. 装凸轮轴及托瓦

将托瓦放在凸轮轴上，把凸轮轴装入泵体。加密封垫，用螺钉固定托瓦，如图 2-112 和图 2-113 所示。

（三）轴承盖装配

将选好的调整垫片放到轴承盖上，并用 4 个螺栓将轴承盖拧紧。

注意：如轴承盖上有回油孔时，应把回油孔朝上装，如图 2-114 所示。

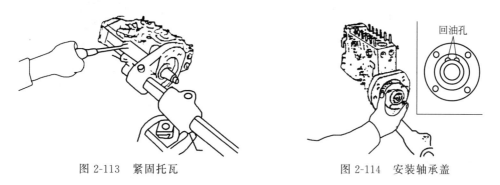

图 2-113　紧固托瓦

图 2-114　安装轴承盖

（四）挺柱体安装

用卡簧钳安装挺柱体。

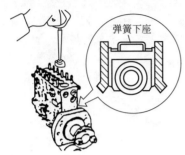

图 2-115　安装弹簧下座

注意：挺柱体上的扁体应顺凸轮方向放置，而且要旋转准确，使挺柱体落到凸轮轴上，且运动灵活。

（五）弹簧下座安装

使用镊子安装弹簧下座。

注意：一定要准确地将弹簧下座放在挺柱体的槽内，如图 2-115 所示。

（六）柱塞弹簧安装

柱塞弹簧安装，如图 2-116 所示。

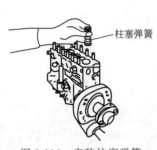

图 2-116　安装柱塞弹簧

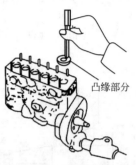

图 2-117　安装弹簧上座

（七）弹簧上座装配

① 放入弹簧上座，使座的凸缘部分朝向驱动端，如图 2-117 所示。

② 装入弹簧上座拆装器，将拆装器上的导向直平台对准弹簧上座的凸缘部分，如图 2-118 所示。

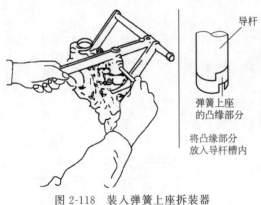

图 2-118　装入弹簧上座拆装器

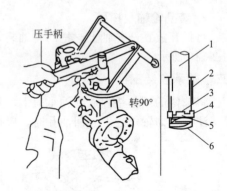

图 2-119　将弹簧上座安装在泵体内的定位销下面
1—柱塞；2—弹簧上座；3—柱塞弹簧；
4—泵体；5—定位销；6—弹簧下座

把手柄向下压，压缩柱塞弹簧，旋转导向杆 90°，将弹簧上座安装在泵体内的定位销下面，如图 2-119 所示。

注意：

a. 使要装的分泵凸轮位于下止点。

b. 检查每个分泵的定位销是否准确地挡住了弹簧上座。

c. 检查弹簧上座的凸缘部分是否处在背向拉杆的位置上，如图 2-120 所示。

（八）柱塞装配

使柱塞脚的法兰穿过弹簧下座的孔，将柱塞转 90°，使柱塞工作面对着回油侧（背向输油泵），如图 2-121 所示。

注意：

① 如果柱塞只有一个工作面，要保证工作面对回油侧，如位置放置不正确，将影响供油特性。

② 夹住柱塞顶部上提，检查柱塞是否拉不出来。

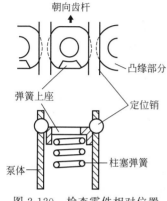

图 2-120　检查零件相对位置

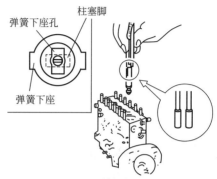

图 2-121　安装油量控制套筒

（九）油量控制套筒装配

① 装入拉杆。

② 放入油量控制套筒之前，应检查油量控制套筒、柱塞脚及弹簧上座的位置，如图 2-122 和图 2-123 所示。

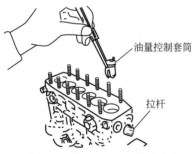

图 2-122　油量控制套筒安装位置

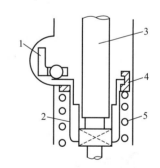

图 2-123　泵油系统零件安装位置
1—油量控制套筒；2—拉杆；3—柱塞；
4—弹簧上座；5—柱塞弹簧

③ 移动拉杆，使油量控制套筒的钢球准确地进入拉杆的槽内。

④ 拧紧拉杆限位螺钉。

注意：

a. 再次检查柱塞的位置是否正确。

b. 当把柱塞向上拉时，以拉不出来为准。

（十）泵油系统部件装配

如图 2-124 所示，将出油阀垫片、出油阀弹簧、减容器及出油阀紧座装入柱塞套。用力矩扳手按规定的力矩拧紧出油阀紧座。

① 在 O 形密封圈和柱塞套的外部涂上少量润滑脂。放置柱塞套时，法兰上的标志线应背向输油泵。柱塞套压入泵体时应用力适当，慢慢压入，如图 2-125 所示。

注意：

a. 柱塞套朝向要安装正确，否则会影响供油特性。

b. 每装一个分泵，都要移动拉杆，以检查拉杆灵活性。

c. 安装泵油系统零件时，要特别小心，不要把柱塞碰毛。

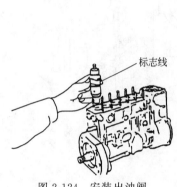

图 2-124　安装出油阀

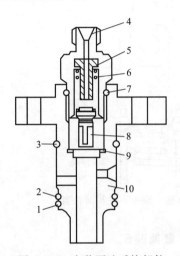

图 2-125　安装泵油系统部件

1—O 形密封圈（a）；2—O 形密封圈（b）；3—O 形密封圈（c）；
4—出油阀紧座；5—减容器；6—出油阀弹簧；7—O 形密封圈（d）；
8—出油阀；9—出油阀垫片；10—塞套

② 在每个柱塞法兰下面放上两个等厚的垫片，如图 2-126 所示。

③ 依次将平垫圈、弹簧垫圈和螺母套在每个螺栓上，先拧一下，然后再用力矩扳手交替地按规定力矩拧紧所有螺母，如图 2-127 所示。

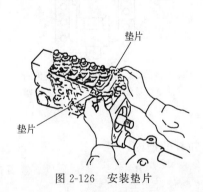

图 2-126　安装垫片

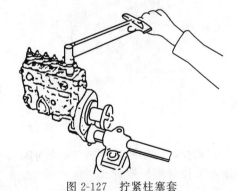

图 2-127　拧紧柱塞套

（十一）测量拉杆的滑动阻力

测量拉杆的滑动阻力如图 2-128 所示，泵部分装配好后，要用弹簧秤钩住拉杆，检查拉杆在整个行程规范内的滑动阻力，其阻力应小于 1.47N。

六、PB 型喷油泵的调整与使用注意事项

① 喷油泵的重要调整都要在专用试验台上按技术要求进行。错误调整会在使用中引起发动机重大事故。

② 调整喷油泵时，试验台油箱里的校泵油或柴油温度应保持在 35～40℃ 范围内。

③ 调整预行程时，在每一柱塞的两边应放置同样厚度的配对垫片，否则会使拉杆移动不灵活和振动，并导致其他故障。

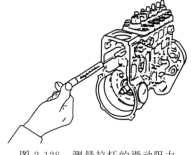

图 2-128　测量拉杆的滑动阻力

④ 柱塞偶件、出油阀偶件和喷油器偶件都是特别精密的零件。进入燃油内的任何污物都会损坏上述零件。因此，燃油滤清器和燃油箱必须定期保养，以保证燃油的洁净。

⑤ PB 型喷油泵采用了强制或飞溅润滑系统。强制润滑时，不需要从泵这边补充润滑油。但是，无论强制润滑还是飞溅润滑，在泵运转之前（在将泵安装到喷油泵试验台或发动机上之前），必须向泵腔内注入发动机厂规定的润滑油，直到从溢油孔流出为止。如果未注入润滑油，可能会导致轴承、凸轮轴、挺柱体等其他零件损坏。

第八节　PW 型喷油泵

一、PW 型喷油泵的结构

（一）PW 型喷油泵的特点

① PW 型喷油泵安装连接尺寸与 A 型喷油泵、AW（AD）型喷油泵相同，便于柴油发动机安装连接。

② PW 型喷油泵泵体整体设计，除顶部外，前后侧及底部不开窗孔，刚度和强度好，可承受高的喷射压力，密封性好，有利于防漏和降低成本。

③ 凸轮轴轴径和工作型面加宽，增加了刚度和强度，可承受较高的工作负荷。

④ 柱塞套采用整体吊篮安装形式，刚度和强度好，有利于提高油泵的工作能力和使用可靠性。

⑤ PW 型喷油泵泵油系统部件和挺柱部件等都从泵体顶部拆出，更换柱塞、挺柱体等简单易损件时，无需拆卸凸轮轴，提高了使用维修的方便性。

（二）PW 型喷油泵的结构

PW 型喷油泵结构如图 2-129 所示。装配有凸轮轴、挺柱体部件、柱塞偶件、出油阀偶件、出油阀接头及柱塞弹簧等零部件。

与 I 号泵、A 型喷油泵相比，PW 型喷油泵泵体部分是一个整体铝铸件，因此称为整体结构。对应于每个柱塞在凸轮轴上的相应位置各有一个凸轮。凸轮的上面是挺柱体，它通过滚轮与凸轮轴发生接触，并由柱塞弹簧压紧在凸轮轴上。柱塞的底部直接压在挺柱体上，并被弹簧下座限位，防止由于脱离挺柱体而可能造成的冲击破坏。出油阀位于柱塞上面，并被出油阀接头固定于柱塞套中。出油阀的上面装有出油阀弹簧和出油阀限制器。在柱塞套的中部有一套油量控制部件：油量控制套的底部槽口卡住柱塞的扁位，拉杆的槽口则卡住油量控制套的钢球。

二、PW 型喷油泵的工作原理

（一）供油原理

PW 型喷油泵供油原理如图 2-130 所示。发动机驱动凸轮轴转动（图 2-129），凸轮轴通过凸轮推动滚轮，由于凸轮具有特殊的型线，从而通过挺柱体使柱塞产生往复运动。

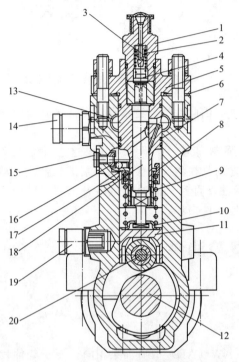

图 2-129　PW 喷油泵的结构

1—出油阀接头；2—出油阀弹簧；3—出油阀限制器；4—出油阀；5—柱塞套；6—预行程调整垫片；7—油封圈；8—弹簧上座；9—柱塞弹簧；10—弹簧下座；11—挺柱体；12—凸轮轴；13—挡油套；14—燃油管螺钉；15—拉杆定位螺钉；16—拉杆；17—油量控制套；18—柱塞；19—润滑油管螺钉；20—滚轮

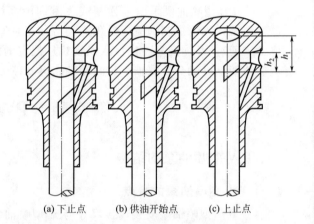

(a) 下止点　(b) 供油开始点　(c) 上止点

图 2-130　PW 喷油泵供油原理
h_1—柱塞总行程；h_2—预行程

1. 充油过程

当凸轮轴上的凸轮由上止点向下止点转动时，柱塞在柱塞弹簧的作用下向下运动，当柱塞的顶面降至进回油孔的上边缘以下时，进回油孔打开，来自输油泵的低压燃油进入柱塞上面的油腔，形成充油过程。这一过程到凸轮运动至下止点时结束。

2. 压供油过程

当凸轮由下止点向上止点转动时，柱塞在挺柱体的推动下向上运动，从而对燃油形成压缩。此时油腔与进回油孔相通，故油腔内会有部分燃油通过进回油孔流入油道，此时油腔内的燃油压力并不高。当柱塞的顶面升至进回油孔的边缘以上时，进回油孔关闭。柱塞继续向上运动时，燃油继续被压缩，油腔内的压力迅速升高。当油腔内的压力达到出油阀的开启压力时，出油阀开启，燃油进入柱塞套顶部的高压腔，并经过高压油管向发动机供油。这一过程一直延续到柱塞斜槽与进回油孔接通为止。

3. 回油过程

当柱塞斜槽与进回油孔接通后，由于柱塞斜槽通过直槽与柱塞顶面相连通，高压燃油通过进回油孔流出油腔，油腔内压力迅速降低。当压力降到一定程度后，出油阀落座，供油结束。回油过程将一直持续到柱塞套的油腔内的压力与油道内的压力相等为止。

（二）油量调节控制的原理

由于凸轮的型线对于一台油泵来说是固定不变的，因此在凸轮旋转过程中，柱塞的行程是一定的。由于柱塞的圆柱面上开有斜槽，柱塞转过一定的角度，斜槽相对于进回油孔的供油行程发生改变，如图 2-131 所示。供油行程的改变会导致供油量的改变，所以旋转柱塞就可以调节控制油量。

柱塞的扁位嵌在油量控制套垂直槽中，允许柱塞上、下运动。油量控制套的球头卡在拉杆的开口槽中，拉杆来回运动会带动油量控制套来回转动，油量控制套来回转动才能带动柱塞来回转动，如图 2-132 所示。由于拉杆的移动是根据发动机的需要由调速器按预先确定的函数关系控制的，所以供油量可以得到控制。

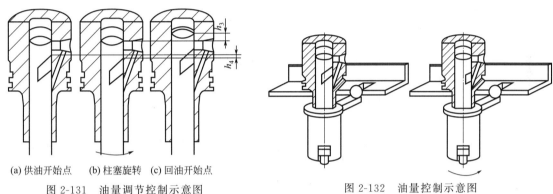

(a) 供油开始点　　(b) 柱塞旋转　　(c) 回油开始点

图 2-131　油量调节控制示意图

h_3—有效供油行程；h_4—柱塞旋转后供油行程的改变量

图 2-132　油量控制示意图

（三）预行程调节的必要性

柱塞从下止点上升到柱塞的顶部关闭进回油孔时的行程称为预行程。预行程改变会引起平均供油速率的改变。而供油速率的改变会影响发动机的工作性能。供油速率过大，发动机工作粗暴，寿命降低；过小则可能导致经济性恶化，动力性降低，严重的还会引起排气冒黑烟。预行程的调节主要通过改变预行程调整垫片的厚度来进行。

（四）各缸油量均匀的必要性

喷油泵各缸油量不均匀会引起发动机经济性变差、怠速不稳定等现象，对发动机十分不利，因此喷油泵各缸油量力求均匀一致。各缸油量均匀一致性的调节通过转动法兰式柱塞套进行。

三、PW 型喷油泵的分解与装配

（一）拆装注意事项

① 拆装喷油泵前必须熟悉其结构及各部件的功用。未经培训的非专业人员严禁拆装，以防止引起喷油泵损坏并最终可能导致的发动机破坏。

② 装拆喷油泵必须有一个清洁的工作场所，所有零部件在安装前都必须经过清洗，勿使脏物、异物进入泵体。

③ 零件不能碰毛、碰伤。

④ 柱塞和柱塞套是一对精密配合的偶件，它的精密度高，径向间隙为 0.002～0.003mm，成对的柱塞偶件不允许互换，必须成对使用。

⑤ 装入凸轮轴时应注意区别传动端不能与调速器端弄错。

⑥ 出油阀接头的拧紧力矩为 70～90N·m，过紧会引起柱塞咬死、拉杆阻滞等问题。

⑦ 凸轮轴的轴向窜动间隙在 0.06～0.10mm 之间。

⑧ 安装结束后，拉杆在任何情况下都能滑动自如。

⑨ 安装结束后，检查各缸供油次序是否正确。

⑩ O 形密封圈和油封每次装配都必须使用新件，且在装上之前要涂上润滑油。

（二）喷油泵的分解

将喷油泵固定在工作台上后，拆下调速器、输油泵、提前器等附属部件，把泵腔内的润滑油放出后，即可进行喷油泵的拆卸工作。

① 拆卸泵油系统部件。将柱塞套固定螺母拧松，取出柱塞套，拉动拉杆到特定位置，取出柱塞，并将柱塞与柱塞套配合放在一起。

② 松开拉杆限位螺钉，拉动拉杆到特定位置，用镊子取出各个油量控制套，最后将拉杆取出。

③ 将一缸凸轮转至下止点后，用专用工具向下压缩柱塞弹簧，旋转 90°，将弹簧上座取出。用此方法依次取出各弹簧上座。

④ 取出柱塞弹簧和弹簧下座。

⑤ 取出挺柱体。

⑥ 拧松油泵底部中间轴承的两个固定螺钉，拆出轴承侧盖上的四个螺钉，拆出轴承侧盖，然后将凸轮轴连同中间轴承取出。

至此，整台喷油泵的拆卸过程即告结束。

（三）喷油泵的装配

喷油泵的装配过程与喷油泵的拆卸过程相反，逆拆卸过程即可将喷油泵装配起来。

四、PW 型喷油泵的调整

（一）预行程与供油夹角的调整

预行程的调整主要通过改变预行程调整垫片 6（图 2-129）的厚度来进行。油泵的预行程一般只调第一缸，其余各缸的预行程则以相对于第一缸的供油夹角来调整。供油夹角的大小随油泵缸数的不同而改变。对于 6 缸 PW 型喷油泵来说是依据供油次序按间隙 $n \times 60° \pm 0.5°$ 来调整的，对于 4 缸 PW 型喷油泵来说是依据发火次序按间隔 $n \times 90° \pm 0.5°$ 来调整的。

（二）各缸油量均匀性的调整

对于 PW 型喷油泵来说，各缸油量的均匀一致性是通过转动法兰式柱塞套进行的。根据需要，左右转动一缸柱塞套则会使此缸油量变大或变小。

第九节　PT 型喷油泵

PT 燃油泵和喷油器的 PT 供油系统不同于前面介绍的直列柱塞泵、VE 分配泵的供油系统，无论在结构上，还是在工作原理上，都截然不同。PT 为 pressure-time 的缩写，即以压力-时间的变化来调节供油量，以满足发动机各工况的要求。其主要特点如下。

① PT 供油系统的油量调节是在燃油泵中进行的，而产生高压和定时喷射则是在喷油器中完成的。因此，PT 燃油泵是一个低压输油泵，取消了高压油管，从而可以大大提高喷油压力（可达 68.89～137.79MPa）。

② 由于油量的调节是在燃油泵中进行的，因此取消了油门至各喷油器之间的连接传动机构，使得结构布置较紧凑，各缸供油量的均匀性比较稳定，易于调整。

③ 在整个系统中，只有一对精密偶件。

④ 操纵简便，喷油泵磨损可由旁通油量调节，自动补偿，减少维修次数。

⑤ 系统中的输油量仅有 20% 左右供燃烧，其余油量供喷油器冷却用，保证喷油器在高温条件下正常而良好地工作。

一、PT 型喷油泵供油系统的组成

PT 型喷油泵供油系统的组成，如图 2-133 所示。其中齿轮泵、稳压器、滤清器、PTG 型两速式调速器、旋转式节流阀、断流阀以及加装的 MVS 型全速式调速器等组成一体（增压发动机还装有增压补偿器），这个组合体称为压力-时间燃油泵，简称 PT 泵。

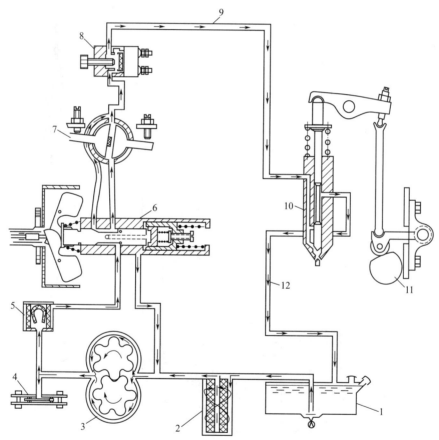

图 2-133 PT 型喷油泵供油系统的组成
1—燃油箱；2,5—滤清器；3—齿轮泵；4—稳压器；6—调速器；7—节流阀
（油门）；8—断油阀（停车阀）；9—供油管；10—喷油器；11—凸轮轴；12—回油管

如图 2-133 所示，燃油从油箱流经滤清器，被齿轮泵吸入后，再以约为 980kPa 的压力排出，然后经过 PT 泵内部的稳压器、调速器、节流阀（油门）、断油阀（停车阀）后，离开 PT 泵组合体，大部分经供油管分别进入各缸的燃油歧管中，气缸盖上有燃油通道，使燃

油从燃油歧管进入喷油器。

喷油器是由凸轮驱动机构控制的，按发火顺序定时地把燃油喷入气缸里。喷油器中其余的燃油通过气缸盖上与进油通道相平行的另一条回流通道经燃油回油歧管，返回PT泵的进油一侧。

PT供油系统调节供油量所依据的基本原理是，液体通过某一通道的流量是与液体的压力、允许通过的时间和通道的阻力（通道的断面尺寸）成比例的。亦即在通过时间和阻力不变的情况下，流量与压力成正比；在压力与阻力不变时，流量与允许通过的时间也成正比；若压力与时间不变，则流量与阻力成反比。

作为单一喷油器来说，其入口处的量孔断面尺寸是经选定而不变的。那么，油量仅与压力和喷油时间成正比，所以可称为PT供油系统。另外，喷油凸轮形状也是不变的，以角度计，无论转速如何变化，所经历的角度都是不变的；但以时间计，则燃油进入时间是变化的，随转速升高而变短，使喷油量减少。在此情况下，如果还要保持供油量不变，则必须由PT型喷油泵来提高喷油器的进油压力，以补偿由时间缩短对供油量的影响。所以PT型喷油泵的输油压力是随发动机负荷和转速的变化而变化的。这就是利用压力、时间来控制循环供油量的基本原理。基于上述原理构成了整个PT供油系统。该系统中，值得着重讨论的部分是PT型喷射泵、喷油器和冒烟限制器。

二、PT型喷油泵的结构原理

PT型喷射泵已由PT（G）型代替了原先的PT（R）型。PT（R）型中有一个单独的燃油压力调节器，而PT（G）型则不采用单独的压力调节器，其压力调节作用已经并入到调速器中。在PT（G）型泵组合体中，除装有齿轮输油泵、细滤器、稳压器、油门、停车阀和增压补偿器外，还装有PTG两速离心式调速器。为适应其他方面的需要，还可在泵上加MVS全速式调速器，构成PT（G）VS型。MVS调速器可在PTG不进行调速的转速范围内起调速作用。PT（G）VS型喷射泵的构造如图2-134所示。其构造与工作原理如下。

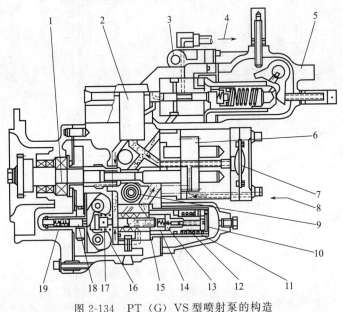

图2-134　PT（G）VS型喷射泵的构造

1—主轴；2—燃油细滤器；3—停车阀；4—通至喷油器的燃油出口；5—VS型全程调速器；6—齿轮泵；
7—膜片式稳压器；8—燃油入口；9—旋转式节流阀；10—急速调整螺钉；11—高速弹簧；
12—柱塞套；13—急速弹簧；14—急速柱塞；15—调速柱塞；16—飞块；
17—高速校正弹簧；18—飞块柱塞；19—低速校正弹簧

（一）齿轮输油泵和膜片式稳压器

发动机运转后，齿轮泵由主轴驱动，它将经过滤清的燃油从燃油入口吸入，并以一定压力输出，经过燃油细滤器送至两速式调速器中。与此同时，有一个油道使齿轮泵压油腔与膜片式稳压器相通，借以消除输出燃油压力的波动。

（二）燃油滤清器

齿轮泵输出的燃油，首先经过滤清器（图 2-135）滤除油中杂质。来自齿轮泵的燃油，由进油口进入滤清器，经下滤网后流往 PT（G）调速器，经上滤网的燃油流往 MVS 调速器。滤清器中的磁芯可滤除燃油中的金属粉末。

每使用 500h 后，应将滤清器进行拆洗。清洗时，取下盖子和滤网等部件用清洁的柴油进行清洗，并用压缩空气吹净。装配时应注意网眼较细的一个装在上面，其上有孔的端板必须朝下，否则燃油无法通过。盖子的紧固扭矩为 34～41N·m。注意，切勿用力过度，否则，会将滤网压坏。

（三）调速器

PT（G）VS 型喷射泵组合体中装有两种调速器：两速式 PTG 调速器和全速式 MVS 调速器。这种泵有两个可以操纵的油门操纵杆，正常油门操纵杆和 MVS 油门操纵杆。欲使用 MVS 调速器时，可把正常油门固定在最大开度位置，用 MVS 油门操纵杆；欲使用 PTG 调速器时，可以把 MVS 油门固定在最大开度位置，用正常油门操纵杆。

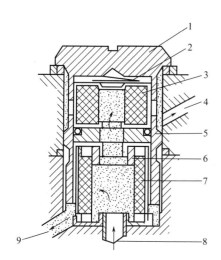

图 2-135　网芯式燃油滤清器构造

1—盖子；2—弹簧；3—上滤网；4—通往 MVS
调速器；5—护圈；6—磁芯；7—下滤网；
8—进油口；9—通往 PTG 调速器

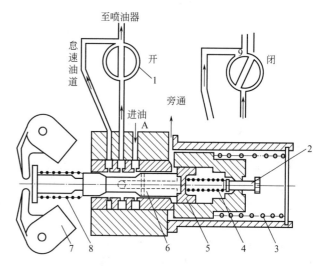

图 2-136　PTG 调速器示意图（柱塞在启动位置）

1—旋转式节流阀；2—怠速调整螺钉；3—高速弹簧；
4—怠速弹簧；5—怠速柱塞；6—调速柱塞；
7—调速飞块；8—高速校正弹簧

1. PTG 调速器

如图 2-134 和图 2-136 所示，燃油进入调速器后，有 3 个出口：一是油门通道；二是怠速油道；三是旁通油道。调速柱塞左右移动，可使进油口和上述 3 个出口中的 1 个或 2 个相通。柱塞的位置取决于柴油发动机的工况，主要取决于发动机转速。其工作原理分述如下。

（1）调速柱塞的运动与油压调节　调速柱塞的内腔通过径向孔与进油道 A 和旋转式节

流阀（油门）相通，因而内腔油压与齿轮泵输出油压基本相同。怠速柱塞位于调速柱塞一端，由于燃油压力的作用，调速柱塞与怠速柱塞两者端面不相接触，而保持有一定的间隙 Δ，部分燃油即从此间隙流回齿轮泵。发动机工作时，调速柱塞上受到的飞块离心力产生的轴向推力 F，由间隙 Δ 处的油压作用力 F_f 平衡，而 F_f 又由怠速弹簧力 F_s 平衡，即 $F = F_f = F_s$。

当发动机转速升高时，F 相应增大，推动调速柱塞右移，使间隙 Δ 减小而节流作用加强，故 PT 型喷油泵输出的燃油压力将增高，因此循环供油量并不因转速升高、喷油器进油时间缩短而减少；反之，转速下降时，F 减小，Δ 变大，输出燃油压力下降。此即 PT 型喷油泵的调压作用。

调速柱塞上燃油压力的作用面积大致与怠速柱塞左端凹部面积相等，因而更换怠速柱塞时，如凹部面积发生变化，则 PT 型喷油泵的性能将会改变。此外，两个柱塞的端面不允许损伤，否则会影响从间隙 Δ 泄出的燃油量，进而影响泵的性能。

（2）启动加浓（图 2-136） 当柴油发动机启动时，转速仅为 $190 \sim 250 r/min$，齿轮泵油压不足以将调速柱塞与怠速柱塞分开，所以无油旁通回流。而此时旋转式油门全开，调速器飞块的离心力不足以克服弹簧的张力，调速柱塞位于左侧，打开怠速油道，于是燃油通过怠速油道和油门通道两路供给喷油器。由于喷油器在低转速下计量阶段的时间相对延长，从而使循环供油量增加，以满足启动需要。

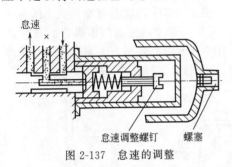

图 2-137 怠速的调整

（3）怠速控制 发动机在怠速时，将旋转式油门关闭。调速柱塞在怠速弹簧的作用下，往左移动而打开怠速油道，于是燃油仅由怠速油道供给而维持怠速运转。若由于某种外界原因导致发动机转速下降时，调速柱塞即左移，怠速油道孔口开度增大，燃油量增加，转速相应回升；反之，若转速增高，怠速油道孔口开度减小，油量减少，使发动机转速下降。怠速转速的高低可通过怠速调节螺钉来调整，如图 2-137 所示。

将怠速调整螺钉向里旋进时，怠速转速就提高；向外旋出，怠速转速就降低。

（4）高速控制 随着发动机转速升高，在较大离心力作用下，调速柱塞继续向右移动。当达到最高转速时，在很大离心力作用下，克服了高速弹簧的张力，调速柱塞继续右移。在此过程中，调速柱塞逐渐堵塞通往旋转式油门的油道孔口。在孔口节流作用下，喷油器进口处的油压急速下降，使循环供油量减少（图 2-138）。当转速超出高速限定转速范围时，通往油门的油道完全被切断，而停止供油，防止了发动机超速。

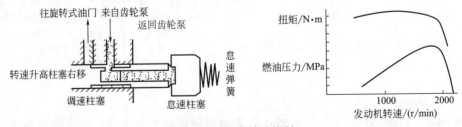

图 2-138 最高转速控制

（5）扭矩的校正

① 高速校正。图 2-134 中弹簧为高速校正弹簧。如图 2-139 所示，当发动机转速不高时，调速柱塞位于左边，高速校正弹簧处于松弛状态。转速增加至最大扭矩点转速时，

校正弹簧的右端开始与柱塞套筒相接触，转速再上升，调速柱塞继续右移，弹簧则被压缩。这样，调速柱塞作用力被校正弹簧抵消一部分，从而使燃油压力略微下降，循环供油量稍微减少，相应地发动机扭矩随转速上升而略下降，从而提高了发动机高速扭矩适应性。

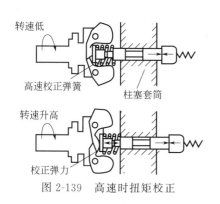

图 2-139 高速时扭矩校正

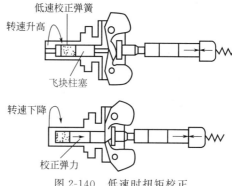

图 2-140 低速时扭矩校正

② 低速校正。图 2-134 中弹簧为低速校正弹簧。如图 2-140 所示，当发动机转速高于最大扭矩转速时，低速校正弹簧处于松弛状态。当转速低于此转速时，调速柱塞左移，压缩低速校正弹簧。这样，低速校正弹簧的弹簧力加强了调速柱塞作用力，使燃油压力上升，循环供油量增加，使发动机扭矩随转速的下降速度减缓，从而提高了发动机低速扭矩适应性。

2. MVS 型调速器

MVS 型调速器是机械、离心、全速式调速器，如图 2-134 和图 2-141 所示。它可使发动机在不同恒定转速下运转。旋转式油门处于最大开度时，所有从 PTG 调速器来的燃油都流过 MVS 调速器，但当转速变化时，在离心飞块作用下，MVS 柱塞产生左右移动，相当于油门开闭而控制通往喷油器的油道孔口开度。

操纵 MVS 操纵摇臂，将调速弹簧压缩，此作用力与某一转速时飞块离心力相平衡，就可以使柱塞处于相应于这一转速的位置，从而确定了通往喷油器的油道孔口的开度，使柴油发动机在这一转速下稳定运转。

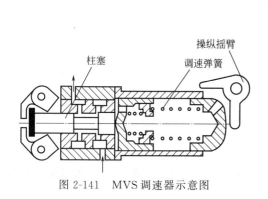

图 2-141 MVS 调速器示意图

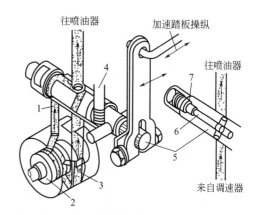

图 2-142 旋转式节流阀的操纵及调整
1—怠速油道；2—调速柱塞；3—主燃油道；4—限位螺钉；
5—阀芯；6—阀芯柱塞；7—调整垫片

（四）旋转式油门（节流阀）

旋转式节流阀的操纵及调整如图 2-142 所示。除急速工况外，在其他所有工况下，来自调速器的燃油必须受旋转式油门的控制，然后再供给喷油器。阀芯与加速踏板用杆件相连。油门内部有阀芯柱塞和调整垫片，增减垫片可以改变柱塞的位置，从而决定油门全开时的节流作用，即可调整额定供油量。当油门全闭时，用限位螺钉使油道微开，让少量燃油通过。

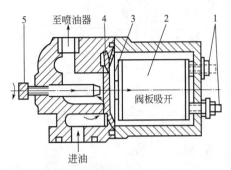

图 2-143　停车阀的作用原理
1—接线柱；2—电磁铁；3—阀板；
4—弓形回位弹簧；5—拧进螺钉

（五）停车阀（断油阀）

停车阀是一个电磁阀，其作用原理如图 2-143 所示。通电时，阀板被电磁铁所吸引，使进油通道与通往喷油器的油道相通；反之，断电时，阀板在弓形回位弹簧的作用下关闭，停止供油。因此，在发动机启动时应先合上启动开关，使电路通电，将阀板吸开；停车时断开电路，使阀板返回，停止供油。

当电器失灵，要靠滑行来启动发动机时，可用拧进螺钉将阀板顶开，使油道连通；停油时，再将拧进螺钉 5 退出，使油路切断，停止供油。

停油阀的电磁铁有两个接线柱，长接线柱接蓄电池正极，而短接线柱搭铁。

应注意，汽车下坡时，如果关闭启动开关，则停油阀处于关闭状态。由于发动机仍在转动，RT 型喷油泵仍在工作，输入停油阀的燃油压力把阀板紧紧地压在阀座上，这时即使向电磁阀通电也无法把阀板吸开，亦即无法向发动机供油。

（六）AFC 装置和 PT（G）VS AFC 型燃油泵

为适应增压发动机的要求，使燃油泵的供油压力随发动机增压压力的大小而变化，避免发动机低速时冒烟过多，康明斯发动机公司不改变 PT（G）型和 PT（G）VS 型燃油泵的外形尺寸、内部结构、工作原理，仅增加一个 AFC 空燃比控制装置（即增压补偿器），就形成了 PT（G）AFC 型和 PT（G）VS AFC 型燃油泵。在 PT（G）型和 PT（G）VS 型燃油泵上，AFC 装置的位置用一个 AFC 堵塞来代替。PT（G）VS AFC 型燃油泵的结构如图 2-144 所示。

AFC 装置的结构及工作原理如图 2-145 所示。

在发动机启动、转速较低或负荷较小等工况，进气歧管内压力较低，不能克服 AFC 弹簧力，从节流阀来的燃油经无空气调节阀油道流向停车阀，如图 2-145(a) 所示。

当发动机转速增高、负荷增大时，作用在 AFC 膜片和柱塞上的空气压力克服 AFC 弹簧力使 AFC 柱塞向右运动，开起了通向 AFC 装置的油道，使节流阀来的燃油经 AFC 装置油道流向停车阀，燃油供油量增加，如图 2-145(b) 所示。

在某些情况下，为了减少发动机加速时产生的噪声和进一步降低烟度，在 AFC 装置弹簧腔的回油口上安装一个液压 ASA 装置（如采用气压 ASA 装置，则安装于 AFC 盖上的进气接头上），即冒烟限制器。ASA 装置中有一个止回球阀和一个节流孔，其作用是增加 AFC 装置弹簧腔内的回油阻力，使 AFC 柱塞的运动滞后于增压压力的增加。发动机转速快速增加时，由于 ASA 装置延缓了 AFC 柱塞向全开位置移动的速度和时间，从而限制了发动机的加速噪声和烟度。燃油泵出厂时，ASA 装置和 AFC 装置均在燃油泵上进行过调校，操作者不能任意变动。

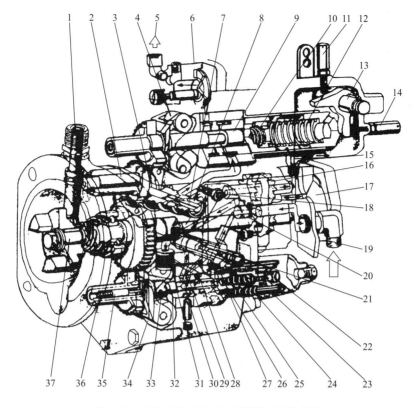

图 2-144　PT（G）VS AFC 型燃油泵的结构

1—转速表驱动轴；2—惰轮轴总成；3—AFC 活塞；4—VS 飞块支架总成；5—流向发动机的燃油；6—停车阀；7—AFC 柱塞；
8—AFC 柱塞套；9—VS 调速器柱塞；10—VS 怠速弹簧；11—VS 高速调整螺钉；12—VS 调速弹簧；13—VS 操纵臂轴；
14—VS 怠速调整螺钉；15—带止回阀多管接头；16—齿轮泵；17—膜片式稳压器；18—AFC 无空气调节阀；
19—进油接头；20—压力调节阀；21—节流阀；22—怠速调整螺钉；23—隔圈；24—高速弹簧；
25—怠速弹簧；26—怠速柱塞；27—流量调节螺钉；28—调速器燃油进油道；29—调速器
主出油道；30—怠速出油道；31—滤清器；32—调速器柱塞；33—扭矩弹簧；34—PTG
飞块支架总成；35—飞块柱塞；36—低速校正弹簧；37—燃油泵驱动轴

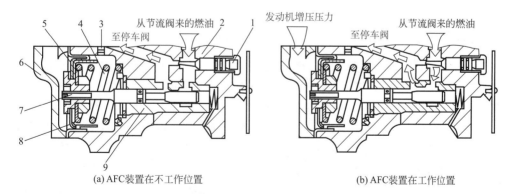

(a) AFC 装置在不工作位置　　　　　　　　　　(b) AFC 装置在工作位置

图 2-145　AFC 装置的结构及工作原理

1—无空气调节阀；2—燃油泵体；3—ASA 装置或燃油回油接头安装孔；4—AFC 弹簧；
5—AFC 柱塞；6—AFC 盖板；7—AFC 柱塞；8—AFC 膜片；9—AFC 柱塞套

(七) 冒烟限制器 (ASA 装置)

冒烟限制器 (ASA 装置) 如图 2-146 所示, 冒烟限制器可以在发动机负荷急剧变化, 瞬时供油多, 而气量不足时根据进气压力变化, 相应把来自燃油泵的燃油旁通掉一部分燃油, 使其与进气量相适应, 防止发动机冒黑烟。

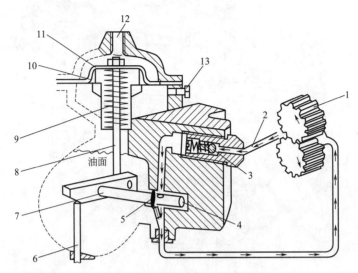

图 2-146　冒烟限制器 (ASA 装置)

1—PT 泵的齿轮泵；2—燃油油道；3—止回阀；4—旋转控制阀；5—O 形环；6—燃油调整螺钉；
7—连杆；8—拉杆；9—弹簧；10—气室活塞；11—膜片；12—空气入口；13—通气孔

在正常运转时, 燃油压力把止回阀推开, 使燃油油道和旋转控制阀的进油道连通。此时, 旋转控制阀通常处于关闭位置, 进入燃油油道的燃油便不能旁通而返回齿轮泵。旋转控制阀的另一端, 通过连杆和拉杆相连。空气入口与增压后的进气管路相通。当进气管压力低于调定值时, 膜片上的气压降低, 在弹簧的作用下, 拉杆上升, 通过连杆使旋转控制阀转动, 燃油则被旁通部分返回齿轮泵, 从而供给喷油器的油量减少。旁通油量可用燃油调整螺钉进行调整。

在发动机启动时, 进气压力很低, 此时燃油压力也很低, 止回阀处于关闭状态, 所以在启动时, 冒烟限制器不起作用。

三、燃油泵的分解与清洗

PT 型燃油泵的形式和型号很多, 而对于不同的形式和型号, 就要根据其具体机型的具体技术要求和数据进行维护与修理, 这里仅以 PT(G)VS AFC 型燃油泵和 D 型喷油器的一般维修进行介绍 (图 2-144)。

① 在拆卸前, 先用对铝合金无腐蚀的清洗液进行外表清洗, 然后将其装在专用的拆装架上。

② 拆卸停车阀、膜片式稳压器和齿轮泵。

a. 先从主泵体顶部拆下停车阀。

b. 从齿轮泵处拆下膜片式稳压器; 用塑料榔头轻敲齿轮泵的两侧, 使稳钉脱开, 从主体上拆下齿轮泵。

③ 拆卸前传动盖和调速柱塞。

a. 松开连接螺栓后, 用塑料榔头轻击传动盖的边缘, 待离开稳钉后, 向上提起前盖,从主泵体上拆下。

b. 拆卸时应注意空气 AFC 装置前盖上的专用通气螺钉的位置。组装时应归原位，如装入实心螺钉，将破坏 AFC 装置的控制性能，导致功率降低。

c. 从飞块组件里，拆下飞块柱塞、低速校正弹簧和垫片；从套筒中抽出调速柱塞；应妥善放置柱塞，不得使其遭受任何损伤。

④ 拆卸旋转式油门操纵轴组件。

a. 从油泵壳体内拆下轴的挡环；拆下盖板里的传动螺钉，然后从壳体内拉出节流阀组件。

b. 松开防松螺母，拆下 AFC 无空气调节阀。

⑤ 拆卸 PTG 型调速器弹簧组件盖。

a. 从泵主壳体上拆下调速器弹簧组件盖。

b. 取出怠速柱塞、怠速弹簧、弹簧座和高速弹簧。

⑥ 拆卸滤清器。

⑦ 拆卸 AFC 装置（图 2-145）。

a. 拆下 AFC 盖板。

b. 小心地将其膜片组件拉出。

c. 取出 AFC 弹簧及其与泵体间的钢垫圈。

d. 用专用钳将柱塞套挡环取下，然后取下 AFC 柱塞套。

e. 拆下防松螺母并从中心螺栓拔出 AFC 柱塞。

f. 分解膜片组件。

g. 从 AFC 柱塞上取下 O 形密封组件。

⑧ MVS 型全速调速器，在后面与其检验一并讨论。

⑨ 拆下的零件，除确定要更换的零件（如密封胶圈等）外，均应彻底清洗，并用压缩空气吹干。但在清洗的过程中，应注意保护精密件的工作表面。

四、PT（G）VS 型燃油泵零件的检验与装配

① 凡经拆卸过的密封件（如 O 形环、密封垫等），都不得再用，必须更换新件。

② 精密的柱塞副往往容易因脏污而损坏，所以在装配前及使用过程中必须保持这些零件洁净无污。

③ 更换燃油泵滤网。若滤网损坏或滤网沾满油污而不易清除，必须按规格进行更换。网眼为 $40\mu m$ 的滤网，清洗周期一般为 500h。

④ 燃油泵体的检验与更换。油泵体若有裂纹，传动轴衬套和调速器衬套若损坏，都应更换。

⑤ PTG 型调速器套筒、柱塞和弹簧组件的检验。

a. 检查调速器套筒和柱塞的磨损量。

b. 若已磨损，则需用在衬套表面上打有印记的同级尺寸的新柱塞换下旧柱塞。一般套筒比较硬，其磨损量很小。假若产生过度磨损或柱塞出现划痕时，则应更换柱塞。更换步骤是，将壳体加热至 150℃，然后将套筒压出；检查泵体上套筒孔的直径，以决定换用标准尺寸套筒或采用加大 0.25mm 外径的套筒；最小过盈量应为 0.05mm。

PT 型喷油泵调速器柱塞和套筒的选配分组见表 2-3。

在装配时，仍将泵体加热至 150℃，在新套筒内表面涂以高压润滑脂薄层；将弹簧组件放在规定的位置；将调速器套筒具有倒角的一端放入壳体孔内，并将销钉放在底侧，对准销孔，用圆棒将套筒压入泵体内，直到底部与弹簧组件相碰时为止。然后，选取一个新的与其配合间隙合适的柱塞，这个柱塞必须借其本身重量能够滑入孔内，用螺丝刀将弹簧销钉拧进

套筒底部，以销子上有槽的一面对准泵体前方。

⑥ 更换调速柱塞。若调速柱塞外圆柱面已经磨损，则选用刻在套筒表面标有同样尺寸级的新柱塞进行更换。

表 2-3　PT 型喷油泵调速器柱塞和套筒的选配分组

调速器	组别	柱塞外径/mm	套筒内径/mm	颜色
PTG 调速器	0	9.5418～9.5169	9.5250～9.5273	红
	1	9.5174～9.5194	9.5275～9.5298	蓝
	2	9.5199～9.5220	9.5301～9.5324	绿
	3	9.5225～9.5245	9.5326～9.5349	黄
	4	9.5250～9.5270	9.5352～9.5375	褐
	5	9.5275～9.5296	9.5377～9.5400	黑
	6	9.5301～9.5321		灰
	7	9.5326～9.5347		紫
MVS 调速器	0	7.9096～7.9144	7.9172～7.9220	红
	1	7.9146～7.9195	7.9223～7.9271	蓝
	2	7.9299～7.9347		绿
	3	7.9375～7.9423		黄

⑦ 齿轮燃油泵的检查与装配。

a. 检查齿轮泵轴磨损或其他损伤，若有其他损伤，如裂纹，应予以报废；若轴颈的直径小于限定值，则应换新。

b. 若齿轮已擦伤或磨损，则应更换。

c. 检查泵体和盖，若有擦伤或磨损超出规定范围，应更换。

d. 经检查和更换失效零件后，应彻底清洗，并用压缩空气吹干；将轴和齿轮涂油后，安装到齿轮泵盖里；更换新密封垫，将泵体装到泵盖上，并对准泵体和泵盖上的缺口，因缺口位置和主传动轴决定齿轮的方向。

⑧ 膜片式稳压器的拆检和装配。

a. 从盖上拆下壳体，拆下弹簧钢片膜；O 形圈和尼龙垫应更换新件。

b. 检查盖内和膜片上有无锈蚀、过度磨损和裂纹，如有上述损伤，则应更换。

c. 装配时，在槽内装用新 O 形圈和尼龙垫，将优质油涂在膜片上，并将其平放在盖内；将盖装于壳体上，螺钉紧固扭矩为 19.6～24.5N·m。

⑨ 停车阀的拆检和装配。

a. 参照图 2-143，从阀体上拆下线圈壳，拆下线圈、柴油隔板、弹簧垫和阀板。

b. 清洗后，仔细观察阀和阀座有无磨损、锈蚀，必要时，应更换；阀座应有一个最小宽度为 0.38mm 的座面。

c. 用欧姆表检查线圈组件，按规定的线圈电阻进行检查，若低于标准值则应更换。

d. 装配时，更换 O 形密封圈，将轴拧入阀体，直到它抵达其孔为止；将阀放入阀体内，把有橡胶的一侧朝向阀体，将阀体 O 形圈涂以润滑油，并把它放入槽内，将弹簧凹面放在阀上，使阀固定住；把柴油隔板放在阀体上，拧上螺钉并以 34.3～39.2N·m 的扭矩紧固。

e. 总成检验：油泵燃油通过阀门的压力为 2226kPa 时，阀门不应泄漏，如有泄漏，则应检查阀体上有无缺口及阀与阀座间接触处有无凹陷；检查平板上的橡胶密封圈有无隆起或其他缺陷。

⑩ MVS 调速器的拆检与装配。

a. 调速器油泵盖的拆卸

ⓐ 通过加热拆下盖上的中间齿轮和衬套组件；如中间轴拆不下来，可用丙烷吹管加热表面（不用乙炔，否则盖将扭曲），然后冲出或拉出；从中间齿轮轴上拆下挡圈、推力垫和衬套；若衬套磨损后直径已超过 12.88mm，则应更换衬套；中间齿轮和 MVS 调速器托架齿轮的正常啮合间隙为 0.13～0.23mm。

ⓑ 用拉器拆下飞块托架，拆下自锁螺母和滚珠轴承。

b. MVS 调速器套筒的更换。MVS 调速器套筒的更换方法和 PTG 调速器套筒的更换方法相同；套筒定位销应高于泵体一侧的操纵摇臂轴；套筒上打有"X"记号的是四孔套筒，而打有"W"记号的为五孔套筒。

⑪ PT（G）VS 型燃油泵的组装。根据各发动机的具体型号所用燃油泵的技术资料和调整数据，按拆散时的相反顺序进行组装。

第十节　PE 型喷油泵

一、PE 型喷油泵的构造

（一）PE 型喷油泵的结构特点

PE 型与 A、B 型喷油泵剖面图相似，但没有侧窗，是完全密闭式。具有较高的强度和刚度，能够承受较高的泵端压力。油泵采用强制润滑，泵体上设有润滑油供油孔，凸轮室内润滑油面由回流口位置保证，喷油泵与调速器之间没有油封，两者相通，泵底壳部用底盖板密封。

PE 型喷油泵的结构如图 2-147 所示。

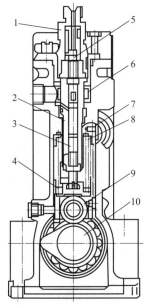

图 2-147　PE 型喷油泵的结构

1—出油阀压紧座；2—柱塞套筒；3—柱塞；4—柱塞弹簧；
5—出油阀；6—储油室；7—油量控制套筒；
8—拉杆；9—滚轮体；10—凸轮轴

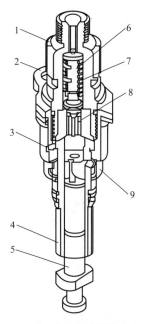

图 2-148　PE 型喷油泵的柱塞出油阀

1—出油阀压紧座；2—法兰套；3—定位销；4—柱塞
套筒；5—柱塞；6—减容器；7—出油阀弹簧；
8—出油阀；9—挡油圈

泵壳体与 PES-K、PE（S）-A、AD、PE-Z 各型喷油泵相同，但没有盖板，是完全的密闭式结构。

柱塞和出油阀等固定于凸缘套筒，成为一个柱塞副总成固定在泵体上，如图 2-148 所示。

柱塞套筒由压入于凸缘套筒的定位销定位，出油阀由出油阀压紧座固定于凸缘套筒，并且用螺母固定在泵体上。

凸缘套筒外侧，为防止由于喷射终了时燃油反流而侵蚀泵体，用弹簧卡环装了偏导器。

为保持储油室的油密性，在偏导器下侧和凸缘套筒上侧，装有 O 形环。

为提高油密性，出油阀体装有高压用金属密封垫，出油阀压紧座装有 O 形环。

柱塞与柱塞套筒装配在一起的同时，柱塞下部的扁块嵌入控制套槽里。

控制套焊有铜球，此铜球进入 L 形控制杆的切口里。

喷油泵下部装有使柱塞工作的凸轮轴，凸轮轴是由发动机通过联轴节或驱动齿轮驱动的。

挺杆用于将凸轮轴的旋转运动转换为上下的往复运动，使柱塞进行往复运动。

此外，柱塞弹簧用于使由凸轮轴推动向上行的柱塞向下移动。

泵壳体底部有一块由许多螺钉固定的盖板。

一般的 PE 型喷油泵，采用了发动机的润滑油强制循环方式，发动机的润滑油从开在挺杆滑动部分的入口，强制地被输往喷油泵的凸轮室，对凸轮室和调整器室进行润滑后，再次回到发动机内部。

（二）PE 型喷油泵的工作原理

PE 型喷油泵的工作情况，如图 2-149 所示。

喷油泵的工作情况是通过联轴节（或驱动齿轮）和正时器向凸轮轴传递发动机的动力，然后由挺杆将旋转运动转换为往复运动，使各缸的泵元件（柱塞总成）进行工作。

柱塞由凸轮轴推动而上行，在柱塞弹簧的作用下向下移动，即进行着往复运动（上、下）。

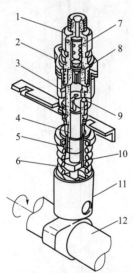

图 2-149　PE 型喷油泵的工作情况

1—出油阀压紧座；2—凸缘套筒；3—定位销；4—柱塞套筒；5—柱塞；6—柱塞弹簧；7—出油阀弹簧；8—出油阀；9—进排油孔；10—控制套筒；11—挺杆；12—凸轮轴

柱塞体内有储油室，经常充满着经燃油滤清器过滤的低压燃油，柱塞套筒的进排油孔与此储油室是相连接的。

当凸轮轴进入挺杆的下行行程，柱塞在柱塞弹簧的作用下也向下移动，当柱塞上端面下降到柱塞套筒上的进、排油孔时，燃油就开始充入柱塞套筒的内部。当柱塞下行到最低位置时，结束进油。

然后，凸轮轴的旋转进入挺杆的上行行程，边压缩柱塞弹簧边推动柱塞向上行。当柱塞上端面封闭柱塞套筒上的进、排气油孔时，开始压缩燃油。把这个封闭位置称为静喷射开始状态。

柱塞再上升，当燃油压力高于油阀弹簧的预紧力和高压油管内的燃油残余压力时，使出油阀上升，开始往喷油器强制输送燃油，通过柱塞的上行，继续喷油。

当柱塞再继续上升，使柱塞缺口（螺旋槽）与柱塞套筒上的进、排油孔一致时，被压缩的燃油就会立即进入储油室，因此柱塞套筒内的压力迅速下降，出油阀将由出油阀弹簧往下压而回位，结束燃油的喷射，即使柱塞再上升也不会喷射燃油。

由柱塞送出燃油的增减，是通过改变柱塞有效行程的方法进行的。改变有效行程的机构，如图 2-150 所示。

柱塞套筒由定位销固定于凸缘套筒，不能活动。但是，柱塞却能上、下运动，也能进行旋转运动。

柱塞的 T 字形扁块嵌入控制套槽里，控制套上焊有钢球，此钢球嵌入 L 形的控制槽内。

因此，当拉动控制杆时就能使所有气缸的柱塞同时转动，改变有效行程，增减喷油量。这期间与喷油量成正比例，如图 2-151 所示。

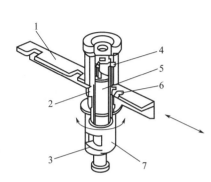

图 2-150　改变有效行程的机构

1—控制杆；2—柱塞套筒；3—柱塞扁块；4—进排油孔；
5—柱塞；6—钢球；7—控制套筒

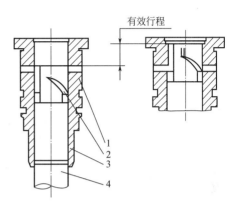

图 2-151　有效行程

1—进排油孔；2—螺旋槽；
3—柱塞套筒；4—柱塞

（三）PE 型喷油泵的柱塞副总成

柱塞具有使燃油达到高压和增减喷油量的作用，是喷油泵中最重要的零件。因此，对柱塞和柱塞套筒的滑动部分进行了超精加工，不可改变组合或分别更换零件。

柱塞上有缺口（螺旋槽），在螺旋槽端部有立槽，通到柱塞上端部。柱塞套筒上在 180°的对称位置设有 2 个进排油孔。

此外，柱塞也在 180°的对称位置加工了形状相同的缺口（双螺旋槽柱塞），目的在于喷射终了后，使柱塞上面的燃油迅速地回到储油室，如图 2-152 所示。

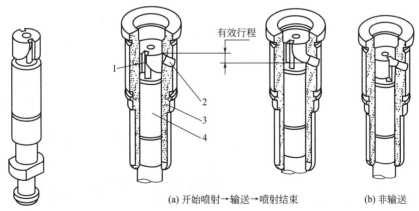

图 2-152　双螺旋槽柱塞

(a) 开始喷射→输送→喷射结束　　　(b) 非输送

图 2-153　柱塞处于不喷射状态

1—螺旋槽；2—进排油孔；3—柱塞套筒；4—柱塞

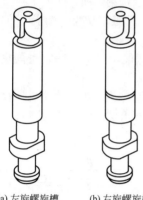

(a) 左旋螺旋槽　　(b) 右旋螺旋槽

图 2-154　柱塞螺旋槽

当柱塞上端部封闭柱塞套筒的进排油孔时就开始喷射，当柱塞的缺口（螺旋槽）打开柱塞套筒的进排油孔时则立即结束喷射，将这期间称为有效行程。

此外，作为使柴油发动机停车方法之一，操作控制杆可使柱塞处于不喷射状态，如图 2-153 所示。

如图 2-154 所示，柱塞的缺口（螺旋槽）有右旋和左旋的两种。右旋螺旋是从柱塞内部看，往右向（顺时针方向）转动，有效行程会变大；往左向（逆时针方向）转动时，有效行程会变大的称为左旋螺旋槽柱塞。这是根据调速器的装配方向分别选用的。

（四）PE 型喷油泵的出油阀

出油阀总成是由出油阀及出油阀座组成的。

当由柱塞送来的高压燃油的压力大于出油阀弹簧的作用力或高压油管内的燃油残余压力时，就压缩出油阀弹簧而打开出油阀，燃油通过高压油管向喷油器供油。接着，柱塞的缺口（螺旋槽）打开柱塞套筒的进排油孔时就结束供油，出油阀被出油阀弹簧急剧关闭。

然而，为能迅速地进行下次喷射，要在高压油管内保持残余压力。出油阀具有防止燃油反流的作用。

另外，如果残余压力过高则有可能出现燃油的滴漏现象。因此，要吸回相当于活塞部分的吸回行程（如图 2-155 中 a 所示）的高压油管内的燃油，以调整残余压力，改善喷油的结束状态，防止喷油器的滴漏现象。

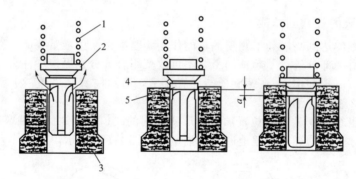

图 2-155　出油阀

1—出油阀弹簧；2—出油阀；3—出油阀座；4—阀座部分；5—活塞部分

（五）PE 型喷油泵的凸轮轴

凸轮轴由发动机的驱动轴通过联轴节或齿轮使正时器旋转，然后通过挺杆使柱塞和输油泵工作。

凸轮形状有切线凸轮、圆弧凸轮和偏心凸轮。此外，也有组合了这些形状的组合式凸轮，如图 2-156 所示。这些凸轮要根据发动机的规格参数选用。

一般作为驱动柱塞的凸轮，使用切线凸轮或组合式凸轮（通常是组合切线凸轮和偏心凸轮）。此外，作为专门驱动输出泵的凸轮，装有偏心凸轮。

（六）PE 型喷油泵的挺杆

PE 型喷油泵挺杆由图 2-157 所示零件组成。

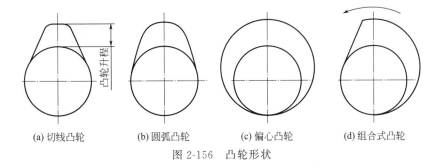

(a) 切线凸轮   (b) 圆弧凸轮   (c) 偏心凸轮   (d) 组合式凸轮

图 2-156 凸轮形状

挺杆将凸轮轴的旋转运动转换为使柱塞的上、下往复运动。

二、PE 型喷油泵的分解

进行喷油泵和输油泵的分解作业之前，应使工作台保持清洁状态。此外，应充分洗涤附着于喷油泵外表面的污垢后再进行作业。

由于柱塞和出油阀等是精密零件，因此要准备装有燃油的容器。

（一）PE 型喷油泵的分解准备工作

① 将托架安装在万能虎钳上，如图 2-158 所示。

② 拆下润滑油进口的管接头螺栓，排出注入于喷油泵内的润滑油。

③ 用 4 个螺栓将喷油泵固定在托架上，如图 2-159 所示。

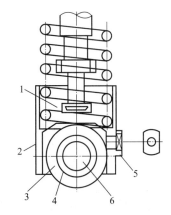

图 2-157 PE 型喷油泵的挺杆
1—弹簧下座；2—挺杆本体；3—滚轮；
4—滚轮衬套；5—挺杆导向；6—轴滚轮

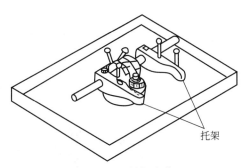

图 2-158 托架安装

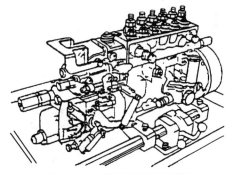

图 2-159 喷油泵固定于托架

④ 使用六角扳手（SW5）拆卸螺塞，如图 2-160 所示。

⑤ 将专用扳手安装在正时器上，如图 2-161 所示。

⑥ 操作专用扳手，将挺杆保持在上止点位置。根据喷射次序，对各缸往螺塞孔插入挺杆支持器，通过此作业，断开凸轮轴和挺杆的接触。

⑦ 这时需要使用专用扳手对凸轮轴进行正转。按照这种调速器的拆卸次序来拆下调速器盖。

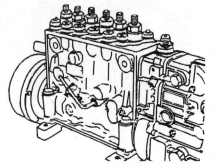

图 2-160 拆卸螺塞

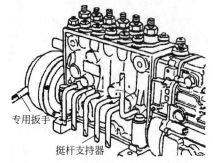

图 2-161 专用扳手安装于正时器上

使用专用扳手拆卸固定飞块的圆螺母，如图 2-162 所示。

注意：安装在 PE-P 型喷油泵的机械式调速器有各种型式，因此有关拆散调速器的详细作业，请参照各使用说明书。

⑧ 使用拆卸工具拆卸飞块，如图 2-163 所示。

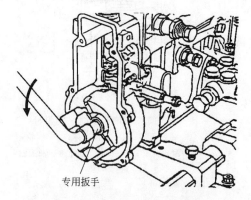

图 2-162 拆卸固定飞块圆螺母

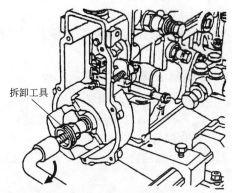

图 2-163 拆卸飞块

⑨ 使用套筒扳手（SW17 或 19）拆卸固定正时器的圆螺母，如图 2-164 所示。

⑩ 往正时器拧进拆卸工具，拆卸正时器，如图 2-165 所示。

⑪ 用扳手（SW10）拧松固定输油泵的螺母，拆卸输油泵，如图 2-166 所示。

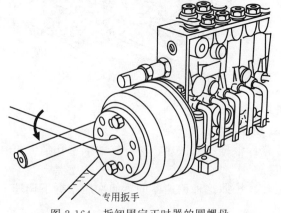

图 2-164 拆卸固定正时器的圆螺母

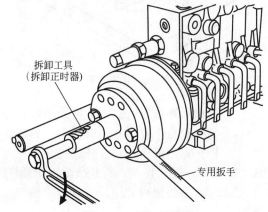

图 2-165 拆卸正时器

（二）PE 型喷油泵的分解

图 2-167 表示具有代表性的 PE-P 型喷油泵的分解图。另外，记载于分解要领中的部件名称后面的括号内数字，是以部件号码来表示分解图的序号。

① 利用万能虎钳，使喷油泵横倒。

② 用旋具旋松螺钉，拆卸底盖，如图 2-168 所示。

③ 用旋具拆卸固定中间轴承固定螺钉，如图 2-169 所示。

④ 利用万能虎钳，使喷油泵复位。

⑤ 用旋具拆卸轴承盖紧固螺钉，如图 2-170所示。

⑥ 在驱动侧凸轮轴端面装上油封导向器，如图 2-171 所示。

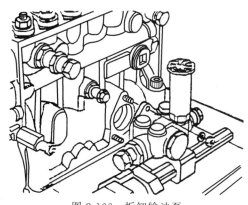

图 2-166　拆卸输油泵

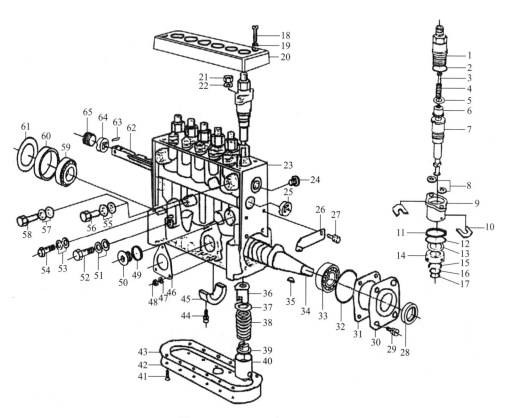

图 2-167　PE-P 型喷油泵的分解图

1—出油阀紧座；2—密封环；3—阀杆；4—出油阀弹簧；5,8,11~13,15~17—O 形环；6—出油阀总成；7—柱塞总成；9—凸缘衬套；10—正时垫片；14—挡油环；18,27,29,41,44,48,52,54,56,58—螺钉；19—定位环；20—泵盖；21—螺母；22—垫圈；23—泵体；24—螺塞；25—衬套；26—固定板；28—油封；30—轴承盖；31—调整垫片；32—锁环；33—轴承；34—凸轮轴；35—半圆键；36—控制套；37—弹簧上座；38—柱塞弹簧；39—弹簧下座；40—挺杆总成；42—底盖；43—密封垫；45—中间轴承；46—三角垫板；47,51,53,55,57,61—垫圈；49—密封圈；50—堵塞；59—后轴承；60—轴承座圈；62—拉杆；63—销钉；64—拉杆衬套；65—螺纹衬套

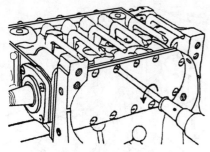

图 2-168　拆卸底盖

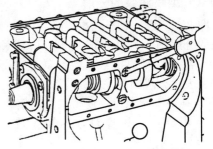

图 2-169　拆卸中间轴承固定螺钉

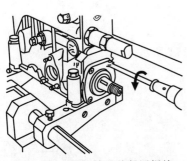

图 2-170　拆卸轴承盖紧固螺栓

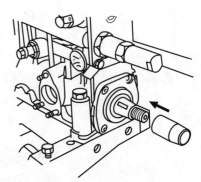

图 2-171　安装导向器

⑦ 用套筒扳手（SW17），拆下固定凸缘套筒的 2 个螺母。

⑧ 使用拆卸工具，从泵体拆下轴承盖。

注意：在泵壳和轴承盖之间装有为调整凸轮轴轴向游隙的调整垫片，因此拆下轴承盖时，请注意不要丢失调整垫片。

⑨ 使泵横倒。

⑩ 从驱动侧拉出凸轮轴，如图 2-172 所示。与此同时拆卸中间轴承，如图 2-173 所示。

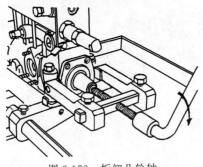

图 2-172　拆卸凸轮轴

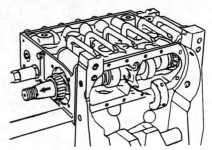

图 2-173　拆卸中间轴承

⑪ 使用旋具，拆卸固定调速器壳用的螺栓，用塑料锤一边轻轻地敲打，一边从泵壳拆卸调速器壳，如图 2-174 所示。

⑫ 将挺杆压装工具安装在泵壳两端面上，如图 2-175 所示。

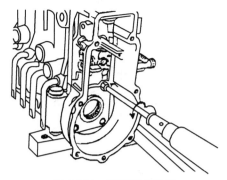

图 2-174　拆卸调速器壳

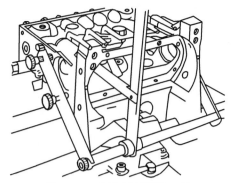

图 2-175　安装挺杆压装工具

⑬ 操作挺杆压装工具的杆，如图 2-176 所示。往上推挺杆，拆卸挺杆支架。

注意：拆卸挺杆支架后，使杆轻轻地复位。因柱塞弹簧的弹簧力，挺杆总成有可能跳出来。

⑭ 从泵壳体取下挺杆压装工具。

⑮ 从泵壳体内取出挺杆总成，如图 2-177 所示。

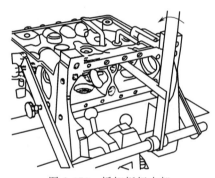

图 2-176　拆卸挺杆支架

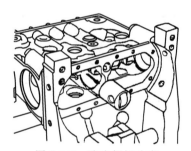

图 2-177　取出挺杆总成

⑯ 将钢丝挂在弹簧下座润滑孔，直到能取出弹簧下座位置，与柱塞一起拉出来，如图 2-178 所示。然后，从柱塞拆下弹簧下座。

⑰ 使用柱塞压装工具拉出柱塞，如图 2-179 所示。拉出的柱塞一定要放进装有干净燃油的容器内。

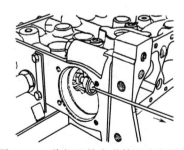

图 2-178　将钢丝挂在弹簧下座润滑孔

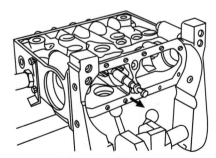

图 2-179　拆卸柱塞

⑱ 取出柱塞弹簧，如图 2-180 所示。

⑲ 使用柱塞压装工具，作为组件取出控制套和弹簧上座，如图 2-181 所示。

注意：取出控制套时，如果装在控制套内的钢球和设在泵壳体的挺杆导向器槽不一致则取不出来。

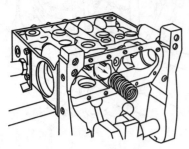

图 2-180　取出柱塞弹簧

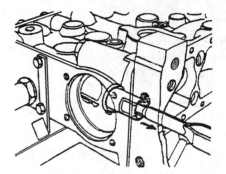

图 2-181　取出控制套和弹簧上座

⑳ 利用万能虎钳，使喷油泵复位。

㉑ 当泵上面装有泵盖时，用旋具松开螺钉，拆下盖，如图 2-182 所示

㉒ 用套筒扳手（SW17）拆卸固定凸缘套筒的 2 个螺母，如图 2-183 所示。

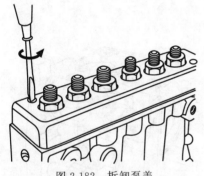

图 2-182　拆卸泵盖

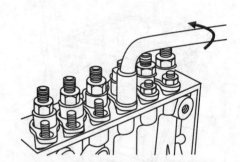

图 2-183　拆卸凸缘套筒固定螺母

㉓ 将拆卸工具旋入出油阀压紧座螺钉部分，如图 2-184 所示。

㉔ 用拆卸工具和扳手拆卸柱塞副总成，如图 2-185 所示。

注意：对于拉出的柱塞部件要与先拆下的柱塞成对地、依次准确无误地放进装有燃油的容器内。

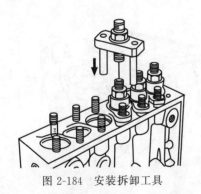

图 2-184　安装拆卸工具

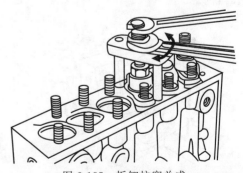

图 2-185　拆卸柱塞总成

㉕ 使用专用扳手拆卸非驱动侧的螺纹衬套，如图 2-186 所示。

㉖ 拆卸装在调速器侧的销钉，如图 2-187 所示。

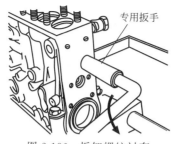

图 2-186　拆卸螺纹衬套

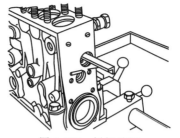

图 2-187　拆卸销钉

㉗ 用扳手拆卸装配在驱动侧的齿杆限制器，如图 2-188 所示。

㉘ 从驱动侧拉出拉杆和拉杆衬套，如图 2-189 所示。

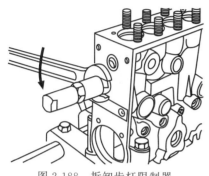

图 2-188　拆卸齿杆限制器

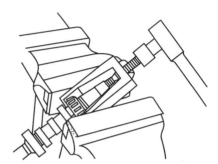

图 2-189　拉出拉杆和衬套

㉙ 需要拆卸轴承内座圈时，要用拆卸工具从凸轮轴拆卸，如图 2-190 所示。

㉚ 需要拆卸轴承外座圈时，要用拆卸工具从轴承盖拆卸，如图 2-191 所示。

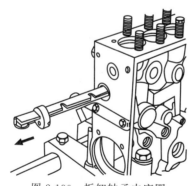

图 2-190　拆卸轴承内座圈

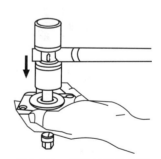

图 2-191　拆卸轴承外座圈

（三）柱塞副总成的拆卸

需要分解柱塞副总成时，按下列要领进行。

① 将专用板固定在钳工台上，如图 2-192 所示。

② 拆卸装在柱塞副总成各部分的 O 形环和环，如图 2-193 所示。

注意：

a. 对于使用组合垫片式的柱塞组件，因环压入在凸缘部分，故请直接装在板上；

b. 为使下一步的作业简便，请不要拆卸装在柱塞套筒沟内的 O 形环。

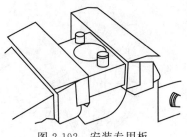

图 2-192　安装专用板

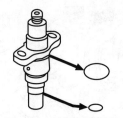

图 2-193　拆卸 O 形环

③ 将柱塞副总成安装在专用板上，如图 2-194 所示。

④ 使用套筒扳手（SW22），松开并拆卸出油阀压紧座，如图 2-195 所示。

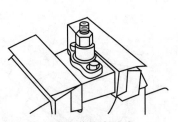

图 2-194　安装柱塞总成

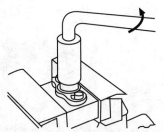

图 2-195　拆卸出油阀压紧座

⑤ 拆卸出油阀弹簧。

⑥ 用镊子取出出油阀，如图 2-196 所示。

⑦ 拆卸固定偏导器用开口环，如图 2-197 所示。

注意：请在柱塞套筒装有 O 形环的情况下，拆卸开口环。

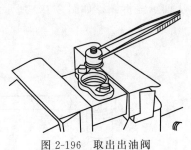

图 2-196　取出出油阀

图 2-197　拆卸开口环

⑧ 从柱塞套筒部分取出偏导器，如图 2-198 所示。

⑨ 从凸缘套筒取出柱塞套筒，如图 2-199 所示。

图 2-198　取出偏导器

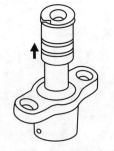

图 2-199　取出柱塞套筒

三、PE 型喷油泵的检验

拆下后将各零件摆放整齐，用干净的汽油或轻油充分洗涤，很好地检查磨损、伤痕和损坏等情况。对于不能使用的零件应更换新品。

装配时，密封垫圈、O 形环和油封一定要换新件。

（一）柱塞检验

① 如果发现柱塞螺旋槽部分有伤痕、磨损及变色等情况时，应更换柱塞副总成，如图 2-200 所示。

② 充分洗涤柱塞后，使其倾斜约 60°，如果柱塞能轻轻地滑动则说明是良好的，如图 2-201 所示。

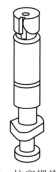

图 2-200　柱塞螺旋槽检验

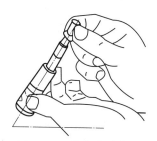

图 2-201　柱塞检验方法

边转动柱塞，边进行上述动作几次，对于下滑速度快的或是在中途会卡住的，则更换柱塞副总成。

注意：柱塞为主要原因的故障，有因烧伤或磨损而发生喷射量和喷射正时偏差。

柱塞和柱塞套筒是进行超精密加工的，由于用燃油进行润滑，所以燃油中混进水或杂质等时，会出现因烧伤或咬进杂质而造成的损伤等。因此，对柱塞要检查有无烧伤、有无阻滞现象以及柱塞表面，特别是螺旋槽部分边缘的磨损情况。

（二）出油阀检验

① 对出油阀活塞部分及阀座部分，如果发现损伤和磨损等情况时，必须更换，如图 2-202 所示。

活塞部分　　　阀座部分

图 2-202　出油阀活塞及阀座

图 2-203　出油阀活塞及阀座损伤和磨损检验

② 充分洗涤出油阀后，如图 2-203 所示，用手指堵塞出油阀底部，然后用手指轻轻按出油阀，当松手后阀能突然返回原位，说明是良好的；若不能返回，说明出油阀活塞部分的

磨损显著，应更换新件。

但是，如果出油阀活塞部分带有喷油量自动调节槽切口时不能返回，因此无需进行上述作业（并不是不合格品）。

（三）挺杆检验

① 挺杆滚轮表面发生磨损、损伤和剥离时，应更换，如图 2-204 所示。

② 衬套和滚轮销等出现磨损时，应更换，如图 2-204 所示。

③ 挺杆主体的泵壳和滑动面上出现磨损时，对总成进行更换。

注意：挺杆各部分出现的磨损会使喷油量正时发生偏差。

④ 弹簧下座的柱塞接触面出现有磨损时，需要进行更换，如图 2-205 所示。

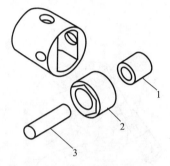

图 2-204　挺杆滚轮表面检验

1—衬套；2—挺杆滚轮；3—滚轮销

图 2-205　弹簧下座检验

（四）凸轮轴检验

① 凸轮轴的键和键槽之间有游隙时，应更换，如图 2-206 所示。

② 充分检查凸轮轴的圆锥部分、凸轮表面及螺纹部分，如有缺陷，则应更换。

③ 对于凸轮轴的套筒，如果出现磨损，则要更换。

（五）轴承检验

① 检查凸轮轴中间轴承接触面的磨损情况，如有缺陷，则要更换。

② 内座圈的滚柱部分有伤痕及外座圈的滚柱接触部分有磨损时，则应更换，如图 2-207 所示。

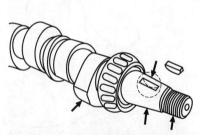
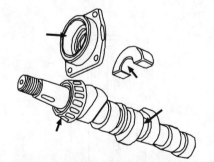

图 2-206　凸轮轴的键和键槽检验

图 2-207　凸轮轴中间轴承接触面检验

（六）油封检验

检查装在轴承盖的油封唇部的伤痕、毛刺、磨损状态，如有缺陷，则应更换，如图 2-208

所示。

（七）弹簧检验

检查柱塞弹簧和出油阀弹簧的伤痕、锈蚀和不均匀磨损，如果有缺陷，则应更换，如图2-209所示。

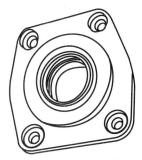 

图2-208　油封唇部检验　　　　图2-209　柱塞弹簧检验

（八）喷油泵壳件检验

检查泵壳体的裂纹、磨损、螺纹部分的损伤等，如有缺陷，则应更换，如图2-210所示。

（九）控制套及控制杆检验

① 控制套钢球部分和控制杆的插入部分，若松动，则应更换，如图2-211所示。

② 控制杆若有弯曲，则应更换，如图2-211所示。

③ 控制套的柱塞插入部分和柱塞扁块部分，如松动，则应更换，如图2-211所示。

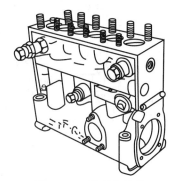 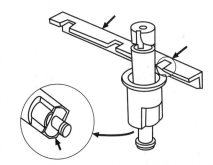

图2-210　泵壳体检验　　　　图2-211　控制套柱塞插入部分与柱塞扁块检验

（十）输油泵检验

① 止回阀（图2-212）一般是尼龙制品，如有损坏则不要再继续使用，应予更换。对材质为酚醛塑料（电木）的也进行同样处理。

② 对止回阀弹簧和活塞弹簧，出现衰损、折损和生锈等情况时，应予以更换。

③ 挺杆与推杆。

④ 检查滚轮、导块、滚轮销的磨损等，对于有缺陷者，应予以更换，如图2-213所示。

⑤ 检查推杆的磨损状态，若有缺陷时，按输出泵壳体总成进行更换。

注意：当推杆的磨损过甚时，燃油将通过推杆外周面进入泵凸轮室，稀释润滑油，此外还会成为吸进空气的原因。

⑥ 活塞。应检查活塞推杆的接触部分，若磨损，则应更换，如图 2-214 所示。

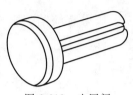

图 2-212　止回阀　　　　图 2-213　滚轮　　　　图 2-214　活塞推杆接触部分

四、PE 型喷油泵的装配

PE 型喷油泵主体和输油泵（KD 型）的装配顺序与拆卸次序相反，因此下面只说明有关装配时需要特别注意的地方。

注意：输油泵（KD 型）没有注意事项。

（一）喷油泵的拧紧力矩

喷油泵各连接部位的拧紧力矩，如图 2-215 所示。

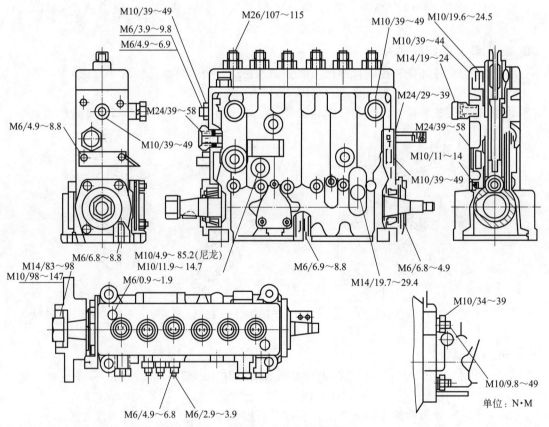

图 2-215　喷油泵各连接部位的拧紧力矩

（二）柱塞的装配

① 将专用板夹在虎钳上，如图 2-216 所示。

② 使凸缘套筒的定位销和柱塞套筒的导向槽一致，将柱塞套筒装进凸缘套筒内，如

图 2-217 所示。

③ 将装进柱塞套筒的凸缘套筒固定于专用板上，如图 2-218 所示。

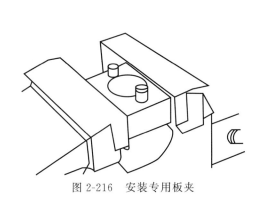

图 2-216　安装专用板夹

导向槽

定位销

图 2-217　将柱塞套筒装进凸缘套筒内

④ 往凸缘套筒内装配出油阀、密封垫圈和弹簧，如图 2-218 所示。

⑤ 对出油阀压紧座装配新 O 形环，涂以润滑脂后，拧进凸缘套筒，如图 2-219 所示。

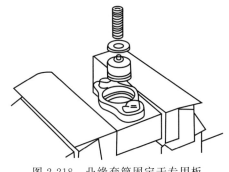

图 2-218　凸缘套筒固定于专用板

图 2-219　安装 O 形环

⑥ 用力矩扳手按规定的拧紧力矩，上紧出油阀压紧座。标准紧固扭矩为 107.8N·m，如图 2-220 所示。

⑦ 从专用板上拆下已装配了出油阀压紧座的凸缘套筒。

⑧ 从凸缘套筒下面装配垫圈，装配偏导器，用卡环加以固定，如图 2-221 所示。

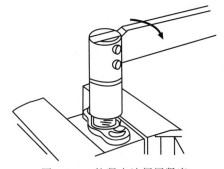

图 2-220　拧紧出油阀压紧座

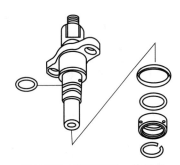

图 2-221　装配垫圈、偏导器

注意：

a. 偏导器有上、下的装配方向，即往凸缘套筒装配时，不要使柱塞套筒的进排油孔和偏导器的孔位置一致。

如果上述位置一致，就会在喷油终点因燃油的反流作用使泵壳体受侵蚀。

b. 装配卡环时，为使作业能顺利进行，把已装进的旧品 O 形环安装到柱塞套筒的 O 形环沟内。

（三）PE 型喷油泵的装配

① 按住压装 O 形环工具的把柄，使轴露出。接着往轴外周部分涂布润滑脂，安装新的 O 形环，如图 2-222 所示。

② 以压出压装 O 形环工具轴的状态，插入泵壳体内。然后松开把柄，O 形环就装配在泵壳体内，如图 2-223 所示。

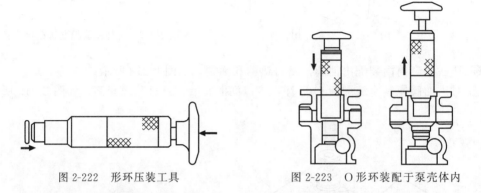

图 2-222　形环压装工具　　　　　　　图 2-223　O 形环装配于泵壳体内

③ 对柱塞总成的 O 形环及柱塞套筒裙部，涂布若干的润滑脂，如图 2-224 所示。

④ 往喷油泵壳体内装配柱塞总成时，注意不要使 O 形环损伤。

安装时，要使凸缘套筒的定位销位于非控制杆侧，如图 2-225 所示。

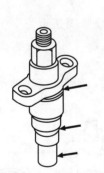
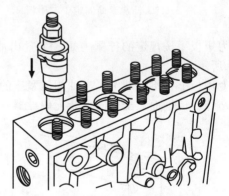

图 2-224　O 形环及套筒裙部涂润滑脂　　　　图 2-225　定位销位于非控制杆侧

⑤ 用力矩扳手按规定的力矩，均匀地拧紧柱塞的两个固定螺母。标准紧固力矩为 39.2～44.1kg·m，如图 2-226 所示。

⑥ 利用万能虎钳，使喷油泵横倒。

⑦ 往喷油泵壳体内装配控制杆，如图 2-227 所示。

⑧ 装配控制套时，要使控制套的钢球进入控制杆槽内。另外，进行作业时，对各缸都要使控制杆活动，以检查控制套能否工作。

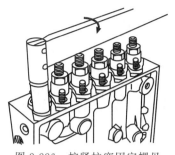

图 2-226 拧紧柱塞固定螺母

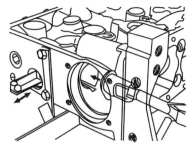

图 2-227 装配控制杆

⑨ 将弹簧上座放在柱塞弹簧之上，然后装入喷油泵壳体，如图 2-228 所示。

注意：如果装歪了弹簧上座，则会在中途卡住而拔不出来。此外，也会损伤喷油泵壳体，故作业时请应分注意。

⑩ 使用柱塞压装工具把柱塞装进柱塞套筒内，致使柱塞的导引部分（或刻的标记）与决定凸缘套筒位置的定位销朝着同一方向，如图 2-229 所示。

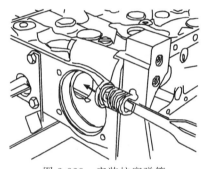

图 2-228 安装柱塞弹簧

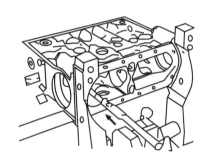

图 2-229 柱塞装进柱塞套筒内

⑪ 使挺杆导向和泵壳的导槽一致，并把挺杆装进泵壳内，如图 2-230 所示。

⑫ 操作挺杆压装工具，按压挺杆，一点一点地推动操纵杆，使柱塞凸边部分装进控制套内，如图 2-231 所示。然后，将挺杆支架插入螺塞孔内。

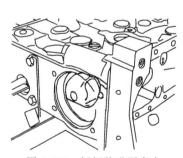

图 2-230 挺杆装进泵壳内

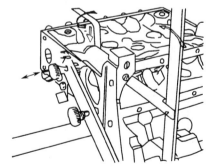

图 2-231 柱塞凸边装进控制套内

⑬ 把中间轴承装在凸轮轴上后，再把凸轮轴装进泵壳内。然后使用旋具拧紧螺栓，并固定中间轴承，如图 2-232 所示。

注意：由于凸轮轴有方向性，故应参照使用说明书。

⑭ 凸轮轴从调整器侧插进的状态时，在驱动侧锥部安装板处测量从板端面到泵壳端面的尺寸（L_1），检查是否符合规定值，如图 2-233 所示。$L_1=13.8\text{mm}\pm0.5\text{mm}$。

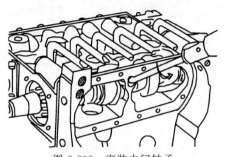

图 2-232　安装中间轴承

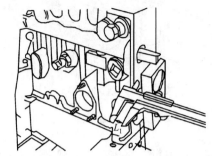

图 2-233　测量从板端面到泵壳端面的尺寸

⑮ 如果 L_1 与规定值不同时，应调整装在调速器侧的调整垫片厚度，调整到与规定值一致为止，如图 2-234 所示。调整垫片厚度的种类如表 2-4 所示。

表 2-4　调整垫片种类

调整垫片编号	厚度/mm
134303-0000	1.2
134303-0100	1.5
134303-0200	1.8
134303-0300	2.0
134303-0400	0.6

⑯ 在凸轮轴的驱动侧装配油封导向器，如图 2-235 所示。

⑰ 用 4 颗螺栓紧固轴承盖。

注意：这时，应装配预先装好的调整垫片。

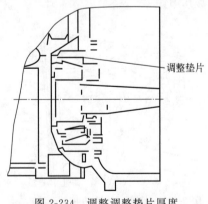

调整垫片

图 2-234　调整调整垫片厚度

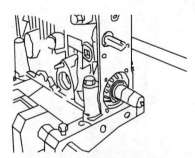

图 2-235　装配油封导向器

⑱ 在驱动侧凸轮轴螺纹部分安装测量仪器（图 2-58 轴径 $\phi25$、图 2-59 轴径 $\phi25$），如图 2-236 所示。然后测量凸轮轴的轴向间隙，检查是否符合规定值（L_2），如图 2-237 所示。$L_2=0.02\sim0.06\text{mm}$（圆锥滚子轴承）。

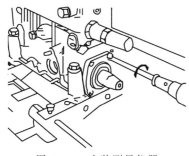

图 2-236　安装测量仪器

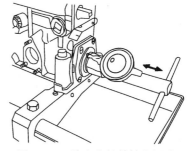

图 2-237　检查凸轮轴轴向间隙

⑲ 如果，与规定值（L_2）不同时，应调整装在驱动侧的调整垫片厚度，使其达到规定值，如图 2-238 所示。调整垫片厚度的种类如表 2-5 所示。

表 2-5　调整垫片厚度的种类

调整垫片编号	厚度/mm
134314-0000	0.1
134314-0100	0.12
134314-0200	0.14
134314-0300	0.16
134314-0400	0.18
134314-0500	0.3
134314-0600	0.5

⑳ 装配结束后，对控制杆装上弹簧秤，以测量控制杆的滑动阻力（喷油泵停转状态下），如图 2-239 所示。控制杆的滑动阻力见表 2-6。

表 2-6　控制杆滑动阻力　　　　　　　　　　　　　　　　单位：N

滑动阻力	2P	4P	6P	8P
	60	90	130	150

注："P"表示"缸"。

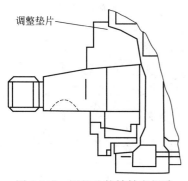

调整垫片

图 2-238　调整凸轮轴轴向间隙

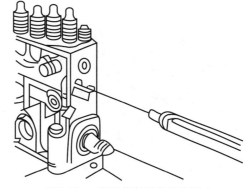

图 2-239　测量控制杆的滑动阻力

五、PE 型喷油泵的试验与调整

喷油泵装配结束后，需要使用喷油泵试验台进行试验调与整工作。试验调整工具要使用专用工具。

（一）准备工作

① 用固定架，将试验用泵固定于泵试验台上，如图 2-240 所示。

② 连接燃油配管和高压油管。

③ 往喷油泵的凸轮室内及调速器室内供给润滑油，如图 2-241 所示。每缸的润滑供油量为 50～60mL。

④ 在驱动侧的控制杆端部安装测量仪器。

⑤ 操纵变速杆，调整到对 500～600r/min 的喷油泵转速能开始进行调速器控制。

⑥ 在上述状态下，把负荷控制杆固定在空转位置上。往调速器侧压进操纵杆，并设定测量仪器的"0"点位置。

注意：

a."0"点位置的设定方法因调速器型式的不同而异，故应参照使用说明书。

b.不使喷油泵驱动而设定"0"点位置时，会有过大的力对杠杆系统起作用，因此必须在喷油泵的驱动状态下设定"0"点位置。

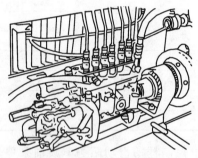

图 2-240　用固定架安装试验泵　　　图 2-241　往喷油泵的凸轮室内及调速器室内供给润滑油

（二）喷油正时调整

① 用套筒扳手（SW22）拆下驱动侧第一缸（或调速器侧）的出油阀压紧座，如图 2-242 所示。

② 拆下出油阀总成，如图 2-243 所示。

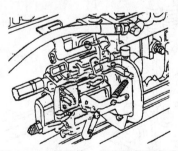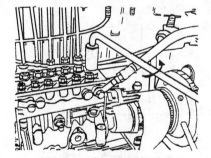

图 2-242　拆下第一缸出油阀压紧座　　　图 2-243　拆下出油阀总成

③ 把测量仪器拧紧在凸缘套筒内，如图 2-244 所示。

④ 将控制杆保持在全负荷位置。

⑤ 往规定的旋转方向转动试验台的飞轮，使驱动侧或调速器侧的第一缸挺杆保持下止点位置，如图 2-245 所示。

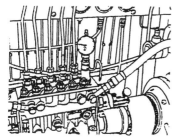

图 2-244 安装测量仪器于凸缘套筒内

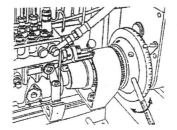

图 2-245 第一缸挺杆保持下止点位置

⑥ 在上面的第⑤项状态下，设定测量仪器千分表的"0"点位置，如图 2-246 所示。

⑦ 使溢流阀转换为零。

⑧ 尽量以低压力（0.02MPa 为佳）往泵供试验油。

往规定的旋转方向转动试验台的飞轮，使用度盘式指示器读出从测量仪器的溢流管不流出燃油为止的上升量（预行程），如图 2-247 所示。

图 2-246 设定千分表"0"点位置

图 2-247 测量上升量（预行程）

注意：根据喷油泵规格，有时候使用反向螺旋槽柱塞。这时，要在挺杆的上止点位置对准千分表的"0"点位置，往反转方向转动，测量从溢流管不流出燃油为止的位置。

预行程是表示柱塞从下止点缓慢上升，当柱塞上端面堵住柱塞套筒的进排油孔（静喷射开始状态）时的柱塞移动量，如图 2-248 所示。

⑨ 当通过第⑧项测量的行程超出规定值时，应改变调整垫片厚度，再进行调整，如图 2-249 所示。

喷油时刻延迟时，要更换为较现有的调整垫片还薄的。

喷油时刻提前时，要更换为较现有的调整垫片更厚的。

调整垫片的种类见表 2-7。

注意：由于调整用调整垫片在凸缘套筒两侧，因此应更换为同一尺寸的调整垫片。

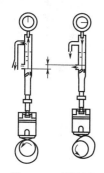

图 2-248 预行程

图 2-249 调整预行程

表 2-7　调整垫片的种类

零件编号	厚度/mm	零件编号	厚度/mm	零件编号	厚度/mm
139400-0900	0.5	139400-2900	1.0	139400-4900	1.5
139400-1000	0.525	139400-3000	1.025	139400-5000	1.525
139400-1100	0.55	139400-3100	1.05	139400-5100	1.55
139400-1200	0.575	139400-3200	1.075	139400-5200	1.575
139400-1300	0.6	139400-3300	1.100	139400-5300	1.6
139400-1400	0.625	139400-3400	1.125	139400-5400	1.625
139400-1500	0.65	139400-3500	1.15	139400-5500	1.65
139400-1600	0.675	139400-3600	1.175	139400-5600	1.675
139400-1700	0.7	139400-3700	1.23	139400-5700	1.7
139400-1800	0.725	139400-3800	1.225	139400-5800	1.725
139400-1900	0.75	139400-3900	1.25	139400-5900	1.75
139400-2000	0.775	139400-4000	1.275	139400-6000	1.775
139400-2100	0.8	139400-4100	1.3	139400-6100	1.8
139400-2200	0.825	139400-4200	1.3255	139400-6200	1.825
139400-2300	0.85	139400-4300	1.35	139400-6300	1.85
139400-2400	0.875	139400-4400	1.375	139400-6400	1.87
139400-2500	0.9	139400-4500	1.4	139400-6500	1.9
139400-2600	0.925	139400-4600	1.425	139400-6600	1.925
139400-2700	0.95	139400-4700	1.45	139400-6700	1.95
139400-2800	0.975	139400-4800	1.475	139400-6800	1.975

⑩ 如已调整好第一缸的喷油开始时刻，便要对准刻在试验台飞轮的刻度，将指针设定在任意的位置上，如图 2-250 所示。

⑪ 取下安装在驱动侧（或调整器侧）第一缸的测量仪器。

⑫ 将出油阀总成装配在凸缘套筒内，按规定的紧固力矩拧紧，如图 2-251 所示。标准紧固力矩为 107.8N·m。

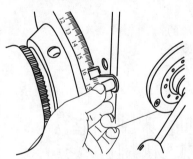

图 2-250　对准飞轮刻度

图 2-251　出油阀总成安装于凸缘套筒内

⑬ 根据喷油顺序，将下一缸的挺杆设定在下止点位置。

⑭ 使用扳手松开喷油器的溢流阀，使燃油流出，如图 2-252 所示。

⑮ 往规定的旋转方向转动喷油泵试验台的飞轮，使柱塞上升。

⑯ 读出从喷油器的溢流管停止流出燃油（图 2-253）时的喷油泵试验台飞轮的角度刻度盘。

⑰ 当喷油间隔超出规定值时，使用调整垫片来进行调整。

⑱ 按照喷油顺序，调整全缸的喷油时刻。

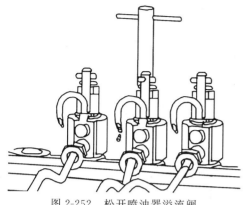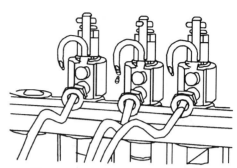

图 2-252　松开喷油器溢流阀　　　　图 2-253　溢流管停止流出燃油时刻

（三）喷油量的调整

调整喷油量之前，为保持喷油泵壳体内的输油压力一定，安装规定的溢流阀的同时，应按下列条件进行调整。

1. 喷油量的调整条件

（1）喷油器　喷油量在 200mL/1000s 以上。

（2）喷油器　喷油量在 201mL/1000s 以下。

（3）喷油器　喷油量在 200mL/1000s 以下。

（4）喷油器　喷油量在 201mL/1000s 以下。

（5）始喷压力　17.5MPa。

（6）输油压力　0.16MPa。

（7）试验油　ISO 4113 试验油或 SAE 标准试验油（SAEJ967d）。

（8）高压油管

① 15NP 试验台。

a. 高压油管　一套 12 根，喷射量为 200mL/1000s。

b. 高压油管　编号 157805-5420（一套 6 根），喷射量超过 200mL/1000s。

② 10NP 试验台。

a. 高压油管　喷射量为 200mL/1000s。

b. 高压油管　喷射量超过 200mL/1000s。

注意：此调整条件是为调整 PE-P 型喷油泵而设定的。但也有调整条件不相同的喷油泵，因此进行调整作业时，必须预先确认调整条件。

2. 喷油量的调整方法

① 确认控制杆的"0"点位置。

② 将喷油泵设定为规定转速的同时，将控制杆固定于规定位置。

③ 在上述状态下，测量喷油量，当超出规定值时，应松开固定凸缘套筒 2 个螺母，通过凸缘套筒位置进行调整。

使凸缘套筒右转为减少喷油量。使凸缘套筒左转为增加喷油量。

④ 固定凸缘套筒后，根据规定的操纵杆位置和喷油泵转速，反复进行测量和调整，直至达到规定值为止。

⑤ 喷油量偏差计算。喷油量出现偏差，不符合规格值时，要使各缸的偏差能够满足规格值。其计算方法如下。

$$不均匀量（＋）＝最大喷油量－全缸平均喷油量$$

$$不均匀度（＋）＝\frac{最大喷油量－全缸平均喷油量}{全缸平均喷油量}×100\%$$

$$不均匀量（－）＝最小喷油量－全缸平均喷油量$$

$$不均匀度（－）＝\frac{最小喷油量－全缸平均喷油量}{全缸平均喷油量}×100\%$$

（四）标线的校对

① 在喷油泵上安装正时器。
② 在正时器上安装联轴节，使其与喷油泵试验台连接。
③ 安装高压油管，进行燃油配套。
④ 转动泵试验台的飞轮（图 2-254），使第一缸柱塞在始喷位置，如图 2-255 所示。

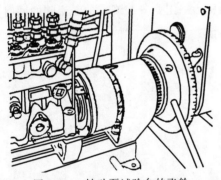

图 2-254 转动泵试验台的飞轮

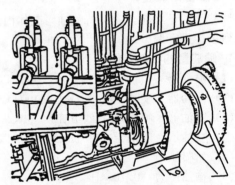

图 2-255 始喷位置

⑤ 在上述状态下，检查指针和飞块保持架上所刻印的标线是否一致，如图 2-256 所示。

⑥ 如果指针与标线不一致，应根据指针重新打刻。此外，为能区别出新旧标线，应消除旧标线，如图 2-257 所示。

注意：更换飞块保持架时，因无打刻标线，故应根据指针打刻标线。

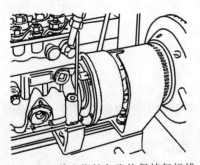

图 2-256 检查指针与飞块保持架标线

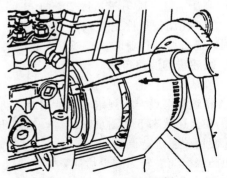

图 2-257 重新打刻标线

第十一节　系列喷油泵

一、系列喷油泵结构图

系列喷油泵的结构如图 2-258～图 2-285 所示。

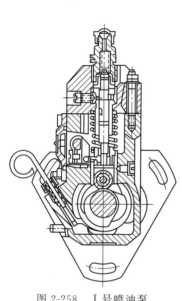

图 2-258　Ⅰ号喷油泵

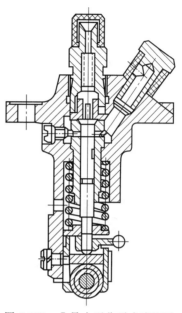

图 2-259　Ⅰ号小型分列式喷油泵

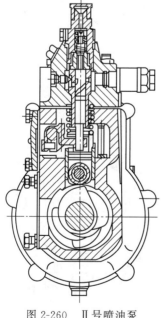

图 2-260　Ⅱ号喷油泵

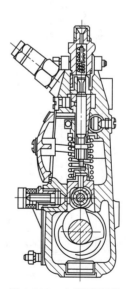

图 2-261　A 型喷油泵

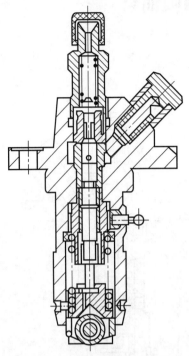

图 2-262　A 型小型分列式喷油泵

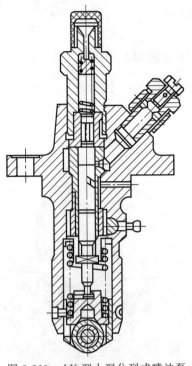

图 2-263　AK 型小型分列式喷油泵

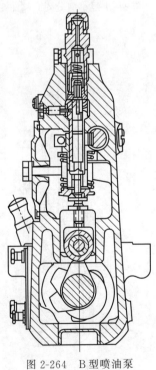

图 2-264　B 型喷油泵

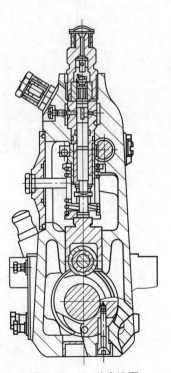

图 2-265　B 型喷油泵

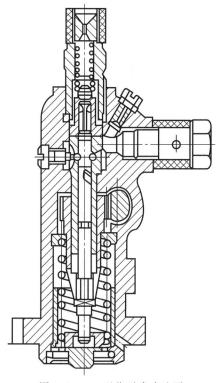

图 2-266　B 型分列式喷油泵

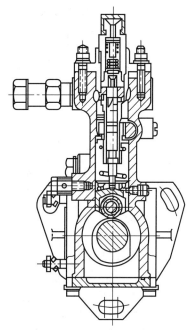

图 2-267　BQ 型喷油泵

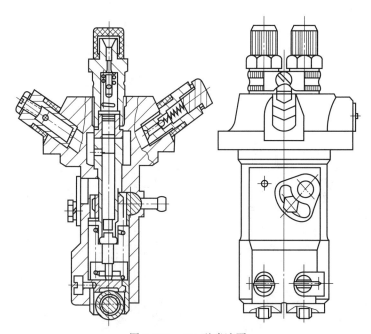

图 2-268　ZK 型喷油泵

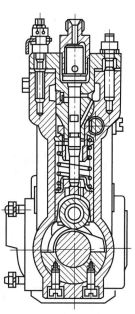

图 2-269　P7 号喷油泵

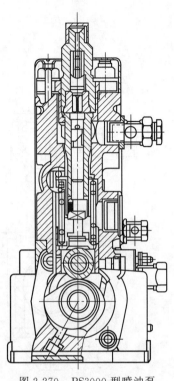

图 2-270　PS3000 型喷油泵

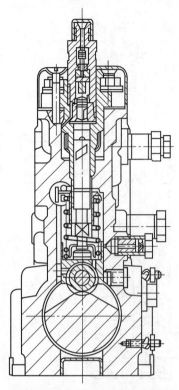

图 2-271　PS7100 型喷油泵

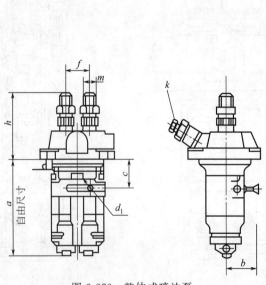

图 2-272　整体式喷油泵

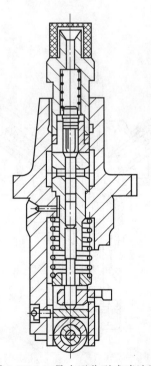

图 2-273　0 号小型分列式喷油泵

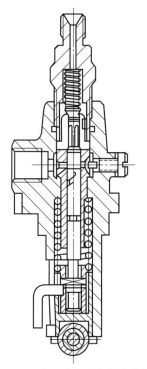

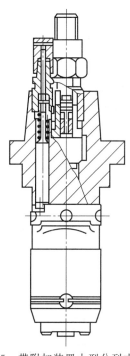

图 2-274　弯杆式小型分列式喷油泵　　　图 2-275　带附加装置小型分列式喷油泵

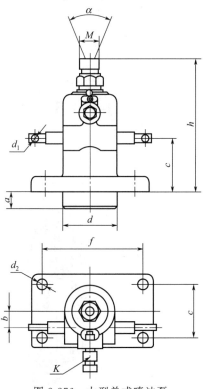

图 2-276　大型单式喷油泵
外型安装尺

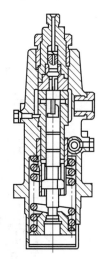

图 2-277　12V240ZJ 机车
柴油机用大型单体泵

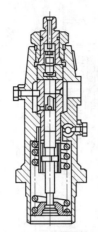 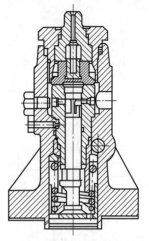

图 2-278　16V240ZJB 机车柴油机用大型单体泵　图 2-279　16V240ZJD 机车柴油机用大型单体泵

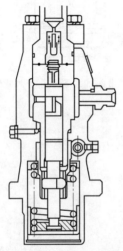 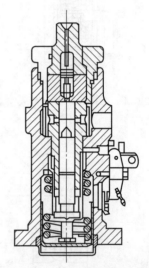

图 2-280　16V280ZJ 机车柴油机用大型单体泵　图 2-281　7PDL 机车柴油机用大型单体泵

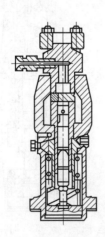 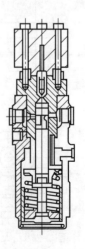

图 2-282　20/27 船舶柴油机用大型单体泵　图 2-283　T23 船舶柴油机用大型单体泵

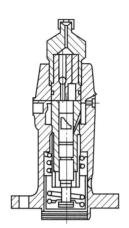
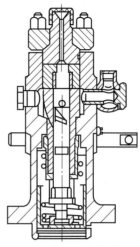

图 2-284　R250 船舶柴油机用大型单体泵　　　图 2-285　L250 船舶柴油机用大型单体泵

二、直列式喷油泵

我国共有 24 种直列泵产品，有 14 个基本系列，其中年产量在万台以上的产品有Ⅰ、Ⅱ、Ⅲ、A、B、BQ、P 等喷油泵，供国产 75～170mm 缸径中小功率柴油发动机配套使用。直列式喷油泵的结构特点如下。

1. Ⅰ、Ⅱ、Ⅲ号系列喷油泵

Ⅰ、Ⅱ、Ⅲ号系列喷油泵采用上下分体结构，结构简单，拆装方便。油量调节机构为拉杆-拨叉式。柱塞预行程依靠滚轮体上的垫块调节。泵上体材料为铸铁或铝合金，下体由铝合金铸成。Ⅰ号喷油泵主要配用感应元件为飞球的机械全程式调速器，少部分采用飞块作感应元件的机械全程式调速器。Ⅱ、Ⅱ加（ZHB）、Ⅲ号喷油泵全部感应元件为飞球的机械全程式调速器。Ⅰ号喷油泵主要用于 75～105mm 缸径车用和农用柴油发动机；Ⅱ、Ⅱ加（ZHB）号喷油泵主要配用于拖拉机柴油发动机；Ⅲ号喷油泵为 130 系列柴油发动机配套。

现在的Ⅰ号喷油泵在 20 世纪 80 年代初曾在结构上进行了重大改进，改进项目如下。

① 增加了连接上下泵体的螺钉数量，四缸用六个，六缸用八个。同时加大上体截面惯性矩，下体横梁加粗，使上下体结合面密封性显著改善。

② 改变凸轮型线设计，增加凸轮宽度，使凸轮与滚轮间接触压力降低。

③ 改变柱塞弹簧参数，提高安全系数。

④ 通过改变凸轮型线，增加泵体刚度，六缸泵通过增加中间轴承和减小柱塞窜动间隙等措施，提高泵的可靠性。

⑤ 通过增加检查窗口盖板刚度、加大密封面和涂密封胶等措施，使检查盖处密封性提高。Ⅱ加（ZHB）型两种喷油泵是在Ⅱ号喷油泵基础上改进的强化产品。凸轮升程由 8mm 增大至 9.3（10）mm；凸轮基圆直径由 28mm 增大至 31（32）mm；滚轮直径由 18mm 增大至 19.5（20）mm，使喷油泵许用泵端压力由 55MPa 提高到 65MPa。

2. A 型喷油泵

我国于 20 世纪 60 年代开始生产 A 型喷油泵。该泵采用整体侧窗结构。油量调节机构为齿轮-齿条式，普通 A 型喷油泵供油预行程依靠滚轮体上的正时螺钉调节，高速 A 型喷油泵采用垫片调节。配用的调速器有 RFD、RAD、RSV、RQ、RSUV 等型号。20 世纪 70 年代末期国产 A 型喷油泵有了较大改进。

① 主要易损件与德国（日本）同类产品通用，零件的结构、参数、精度及材料等更接近国外现代化 A 型喷油泵。同时变型产品和附件品种增加，适用配套范围扩大。

② 最大柱塞直径由 8.5mm 增大至 9.5mm，增加 9mm 凸轮升程变型产品，最大几何供油速率提高 40%，最高工作转速由 1000r/min 提高到 1800r/min，喷油泵工作能力有较大提高。

③ 凸轮和滚轮宽度由 9mm 增至 11mm。

④ 凸轮轴驱动端直径由 17mm 一种发展至 17mm、20mm 两种。

⑤ 柱塞套定位槽由大外圆移至中间外圆上。

⑥ 滚轮体采用丁字块导向代替滚轮销导向。

⑦ 检查窗口盖板由冲压件改为铸铝件。

改进后的 A 型喷油泵工作能力达到国外 AS2000 型喷油泵的水平，同时可靠性明显提高，配套实用性增强，成为 100mm、102mm、105mm、110mm、120mm 缸径车用柴油发动机的主要配套产品。

A 型喷油泵虽然是国外 20 世纪 30 年代中期开始发展的产品，但数十年来产品结构和配套性能不断完善。由于其具有结构可靠、性能稳定、配套实用性较好、价格较低、生产历史悠久和市场占有量大的突出优点，迄今仍是世界上产量最大的直列式喷油泵。

AW（AD）型喷油泵是在 A 型喷油泵基础上发展的强化型产品。在相同的负荷条件下，AW（AD）型喷油泵凸轮轴刚度比 A 型喷油泵提高 74%；许用喷油泵端压力由 60MPa 提高到 69MPa；最大柱塞直径和最大凸轮升程分别增加 1mm 和 2～3mm，喷油泵工作能力显著提高。

AW（AD）型喷油泵继承了 A 型喷油泵的特点，零件互换通用性达 70% 左右，能够满足 110mm 缸径左右直喷增压柴油发动机使用。A 型喷油泵与 AW（AD）型喷油泵主要零件尺寸对比见表 2-8。

表 2-8　A 型喷油泵与 AW（AD）型喷油泵主要零件尺寸对比　　　　单位：mm

型号	柱塞套		滚轮体			凸轮轴		
	大外圆直径	裙部直径	外径	滚轮直径	滚轮宽度	基圆直径	轴径	凸轮宽度
A	18	14	24	17	11	24	23	11
AW(AD)	22	18	26	20	13	28	27	12

3. B 型喷油泵

B 型喷油泵是 20 世纪 50 年代的产品。该喷油泵采用整体开侧窗结构，油量调节机构为齿轮-齿条式，供油预行程依靠滚轮体上的正时螺钉调节。现在生产的 B 型喷油泵有两种，一种 B 型喷油泵及 B 型加强喷油泵采用带增速机构的机械全程或两级飞块式调速器，主要用于 135 系列柴油发动机；另一种 B 型喷油泵采用机械全程飞球式调速器，主要用于 150 系列柴油发动机。

4. Z 型喷油泵

Z 型喷油泵有两种，一种采用整体开侧窗结构，装配有 RU 两极式或 RUV 全程式机械调速器，用于 160 系列和 180 系列柴油发动机配套；另一种采用分体式结构，装配与 B 型喷油泵调速器结构相同的机械式调速器，用于 200 系列柴油发动机。两种 Z 型喷油泵的油量调节机构均为齿轮-齿条式，供油预行程依靠滚轮体上的正时螺钉调节。

20 世纪 80 年代末，国内在 Z 型喷油泵上开发了强化产品即 ZW 型喷油泵，通过加大柱塞套、滚轮体、凸轮轴等零件的结构尺寸和加强泵体等措施，提高喷油泵的工作能力，许用喷油泵端压力为 20～25MPa；现在的 ZW 喷油泵有等缸心距（45mm）和不等缸心距（45mm、52mm）两种。

5. BQ 型喷油泵

BQ 型喷油泵是 20 世纪 80 年代中期的国内产品。该喷油泵采用整体全封闭式结构，油量调节机构为齿轮-齿条式，供油预行程依靠法兰式套筒与泵体上平面间的调整垫片调节，调速器为机械全程飞块式，其结构特点如下。

① 泵体为全封闭式，同时连接法兰、调速器前壳体与泵体连成一体，具有很好的整体刚度。

② 外形结构紧凑，采用薄壁结构，重量和纵向外形尺寸接近 VE 型分配泵。

③ 具有很小的往复惯性重量，在柱塞直径相同的条件下，较 I 号喷油泵低 35.6%，有利于实现高速化。

④ 采用余弦鼻角凸轮型线，喷油泵极限转速比采用圆弧鼻角凸轮型线的喷油泵提高 20%左右。

⑤ 比液体压力大得多的出油阀紧座的密封力由钢制法兰承受，具有良好的承载能力。

⑥ 采用无窗口的整体封闭结构泵体、低压腔密封全部采用 O 形橡胶密封圈，不用纸垫，具有良好的密封性。

⑦ 柱塞套有两种可以互换的方案，基本型采用法兰套筒与柱塞套分开结构；强化型采用整体法兰柱塞套结构。

BQ 泵主要用于 75～95mm 缸径小型高速柴油发动机。

6. BX、BM 型喷油泵

BX、BM 型喷油泵是 20 世纪 80 年代中期的国内产品。两种泵均采用上下分体结构，油量调节机构为拉杆-拨叉式，供油预行程依靠垫片调整，调速器为机械全程飞块式。BM 型喷油泵外形尺寸与 I 号喷油泵相当，工作能力可以达到 A 型喷油泵的水平；BX 型喷油泵具有与 AW（AD）型喷油泵、P7 型喷油泵相当的工作能力。上述两种喷油泵性能指标明显高于 I、II、III 号系列喷油泵。同时继承了其结构简单、工艺性好、制造成本低等优点，其结构特点如下。

① 上体采用型钢，能承受高的出油阀紧座的密封力，用螺钉与坚实的铝合金下体连成一体，使泵体具有良好的整体刚度。

② 采用大基圆凸轮轴径，同时凸轮轴支承跨度相对较小、刚度好。六缸泵无需采用中间轴承。

③ 采用余弦鼻角凸轮型线，使油泵极限转速较采用圆鼻角的提高 20%左右。

④ 滚轮型面有圆柱型和鼓型两种。采用鼓型滚轮时，凸轮与滚轮之间的接触压力可提高 10%。BX 型喷油泵可用于 100～120mm 缸径柴油发动机配套，BM 型喷油泵可用于 90～105mm 缸径柴油发动机配套。

7. P 型喷油泵

国内开发研制 P 型喷油泵始于 20 世纪 80 年代初，迄今已研制生产 PS1000、PS3000、PS7100 三个型号，其性能和结构与国外同型号产品基本相同。P 型喷油泵采用整体全封闭结构，油量调节机构由角形拉杆与油量控制套筒构成，供油预行程依靠置于法兰套筒下面的调整垫片调节。主要配备 RFD 调速器，部分配备 RSUV 调速器和 RQV 调速器。PS1000 型和 PS3000 型喷油泵结构基本相同，PS7100 型是在 PS1000 型和 PS3000 型喷油泵基础上的强化产品，其主要改进如下。

① 将普通的 P 型泵柱塞套改为锻造整体法兰式柱塞套。

② 出油阀端面高压密封，由平面式改为倾斜锥面式。

③ 在中间轴承部位及其挺柱孔部位等处增加壁厚。

④ 泵体底面由全开式改为部分封闭式。

⑤ 凸轮基圆由 32mm 增加至 34mm。凸轮宽度由 16mm 增加至 18mm。

⑥ 采用承载能力更高、轴向间隙小的轴承。P 型喷油泵目前主要用于 120、125、126、130、135 等系列重型汽车、工程机械等柴油发动机，少量用于 160、170 系列柴油发动机。

8. P7 型喷油泵

P7 型喷油泵采用整体封闭式结构，油量调节机构为齿轮-齿条式，供油预行程依靠法兰套筒下面不同厚度的调整垫片调节，一般采用 R4E 型机械全程和两极调速器，也可以选用 RSV 等调速器。其主要结构特点如下。

① 出油阀偶件有锥面密封面上置式（SO）和下置式（SU）两种基本结构，还有带磨扁的带阻尼阀的出油阀可选用。

② 柱塞偶件有柱塞套装于法兰套筒内的非整体结构和柱塞套与法兰连成一体的整体式结构两种。柱塞套上有防泵体冲蚀的挡油螺塞，柱塞上有压力平衡槽。

③ 比液压力大得多的出油阀紧座密封力由钢制法兰套筒承受，具有良好的承载能力。

④ 柱塞套与出油阀之间装有由特殊金属制成的垫片，以保证高压密封。同时法兰套筒上有一个回油小孔，可防止燃油从出油阀紧座漏出。

P7 型喷油泵目前主要用于 126、135 等系列柴油发动机。

三、分配式喷油泵

分配式喷油泵具有体积小、重量轻、高速性好等优点。由于不同型号间零件通用率很高，所以当生产批量足够大时，其制造成本低于具有相当配套性能的直列式喷油泵。在国外，分配泵在小型高速非直喷、直喷式柴油发动机上广泛应用。

20 世纪 50 年代末期，主要是对置柱塞内凸轮驱动转子式 DPA 分配泵，80 年代初由于主机改型及使用维修等方面的原因，转子式分配泵在国内逐渐失去市场并停产。80 年代以来，又开发了单柱塞端面凸轮驱动式 VE 型分配泵。分配泵有如下结构特点。

① VE 型分配泵采用单柱塞端面凸轮驱动的结构。柱塞做往复旋转运动，往复运动起压油作用，旋转运动起分配燃油至各缸的作用。通过由调速器控制溢油环位置实现断油计量的方式改变供油量，调速器有全程或两极式可供选择，泵腔内设有液压自动提前机构，可实现不同转速下的供油提前。根据不同发动机的匹配需要，该泵可配装增压补偿器、海拔高度补偿器、油量正负校正、冷启动提前、负荷提前等附加装置。

② 我国目前开发研制的 VE 分配泵主要用于意大利依维柯（IVECO）8140 系列、日本五十铃（ISUZU）4JBI 系列、美国康明斯（Cummins）B 系列等引进柴油发动机。柱塞直径（mm）×凸轮升程（mm）尺寸有 9×2.5、11×2.5、11×2.8 三种。9×2.5 尺寸的产品用于 IVECO8140.61 非直喷式柴油发动机。直喷式柴油发动机 11×2.5 尺寸的产品有两种，一种用于 IVECO8140.27 直喷增压式柴油发动机；另一种用于 ISUZU4JB1 直喷式柴油发动机。11×2.8 尺寸产品用于 IVECO8140.21 直喷增压式柴油发动机。

③ 几种引进的小型高速车用柴油发动机目前生产批量较小，且主要采用国外生产的 VE 型分配泵，其相应的产品型号见表 2-9。

表 2-9　几种引进柴油发动机配用的国外分配泵号

分配泵型号	配用柴油发动机型号
VE4/9E2100R22-5	IVECO8140.61

分配泵型号	配用柴油发动机型号
NP-VE4/11F1800LNP777	ISUZU4JB1
VE4/11F1900R127	IVECO8140.21
VE4/11F1900R294	IVECO8140.27
VE4/11F2000R342	IVEC8140.07

四、小型分列式喷油泵

我国小型分列式喷油泵有 165F（弯杆式）、O、I、A（老 K）、AK、N、B、KD、TY1100、2K 十种产品，主要用于 60～110mm 缸径单缸柴油发动机。

I 号和 A 型（老 K 型）喷油泵，主要用于 195 单缸柴油发动机，165F 型（弯杆式）喷油泵用于 165F 等单缸风冷柴油发动机，O 号喷油泵用于 65～80mm 单缸柴油发动机，N 型喷油泵主要用于 80～85mm 缸径的单缸柴油发动机，AK 型喷油泵适应于 100mm 和 105mm 缸径柴油发动机。

分列式喷油泵有如下结构特点。

1. 165F 型（弯杆式）分列式喷油泵

该喷油泵采用弯调节臂式油量调节机构。采用 A 型（老 K 型）分列式喷油泵的柱偶件和出油阀偶件，安装高度为 62mm，安装外圆直径为 34mm，安装法兰为两孔式，孔距为 56mm。该泵主要用于 165F、170F、175F 等单缸风冷柴油发动机。

2. O 号分列式喷油泵

该喷油泵采用拨叉调节臂油量调节机构，结构较紧凑，其柱塞总长度较 165F 型喷油泵短 9.5mm，为 52.5mm。柱塞套定位在第二级外圈上，具较好刚度和可靠性。安装高度为 62mm，安装外圆直径为 36mm，安装法兰为两孔式，孔距为 56mm。该泵主要用于 165F、170F、175F 等单缸风冷柴油发动机，还用于 S175、S180 等单缸水冷柴油发动机。

3. I 号分列式喷油泵

该喷油泵采用拨叉调节臂式油量调节机构。除泵体外，其他零部件均与多缸 I 号直列泵相同，具便于维修的优点。安装高度为 82.2mm。安装外圆直径为 45mm，安装法兰为三孔式，孔距为 40mm×65mm。该泵主要用于 195、110 等单缸水冷涡流式柴油发动机和部分 R175、R185 柴油发动机。

4. A（老 K）型分列式喷油泵

该喷油泵采用齿轮-齿条式油量调节机构。安装高度为 82.8mm，与国外 K 型喷油泵相同，安装外圆直径和安装法兰上三孔的位置与国外 A 型喷油泵相同，直径为 45mm，孔距为 40×65mm，该泵主要用于 195、110 等单缸水冷涡流式柴油发动机，部分用于 65～85mm 缸径的单缸水冷柴油发动机。

5. AK 型分列式喷油泵

该喷油泵采用齿轮齿条式油量调节机构，是在 A（老 K）型喷油泵基础上发展的产品，采用分泵分列式 A 型喷油泵泵体，多缸 A 型直列泵塞偶件和出油阀偶件，滚轮直径增大 2mm，为 17mm，出油阀密封采用高低压密封分开结构；安装高度为 84mm，安装外圈和安装法兰尺寸与老 K 型喷油泵相同，工作能力高于老 K 型喷油泵。该喷油泵主要用于 100mm 和 105mm 缸径单缸直喷式柴油发动机。

6. N 型分列式喷油泵

该喷油泵采用齿轮齿条式油量调节机构，柱塞套定位在第二级外圆上；具较好的刚度和可靠任性；出油阀密封采用高低压密封分开的结构；安装高度为73mm，安装外圆直径为36mm，安装法兰为三孔式，孔距为36mm×56mm，结构较紧凑，安装尺寸小于老K喷油泵，但工作能力于其相同。该喷油泵用于175F-N和185N等单缸柴油发动机。

7. B型分列式喷油泵

该喷油泵采用齿轮齿条式油量调节机构。安装法兰为下置式、两孔，孔距为76mm，安装外圆直径为45mm。不带滚轮体。该喷油泵用于2105、老3110、老4110等柴油发动机。

8. KD型分列式喷油泵

该喷油泵采用齿轮齿条式油量调节机构。柱塞套定位第二级外圆上，结构较紧凑，柱塞总长较国外K型喷油泵短9mm，为53.5mm；出油阀密封采用高低密封分开结构；安装高度为76mm，安装外圆直径为34mm，安装法兰为三孔式，孔距为36mm×62mm。该泵用于SQ192等单缸柴油发动机。

9. 2K型分列式喷油泵

该喷油泵采用齿轮齿条式油量调节机构。缸中心距为24mm，柱塞套定位在第二级外圆上；出油阀密封采用高低压密封分开的结构；安装高度为82.8mm，安装外圆直径为56mm，安装法兰为四孔式，孔距为56mm×56mm，该泵用于F2L511、275W、S280、S285、TY2P75、ZE295等两缸柴油发动机。

10. Y1100型分列式喷油泵

该喷油泵采用齿轮齿条式油量调节机构。安装高度为95mm，安装外圆直径和安装法兰的三孔位置与A（老K）型泵相同。该喷油泵用于TY1100柴油发动机。

五、大型单体式喷油泵

国产大型单体式喷油泵主要配用于180～400mm缸径铁路机车、船舶、电站等中速柴油发动机和小部分260～700mm缸径的低速船舶柴油发动机。国内于20世纪60年代初研制开发铁路机车柴油发动机用大型单体泵，1963年开始生产207E柴油发动机用泵，此后曾研制和生产约15种机车柴油发动机用泵，其中16V240ZJB、12V240ZJ、16V280ZJ等型柴油发动机用泵为现生产的主要产品；16V240ZJC、16V240ZJD、16V240ZJE、12V240ZJB、GE-7FDL等型柴油发动机用泵处于试制和试产阶段；16V240ZJA、207E等型柴油发动机用泵是老产品，目前仍少量生产，主要用作维修配件。国内船舶中、低速柴油发动机用于大型单体泵的研制开发始于20世纪60年代，开始仿制一些国外产品，如老300、350、NVD等型柴油发动机用泵；70年代开始自行开发研制的有R250、L250、G300等型柴油发动机用泵；80年代初开始，随着多种型号中、低速船舶柴油发动机的引进，国内按生产许可证生产或研制生产日本大发（Daibatsu）DS-18A、PS26，丹麦MAN B&W20/27，瑞士苏乐寿（SULZER）AT25，引进丹麦MAN-B&WMC/MCE系列和T23，法国PC2-5、PC2-6等型柴油发动机的大型单体泵。

中、低速柴油发动机用大型单体泵生产批量很小，但由于机泵匹配工作量大，某一机型选定所配泵后一般很难改动，同时我国现生产的船舶低速柴油发动机中相当一部分是引进世界不同公司的产品，由此喷油泵的品种就很多，基本上是一机一泵，通用化、系列化程度很低。

大型单体式喷油泵有如下结构特点。

① 绝大部分喷油泵采用下置法兰不带滚轮体结构，个别产品为带滚轮体、插入式。普遍采用齿轮齿条油量调节机构。

② 现代大功柴油发动机普遍要求高喷射压力（最大喷射压力一般在 100MPa 以上），以改善其动力经济性和排放。高压喷射常带来二次喷射和穴蚀，采用等压出油阀是消除这些弊端的有效措施，同时还能改善柴油发动机低速工况的性能。我国现生产的 R250、L250、320、DS-18A、20/27 等柴油发动机用喷油泵均采用这种结构的出油阀。

③ 中、低速柴油发动机实际运行时的负荷常有较大变化，如铁路机车柴油发动机怠速运转时间约占 30％，部分负荷占 50％左右，船舶柴油发动机也常处于部分负荷工况运行。为优化各负荷区段的性能，某些大型单体泵采用多段组合的上、下柱塞螺旋槽的设计结构，以达到随负荷变化改变喷油正时和喷油率的目的。20/27、RTA38、L35MC、L42MC、16V240C、D、E、GE-7FDL 等柴油发动机用喷油泵均采用这种特殊的柱塞螺旋结构。

④ 现有生产机车柴油发动机全部燃用轻柴油，中速船舶柴油发动机以燃用轻柴油为主，部分可用重柴油，低速机全部用重柴油。用重柴油的柴油发动机用大型单体泵的柱塞偶件具有较大的配合间隙，另外在柱塞或柱塞套上还有供回油和润滑用的油槽。

第十二节　电控喷油泵

目前，车用汽油机的微处理机控制已得到较大的进步和发展，现在的发展趋向是如何用微处理机来控制车用柴油发动机，专家们已就这个问题进行了大量的试验研究和设备的生产工作。这是因为这种控制可以满足严格的废气排放法规的要求；可以更精确地控制柴油发动机的运行参数；可以预先诊断柴油发动机的故障，减少维修成本；可以消除因磨损而产生的误差对柴油发动机性能的影响；可以补偿燃油黏度的变化和燃油品质的差异；根据不同的海拔高度和增压压力来确定最大供油。总之，采用微处理机来控制柴油发动机可以在各方面均取得较大的效益，有的燃油消耗率可降低约 30％。

如图 2-286 和图 2-287 所示的系统为分配式喷油泵电子燃油喷射控制系统，传感器产生与供油和喷射提前成比例的信号并传给电子控制组件。它们在这里与驾驶员的要求相比较，考虑其他输入，然后控制发出信号，并传递给执行机构，以调整到最佳供油和正时，作为转

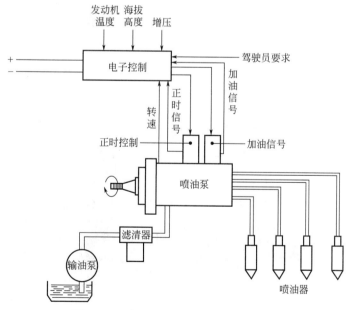

图 2-286　柴油发动机电子燃油喷射系统

速函数的最大供油曲线，以及作为转速和负荷两者函数的正时图被保持在微处理机的存储装置里。

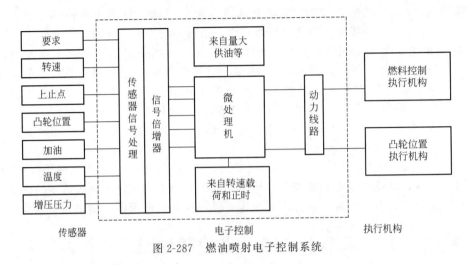

图 2-287 燃油喷射电子控制系统

一、波许 MW 泵电子控制原理

如图 2-288 所示，从系统的方框图中可以看出，由各种传感器来检测柴油发动机的环境因素和运行数据，这些因素和数据输入中央计算机，经处理后传给喷油泵的供油量和正时的控制部分。弹簧控制杆向"停油"方向运动，而线性电磁铁与其平衡，并试图使控制杆向"加油"方向移动，与控制杆相连接的是一个高精度、不随温度而变的传感器，它能连续不断地把控制杆的位置信号传回给计算机，利用一个装在链轮处的适宜的传感器来测定喷油泵的旋转频率，然后输入计算机。随之与计算机中存储的运动特性相比较，控制杆就被移到该工况的最佳位置。喷油正时是通过特制的定时装置和在计算机里将来自针阀升程始点传感器的信号与给定值相比较来控制的。

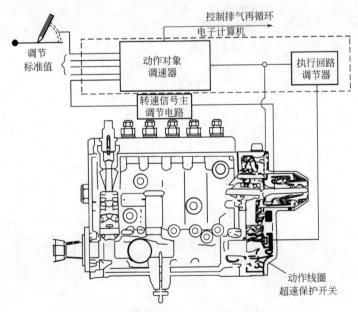

图 2-288 波许 MW 泵微处理机控制简图

二、H 系列合成式电控喷油泵

博世公司 H 系列柴油电控喷油泵（图 2-289）主要采用可变预行程及自动控制拉杆行程，柱塞上安装一个控制滑套，在旋转线性电磁执行器的控制下，滑套能沿柱塞工作面上下移动，按柴油发动机不同工况的需要，能自动改变预行程。拉杆行程传感器可根据柴油发动机负荷的大小自动控制拉杆行程。表 2-10 列出博世公司 H 系列电控喷油泵技术规格。

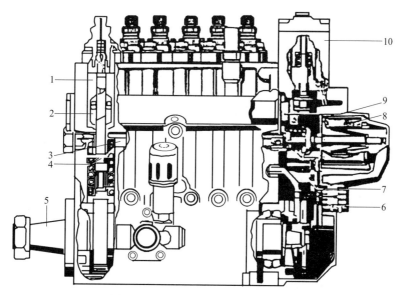

图 2-289　H 系列合成式电控喷油泵

1—柱塞套；2—控制滑套；3—拉杆；4—柱塞；5—凸轮轴；6—螺栓；7—控制杆传感器；
8—电磁线圈（控制预行程）；9—拉杆行程传感器；10—预行程控制执行器

表 2-10　博世公司 H 系列喷油泵技术规格

项　　目	H⋯S1	H⋯S1000
柱塞升程/mm	14	18
柱塞最大直径/mm	12	12
凸轮基圆直径/mm	36	38
凸轮宽度/mm	18	18
凸轮传动端轴径/mm	35	40
泵端最高峰值压力/MPa	115（ϕ12mm 柱塞）	115（ϕ12mm 柱塞）
单缸最大功率/kW	60	70

在预行程变化的同时，供油始点也相应起变化，通常高速时预行程减小，供油始点自动前移；低速时预行程加大，供油始点自动滞后。上述变化，可以自然地取代喷油提前装置（指转速提前装置）。

三、电子控制 VE 分配泵

VE 分配泵经过多年的发展，最新的第四代 VE 分配泵是采用电子控制的，主要应用高速电磁阀对供油过程进行定量、定时的控制（图 2-290），其中定量由油量执行机构 2 控制，定时则通过电磁阀 5 调节泵室内部压力，自动改变喷油定时。VE 分配泵通过电子控制后不仅解决了许多机械控制无法实现的调整，而且十分精确，使柴油发动机在各种工况下都能获得最佳控制。

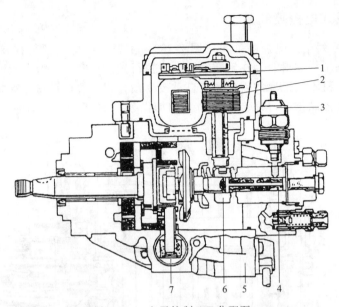

图 2-290　电子控制 VE 分配泵

1—油量调节滑套位移传感器；2—油量控制执行机构；3—电磁开关；
4—柱塞；5—电磁阀（控制定时）；6—油量调节滑套；7—定时装置

第三章　柴油发动机燃油供给系统调速器

燃油喷射装置是柴油发动机的心脏，而调速器则是其组成中的自动控制系统。中小功率柴油发动机用直列式喷油泵均带有机械离心式调速器，仅有少量产品配用电子调速器。而小型单缸柴油发动机用喷油泵，其调速器直接装在柴油发动机正时齿轮室内，大多采用结构和功能简单的机械离心式调速器。

直列式喷油泵装有相应功能的机械离心式调速器（包括气膜或气膜机械调速器），能满足车辆、工程机械、船舶、农机和发电机等不同用途柴油发动机对调速性能的要求。我国机械离心式调速器产品的发展是随着柴油发动机品种、用途以及相匹配直列泵的发展而同步发展的，大致经历了与直列泵相似的发展阶段。目前生产的直列泵用机械离心式调速器，就其感应元件的结构形式和特点可归纳为钢球结构、以 RS（RSV）系列为代表的飞锤结构、以 RQ（RQV）系列为代表的大飞锤结构三大类。共有 20 余种基本型号，包括配 Ⅰ、Ⅱ、Ⅲ号系列喷油泵 TⅠ、FⅡ、TⅡ、TⅢ型调速器；配 BQ 型喷油泵的 TQ 型调速器；配 A 型、P 型喷油器的 RSV、RSVD、RAD、RBD、RFD、RLD、RU、RQ、RQV 型调速器；配捷克 A 型喷油泵的 R、RV 型调速器；配 P7 喷油泵的 R4E 型调速器；配 B 型喷油泵的 TB、JT 型调速器；配 Z 型喷油泵的 TZ、RU（大飞锤、压簧、增速、带偏心操纵轴结构）型调速器；和配 P、ZW 型喷油器的 RSUV 型调速器。

第一节　调速器的作用

为了使柴油发动机输出功率与外界负荷相适应，根据负荷的变化，喷油泵供油量也应相应进行调节。调速器的作用就是根据柴油发动机负荷及转速变化对喷油泵的供油量进行自动调节，以保证柴油发动机能稳定运行。另外，调速器还可以按照柴油发动机的特殊要求加装各种附件，如启动加浓、扭矩校正、增压补偿、大气压力补偿等装置，以满足不同要求。

一、内燃机的稳定性

内燃机工作时，如果输出扭矩 M_e 与阻力矩 M_c 相等，则处于平衡状态。但是内燃机运转时，完成平衡是相对的，因为受内因和外因的影响，不可能一直处于平衡状态。尤其与汽车、拖拉机配套使用时，由于路面条件不同，上坡、下坡、田间阻力的差别，负荷更是经常变化。这些外因的变化，使作用到内燃机上的阻力矩 M_c 随时发生变化。在内因方面，如内燃机工作时燃烧压力不均匀，会使输出扭矩 M_e 瞬时发生变化。这些外因和内因的变化，都会破坏内燃机的平衡，使其转速产生偏移，输出扭矩曲线和阻力矩曲线走向如图 3-1 所示，负荷减小，内燃机将从稳定的转速 n 增加到 n'，这时输出扭矩为

M_{ea}，比相对应的阻力矩 M_{ce} 要小，因此会使内燃机降速，自动向平衡位置恢复；反之，如负荷增加内燃机转速降低到 n''，这时输出扭矩 M_{ec} 大于阻力矩 M_{cf}，内燃机将增速，也会自动向平衡位置恢复，这种不通过控制机构调节，能自动恢复到平衡工况的能力，称为自平衡性（稳定性）。如图 3-1 所示情况表明，内燃机有稳定的平衡工况，即具有正平衡性。

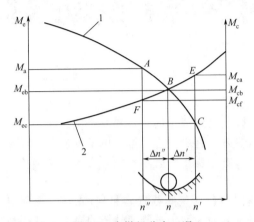

图 3-1　内燃机稳定工况
1—内燃机扭矩曲线；2—阻力矩曲线

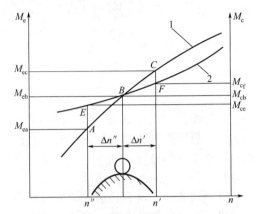

图 3-2　内燃机不稳定工况
1—内燃机扭矩曲线；2—阻力矩曲线

内燃机稳定的平衡工况与圆球处在凹曲面的最低位置（图 3-1）相似，圆球离开平衡位置后能自动回到原来的平衡位置。

如内燃机特性曲线的走向按另一种方向变化时（图 3-2），当负荷减少，内燃机转速由 n 增加到 n'，这时输出扭矩和阻力矩分别为 M_{ec} 和 M_{cf}。由于 $M_{ec} > M_{cf}$，所以内燃机转速会继续升高，将产生飞车现象；当内燃机负荷增加，转速若由 n 下降到 n''，这时输出扭矩 M_{ea} 小于阻力矩 M_{ce}，所以内燃机转速继续降低，直到自动熄火为止。这种离开平衡工况 B 点后无法自动恢复到平衡位置的现象，称为不稳定性。与图 3-2 中圆球处于凸面最高位置的情形相似，即圆球稍有偏移时，就不能自动回到原来位置。

若内燃机特性曲线及阻力矩曲线如图 3-3 所示，当负荷减小，转速升高，这时内燃机离开平衡工况 B 点，输出扭矩 M_e 及阻力矩 M_c 都引起变化，两者差值为 ΔM，则

$$\Delta M = M_{ce} - M_{ec}$$

式中　M_{ce}——转速为 n' 时的阻力矩；

M_{ec}——转速为 n' 时的输出扭矩。

当转速大于平衡工况时，ΔM 为正值，阻力矩大于输出扭矩，因此，内燃机能自动恢复到平衡工况，且 ΔM 值越大，内燃机工作离开平衡工况后，越容易恢复到平衡位置，即在同样的转速变量为 Δn 时，ΔM 越大，稳定性越好。因此，可取 ΔM 与 Δn 的比值来评价内燃机的自稳定性，通常称此比值为内燃机的稳定性因数，以 F_e 表示。

$$F_e = \frac{\Delta M}{\Delta n}$$

图 3-4 所示出汽油机扭矩特性曲线 1、柴油发动机扭矩特性曲线 2 与阻力特性曲线 3 的关系。由图可以看到汽油机具有较大的正自平衡性，而柴油发动机稳定性因数有时是很小的正值，有时甚至是负值。这就是柴油发动机不易自稳定工作，必须装调速器的原因。

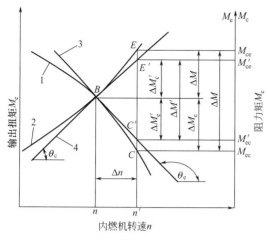

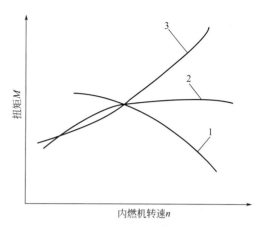

图 3-3　内燃机稳定性因素
1—输出扭矩曲线；2—阻力矩曲线；
3，4—切线

图 3-4　内燃机扭矩曲线
1—汽油机扭矩特性曲线；2—柴油发动机
扭矩特性曲线；3—阻力矩特性曲线

二、调速器的功能

从内燃机的扭矩特性分析，柴油发动机的自平衡性较差，不能满足柴油发动机各种工况的要求，需要加调速器来使柴油发动机稳定地工作，具体分析如下。

1. 怠速工况

柴油发动机在汽车换挡、短暂停车、启动暖车等情况下需要在怠速工况下运转。怠速时供油量很小，发动机所产生的功率仅够克服其本身内部的运转阻力。当阻力因内部某些原因略有增加或发动机内部燃烧状况改变时，发动机的转速将要下降。这时，喷油泵将按其速度特性规律减少供油量，这将使转速进一步下降，直至熄火。而当内部阻力减少时，转速将不断上升。实际上柴油发动机以怠速工作时，因燃烧室温度较低，喷油压力较小，雾化不良，使燃烧条件十分恶劣，因此，柴油发动机怠速时的不稳定情况较一般负荷下更为严重，经常熄火，所以必须有保证怠速稳定运转的装置。

2. 超速问题

柴油发动机车辆行驶中，有时会遇到突然卸载的情况，例如满载上坡突然过渡到下坡，而供油量还来不及减少时，发动机所产生的全部功率将用来提高转速，使发动机转速迅速上升。这时，因转速的上升而使喷油泵按其速度特性的规律自动增加供油量，致使转速更进一步提高，如此恶性发展的结果使发动机发生超速现象，以致引起"飞车"。柴油发动机车辆超速时，不仅由于混合气形成时间不足造成燃烧恶化，排气冒烟，发动机过热，加速磨损，还使笨重的运转零件往复运动的惯性力加大，使发动机遭到破坏。因此，柴油发动机上必须有防止超速的装置。

根据以上的分析可知，为了使柴油发动机怠速稳定，以及高速飞车和载荷经常发生急剧变化时需要保持不同固定转速，需要有自动调节稳定在任何转速的调速装置，所以在柴油发动机上必须装设调速器，它可以根据外界负荷的变化，通过转速感应元件，自动调节喷油泵的供油量，使发动机转速保持在极小变化的范围内能稳定工作。

另外，根据发动机的一些特殊要求，对喷油泵调速器还需要加装某些附属装置，如启动油量限制装置、增压补偿装置、校正装置，使发动机的性能得到改善。

第二节　调速器的分类

一、按调节作用范围分类

（1）单极式调速器　单极式调速器只控制高速，主要用于恒定转速的柴油发动机。

（2）两极式调速器　两极式调速器只控制怠速和高速，在中速范围内调速器不起作用，而由驾驶员直接控制调节齿杆或调节拉杆改变发动机转速，操作省力，适用于转速变化频繁的柴油发动机，如车用柴油发动机。

（3）全程式调速器　全程式调速器能从怠速到高速的任何转速下，自动调节供油量的大小，而且能根据各种负荷的变化自动调整。这种调速器用途很广，用于拖拉机、工程机械、卡车、船舶、机车的柴油发动机上。

（4）两极兼全程式调速器　这种调速器既有全程式调速器的功能，又有两极式调速器的作用。适用于工程汽车，如起重机汽车、搅拌机汽车、消防汽车、打桩机汽车等的柴油发动机上。这些汽车都有行驶与作业双重任务。行驶时两极控制，操纵轻便省力；作业时用全程自动控制，更安全可靠。

（5）复合型调速器　与全程式调速器相似，但也有转速非控制区。

二、按工作原理分类

按工作原理不同调速器可分为机械式、气力式、液压式、复合式和电子式。

1. 机械式调速器

利用感应元件重块（飞块、飞锤、飞球）旋转时所产生的有效离心力与调速器弹簧作用力相平衡的原理进行工作。因为机械式调速器结构简单、工作可靠，所以目前在国内外柴油发动机中应用最为广泛。机械式调速器又可分为三大系列。

（1）飞球系列　感应元件是飞球，无复杂杠杆系统，飞球直接推动推力盘，推力盘带动调节拉杆移动，浮动杠杆比为1∶1。结构简单，拆装方便。我国Ⅰ、Ⅱ、Ⅲ号系列喷油泵调速器即属于此类。

（2）RS系列　感应元件是飞锤，体积小，有复杂的杠杆机构，调整性能较好，应用较为广泛。此系列由德国博世公司开发的产品有RSV、RS、RSUV等型号；日本柴油发动机公司开发的产品有RSVD、RAD、RFD、RLD等型号；日本电装柴油发动机公司开发的产品有R721、R722、R811、R812、RSQ、RU等型号。我国也生产与A型喷油泵相匹配的RSV、RAD、RFD等调速器。

（3）RQ系列　感应元件是大飞块，调速弹簧在飞块内，其特点是浮动杠杆比，随操纵杆的改变而变化，能改善发动机低速性能。它的通用件多，变形方便，适于大量生产。但因调速弹簧装于飞块内，使调速器体积较大。

此系列由德国博世公司开发的产品有RQ、RQV、RQUV、RQV-K等型号；日本柴油发动机公司生产RQ、RQV、RQUV型调速器；日本电装公司改进的产品有RQR、R801型调速器。我国也生产与P型喷油泵相匹配的RQ、RQV型调速器。

2. 气力式调速器

利用柴油发动机在不同转速时，进气歧管内真空度的变化来调节喷油泵供油量的调速器为气力式调速器。它是应用真空度产生的吸力与调速弹簧作用力平衡的原理进行工作的，是通过柴油发动机转速和节流阀开度的变化，使与进气喉管相通的调速器真空室内的真空度发生改变，吸动膜片处于不同位置（膜片与调节拉杆相连），达到控制油量的目的。这种调速器结构简单，低速性能好，怠速稳定是该调速器的一大优点。但由于进气喉管的存在，增加了发动机的进气阻力，使发动机功率的提高受到限制，一般用于小功率柴油发动机上。德国、日本均生产此类调速器，如 MZ 型、MN 型。

3. 液压式调速器

利用液体压力随着发动机转速的变化而改变的原理来调节喷油泵的供油量，这种调速器的特点是感应元件小，通用性强，有良好的稳定性和较高的调节精度。应用于高精度电站的低速大功率柴油发动机，但其结构复杂，制造精度要求高，应用不是很广。

4. 复合式调速器

复合式调速器是将机械式和气力式调速器组合在一起，发挥气力式调速器在低速时调速能力强、怠速稳定的优点，也利用机械式调速器在高速时调速能力强、安全可靠的特点，用气力式调速器调节低速和中速，而高速时由气力式与机械式调速器共同进行调节，如日本柴油发动机公司的 RBD 调速器，我国无锡威孚集团配 495 柴油发动机的 4A302 喷油泵调速器。

5. 电子式调速器

电子式调速器具有很高的响应速度和静态、动态调节精度，能够实现无差并联运行，是正在发展中的产品，我国尚未广泛应用，日本柴油发动机公司生产的 RED 型调速器属于此类型。

第三节　调速器型号的编制规则

一、国产调速器的编制规则

（一）机械式、气膜式、电控式调速器

1	2	3	4	5	6	7
T	Q	×-×××		Z	Q	××

1——调速器代号。

2——调速器结构代号：Q 表示气膜式；J 表示机械式；Z 表示机械及气膜复合式；D 表示电控式。

3——调速器作用方式及其工作转速范围：×××·××××表示两极式工作转速 r/min；××-××××表示全程式工作转速 r/min。

4——喷油泵系列代号。

5——扭矩校正装置：Z 表示带正校正装置；F 表示带负校正装置；缺位表示不带校正装置。

6——附加装置代号：Q 表示启动补偿器；Y 表示增压补偿器；M 表示冒烟限制器；G 表示高原补偿器；缺位表示无任何附加装置。

7——设计编号（用两位数表示）。

（二）液压调速器

1	2	3	4	5	6
T	Y	××	G	S	

1——调速器代号。

2——液压式代号。

3——控制装置代号：Y 表示有遥控电动装置；缺位表示无遥控电动装置。

4——转速调节形式：G 表示杠杆式；B 表示表盘式。

5——速敏载敏形式：S 表示双脉冲式；缺位表示非双脉冲式。

6——设计编号（以两位数表示）

二、进口调速器型号的编制规则

1. 德国博世 S 系列调速器

1	2	3	4	5	6	7	8	9
EP/RSV	200～1100	A		A		1	D	R

1——EP/RS 表示两极式；EP/RSV 表示全程式；EP/RSUV 表示全程增速式。

2——转速范围。

3——配套喷油泵系列：M、A、MW、P、ZW 等。

4——转速标记 0～9：0 表示专用飞锤和调速器弹簧；1 表示 200～1400r/min；5 表示 250～1600r/min；9 表示 500～3000r/min。

5——设计变型代号：A 表示第一次；B 表示第二次；C 表示第三次。

6——设计标志数字。

7——操作机构代号：1 表示无调速杆；2 表示无停车杆；3 表示无停装置；4 表示无调速杆和停车杆。

8——校正装置：D 表示由弹簧控制；K 表示由校正凸轮控制。

9——调速器安装位置：R 表示在油泵右侧；L 表示在油泵左侧。

2. 德国博世 Q 系列调速器

1	2	3	4	5	6	7	8
RQ	200～1100	A	A		1	D	R

1——RQ 表示两极式；RQU 表示两极增速；RQV 表示全程式；RQUV 表示全程增速式；RQV-K 表示全程式带扭矩控制。

2——转速范围。

3——配套喷油泵系列：A、MW、P、ZW 等。

4——设计变型代号：A 表示第一次；B 表示第二次；C 表示第三次。

5——设计标志数字。

6——操纵机构代号：1 表示无调速杆；2 表示无停车杆；3 表示无停车装置；4 表示无调速杆和停车杆。

7——校正装置：D 表示由弹簧控制；K 表示由校正凸轮控制。

8——调速器安装位置：R 表示在油泵右侧；L 表示在油泵左侧。

3. 德国博世气膜调速器

1	2	3	4	5	6
EP/M	N	60	M		D

1——EP/M 表示气膜式。

2——怠速调速方式：N 表示凸轮调整；Z 表示螺钉调整。

3——膜片直径：ϕ60mm、ϕ80mm。

4——配套油泵系列：M、A。

5——设计变型代号。

6——带校正装置。

4. 日本产机械式调速器（适用于改进型）

```
1   2      3  4 5 6 7 8 9   10   11   12   13 14 15 16
NP - EP/R  A  P U V D 200  /  1500  A   P2  R  N2  d
```

1——NP 表示日本柴油发动机公司制造；ND 表示日本电装公司制造。

2——EP 表示喷油泵部件。

3——R 表示机械离心式调速器。

4——A 表示日本柴油发动机公司设计代号。

5——P 表示调速器零件中有缓冲橡胶；Q 表示浮动杠杆比可变；S 表示调速率可变。

6——U 表示带有增速齿轮。

7——V 表示调速范围可变。

8——D 表示全程式调速器改为两极式。

9——200 表示急速转速。

10——1500 表示最高转速。

11——A 表示喷油泵型号。

12——设计代号。

13——P2 表示飞块同弹簧的组合代号。

14——R 表示对着喷油泵盖板，调速器在右侧；L 表示对着喷油泵盖板，调速器在左侧。

15——N2 表示设计代号。

16——d 表示带校正装置。

5. 日本产机械调速器（适用于博世专利型）

```
1    2    3 4 5  6   7   8  9   10  11  12  13
NP - EP / R S V 200 - 1450 A Q2A 11  NP  ×××  D
```

1——NP 表示日本柴油发动机公司制造。ND 表示日本电装公司制造。

2——EP 表示喷油泵部件。

3～5——博世调速器型号。

6——200 表示急速转速。

7——1450 表示最高转速。

8——A 表示适用的喷油泵型号。

9——Q2A 表示设计代号。

10——调速器的安装方向（对着喷油泵盖板）：11 表示装在左侧；12 表示装在右侧；801 表示带装在左侧的停车杠杆；802 表示带装在右侧的停车杠杆。

11——NP 表示日本柴油发动机公司设计代号。

12——专利代号。

13——D 表示带有校正装置。

6. 日本产气力式调速器

```
1    2    3 4  5  6  7  8
NP - EP / M N 80  A  N3 d
```

1——NP 表示日本柴油发动机公司制造。ND 表示日本电装公司制造。

2——EP 表示喷油泵部件。

3——M 表示膜片组合代号。

4——N 表示急速弹簧凸轮调整式。Z 表示急速弹簧螺丝调整式。无符号表示无急速弹簧。

5——80 表示膜片直径（mm）。

6——A 表示喷油泵型式。

7——N3 表示设计代号。

8——d 表示带校正装置。

7. 其他

日本产喷油泵的调速器铭牌上，除了印有上述型号编码外，还印有一种数据。例如：54××-×××等，它是一种零件编号，其含义如下。

（1）含义一

1	2	3	4	5
53	×	×		×××

1——53 表示机械式调速器（R 型、RQ 型）。

2——型号：0 表示 RQ 型；1 表示 RQV 型；2 表示 R 型、RP 型；3 表示 RV 型、RPV 型；4 表示 RQU 型；5 表示 RQUV 型；6 表示 RQUVD 型；7 表示 RP-Z 型。

3——型式：0 表示 A 型（RQ 型、RQV 型）；1 表示 A 型（带校正装置）；2 表示 B 型（RQ 型、RQV 型、R 型、RP 型、RV 型、RPV 型）；3 表示 B 型（带校正装置）；4 表示 Z 型（RQU 型、RQUV 型、RQUVD 型、RP 型）；5 表示 Z 型（带校正装置）；6 表示 P 型。

4——设计序号。

（2）含义二

1	2	3	4
54	×	×	×××

1——54 表示机械式调速器（RSV 型、RSVD 型、RAD 型、RFD 型）。

2——型号：0 表示 RSV（右侧安装）；1 表示 RSV 型（左侧安装）；2 表示 RSVD 型（右侧安装）；3 表示 RSVD 型（左侧安装）；4 表示 RSUV 型（右侧安装）；5 表示 RSUV 型（左侧安装）；6 表示 RAD 型（右侧安装）；7 表示 RAD 型（左侧安装）；8 表示 RFD 型（右侧安装）；9 表示 RFD 型（左侧安装）。

3——型式：0 表示 A 型；1 表示 A 型（带增压器补偿）；2 表示 A 型（带校正装置或扭矩弹簧，带校正装置及扭矩弹簧）。3 表示 B 型；4 表示 B 型（带校正装置或扭矩弹簧，带校正装置及扭矩弹簧）；5 表示 Z 型；6 表示 Z 型（带校正装置或扭矩弹簧，带校正装置及扭矩弹簧）；7 表示 P 型、PD 型；8 表示 P 型、PD 型（带校正装置或扭矩弹簧，带校正装置及扭矩弹簧）。

4——×××：设计代号。

（3）含义三

1	2	3	4	5
55	×	×	×	××

1——55 表示气力式调速器及组合式调速器。

2——型号：0 表示 M 型；1 表示 MN 型；2 表示 MZ 型；3 表示 MD 型。

3——型式：0 表示 A 型；1 表示 B 型。

4——膜片直径 6 表示 φ60mm（用膜片直径的 1/10 表示）；8 表示 φ80mm。

5——设计代号。

（4）含义四

1	2	3	4	5	6
55	4	×	—	×	××

1——55 表示气力式调速器及组合式调速器。

2——4 表示 RBD 型。

3——型式：0 表示 A 型 MN；1 表示 B 型 MN；2 表示 A 型 MZ；3 表示 B 型 MZ。

4——膜片直径：6 表示 ϕ60mm；8 表示 ϕ80mm。

5——设计代号。

第四节　调速器的结构原理

一、RAD 型调速器

RAD 型调速器是日本 ZEXEL 公司在德国博世公司 S 系列调速器的基础上开发的一种机械式两极调速器。这种调速器保留了 S 系列调速器的结构原理和飞锤等主要零部件，改进了杠杆系统。把低速杠杆比减小到约为 1∶1，而在高于标定转速时，齿杆会产生附加位移，使杠杆比加大。

(一) 调速器结构

RAD 型调速器的结构如图 3-5 所示。RAD 飞锤部件装在凸轮轴上，凸轮轴旋转时，在飞锤离心力和弹簧力的作用下，调速套筒、丁字块产生轴向位移，丁字块的移动使支架绕上支点（即支撑杆销为支点）转动。支架中部是空心轴套，连接轴滑配在轴套内，两端分别固定着上下拉杆。上下拉杆通过连接杆与齿杆相连，下拉杆的下端装一个滑块，滑块可在拨叉的下槽内滑动。当油量操纵手柄固定某一位置时，支架的转动将通过上下拉杆等部件的运动使齿杆移动。压在支撑杆内的拨叉销装在拨叉上槽内，拨叉除上下槽外中间还有一个孔，曲柄偏心轴穿入孔内。当支撑杆移动时，拨叉销将带动拨叉，绕曲柄偏心轴旋转。支撑杆上部挂有调速弹簧，下部装有怠速及校正装置。调速弹簧的另一端挂在弹簧臂上，调速螺钉顶弹簧臂，调整其位置，可改变调速弹簧预紧力。稳速装置装在调速器后壳上与齿杆同一轴线，它有防止突然减速而引起熄火的作用。

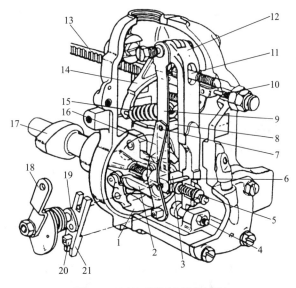

图 3-5　RAD 型调速器的结构

1—飞锤；2—调速套筒；3—丁字块；4—行程调节螺钉；5—怠速弹簧；6—拨叉销；7—连接轴；8—轴套；
9—支架；10—稳速装置；11—调速螺钉；12—支撑杆；13—齿杆；14—弹簧臂；15—调速弹簧；
16—拉杆；17—凸轮轴；18—油门操纵手柄；19—曲柄偏心轴；20—滑块；21—拨叉

RAD 型调速器控制齿杆行程有两种：一种是怠速弹簧和高速弹簧作用下的自动控制；另一种是中速范围内通过油量操纵手柄人为控制。低速自动控制时支撑杆不动，高速自动控制时支撑杆移动并带动其他杠杆的变动。

(二) 调速器的工作原理

1. RAD 型调速器的低速自动控制

当柴油发动机低速运转时，在飞锤离心力的作用下，克服怠速弹簧的弹力，使调速套筒和丁字块移动 L 距离，见图 3-6。这时丁字块与支架的连接点由 A 移到 A'，支架与拉杆的连接点 B 相应移到 B'，在低于标定转速时，因飞锤离心力不够大，克服不了调速弹簧拉力，顶不开支撑杆。由于支撑杆不动，因此拉杆与拨叉的连接点 C 无轴向运动 (指沿凸轮轴轴向)。只在拨叉槽内做少量上下的移动，因此在分析时，可把 C 点看作固定支点，这样当拉杆从 B 移动 B' 点时，齿杆相应位移为 S，其杠杆比为 S/L，低速杠杆比约为 1：1。

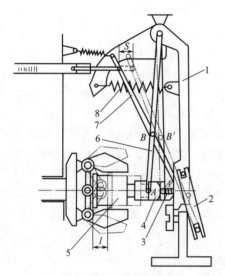 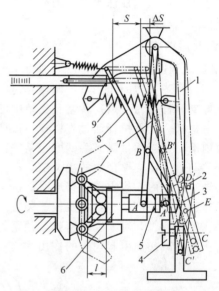

图 3-6　低速自动控制
1—支撑杆；2—拨叉；3—怠速弹簧；
4—丁字块；5—调速套筒；6—支架；
7—拉杆；8—调速弹簧

图 3-7　高速自动控制
1—支撑杆；2—拨叉销；3—拨叉；4—行程
调节螺钉；5—丁字块；6—调速套筒；
7—支架；8—拉杆；9—调速弹簧

2. RAD 型调速器的高速自动控制及附加位移

如图 3-7 所示，柴油发动机在高于标定转速运转时，调速控制将出现新的情况，这时飞锤离心力产生的力矩大于调速弹簧拉力所产生的力矩。支撑杆在调速套筒及丁字块的推动下，将脱离行程调节螺钉，移动到图中双点划线位置。当调速套筒和丁字块移动 L 距离，丁字块与支架连接点 A 移到 A' 位置，拉杆与支架连接点 B 移动到 B' 位置，齿杆位移量为 S，除 S 外还有附加位移 ΔS，这是由于支撑杆上的拨叉销因支撑杆的移动将由 D 点移到 D' 点，D 点的移动使拨叉以曲柄偏心轴轴心 E 点为支点，旋转一定角度，转到图中所示双点划线位置。拉杆将以 B' 点为支点转动，致使齿杆在移动 S 行程的基础上又移动了 ΔS 行程，这就是所谓的附加位移。这样在高速时，调速套筒在飞锤离心力的作用下移动距离为 L，则齿杆实际位移为 $S+\Delta S$，杠杆比应为 $(S+\Delta S)/L$，经计算高速杠杆比约为 2：1。

3. RAD 型调速器性能曲线

如图 3-8 所示，曲线 I 是油量操纵手柄在全油量位置，曲线中 $P \to F$ 启动位置，是启动弹簧和弹性限位弹簧合力控制区，F 点为怠速弹簧开始接触点。

$F \rightarrow E$ 表示启动弹簧、弹性限位弹簧及怠速弹簧同时作用，但飞锤离心力不够大，克服不了三根弹簧的合力，齿杆不动。

$E \rightarrow D$ 表示启动弹簧和怠速弹簧合力控制区，其中 E 为弹性限位装置脱开点。

$D \rightarrow C$ 表示全油量最大校正位置。

$C \rightarrow B$ 表示校正弹簧控制区，其中 B 为校正起作用点，C 为校正结束点（即最大校正点）。

$B \rightarrow A$ 表示齿杆在标定行程位置，A 为标定点。

$A \rightarrow G$ 表示高速弹簧控制区，n_g 相当于柴油发动机最大空转的转速。

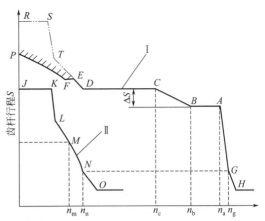

图 3-8　RAD 型调速器性能曲线

Ⅰ—油门位置；Ⅱ—怠速位置

H 表示全油量位置，即飞锤全张时齿杆行程位置。

$R \rightarrow S \rightarrow T \rightarrow E$ 表示无弹性限位装置时的行程曲线；曲线Ⅱ是油量操纵手柄在怠速位置。

$J \rightarrow K$ 表示启动转速范围内齿杆在怠速位置。

$K \rightarrow L$ 表示启动弹簧控制区。

$L \rightarrow N$ 表示启动弹簧起作用点。

N 即为稳速弹簧起作用点。

O 为油量操纵手柄在怠速时飞锤全张开位置。

4. 启动工况

启动工况如图 3-9 所示。装两极调速器的柴油发动机启动时应将操纵手柄推到全油量位置，这时油泵转速低于 n_f 时（图 3-8），飞锤离心力很小，支撑杆在调速弹簧的强拉力下，下端紧靠行程调节螺钉，怠速顶杆在怠速弹簧的作用下，伸出支撑杆下平面一定距离，在启

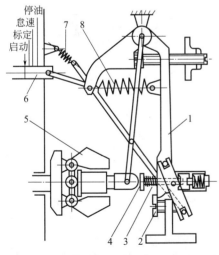

图 3-9　启动工况

1—支撑杆；2—行程调节螺钉；3—怠速弹簧；
4—怠速顶杆；5—飞锤；6—齿杆；
7—启动弹簧；8—调速弹簧

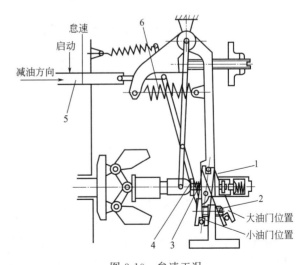

图 3-10　怠速工况

1—拨叉；2—行程调节螺钉；3—怠速弹簧；
4—怠速顶杆；5—齿杆；6—调速弹簧

动弹簧的拉力下把齿杆拉到启动加浓位置，如装有弹性限位装置时，则启动后齿杆行程将沿曲线 $P—F$（图 3-8）移动，当转速上升到 n_f 时，怠速弹簧开始起作用。

5. 怠速工况

怠速工况如图 3-10 所示。当柴油发动机启动后，操纵手柄从全油量位置移向怠速位置，拨叉同时转过一定角度，使齿杆向小油量移动较大距离，油量大幅度下降，柴油发动机进入怠速控制区，齿杆行程随油泵转速的变化规律，将沿图 3-8 中曲线 Ⅱ 进行，其中，M 点为怠速工作点。因怠速时齿杆已处于很小油量的行程位置，所以只需再向小油量方向做少量移动，就能使油泵停止供油，而怠速时只有刚度较小的怠速弹簧及启动弹簧在起作用，所以油泵转速稍有增高就容易减油，在不太高的转速时齿杆就能移至停油位置。

6. 标定工况及高速控制

标定工况及高速控制如图 3-11 所示。当操纵手柄扳到全油量位置，拨叉转到大油量位置，这时齿杆行程随转速的变化规律，按图 3-8 中曲线 Ⅰ 进行。油泵转速大于 n_b 时，怠速顶杆全部被压入支撑杆平面，丁字块直接与支撑杆平面接触［图 3-11(a)］，这时怠速弹簧力与校正弹簧力成为内力，对调速器不起控制作用。柴油发动机在标定工况时，油泵相应转速为 n_a，飞锤离心力产生的力矩 $F \times L$ 与调速弹簧力产生的反向力 $E \times L$ 相平衡，即 $F \times L = E \times L$。当柴油发动机在标定工况下卸载时，转速超过标定转速，油泵转速也超过调速器起作用转速 n_a，飞锤离心力产生的力矩大于调速弹簧拉力所产生的反力矩即 $F \times L > E \times L$，支撑杆将绕支点 O 逆时针旋转，并脱开行程调节螺钉［图 3-11(b)］，这时齿杆向减油方向移动。从标定工况到最大空转这段区间内，柴油发动机都在调速弹簧的控制下工作。

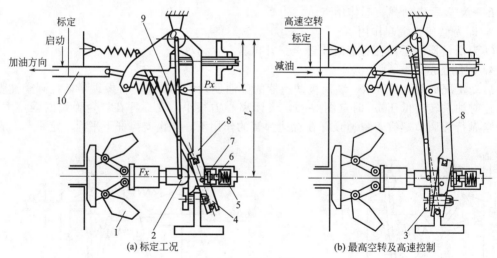

图 3-11　标定工况

1—飞锤；2—丁字块；3—行程调节螺钉；4—拨叉；5—校正弹簧；6—校正顶杆；
7—怠速顶杆；8—支撑杆；9—调速弹簧；10—齿杆

7. 校正装置及校正工况

RAD 型调速器校正装置串联在怠速弹簧后面（图 3-12 和图 3-13），其工作原理与 RSV 调速器相同，只是在结构上稍有区别，在实施过程中也有一些差异。油泵标定工况转速为 n_a 时（图 3-8），离心力很大，先后克服了怠速弹簧力和校正弹簧力，把怠速顶杆压入支撑杆平面内［图 3-13(a)］，这时校正行程为零。当柴油发动机负荷增加，油泵转速从 n_a 下降到低于 n_b 时，离心力 F_x 减小，刚度和预紧力比怠速弹簧大得多的校正弹簧，通过校正顶杆把怠速顶杆推出支撑杆平面，校正开始起作用。油泵转速下降到 n_c 时，齿杆行程达到最大校正位置［图 3-13(b)］，校正顶杆到达极限位置，转速继续降低。由于校正顶杆已达极限位置，无法继续把怠速顶杆向外顶，校正结束，而这时离心力 F_x 仍比较大，怠速弹簧和启动弹簧的合力还小于 F_x，因此齿杆行程不变。一直到转速低于 n_d（图 3-8），离心力明显降低后，怠速弹簧和启动弹簧的合力才开始大于 F_x，把怠速顶杆进一步压出支撑杆平面，使齿杆向增油方向移动，怠速顶杆尾部与校正顶杆脱开 ［图 3-13(c)］。

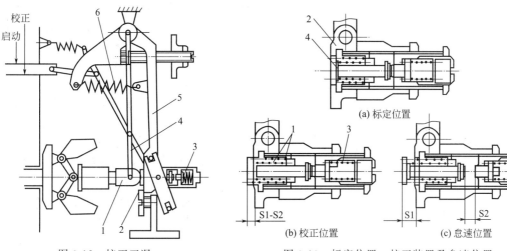

图 3-12　校正工况

1—丁字块；2—怠速顶杆；3—校正弹簧；
4—支架；5—支撑杆；6—调速弹簧

(a) 标定位置

(b) 校正位置　　(c) 怠速位置

图 3-13　标定位置、校正装置及怠速位置

1—怠速弹簧；2—支撑杆；
3—校正弹簧；4—怠速顶杆

8. 高速停油

油泵转速超过标定转速时，调速器起作用，并开始减油，当油泵在试验台上把转速提高到某一极限值时，离心力足够大，能把齿杆推到停油位置（图 3-14）。

9. 停油装置

RAD 型调速器停油装置（图 3-15），由停油板、停油手柄、弹簧、轴套、轴等零件组成。需要停油时，只需转动停油手柄，停油板也同时转动，并拨动齿杆联结板和齿杆向停油方向移动，保证在任何工况下都能迅速停止供油。

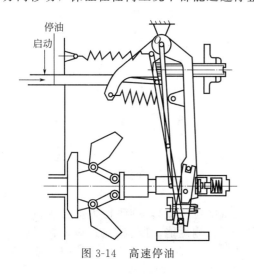

图 3-14　高速停油

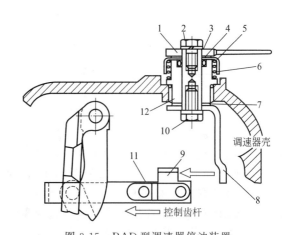

图 3-15　RAD 型调速器停油装置

1—停油手柄；2,10—螺钉；3—轴；4,7—垫片；5—罩；6—弹簧；
8—停油板；9—齿杆联结板；11—齿杆；12—轴套

（三）各部件调整对调速器性能影响

1. 各调节螺钉的调整对调速性能的影响

调速器各调节螺钉应按规定正确调整，否则将引起调速特性曲线的偏移。

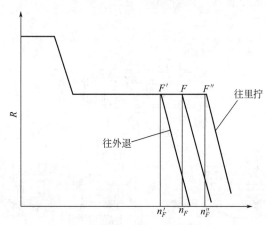

图 3-16 调整调速螺栓的影响

（1）调速螺栓（调速螺钉） 调速螺栓调整是改变调速器起作用的转速，将油量操纵手柄紧靠大油量挡钉，使油泵转速逐渐上升并超过标定转速 n_f，同时旋转调速螺栓，使齿杆刚刚向减油方向移动，此时的转速以为 $n_{F+10} \sim n_{F+20}$。调速螺栓往里拧是加大调速弹簧预紧力，调速器起作用转速升高；往外退是减小调速弹簧预紧力，调速器起作用转速降低，如图 3-16 所示。

（2）行程调整螺钉的调整 行程调整螺钉的作用是限制拉力杆的额定齿杆行程位置，改变行程调节螺钉位置就是改变额定齿杆的位置，它起到分配飞锤总升程的重要作用。

如图 3-17 所示，行程调节螺钉往外退，额定齿杆行程减小，调速特性曲线向下移动，起作用转速由 n_F 增大到 n_F''，这样怠速飞锤升程增加，高速飞锤升程减小，行程调节螺钉往里拧，作用相反。

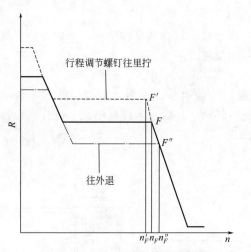

图 3-17 调整行程调节螺钉的影响

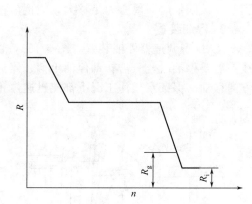

图 3-18 两极调速器调速特性曲线

（3）大油量挡钉的调整 在高速工况下，大油量挡钉可保证合适的极限行程 R_i（图 3-18）。操纵手柄紧靠大油量挡钉，调整大油量挡钉，使飞锤全张时，齿杆行程在 R_i 位置（飞不到零点）。使大油量挡钉承受驾驶员脚踩的作用力。

如飞锤全张或尚未全张时，齿杆就到零位（即机械限位位置），则飞锤力就会因齿杆顶死而受一定的机械力的作用，严重时会造成零件变形而影响性能，所以 R_i 过大，超过停油时齿杆行程 R_g 值，将因不停油而发生飞车危险，如图 3-19 所示，大油量挡钉向外旋（向左）会使整个调速特性曲线上移（虚线表示），大油量挡钉向里旋（向右），整个调速特性曲线下移（点划线表示），这种调整未涉及调速弹簧预紧力，所以起作用转速不变，大油量挡钉调整后，全负荷飞锤全张时，齿杆行程位置 R_j 随着发生变化。

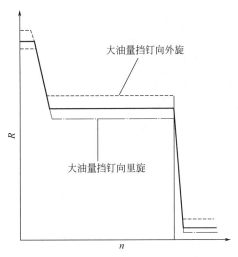

图 3-19　调整大油量挡钉的影响

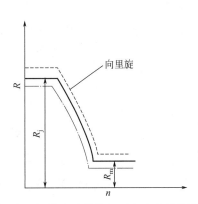

图 3-20　调整小油量挡钉对怠速曲线的影响

（4）小油量挡钉的调整　小油量挡钉可控制飞锤全张时怠速齿杆行程，即改变怠速曲线上下移动。小油量挡钉往里拧，怠速曲线上移；反之，则下移，如图 3-20 所示。调整小油量挡钉使 R_n 和 R_j 在规定范围内，飞锤全张时，齿杆行程为 R_n，齿杆飞不到零点，保护内部机件。若 R_n 太小，使 R_j 达不到规定值，而 R_n 太大则影响怠速停油。

2. 各调节装置位置的调整对调速性能的影响

各调节装置的安装正确与否，对调速性能有很大影响。

（1）怠速装置　怠速装置在拉力杆下部孔中，拧进怠速装置，曲线向右偏移（以虚线表示），如图 3-21 所示，怠速装置拧进过多，使怠速外弹簧过早压死，造成怠速开始调节作用转速提高，即怠速高，退出怠速装置，曲线向左偏移，以点划线表示，退出怠速装置过多，使怠速在规定转速下，达不到规定的齿杆行程。

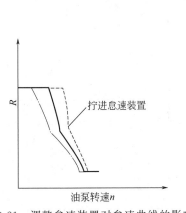

图 3-21　调整怠速装置对怠速曲线的影响

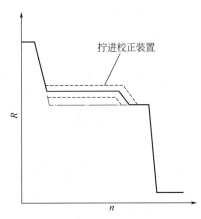

图 3-22　校正工况

（2）校正装置（图 3-22）　校正装置安装正确与否直接影响校正行程大小，因此会影响校正油量大小，在规定的校正转速时，拧入校正装置越多，校正行程越大。

（3）怠速稳定装置（图 3-23）　怠速稳定装置稳定器的作用是当发动机突然减速时齿杆在弹性稳定装置上得以缓冲，防止熄火。

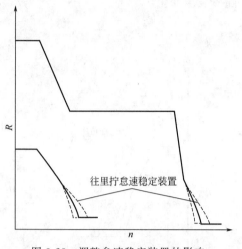

图 3-23　调整怠速稳定装置的影响

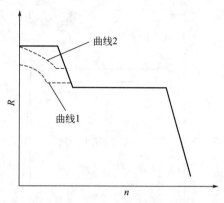

图 3-24　调整烟雾限制器的影响

　　怠速稳定装置应处于规定的位置上，往里拧使怠速特性曲线由标准的实线移到点划线，引起怠速过高；往外拧曲线移到虚线位置，起不到缓冲作用。

　　（4）冒烟限制器（图 3-24）　又称烟雾限制器，其作用是在启动状态下，使齿杆处于规定的位置，保证启动油量，虚线表示其特性曲线。如拧入太多，向曲线 1 位置偏移，造成启动油量不够；拧入太少，向曲线 2 位置偏移，引起低速时冒黑烟。

　　注意：冒烟限制器拧入过多，有时会影响额定齿杆行程及额定油量，使其变小。

3. 各种弹簧的刚度及预紧力对调速性能的影响

　　弹簧的刚度及预紧力对调速特性曲线会产生不同的影响。

　　① 调速弹簧。

　　a. 调速弹簧预紧力的影响（图 3-25）。F 点为起作用点，调速弹簧预紧力的大小由调速螺钉位置决定。

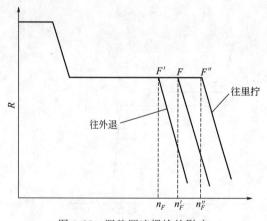

图 3-25　调整调速螺栓的影响

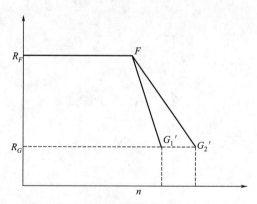

图 3-26　调整弹簧刚度的影响

　　b. 调速弹簧刚度的影响（图 3-26）。发动机从标定工况到最高空转时，调速套筒必须移动 ΔZ 尺寸，以保证齿杆行程能由标定位置 R_F 减小到最高空转时 $R_{G'}$ 的位置。对同一组飞锤部件，要使调速套筒移动 ΔZ，则选用不同的调速弹簧将得到不同的结果，刚度大的弹簧2，其最高空转转速比采用刚度小的弹簧1要高，刚度的大小是根据柴油发动机对调速率要求而确定的。

② 校正弹簧。

a. 校正弹簧的预紧力影响　校正弹簧预紧力的大小，直接影响校正作用转速 n_e 和校正结束点转速 n_D。如图 3-27 所示，对同一刚度校正弹簧，如校正行程一定，预紧力大，使曲线向右平移至 $D'E'$；预紧力小，使曲线向左平移至 $D''E''$。总之是校正弹簧预紧力越大，校正起作用及结束点转速越高；预紧力越小，校正起作用及结束点转速越低。

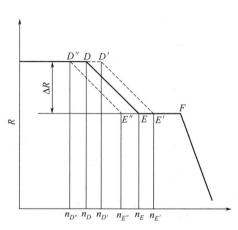

图 3-27　校正弹簧不同预紧力的影响

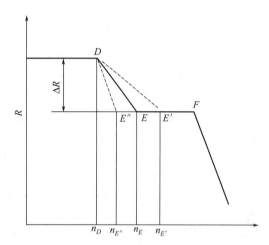

图 3-28　校正弹簧不同刚度的影响

b. 校正弹簧刚度的影响　校正弹簧的刚度，直接影响调速特性曲线校正行程的斜率，如图 3-28 所示，由于校正结束点 D 对柴油发动机影响大，通常首先确定校正结束点。校正结束点 D 确定后，在最大校正点行程 ΔR 不变的条件下，校正起作用转速 n_E 将取决于校正弹簧刚度。

曲线 DE'、DE、DE'' 分别用刚度为 K'、K、K'' 的校正弹簧进行校正，K' 值最大，K 次之，K'' 最小，由图中可见校正结束点转速 n_D 确定后，相同的校正行程 ΔR，用刚度最小的校正弹簧，则校正起作用转速最低为 $n_{E''}$。刚度最大校正弹簧，校正起作用转速最高为 $n_{E'}$，校正弹簧刚度越大，则校正曲线越平坦，柴油发动机扭矩上升越缓慢；校正刚度越小，校正曲线越陡峭，柴油发动机扭矩上升越快。

③ 怠速内外弹簧（A 型泵怠速装置内有一个怠速外弹簧和一个怠速内弹簧）。

a. 怠速外（内）弹簧预紧力的影响　怠速弹簧预紧力的变化使怠速调速特性曲线平移。如图 3-29 所示，实线为标准怠速曲线，虚线为怠速外弹簧预紧力变化的怠速曲线，点划线为怠速内弹簧预紧力变化后的怠速曲线。

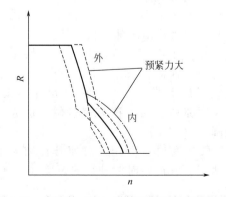

图 3-29　怠速外（内）弹簧不同预紧力的影响

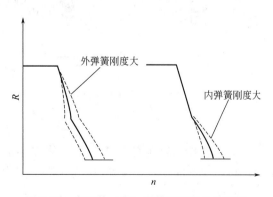

图 3-30　怠速外（内）弹簧刚度变化的影响

b. 怠速外（内）弹簧刚度的影响　弹簧刚度的变化影响其调速特性曲线斜率变化。如图 3-30 所示为怠速外（内）弹簧刚度变化的影响，刚度大，曲线平坦；刚度小，曲线变化较陡。

④ 启动弹簧的刚度要求在规定范围内，在启动转速时（A 型泵为 125r/min）把齿杆拉到启动油量位置，启动弹簧刚度不能太大，太大会影响怠速转速变高。

⑤ 冒烟限制器的弹簧刚度也应符合规定，它是将启动转速的启动油量限制在规定范围内。

（四）A 型喷油泵配 RAD 型调速器常见故障分析（以无锡威孚公司 6A201 为例）

1. 安装不正确对喷油泵性能的影响

（1）调节齿杆和调节齿圈位置没按刻线记号装配

① 正确的安装。

a. 先将调节齿圈套在控制套筒上，齿圈上的紧固槽中心对准控制套筒的小孔，紧固螺钉。

b. 再将调节齿杆位置记号（刻线）与泵体侧面齿杆外套对齐，将油量控制部件装上，放入时齿圈紧固槽中心对准窗口装到齿杆上。这样的装配，保证了额定工况使齿杆正好处于全齿杆行程的中间位置，保证了足够的启动行程和停油时的极限行程。

② 不按规定安装。

a. 调节齿杆刻线伸出过长时，装入油量控制部件。此时若齿杆处于中间位置时，齿圈已向小油量方向转过一个角度。因此，当齿圈到了小油量极限位置时，使齿杆不能到达规定的怠速或高速控制段的位置，引起怠速转速高，或高速不停油，这是很危险的。

b. 调节齿杆伸出太短时，装入油量控制部件，此时若齿杆处于中间位置时，齿圈已向大油量方向转过一个角度。因此，当齿圈到了启动油量位置时，使齿杆不能到达启动所需要位置，不能保证启动油量。

（2）L 值不正确　L 值是指在静止状态下丁字块平面（调整垫片后端面）到调速器前壳端面的尺寸（图 3-31）。6A201 喷油泵泵的 L 值为 21.0mm±0.2mm。

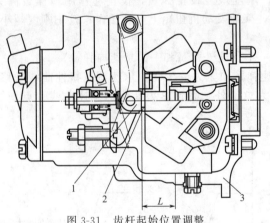

图 3-31　齿杆起始位置调整
1—丁字块；2—调整垫片；3—调速器壳

① L 值小于标准值。安装时丁字块调整垫片厚度不够或飞锤脚滚轮和调速套筒端面磨损会使 L 值减小，如图 3-32 所示为 L 值变化对调速特性曲线及飞锤升程曲线的影响（为了便于分析，试验时没加校正装置）。

L 值减小后有下列变化。

a. 齿杆总行程加大，调速特性曲线启动齿杆行程大，出现陡降段 B′U′。L 值减小时，加大了齿杆行程，并使丁字块后端面与怠速装置有了 2mm 间隙，当飞锤离心力克服了启动弹簧力后，齿杆迅速移动，消除了间隙后才与怠速装置接触，造成启动陡降段 B′U′。

b. 高速起作用转速稍有降低。L 值减小后，由于飞锤总升程一定，怠速升程加大了 2mm，到达额定位置时飞锤升程大，此时，飞锤张角大，飞锤旋转时距轴线的距离（r）也比标准状态大。

$$F = mr\omega^2$$

式中　F——离心力；

m——两个飞块的质量；

r——飞锤旋转时距轴线的距离。

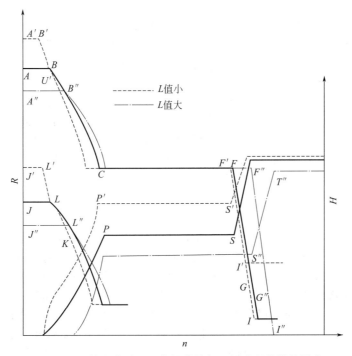

图 3-32　L 值变化对调速特性曲线与飞锤升程曲线的影响

在同样转速下，如果飞锤达到丁字块后端面接触拉力杆时的离心力比原来的大，在调速弹簧力不变的情况下，L 值小的高速起作用转速比标准状态时起作用转速高。

c. 极限行程太大。从图 3-32 中看飞锤升程曲线，L 值小时，怠速飞锤升程大于标准状态时怠速飞锤升程 2mm，而飞锤总升程是一定的，所以高速升程就减小。由于高速段齿杆移动量与飞锤升程量的比值约为 2∶1，所以飞锤全张开时的齿杆位置增大约 4mm。即 L 值为 19mm 时，调速特性曲线极限行程约为 5mm。综上所述，L 值小的主要弊病是调速特性曲线极限行程大，额定齿杆行程都是 11mm。标准 L 值，当 1600r/min、齿杆行程 1mm 时，油量为零；而 L 值为 19mm，当 1600r/min、齿杆行程 5.7mm 时，相应的油量为 3.6mL/200 次，造成高速不停油，将有飞车危险。

② L 值大于标准值　由于丁字块处的调速垫片安装过多，使 L 值加大。

L 值大，则有下列变化。

a. 齿杆总行程减小，调速特性曲线启动和怠速开始调节转速升高。L 值增加时，减少了齿杆总行程，使丁字块后端面与怠速装置有了 2mm 的预压量，当飞锤离心力克服了启动弹簧力，还不能拉动齿杆时，需要克服怠速外弹簧的弹力后才能使齿杆进入怠速调节段，这样就造成了调速特性曲线的启动结束和怠速起调节作用点的转速升高。

b. 高速起作用点转速升高。L 值增大后，怠速升程减小了 2mm，达到额定位置时，飞锤升程小，张角也小，因此，L 值增大与 L 值减小道理相同。所以 L 值大，起作用转速就高于标准状态时的起作用转速。

c. 没有极限行程。从飞锤升程曲线上看（图 3-32），L 值增大后，怠速飞锤升程小于标准状态时怠速飞锤 2mm，而高速升程增加。由于高速段齿杆移动量与飞锤升程量的比值约为 2∶1，当飞锤还没有全张开时，齿杆已到零点位置，即没有极限行程。

综上所述，L 值正确时，怠速开始起调节作用的转速为 170r/min 左右；L 值大时，怠速开始起调节作用的转速在 300r/min 以上，导致了怠速开始调节转速升高，使发动机的怠速太高，不能满足发动机的工作要求。

（3）凸轮轴轴向间隙不正确　凸轮轴轴向间隙为 0.05～0.1mm，轴向间隙太小，凸轮轴转动不灵活；轴向间隙太大，凸轮轴就会来回窜动，导致调速器部分也同时窜动。如果在低速段飞锤支架总成的窜动间隙为 1mm，标准油量为 1.9mL/200 次，则实际上由于齿杆窜动使油量在 0.8～3.2mL/200 次范围内变化。

如果在高速段飞锤支架总成有 1mm 的窜动量，会使齿杆移动约 2mm，在 1400r/min，齿杆行程为 11mm 时，标准油量为 11mL/200 次，同样，齿杆窜动使油量在 9.9～12.6mL/200 次范围内变化。这 1mm 的间隙是调速器的非控制区，因此齿杆的位置会因发动机的振动、机身的倾斜等因素影响而前后自由窜动，从而造成发动机转速忽高忽低的不稳定工作，使调速不及时，工作不灵敏。

2. 调试不正确对油泵性能的影响

① 不调整预行程，只调整各分泵之间的间隔角，前面已叙述，这里不再重复。

② 只调整额定油量和怠速油量，不调整齿杆行程；正确的调整方法是在额定工况下，齿杆行程应为 11mm，齿杆行程大小是由行程调节螺钉的位置确定的。目前有的修理单位不用齿杆行程表，只通过调整控制套筒来改变油量，这种方法虽然油量可达到标准，但齿杆行程却无法保证。采用这种方法调整，其额定齿杆行程的变化导致调速特性曲线有以下变化。

a. 齿杆总行程变化。额定齿杆行程大，齿杆总行程就大；额定齿杆行程小，齿杆总行程就小。如图 3-33 所示为飞锤升程与调速特性曲线的变化（为了便于分析，试验时没有加校正装置）。图中实线表示标准的额定齿杆行程（11mm）的曲线，点划线表示额定齿杆行程大（13mm）的曲线，虚线表示额定齿杆行程小（9mm）的曲线。

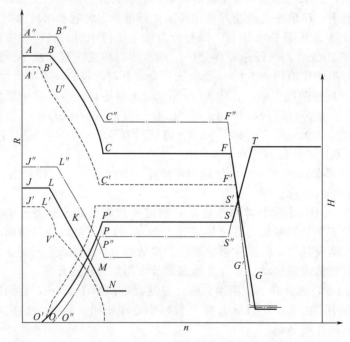

图 3-33　额定齿杆行程变化对调速特性曲线与飞锤升程曲线的影响

当额定齿杆行程为 9mm 时，齿杆总行程减小是由于行程调节螺钉外移引起拉力杆位置左移，在拉动拉力杆的同时，拉力杆拨叉配合的小销左移，使下拨叉滑块绕其转轴向右移动，因此齿杆连接相应左移，造成齿杆总行程减小。额定齿杆行程大的情况与上述过程相反。

b. 高速起作用转速变化。额定齿杆行程小，高速起作用转速升高；额定齿杆行程大，其起作用转速降低。额定齿杆行程是随行程调节螺钉位置的变化而改变的，由于调速弹簧一端在拉力杆上，当行程调节螺钉位置移动时，使拉力杆相应移动，这样就改变了调速弹簧的预拉力，也就改变了与其相平衡的飞锤离心力，所以起作用转速就相应升高或降低。

c. 启动和怠速开始段的变化。当额定齿杆行程小，启动和怠速开始有陡降段 $B'U'$ 和 $L'V'$。当额定齿杆行程大时，启动和怠速开始起调节作用转速升高 B'' 和 L''。这是由于额定齿杆行程小（大）拉力杆左（右）移，使怠速装置与丁字块后端面有了间隙（预压量）。这样启动段时飞锤离心力克服了启动弹簧（启动弹簧＋怠速外弹簧）弹力后，使齿杆移动进入怠速调节段，造成了启动和怠速开始出现变化，由此可见，额定齿杆行程大的主要弊病是怠速开始起作用，转速升高，不能满足发动机的要求。

d. 额定齿杆行程小时，高速将不停油。标准的额定齿杆形成 11mm 行程的油量为 11mL/200 次，当额定齿杆行程小（为 9mm）时，通过转动控制套筒将油量调到标准值 11mL/200 次。在 1500r/min，齿杆行程为 3mm 时，油量为 3.2mL/200 次（而标准应为 0.9mL/200 次）。而在 1600~1700r/min，齿杆行程为 1mm 时，还有 0.9mL/200 次油量（标准应为 0）。所以齿杆行程小的主要弊病是容易造成高速不停油，使发动机有飞车的危险。

③ 用大油量挡钉来调整各分泵额定油量（不调极限行程）。当改变大油量挡钉位置时是可以改变各分泵的额定油量（通常称总油量），但保证了额定油量，却保证不了各种状态的齿杆行程，在前面各调节螺钉的调整一节已详细叙述了大油量挡钉的调整改变齿杆总行程和极限行程的情况（图 3-18 和图 3-19），这里不再重复。值得特别注意的是，往外退大油量挡钉，加大了极限行程，使高速不停油，造成发动机"飞车"现象经常发生。从故障统计可以看出这种故障占的比例很大，其中有的是修理企业用大油量挡钉来调整总油量造成的（泵上铅封完好），而有的是驾驶员为了提高速度乱调整造成的（铅封已拆），为了保证油泵性能，这种现象一定要杜绝。

④ 只用小油量挡钉来调整怠速油量，而不调整怠速装置。小油量挡钉的作用是限制怠速的极限行程。正确地调整怠速是调整怠速装置的位置，来保证怠速齿杆位置。小油量挡钉只是微量调节油量，而有的修理单位不了解怠速装置的作用，只调小油量挡钉来调整怠速油量，这是不正确的。因为小油量挡钉的移动要使怠速特性曲线移动（参见小油量挡钉调整），会直接影响怠速的齿杆总行程。如果怠速装置位置不正确，仅将怠速点的油量调正确，而怠速点没在怠速调节区内，发动机是不会有稳定的怠速的，这点应该特别注意。

3. 主要零部件磨损对油泵性能影响

关于柱塞偶件、出油阀偶件、滚轮体部件以及凸轮轴的凸轮表面的磨损对油泵性能的影响，在前面已作了详细的讨论，这里不再重复。

① 调节齿杆与调节齿圈的齿和控制套筒与柱塞凸耳配合的槽磨损。调节齿杆与调节齿圈的齿隙加大或者控制套筒的槽磨损造成柱塞凸耳与控制套筒的间隙加大，这个间隙是不受控制的区域，由于磨损情况不同，使油量的不均匀度加大，导致发动机工作不平稳，灵敏度降低。

② 飞锤脚的滚轮及套筒端面的磨损。若滚轮及套筒端面均匀磨损，使 L 值减少，应进行 L 值调整（增加调整垫片）。若套筒端面出现大的凹坑，则应更换套筒。

③ 调速器各轴销、滑块、拨叉等零件的磨损，使旷量加大，调速器非控制区增大，造

成齿杆抖动，调速器控制不灵。

（五）RAD 型调速器的拆卸

拆卸调速器之前，应先记录好调整数据，准备好必要的工具。拆卸场所应清洁，拆卸时应十分仔细，拆下的零件应用洗油洗净，依次排列整齐，各零件配合面严禁碰毛划伤。

RAD 调速器零件分解图如图 3-34 所示。拆卸程序如下。

① 将外表油污擦拭干净，拧开前壳下的开槽螺栓 54，放净润滑油。

② 拆下油尺座盖上的四个六角头部带孔螺栓，取下油尺座盖（注意勿丢失油封圈）。

③ 用校正器专用扳手拧松螺母 34，再用螺丝刀取下校正器（注：有时无校正器）。

④ 拧下后壳上部的两个小盖型螺母，拧松紧固螺母，拆下稳定器部件，并退出调整螺钉，以放松调速弹簧预紧力。

⑤ 拧松后壳上部两侧的闷头螺钉。

⑥ 拆下紧固后壳的 6 个六角头部开槽螺栓，轻轻分开前后壳（可用木锤轻敲后壳），注意前后壳之间有橡胶石棉垫片，勿使其损坏。

⑦ 用螺丝刀将齿杆连接铆合件连接杆上的弹簧片移下，从齿杆孔中脱开连接杆，再用尖嘴钳从弹簧挂板上取下启动弹簧，然后取下后壳总成（切勿在启动弹簧脱开前，过分拉开后壳，以免拉坏启动弹簧）。

⑧ 拧下闷头螺钉，顶出支撑杆销子。

⑨ 取出弹簧臂、调速弹簧，从后壳里面拧出调整螺钉。

⑩ 从拨叉里脱出下拨杆部件及滑块，把支撑杆销子总成整体从后壳总成中抽出。

⑪ 扳平固定弹性杆部件的止退垫圈，拧下螺母，卸下弹性杆部件，从支架里抽出下拨杆部件。

⑫ 从弹性杆部件拆下齿杆连接杆（先取下开口挡圈）。

⑬ 从调速套筒部件中取出孔用弹性挡圈，取下调速套筒，如需拆下单向推力球轴承，则必须小心，不要遗落丁字块上的调整垫圈。

⑭ 拆下操纵手柄部件（先拧下盖形螺母），可从后壳中抽出曲柄，取下开口挡圈，即能卸下拨叉。

⑮ 用飞锤紧固专用扳手，拧出凸轮轴上紧固飞锤支座部件的螺母，并取出弹簧垫圈 52。

⑯ 用飞锤拆卸专用工具从凸轮轴上吊出飞锤支架部件。

⑰ 先用插片固定柱塞弹簧（做法见油泵部分），然后拧出 7 个六角头部开槽螺栓，拆卸调速器前壳（边拆卸边用木锤轻轻敲打）。

（六）RAD 型调速器零件检查、装配

1. RAD 型调速器零件检查

（1）飞锤检查（图 3-35）

① 当飞锤销和飞锤的间隙过大时，应更换飞锤。

② 当飞锤滚轮和滚轮销间隙过大时，应更换飞锤。

（2）调速套筒检查　当调速套筒飞锤滚轮接触表面出现大的凹坑时，应予以更换。如套筒均匀磨损，则使丁字块前移，应注意用垫片调整 L 值。

（3）拉力杆部件检查（图 3-36）

① 若由于磨损使拉力杆与拉力杆销子间隙过大，则更换拉力杆及拉力杆销子。

② 拉力杆下端与行程调节螺钉接触部分磨损过度时，也应更换拉力杆。

③ 拉力杆与拨叉配合的小销磨损时，可单独更换小销。

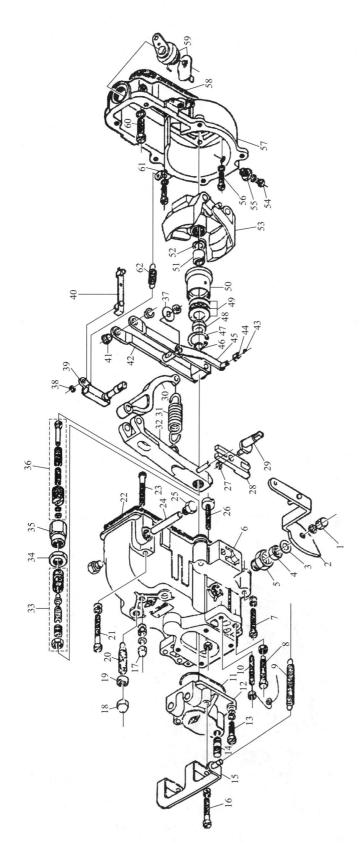

图 3-34　RAD 型调速器零件分解图

1、17、18—小盖型螺母；2—操纵手柄部件；3—停车手柄部件；4—螺套油封；5—螺套；6—调速后壳；7、21、56—六角头部开槽螺栓；8—大油门挡钉及锁紧螺母；9—复位弹簧；10—小油门挡钉及小带孔螺母；11—O 形橡胶密封圈；12—油尺座盖；13、16—六角螺母；14—双头螺柱；15—复位簧支架；19—紧固螺栓；20—稳定器部件；22—校正器；23—调整垫片；24—支撑杆螺钉；25—闷头螺母；26—大头调节螺母；27—开口挡圈；28—拨叉；29—曲柄；30—弹簧；31—调速弹簧；32—支撑杆部件；33—丝挡圈；34—螺母；35—连接垫片；36—急速弹簧；37—止退垫圈；38—开口挡圈；39—弹性杆部件；40—齿杆连接铆合件；41—支架衬套；42—支架丁字块丁字块压合件；43—钢支架部件；44—滑块；45—下拨杆部件；46—调整垫圈；47—孔用弹性挡圈；48—轴承衬圈；49—单向推力球轴承；50—调速套筒；51—凸轮轴螺母；52—弹簧垫圈；53—飞锤；54—开槽螺栓；55—放油螺栓；57—调速器前壳；58—壳盖；59—拉柄；60—螺栓；61—弹簧挂板；62—启动弹簧

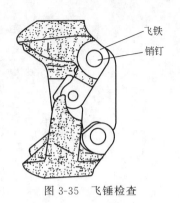

图 3-35 飞锤检查

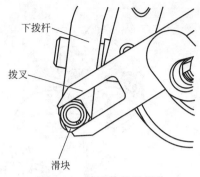

图 3-36 检查拨叉及滑块

④ 拨叉与小销配合处磨损过大，应更换拨叉。滑块与拨叉接触表面磨损过度时，应更换拨叉及滑块。

2. RAD 调速器装配

调速器的装配顺序与拆卸相反，但应该特别注意以下几点。

① 飞锤部件在凸轮轴上的紧固力矩约为 60N·m。

② 拨叉装配时，曲柄小轴应朝下，上面的窄槽夹住支撑杆上的销子，下面的宽槽内装下拨杆销上的滑块。

③ 支架上下面孔中各有一个衬套，切勿漏装。

④ 前后壳之间的橡胶石棉垫片厚度为 0.5mm，装配时两面均需涂上密封胶。

二、RSV 型调速器

RSV 型调速器是德国博世公司 S 系列中的一种全程式调速器，可用于 M、A、AD、P 等型喷油泵，能与汽车、拖拉机、发电、船用、工程机械等柴油发动机配套，用途十分广泛。

（一）RSV 型调速器的结构

RSV 型调速器的结构如图 3-37 所示。

① 有一套紧凑的杆件系统，可使浮动杠杆比约为 2：1，即齿条移动 2mm 而调速套筒

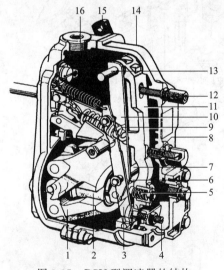

图 3-37 RSV 型调速器的结构

1—飞锤；2—调速套筒；3—拉杆；4—行程调节螺钉；5—校正弹簧；6—丁字块；7—支架轴；8—怠速稳定弹簧；9—调速弹簧；10—支架；11—支撑杆；12—怠速限位螺钉；13—支撑杆销；14—调速器后壳；15—操纵手柄；16—启动弹簧

只位移 1mm。当飞锤张开或合拢时，可通过这一套杆件机构把齿杆向减油或增油方向移动。

② 调速弹簧采用拉簧结构，只有一根拉力弹簧，其倾斜角度随着操纵杆位置的不同而发生变化。使高速和低速时有不同的有效刚度，以满足调速器在高速和低速时对调速弹簧的不同要求，从而保证调速器在高速和低速时调速率的变化不大。因此，可以用一根弹簧代替其他类型调速器中几根弹簧的作用。

③ 有可变调速率机构。RSV 型调速器在飞锤和弹簧不更换的情况下，在一定范围内可以改变调速器的调速率，就是改变调速器调速弹簧安装时的预紧度，它用摇臂上的调节螺钉进行调整（图 3-38），以适应不同用途柴油发动机对调速器调速率的要求。

④ 当操纵杆每变更一个位置时，就相应改变调速弹簧的有效张力（改变变形量和角度），使调速器起作用转速发生变化，达到全程调节作用。因为油量操纵杆直接作用于调速弹簧，所以操纵油量踏板时，感觉用力比其他类型调速器稍大。

（二）RSV 型调速器的工作原理

1. RSV 型调速器调速特性曲线

如图 3-39 所示，调速手柄在全速位置时，图中曲线 I 的 $F \rightarrow E$ 为启动加浓位置；$E \rightarrow D$ 为启动弹簧控制区；$D \rightarrow C$ 为最大校正位置；$C \rightarrow B$ 为校正弹簧控制区，其中 B 为校正开始点，C 为校正结束点；$B \rightarrow A$ 为齿杆标定行程位置，A 为标定工况，即调速器起作用点；$A \rightarrow L$ 为调速弹簧控制区，L 为怠速稳定弹簧开始起作用点；$L \rightarrow G \rightarrow H$ 为调速弹簧与怠速稳定弹簧合力控制区，G 相当于柴油发动机最大空转工况，H 为高速停油点。调速手柄在怠速位置时，图 3-40 中曲线 II 的 $D \rightarrow J$ 为调速弹簧在怠速位置时的控制区，$J \rightarrow K$ 为调速器弹簧和怠速稳定弹簧合力控制区，K 为怠速工况。nK 相当于柴油发动机怠速转速。

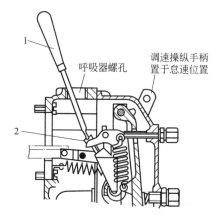

图 3-38 RSV 型调速器转速变化率调整装置
1—螺丝刀；2—调整螺钉

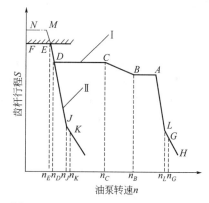

图 3-39 RSV 型调速器调速特性曲线
I—全速位置；II—怠速位置

2. 启动工况

启动工况如图 3-40 所示。操纵手柄在高速位置，由于泵转速低，在调速弹簧的作用下支撑杆头部顶在油量限位螺钉处，启动弹簧拉动拉杆，把油泵拉杆拉到启动加浓位置。当发动机启动转速上升到飞锤离心力超过启动弹簧作用力时，滑套在离心力的作用下移动，通过支架及拉杆拉动油泵拉杆向减油方向移动，启动过程结束。

3. 怠速工况

怠速工况如图 3-41 所示。操纵手柄处于自由状态，当发动机转速继续上升时，调速套筒上的丁字块接触支撑杆，接着推开支撑杆，直到支撑杆压缩稳定弹簧。这时，启动弹簧加上调速弹簧和稳定弹簧的合力矩与飞锤的离心力矩平衡，油泵在怠速位置稳定，供给怠速油量，发动机以怠速运转。

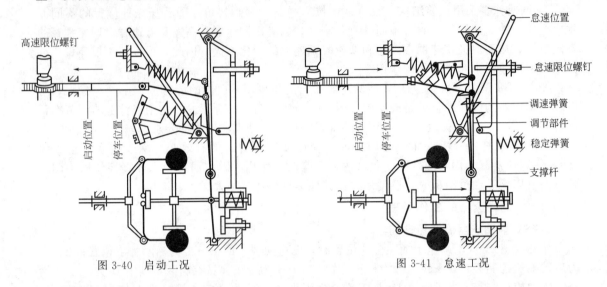

高速限位螺钉

启动位置
停车位置

图 3-40 启动工况

怠速位置
怠速限位螺钉
调速弹簧
调节部件
稳定弹簧
支撑杆

启动位置
停车位置

图 3-41 怠速工况

4. 低速工况

踩下油量踏板，调速弹簧力增加，齿杆向加油方向移动，供油量增加，发动机转速升高。继续往下踩油量踏板，齿杆继续移动，直至齿杆上的限位突起碰上联动杆为止。油量不再往上升，油量踏板弹簧力不再增加，但转速还要继续上升，飞锤离心力逐渐平衡了弹簧力，转速再升，支撑杆被推动，但在齿杆连接杆离开联动杆之前，油量也不能减少。齿杆连接杆脱离联动杆后，供油量逐渐下降。移动油量踏板位置，发动机可在怠速和最高空转转速之间的任一转速达到稳定状态。

5. 高速工况

高速工况如图 3-42 所示。油量踏板踩到底，即调速手柄靠住高速限位螺钉，发动机转速上升，直达高速调速曲线上。如果负荷低于额定负荷，发动机在高于额定转速的某一转速范围稳定；若负荷为额定工况负荷，则发动机处于额定工况，转速为额定转速；若负荷为零，发动机转速即升高到最高空转转速。

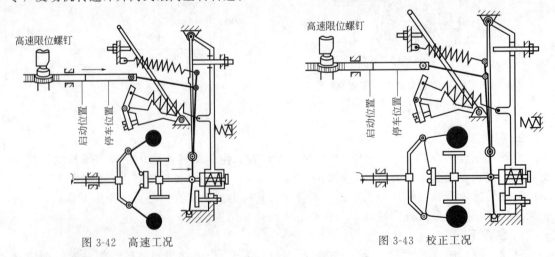

高速限位螺钉

启动位置
停车位置

图 3-42 高速工况

高速限位螺钉

启动位置
停车位置

图 3-43 校正工况

6. 校正工况

校正工况如图 3-43 所示。发动机负荷从额定工况负荷起增加。转速逐渐下降，飞锤离心力矩开始小于调速弹簧力矩，但由于支撑杆被行程调节螺钉挡住，齿杆不动。油泵只能供给额定油量，不能增加。故发动机输出扭矩与负荷不平衡，转速继续下降，离心力逐渐减小，校正弹簧开始将顶杆顶出，压迫飞锤合拢，从而使油泵供油量增加；若转速继续下降到校正转速，则顶杆行程达到最大，齿杆达到校正行程，油泵供给校正油量，发动机发出最大扭矩；若负荷减少，转速上升，校正器顶杆被压入校正器，在这一段曲线上，校正弹簧参与飞锤平衡，能在任一转速范围内达到稳定状态。

7. 停机

（1）用停车手柄停车　调速器的停车机构可在任一转速起作用，遇有紧急情况，只要拨动停车手柄，即可立即停止供油，如图 3-44 所示。

（2）用操纵杆停车　在调速器上没有设专门的停车装置，需要停车时将操纵杆扳至最右停车位置。这时摇臂推动导动杆使其右移，并带动浮动杆和调节齿杆往减油方向移动，直到停车。

（三）RSV 型调速器的拆装

RSV 型调速器的拆装与 RAD 型调速器较为相似，这里不再叙述。

三、RSUV 型调速器

RSUV 型调速器属于机械离心式带

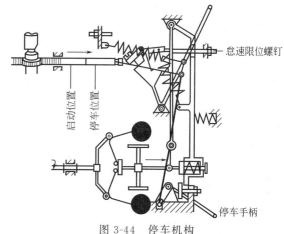

图 3-44　停车机构

有增速齿轮的全程式调速器，是在 RSV 型调速器的基础上发展起来的。此种调速器的结构与工作状况与 RSV 型调速器基本相同，如图 3-45 所示。

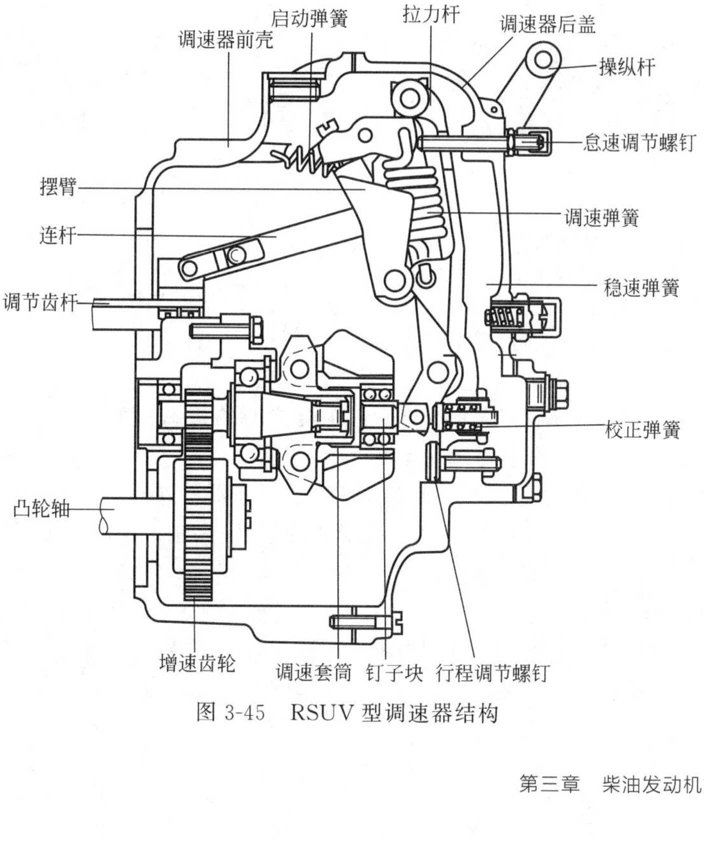

图 3-45　RSUV 型调速器结构

结构上与 RSV 型调速器的不同点是在凸轮轴与调速器飞锤总成之间装有一对增速齿轮，此种调速器与 P 型、Z 型泵相匹配，适合低速发动机使用。因为低速发动机油泵凸轮轴的转速低，要想使调速器有足够的灵敏度，就必须将飞锤做得很大，相应调速器的结构尺寸也就要加大，而装设增速齿轮后，调速器飞锤的转速得到提高，使用较小的飞锤就能获得足够大的离心力，可以得到良好的调速性能。

四、RFD 型调速器

近年来，各种专用汽车需求量日益增长，如起重吊车、混合搅拌车等车辆，在工业建设中被广泛应用。这种工程汽车与一般公共汽车和载重汽车不同，它的特点是有时作行驶使用，有时作装卸吊货和混合搅拌等作业使用。为了适应这种车辆的特殊需要，日本 ZEXEL 公司在 RAD 型和 RSV 型调速器的基础发展了 RFD 型全程两极两用调速器（图 3-46 和图 3-47）。

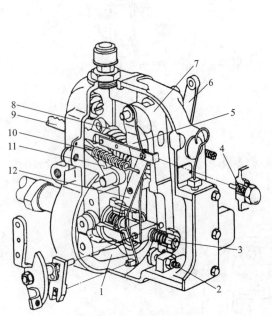

图 3-46　RFD 型调速器外形图
1—飞锤；2—行程调节螺钉；3—怠速弹簧；4—稳速装置；
5—支架；6—油量手柄；7—支撑杆；8—调速弹簧；
9—齿杆；10—调速弹簧；11—调节部件；12—拉杆

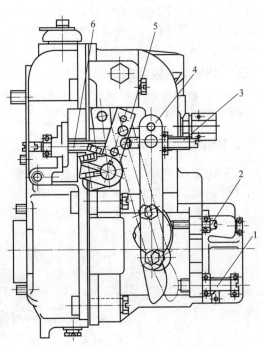

图 3-47　RFD 型调速器结构图
1—行程调节螺钉；2—怠速限位螺钉；3—调整螺钉；
4—支撑杆；5—支架；6—齿杆

在行驶过程中，RFD 型调速器使用与 RAD 相仿的两极调速机构，在进行工程作业时，则采用与 RSV 型调速器近似的全程调速装置。

RFD 型调速器结构，综合了 RAD 型与 RSV 型调速器的结构特点。杆系基本上与 RAD 型调速器相同，只是加装了与 RSV 型调速器相似的调速控制装置。RFD 型调速器既可作两极调速器使用，又可作全程调速器使用。

1. 作两极调速器使用

将调速手柄固定在全油量位置，这时调速弹簧相当于 RAD 型调速器中的高速弹簧，只在超过柴油发动机标定转速时才起控制作用。怠速弹簧与 RAD 型调速器一样，装在支撑杆下部，与校正弹簧串联，只在柴油发动机怠速时起控制作用，在整个宽阔的中速范围，由司机直接操纵油量手柄进行控制，与 RAD 型调速器一样，操纵时是在无调速弹簧的反弹簧力下进行的。因此，操纵轻便省力，可减轻司机疲劳。工程汽车行驶时，RFD 型调速器具有 RAD 型相同的附加杠杆比，可保证有较好的怠速稳定性。RFD 型调速器作两极使用时，其工作原理与 RAD 型调速器相同。

2. 作全程调速器使用

将油量手柄固定在大油量位置，相当于 RSV 型调速器的油量调节螺钉固定在全油量位置。这时操纵调速手柄与 RSV 型调速器一样，在不同的手柄位置时，调速弹簧倾角及拉伸量的改变使弹簧预紧力也相应变化，从而得到不同的调速器起作用转速。以获得全程调速的功能来进行工程作业，其采用了 RSV 型调速器相同的工作原理，但无 RSV 型调速器那种可变调速装置。

除此以外，为提高调速器的工作能力，RFD 型调速器采用了比 RSV 型、RAD 型等调速器更重的飞锤，如 RSV 型调速器飞锤质量有 3 种，每块分别为 320g、255g、138g；RAD 型调速器有两种飞锤质量，每块分别为 320g、370g；而 RFD 型调速器的 3 种飞锤质量，每块分别为 370g、400g、470g。

五、RAD-K 型调速器

RAD-K 型调速器的结构图 3-48 所示，是日本 ZEXEL 公司在 RAD 型调速器上加装了一种负校正装置后，使调速器工作时具有负校正功能，主要利用杠杆原理来实现负校正。该负校正装置也可用于 RFD 型调速器上，成为带负校正的 RFD-K 型调速器。

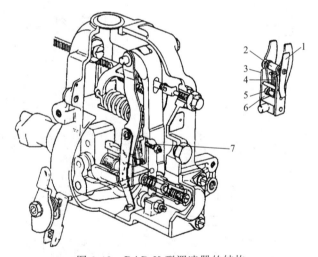

图 3-48　RAD-K 型调速器的结构
1—拉杆；2—销；3—挡销；4—复位弹簧；5—复位弹簧销；6—支架；7—负校正行程调节螺钉

这种负校正装置的结构特点如图 3-48 所示，在支架上加装了一套摇架部件及在支撑杆上装有一个负校正行程调节螺钉。其工作原理如下：柴油发动机启动后，转速超过 n_F 时（图 3-49），克服启动弹簧力，齿杆行程很小。转速超过 n_E 时，怠速起作用。转速继续升高，随着怠速弹簧不断被压缩，齿杆行程不断减小。转速升高到 n_D 时，齿杆行程移动到 S_E 位置，这时怠速顶杆（图 3-50）和负校正顶杆 9 接触，同时摇架部件上的挡销也移到与负校正行程调节螺钉相接触位置。如图 3-50（a）所示，齿杆如要继续移动，必须克服负校正弹簧的预紧力 E，但油泵转速从 n_D 到 n_E 这段区间内，飞锤离心力轴向分力 F_x 尚不够大，克服不

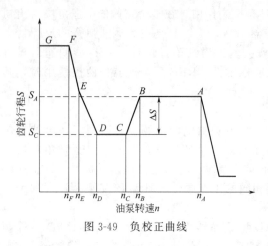

图 3-49　负校正曲线

了负校正弹簧力 E 的作用，齿杆行程在 S_E 位置不变，转速一直升到 n_E 时，支持力 F_x 和恢复力 E 才相等，即 $F_x = E$。转速超过 n_E 后 $F_x > E$，丁字块开始压缩负校正弹簧并使支架向右移动 [图 3-50(b)]，摇架部件上的复位弹簧销 C 同时向右移，C 销右移时，挡销 B 被负校正行程调节螺钉顶住不能移动。因此，摇架被迫只能以挡销中心为支点逆时针转动。转动时，复位弹簧力 e 参与作用，力 e 与负校正弹簧力同向，因此，飞锤 F_x 必须大于复位弹簧负校正弹簧的合力，才能使摇架上的移动销 A 沿支架槽 E 向左移动。销 A 移动时，使拉杆以销 D 为支点向左移动，同时通过齿杆连接杆，使齿杆向加油方向移动。从 RAD 型调速特性曲线上也可以看出，齿杆随转速上升而加大的区间，正是负校正的作用范围。当转速升高到 n_B 时，丁字块与支承杆接触，负校正弹簧被压缩到极限位置 [图 3-50(b)]，齿杆行程为 S_A。转速继续升高，必须超过 n_A，能克服调速弹簧 11 的预紧力后，才能使齿杆开始向减油方向移动。

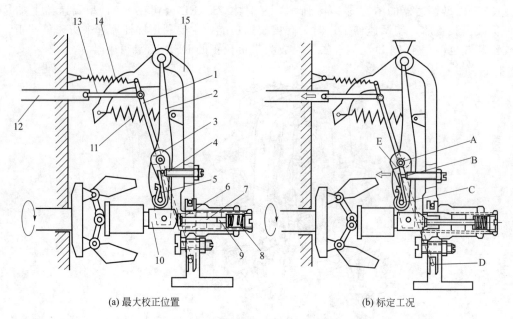

(a) 最大校正位置　　　　　　　　　　(b) 标定工况

图 3-50　RAD-K 型调速器负校正工作原理

1—拉杆；2—支架；3—摇架部件；4—负校正行程调节螺钉；5—复位弹簧；6—怠速弹簧；
7—怠速顶杆；8—负校正弹簧；9—负校正顶杆；10—丁字块；11—调速弹簧；
12—齿杆；13—齿杆连接杆；14—启动弹簧；15—支撑杆；
A—移动销；B—挡销；C—复位弹簧销；D—销；E—支架销

分析从高速向低速的变化过程，转速低于 n_B 时，离心力 F_x 小于负校正弹簧力 E 和复位弹簧力 e 的合力，摇架又开始以挡销为支点顺时针转动，齿杆向小油量移动进行负校正，通常取 n_B 为负校正起作用转速，n_c 为负校正结束转速。

如图 3-51 所示为负校正与柴油发动机性能的关系曲线。由图可见，油泵转速从 n_{pa} 降到

n_{pb}这段区间，齿杆行程 S 不变，供油量 g 稍有下降，而柴油发动机从相应的标定转速 n_{ea} 降到最大扭矩转速 n_{eb} 中，输出扭矩 M_e 却在上升，油泵再从转速 n_{pb} 降到 n_{pc}。如无负校正，齿杆行程 S 沿虚线不变，油量 g 沿虚线继续下降，柴油发动机扭矩沿虚线变化不大。如带负校正，齿杆行程 S 将沿实线减小，油量 g 按实线以更快的速度下降，柴油发动机扭矩 M_e 将从最大扭矩的上升趋势转变为以较快速度下降。

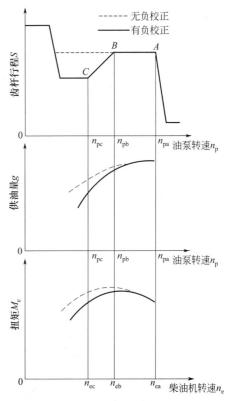

图 3-51　负校正与柴油发动机性能的关系

六、RBD 型调速器

RBD 型调速器是气膜-机械组合式全程调速器，这种调速器取气膜调速器低速之长，利用机械调速器高速的优良性能。

（一）真空度与负压

在实际使用中，压力可以用不同的方法来计量，以完全真空为基准的压力称为绝对压力，以大气压力为基准的压力称为表压力（也称为相对压力或计示压力），绝对压力与表压力之间相差 1atm（1atm＝101325Pa），绝对压力等于大气压力与表压力之和。真空度与负压如图 3-52 所示。

当绝对压力小于大气压力时，该部分处于真空状态，这时大气压力与绝对压力之差称为真空度（负压）。

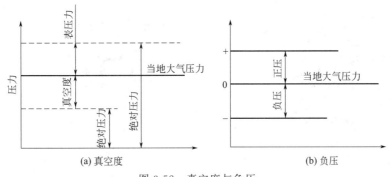

图 3-52　真空度与负压

绝对压力越小，则该部分的真空度越大，理论上当绝对压力等于零时，真空度最大，等于一个大气压力的数值。通常把一个大气压力值称为零，大于一个大压力的值为正值，小于一个大气压力的值为负值。真空度或负压常用 mmH_2O（毫米水柱）、$mmHg$（毫米汞柱）、MPa、kPa、Pa 等单位来表示。

（二）RBD 气膜机械组合式全程调速器的结构

RBD 气膜机械组合式全程调速器的结构如图 3-53 所示。调速器的上部装有一个气膜调速器，下部有一个机械调速器，通过导杆、推杆、摇臂等杠杆，使两个部分相连。在低速、中速工作时，由于机械调速弹簧预紧力很大，飞锤的离心力克服不了该弹簧的预紧力，而不能起作用，只有气膜部分起调节作用。在高速工作时，因飞锤离心力已足够大，能克服机械调速弹簧预紧力而起作用，这时除了气膜部分仍有一定影响外，机械部分则起主要作用。机械部分是由飞锤部件、机械调速弹簧、调速套筒、高速限位螺钉等零部件组成。由于机械部分只要求在高速时发挥作用，所以一般可用较小的飞锤。如 RBD 型调速器中的每块飞锤仅重 138g，相当于德国博世公司 S 系列调速器最小的一种飞锤，因而可用于较高工作转速，如 RBD 型调速器最高许用转速为 3000r/min。

（三）气膜机械组合式调速器的工作原理

1. 气膜调速器（图3-55）的工作原理

膜片部件把气膜调速器（图3-54）部分一分为二，其一侧与大气相通，称为大气室，另一侧与柴油发动机进气管中的文丘里管相通。当柴油发动机吸气时空气以一定流速流动，使室内产生一定的真空度，称为真空室。真空室内装有调速弹簧，弹簧力作用在膜片上与真空吸力相平衡。调速器弹簧能把齿杆推向增油方向，起恢复作用，而真空吸力则使齿杆有减油趋势，起支承力作用，由于齿杆固定在膜片部件上与膜片同步移动，所以膜片的位移量等于齿杆位移量。

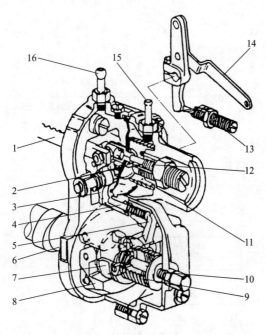

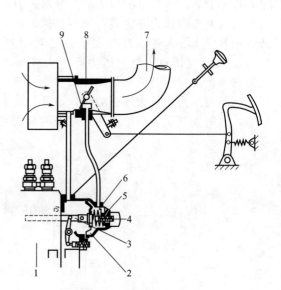

图 3-53　RBD气膜机械式全程调速器的结构
1—齿杆；2—膜片；3—摇臂；4—推杆；5—导杆；6—凸轮；
7—调速套筒；8—飞锤；9—机械调速弹簧；10—高速限位
螺钉；11—气膜调速弹簧；12—怠速部件；13—油量
调节螺钉；14—操纵手柄；15—真空泵；16—大气室

图 3-54　气膜调速器
1—喷油泵；2—膜片部件；3—齿杆；
4—怠速调整螺钉；5—怠速弹簧；
6—调速弹簧；7—柴油发动机进
气管；8—文丘里管；9—节流阀

当节流阀开度一定时，如真空吸力与弹簧力处于平衡状态，则转速相对稳定。如转速增高，文丘里管内空气流速增加，会引起真空室内真空度上升，对膜片产生较大的吸力以克服弹簧压力，使齿杆与膜片一起压缩调速弹簧，向减油方向移动。弹簧增加压缩量后将产生更大的恢复力来抵制增大后的真空吸力，使气膜与齿杆在新的条件下平衡；反之，如转速降低，真空室内真空吸力减小，弹簧的弹力将大于吸力，把气膜及齿杆推向加油方向，并在新的位置下平衡，以实现自动控制作用。当节流开度不同时，真空室内真空度随转速变化的规律也不同（图 3-55）。从图中可以看到节流阀开度越小，转速对真空度的反应越敏感；开度越大，真空度对转速的反应越迟钝。产生同样的真空度 530mmH$_2$O（1mmH$_2$O＝9.8Pa），节流阀开度最小时（即怠速时）转速为 550r/min 就能达到；部分开度时，转速为 1100r/min 时达到；开度最大时需要 2140r/min 才能达到。这说明了当节流阀开度小时，容易使齿杆平衡在小油量位置，因此怠速时开度很小；反之，节流阀开度大，则齿杆容易在大油量位置平衡，因此在一般标定工况时，开度最大。

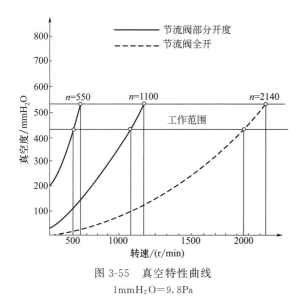

图 3-55　真空特性曲线
1mmH$_2$O＝9.8Pa

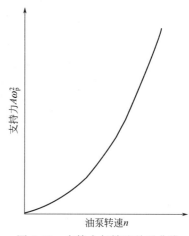

图 3-56　支持力与转速关系曲线

气膜调速器的上述特性还表明了如下特点：节流阀开度越小，越能发挥出较大的工作能力，以改善低速调节性能，而在开度较大的高速工作时，由于真空度对转速的反应迟钝，高速控制能力较差，因此，柴油发动机在全负荷速度特性工作时，由于节流阀全开，最大空转过高，因而调节速率较大。

而机械调速器与气膜调速器正相反，由于机械调速器支持力与转速的平方成正比（图 3-56）。转速高，支持力随转速变化升降快；转速低，升降慢。这表明机械调速器调节能力差，转速越高，越能发挥其工作能力，是为了取长补短而发展了的种气膜-机械组合式调速器。

2. 启动工况

柴油发动机在静止时真空室内真空度为零，在气膜调速弹簧作用下，将膜片和齿杆压向大油量，直到校正顶杆与摇臂接触为止，齿杆处于最大校正行程位置。为使柴油发动机启动容易，RBD 型调速器带有启动加浓装置（图 3-57）。刚度及预紧力较大的启动弹簧装在油量调节螺钉内部，启动时拉操纵手柄、压顶杆使齿杆增加一定行程，同时将内燃机进气管内文丘里管的节流阀开到最大。在汽车上使用时就是踩下加速踏板，这时既有充分的空气，又有较多的供油量，便于柴油发动机启动。

3. 怠速工况

当柴油发动机启动后关闭风门时，使文丘里管的节流阀处于最小开度，接近全关状态（如在汽车上则是松开加速踏板）。真空室内真空度会迅速上升，对膜片的吸力增加，首先压缩气膜调速弹簧，继而压到与怠速顶杆相接触，怠速弹簧开始起作用，直压到调速弹簧与怠速弹簧的合力与真空吸力相平衡。齿杆达到怠速行程位置，柴油发动机处于怠速状态（图 3-58）。

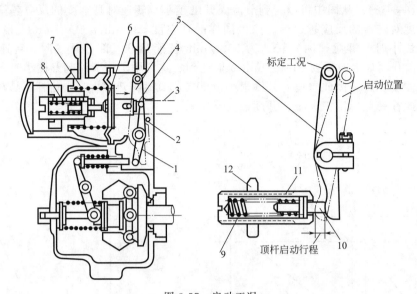

图 3-57　启动工况

1—摇臂；2—复位弹簧；3—齿杆；4—校正顶杆；5—操纵手柄；6—膜片；

7—气膜调速弹簧；8—怠速部件；9—启动弹簧；10—顶杆；

11—油量调节螺钉；12—锁紧螺母

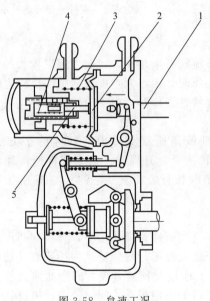

图 3-58　怠速工况

1—齿杆；2—膜片部件；3—气膜调速弹簧；

4—怠速弹簧；5—怠速顶杆

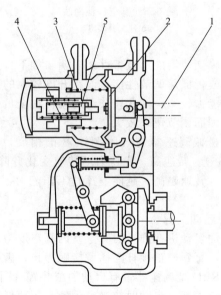

图 3-59　中速工况

1—齿杆；2—膜片部件；3—气膜调速弹簧；

4—怠速弹簧；5—怠速顶杆

4. 中速工况

当文丘里管的节流阀慢慢打开，进气管内气流速度降低，真空室内真空度下降，膜片与齿杆在怠速弹簧和气膜弹簧的作用下向增油方向移动，这时真空度与弹簧压力可在高于柴油发动机怠速的转速下平衡。当节流阀开度继续增大，真空度进一步减小，节流阀到一定开度时，仅气膜调速弹簧的弹力就可以平衡真空吸力时，怠速顶杆与膜片总成脱离（图 3-59），柴油发动机进入中速运转。节流阀开度越大，真空室内真空度越小，气膜调速弹簧能把齿条推向更大油量位置，使柴油发动机转速提高。但是，如果节流阀开度固定，柴油发动机运转，一旦由于负荷减小引起转速增高时，真空室内的真空度便会增加，齿杆向减油方向移动。齿杆开始移动的相应真空度即为该开度时的起作用真空度，其相应转速即为起作用转速。节流阀任一开度都有这样的特征，所以膜片调速部分是属于全程调速性质。

5. 高速工况

高速工况如图 3-60 所示。柴油发动机在标定工况时，节流阀全开，气膜调速器下部的机械调速部件，在中、低速时，由于机械弹簧预紧力很大，飞锤作用在轴向的分力无法克服其弹力，机械调速部分不起作用，仅气膜部件在控制，当柴油发动机转速超过标定转速时，飞锤离心力增加到一定数值，克服机械调速弹簧预紧力，并通过调速套筒推动导杆、推杆，使摇臂绕支点 A 旋转，进而压迫膜片部件、气膜调速弹簧使齿杆向减油方向移动。

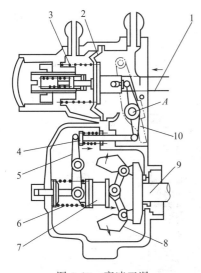

图 3-60　高速工况

1—齿杆；2—膜片部件；3—气膜调速弹簧；4—推杆；
5—导杆；6—机械调速弹簧；7—调速套筒；8—飞锤；
9—凸轮轴；10—摇臂

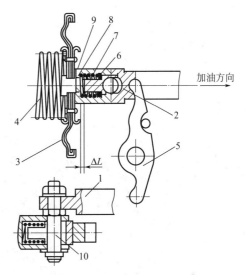

图 3-61　校正装置

1—齿杆；2—校正顶杆；3—膜片部件；4—气膜调速弹簧；
5—摇臂；6—校正弹簧调整垫；7—校正弹簧；8—校正
行程弹簧垫片；9—齿杆连接套；10—齿杆连接螺钉

通过机械调速器的控制能使柴油发动机最大空转比纯气膜调速器要低，气膜-机械组合式调速器中气膜部分，在柴油发动机运转的全过程（即任何工况）中始终起作用的，但在高速控制段则机械调速部分起主要作用。

6. 校正工况

为了使柴油发动机具有足够的扭矩储备，有时需装校正装置（图 3-61）。校正弹簧安装在齿杆连接套内。校正弹簧作用力的方向与真空吸力方向一致，与气膜调速弹簧力方向相反。在标定工况时，校正顶杆大端紧靠摇臂，这时由于节流阀全开，真空室内真空吸力与校正弹簧合力大于气膜调速弹簧的预紧力。使校正装置内的校正行程调整垫片与校正顶杆小头脱离 ΔL 距离（图 3-61）。这时校正行程为零，油泵齿杆正处于标定行程位置，当转速略低于 n_A 时校正就立即起作用。如果负荷增加，转速继续下降，真空室内真空度进一步降低，当转速下降到 n_B 时，真空吸力也相应降低到 p_B，气膜调速弹簧力与真空吸力加校正弹簧的合力，处于平衡状态。转速低于 n_B，气膜调速弹簧力大于上述合力，把膜片部件及齿杆压向增油方向。图 3-61 中校正行程调整垫片开始向校正顶杆小端靠拢，ΔL 不断减小，校正行程不断增加。当转速降到 n_C 时，校正行程调整垫片与校正顶杆小头接触 ΔL 为零，这时校正行程最大为 ΔS，校正结束。齿杆处于最大校正位置，从校正开始到校正结束这段齿杆位移量即为校正行程。如要改变校正行程的大小，可增减校正行程调整垫片，该垫片越厚，校正行程越小；垫片越薄，校正行程则越大。图 3-61 中校正行程弹簧调整垫片是用来调节校正弹簧预紧力的，其目的是改变校正起作用转速。这种垫片厚度增加则校正弹簧预紧力加大，校正起作用转速 n_B 降低；反之，校正起作用转速 n_B 提高，这和一般 A 型泵机械调速器校正原理恰恰相反，校正弹簧刚度不同，会改变校正曲线斜率。

七、RQ 型调速器

RQ 型调速器属于机械离心式调速器，其调节装置不同于 RS 型调速器，它把一组压缩弹簧组成的调速弹簧装在飞块内，按其工作范围可分为两极式和全程式，如 RQ 型、RQV 型等调速器。

（一）RQ 型两极式调速器的结构原理

1. 调速器的结构

RQ 型两极式调速器的结构如图 3-62 所示。它安装于喷油泵后端，由调速器壳、盖、重锤部分和联动部分等组成。

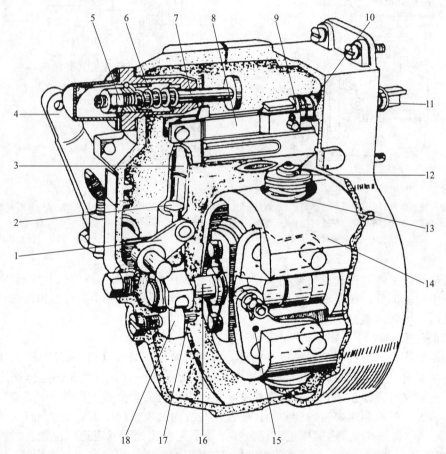

图 3-62　RQ 型两极式调速器的结构

1—转动臂；2—活动销；3—调速杠杆；4—操纵臂；5—调整螺母；6—限制器弹簧；7—限制杆；8—连接杆；
9—弹簧座；10—间隙补偿弹簧；11—调节拉杆；12—调整螺母；13—调速弹簧；14—重锤；
15—活动杠杆；16—滑动轴；17—导向销；18—拨动块

调速器的壳和盖用螺钉固定于喷油泵壳体后端。重锤部分由重锤座、重锤销、重锤、调速弹簧和弹簧座组成。重锤座固定于喷油泵凸轮轴的后端，两根重锤销靠螺纹拧在重锤座两侧，重锤套于重锤销上，每个重锤各装有三根调速弹簧，它们共用一个上弹簧座，内、中弹簧为高速弹簧，其下端支承在下弹簧座上；外弹簧为怠速弹簧，下端支承在重锤上。

联动部分由活动杠杆、滑动轴、拨动块、调速杠杆、活动销及转动臂等组成。活动杠杆用销轴装在重锤座上，一端与重锤连接，另一端与滑动轴连接，滑动轴的外端套着拨动块。调速杠杆下端的叉形缺口卡于拨动块的耳轴上，上端通过连接杆与调节拉杆连接。

采用操纵臂带动转动臂和活动销的结构，并在拨动块上加有导向销起径向限位作用。采用可变的调速杠杆比结构，可以使调速杠杆的杠杆比（连接杆和调速杠杆的连接中心到活动销的长度与活动销到调速杠杆和拨动块连接中心的长度之比）随操纵臂向加、减油方向转动而变化。怠速时，活动销处于最高位置；在全负荷时，活动销处于最低位置，这样可使调速器获得较好的调速性能。在怠速时柴油发动机所需的燃油量很小，为克服内部阻力变化所需的供油量则更小，调节拉杆较小的移动量就可满足要求，若移动量过大则引起转速较大的波动，所以怠速时较小的杠杆比，可在重锤移动一定距离下，调节拉杆移动距离较小，有利于怠速的稳定；当加速踏板踏到底时，柴油发动机处于全负荷工作，这时大的杠杆比可提高限制最高转速的灵敏度，因重锤随转速变化产生较小的位移，就可使调节拉杆产生较大的移动，所以最高转速可在较小的范围内变化。

RQ 型调速器盖上装有带防冒烟的调节拉杆限制器。

2. 调速器工作原理

（1）静止断油位置　RQ 型调速器在静止断油位置时简图如图 3-63 所示。柴油发动机停止工作时，重锤在调速弹簧张力作用下全部收拢，使拨动块在导向销上处于最左位置。操纵臂又靠在停油限位螺钉上，活动销在最高位置，使调速杠杆的上端将调节拉杆拉至断油位置。

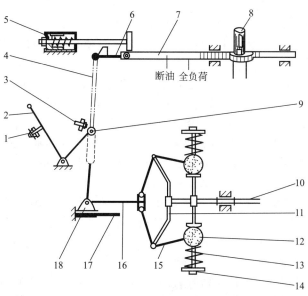

图 3-63　RQ 型调速器在静止断油位置简图

1—停油限位螺钉；2—操纵臂；3—全负荷限位螺钉；4—调速杠杆；5—调节拉杆限制器；6—连接杆；
7—调节拉杆；8—柱塞；9—活动销；10—喷油泵凸轮轴；11—调速体；12—重锤；
13—调速弹簧；14—调整螺母；15—活动杠杆；16—滑动轴；17—导向销；18—拨动块

（2）启动工况　RQ型调速器在启动时位置简图如图3-64所示。启动时，操纵臂从靠在停油限位螺钉转到靠在全负荷限位螺钉上。活动销在操纵臂的带动下，使调速杠杆的上端推着连接杆和调节拉杆向加油方向移动。连接杆上的凸块推着调节拉杆限制器的限制杆压缩限制器弹簧，直到弹簧座与限制器体相抵，调节拉杆即到了启动位置。这时调速杠杆的上端暂时固定不动，而下端则通过拨动块推动滑动轴和活动杠杆，使重锤压缩怠速弹簧后有所张开。启动后，由于供油量较大。转速迅速上升，重锤离心力克服怠速和高速弹簧的张力向外张开，通过传动部分，使调节拉杆向减油方向移动。这时应将操纵臂放至怠速位置，使柴油发动机怠速运转。

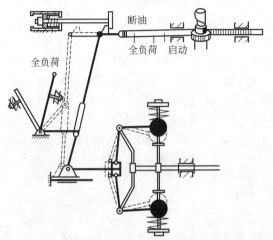

图3-64　RQ型调速器在启动位置简图

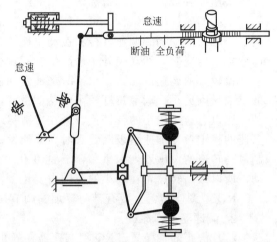

图3-65　RQ型调速器在怠速位置简图

（3）怠速工况　RQ型调速器在怠速位置简图如图3-65所示。操纵臂在怠速范围工作时，使调节拉杆在某一怠速位置，向柴油发动机供给克服内部阻力和驱动各附件运转所需的供油量，并以某一怠速转速运转。当柴油发动机内部阻力有变化时，重锤部分随转速变化起调速作用，通过调速杠杆以较大的杠杆比，使调节拉杆少量移动调节供油量，保持稳定的怠速。

（4）部分负荷工况　RQ型调速器在部分负荷位置简图如图3-66所示。由于部分负荷工作的转速一般都在高于怠速到额定转速之间，所以重锤保持在与弹簧下座接触的位置上不动，调速器不再起调速作用。这时，可用操纵臂直接操纵调节拉杆的位置来改变供油量，以满足负荷和转速变化的需要。当突然加速时，调节拉杆限制器的弹簧通过限制杆给连接杆一个阻力，以减缓和限制供油量，防止供油量突增转速跟不上来或调节拉杆超过全负荷位置，使供油量过大而冒烟。

（5）全负荷工况　RQ型调速器在全负荷和高速断油位置简图如图3-67所示。全负荷工作时，操纵臂靠在全负荷限位螺钉上，这时的转速是在怠速以上至额定转速，所以调速器不起调速作用，调节拉杆处于全负荷位置，连接杆的凸块与限制杆之间略有间隙，供油量达到正常工作时的最大值。当转速超过额定转速时，无论操纵臂在部分负荷或全负荷位置，重锤产生的离心力足以克服调速弹簧的张力，使重锤继续张开，通过活动杠杆和滑动轴带动调速杠杆以不同的杠杆比拉动调节拉杆向减油方向移动，若此时柴油发动机负荷减到零，则调速器达到最高转速工作，使调节拉杆处于维持柴油发动机最高空转转速的供油位置，若汽车下坡滑行迫使柴油发动机超过最高空转转速运转时，调速器则将调节拉杆拉至断油位置。

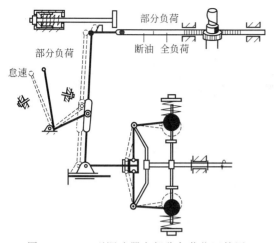

图 3-66　RQ 型调速器在部分负荷位置简图

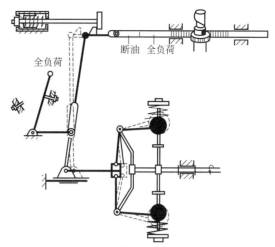

图 3-67　RQ 型调速器在全负荷和高速断油位置

（二）RQU 型两极式调速器与 RQV 型全程式调速器

RQU 型两极式调速器的工作原理和结构与 RQ 型调速器相似，只是在油泵凸轮轴和飞块保持架之间装有增速齿轮，这是为 Z 型喷油泵设计的，通常用在大型低速发动机上。

RQV 型调速器是全程离心式调速器，它与 RQ 型调速器的结构非常相似。壳体和很多零件都可以通用，因而变型较为方便。RQV 型调速器应用在中型和重型车用柴油发动机上。RQV 型调速器与 RQ 型调速器相比有下列不同。

① 加装了双臂回转杆和曲线导向板。操纵杆的动作通过双臂回转杆和滑塞传给浮动杆，然后经壳体上曲线导向板的曲线槽进行控制。这样的结构限制了浮动杆下支点的位置，也就是当操纵杆在不同位置时，与浮动杆下支点的滑板也处在不同位置，又因操纵杆在不同位置由双臂回转杆带动滑塞上下移动，所以浮动杆的杠杆比也是变化的，而且杠杆比变化值也较大，从 1∶1.7 到 1∶5.9。

② 在滑动销上装有弹性加载装置，能双向承受压力，起全程调节及保护调速器零件的作用。

③ 在调速器上部与连接叉相应位置设置有齿杆行程限位器，校正装置装在齿杆行程限位器内，而飞块内没有校正装置。

④ 三根调速弹簧也装在飞块内，但弹簧特性和预紧力都与 RQ 型调速器不同，因而调速器起作用的情况不同。

第五节　VE 型分配泵调速器的结构原理

一、全程式调速器

分配泵装有机械式全程调速器，它能防止超速和稳定怠速，还能对柴油发动机的工作转速在任意范围内进行调节，以保证柴油发动机在各转速下都稳定工作。

全程式调速器的结构，如图 3-68 所示。

（一）调速器结构

在调速器传动齿轮的飞锤支架上装有四个飞锤，飞锤通过止推垫圈推动调速器滑套，调

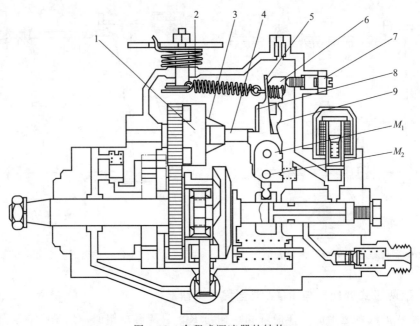

图 3-68　全程式调速器的结构

1—飞锤支架；2—调速弹簧；3—飞锤；4—滑套；5—张紧杆；
6—导杆；7—全负荷油量调节螺钉；8—支撑杆；9—启动弹簧

速器杠杆机构由导杆、张紧杆和支承杆构成。导杆、张紧杆和支承杆通过支点 M_2 连接在一起，张紧杆和支承杆以支点 M_2 为轴心转动。导杆被两个槽肩螺钉构成的支轴 M_1 支承在壳内，因此，当拧入全负荷油量调节螺钉时，导杆便以支点 M_1 为轴心向左转动，控制套筒便向右移动，全负荷供油量便增加。启动弹簧 9 是固定在支承杆上的弱板簧。启动是通过启动弹簧使支承杆推压滑套，控制套筒便向右移动到启动位置。

调速弹簧的一端与速度控制杆的定位轴、连接板相连接，另一端与张紧杆上的固定销和缓冲弹簧相连接。在负荷不变的情况下，改变速度控制杆的位置，便可改变调速器弹簧的张力，从而达到改变柴油发动机转速的目的。

（二）工作状况

机械式全程调速器的调速原理是由调速器飞锤支架旋转而产生飞锤离心力与调速弹簧张力的相互作用，使滑套左右移动，通过调速器杠杆机构使控制套筒左右移动，增加或减少供油量，以适应柴油发动机工作的需要。

1. 启动时

启动时，柴油发动机静止不动。踏下加速踏板，使速度控制杆转动至全负荷位置，张紧杆被伸长的调速弹簧拉着向左转动，并碰到壳体上的限制器轴。通过板弹簧的张紧力作用，使支承杆压向滑套，结果飞锤处于完全闭合状态。此时，支承杆以支点 M_2 为轴心向左转动，使控制套筒向右移动至启动加浓位置 h_1，这样便能供给柴油发动机启动所需要的最大启动供油量，如图 3-69 所示。在此状态下，柴油发动机便能顺利启动。

2. 怠速时

柴油发动机启动后，速度控制杆返回至怠速位置，在这个位置调速弹簧的张力几乎为零。此时，即使调速器飞锤支架在低速旋转的情况下，飞锤也要向外张开，推动滑套向右移动，使支承杆和张紧杆向右移动，并压缩缓冲弹簧。因此，支承杆以支点 M_2 为轴心向右转动，使控制套筒左移至怠速供油位置 h_2，这样便能供给柴油发动机怠速运转时所需要的最小怠速供油量，如图 3-70 所示。在此状态下，由于飞锤的离心力与缓冲弹簧的张力相互平衡，因此，柴油发动机可得到稳定的怠速运转。

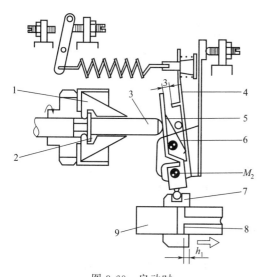 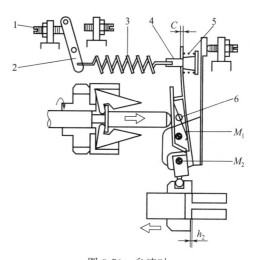

图 3-69　启动时

1,2—飞锤；3—滑套；4—张紧杆；5—支承杆；
6—启动弹簧；7—控制套筒；8—溢流口；9—柱塞

图 3-70　怠速时

1—怠速调整螺钉；2—怠速控制杆；3—调速弹簧；
4—固定销；5—缓冲弹簧；6—限制器轴

3. 全负荷时

踏下加速踏板，使怠速控制杆移动至全负荷位置，由于调速弹簧的张力变大，缓冲弹簧完全被压缩而不起作用，张紧杆碰到限制器轴并固定在该位置，此时，滑套向右移动，使支承杆与张紧杆接触，控制套筒保持在全负荷供油量 h，这样便能供给柴油发动机在全负荷时所需的标定供油量，如图 3-71 所示。在此状态下，柴油发动机在全负荷、标定转速情况下运转。

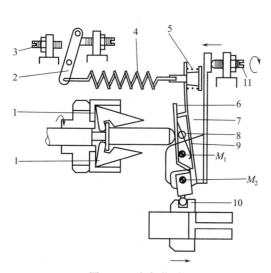 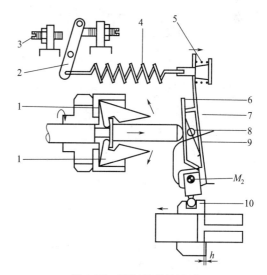

图 3-71　全负荷时

1—飞锤；2—调速控制杆；3—怠速调整螺钉；4—调速弹簧；
5—缓冲弹簧；6—支承杆；7—张紧杆；8—限制器轴；
9—启动弹簧；10—控制套筒

图 3-72　限制最高转速时

1—飞锤；2—速度控制杆；3—怠速调整螺钉；4—调速
弹簧；5—缓冲弹簧；6—支承杆；7—张紧杆；
8—限制器轴；9—启动弹簧；10—控制套筒

如需要调整全负荷油量时，只要顺时针方向拧入全负荷油量调节螺钉，便可达到全负荷供油量。当拧入全负荷油量调整螺钉时，导杆以支点 M_1 为轴心向左转动，支承杆也以支点 M_1 为轴心向左移动，控制套筒便向增加供油量方向移动；反之，则相反。

4. 限制最高转速

随着柴油发动机的转速增加，飞锤的离心力大于调速弹簧的张力，滑套进一步向右移动。此时，张紧杆和支承杆已构成一个整体，便以支点 M_2 为轴心向右转动，使控制套筒左移，减少供油量，从而防止柴油发动机超速。如图 3-72 所示，当负荷增加时，则转速降低，其作用过程与上述相反，使控制套筒向右移动，增加供油量，从而防止柴油发动机转速降低。

二、带有供油量自动调节装置全程式调速器

供油量自动调节装置就是能够随柴油发动机转速的高低而自动增加或减少供油量的机构。带有供油量自动调节装置的全程式调速器的结构，如图 3-73 所示。

在飞锤支架上装有四个飞锤，飞锤通过止推垫圈推动调速器滑套。调速器杠杆机构由导杆、张紧杆、控制杆、支承杆构成。控制杆和支承杆装在张紧杆上，张紧杆和支承杆以支点 M_2 轴心转动。M_2 轴固定在导杆上。导杆通过支点 M_1 支承在壳体上，因此，当拧入全负荷油量调节螺钉时，导杆便以支点 M_1 为轴心向左移动，支点 M_2 和控制套筒便向右移动。全负荷供油量便增加。

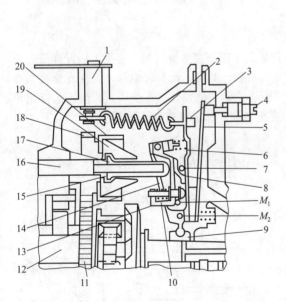

图 3-73 带有供油量自动调节装置的全程式调速器的结构
1—速度控制杆；2—调速弹簧；3—缓冲弹簧；4—全负
荷油量调节螺钉；5—导杆；6—怠速弹簧；7—张紧杆；
8—启动弹簧；9—控制套筒；10—反校正弹簧；
11,18—齿轮；12—传动轴；13—控制杆；
14—支承杆；15—调速器滑套；16—调速器轴；
17—止推垫圈；19—飞锤；20—飞锤支架

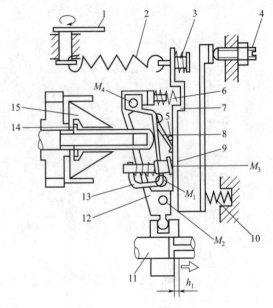

图 3-74 启动时
1—速度控制杆；2—调速弹簧；3—缓冲弹簧；
4—全负荷油量调节螺钉；5—全负荷限制器；
6—怠速弹簧；7—张紧杆；8—启动弹簧；
9—导杆；10—支座弹簧；11—控制套筒；
12—支承杆；13—控制杆；14—调
速器滑套；15—飞锤

启动弹簧是固定控制杆上的弱板簧，启动时，通过启动弹簧使控制杆推压调速器滑套，

使支承杆以支点 M_2 左移,控制套筒便向右移动到启动位置。

调速弹簧挂装于张紧杆上端的固定销、缓冲弹簧和速度控制杆下端的定位轴之间。在支承杆上部的销钉上装有怠速弹簧。在控制杆内装有内、外两个反校正弹簧。

工作状况如下。

1. 启动时

踏下加速踏板,使速度控制杆转动至全负荷位置,调速弹簧被拉伸,弹簧张力使张紧杆左转,并碰到壳体上的限制器轴,通过弹簧使控制杆压向调速器滑套,飞锤处于完全闭合状态。

此时,通过支点 M_4 同控制杆连接的支承杆以支点 M_2 为轴心向左转动,使控制套筒向右移动至启动加浓位置 h_1。在此状态下柴油发动机一转,便可得到启动加浓,如图 3-74 所示。

2. 怠速时

柴油发动机启动后,将速度控制杆返回至怠速位置,在这个位置时,调速弹簧的张力几乎为零。此时,即使调速器飞锤支架在低速旋转,飞锤也要向外张开,推动滑套向右移动,压缩怠速弹簧和缓冲弹簧,使控制杆和张紧杆向右移动。因此,控制杆就要以支点 M_3 为轴心向右移动,与此同时,支承杆也要以支点 M_2 为轴心向右移动,使控制套筒向左移动到怠速位置 h_2。在飞锤离心力与怠速弹簧和缓冲弹簧张力平衡的位置,柴油发动机得到稳定的怠速运转,如图 3-75 所示。

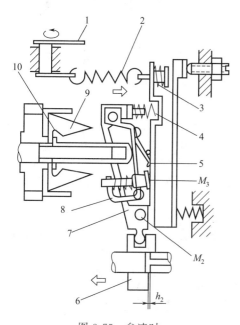

图 3-75　怠速时

1—速度控制杆;2—调速弹簧;3—缓冲弹簧;
4—怠速弹簧;5—启动弹簧;6—控制套筒;
7—支承杆;8—控制杆;9—飞锤;
10—调速器滑套

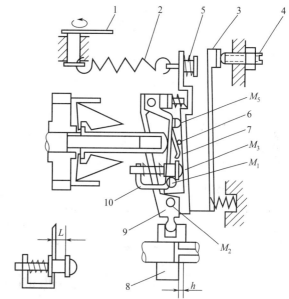

图 3-76　全负荷时

1—调速控制杆;2—调速弹簧;3—导杆;4—全负荷
油量调节螺钉;5—缓冲弹簧;6—全负荷限制器;
7—张紧杆;8—控制套筒;9—支承杆;
10—控制杆;L—反校正行程

3. 全负荷时

将速度控制杆转动至全负荷位置,由于调速弹簧的张力变化大,缓冲弹簧完全被压缩而不起作用,张紧杆碰到限制器轴并固定在该位置。同时,由于控制杆也通过支点 M_3、M_5

和张紧杆接触，使控制套筒保持在全负荷位置。

拧入全负荷油量调节螺钉，导杆以支点 M_1 为轴心向左转动，支承杆也以支点 M_1 为轴心向左移动，控制套筒便向增加供油量的方向移动，如图 3-76 所示。

4. 发生反校正作用时

如果柴油发动机的转动从全负荷位置进一步增加，则飞锤离心力变得更大，当飞锤离心力大于反校正弹簧的安装预紧力时，控制杆便首先压缩内反校正弹簧，然后再压缩外反正校弹簧。此时，控制杆的上端以支点 M_5 为轴心向左转动，使控制套筒向右移动，供油量增加，如图 3-77 所示。供油量增加的多少取决于反校正弹簧行程 L 的大小（图 3-76）。

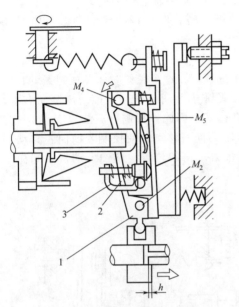

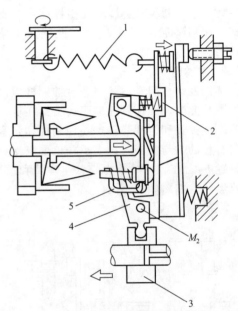

图 3-77　发生反校正作用时

1—支承杆；2—反校正弹簧；3—控制杆；
h—供油有效行程

图 3-78　限制最高转速时

1—调速弹簧；2—张紧杆；3—控制套筒；
4—支承杆；5—控制杆

5. 限制最高转速时

反校正作用结束，柴油发动机转速再增加时，飞锤离心力进一步增大，张紧杆、控制杆和支承杆将克服调速弹簧张力，以支点 M_2 为轴心向右转，使控制套筒向左移动，减少供油量，从而防止柴油发动机超速，如图 3-78 所示。

第六节　系列调速器结构特点

一、机械离心式调速器

（一）钢球调速器系列

国产Ⅰ、Ⅱ、Ⅲ号系列直列泵，大多配用国产 TⅠ、TⅡ、TⅢ型机械离心式调速器，其感应元件为钢球，结构比较简单。感应转速变化而产生的钢球运动，通过滑套推力盘部件上的油门拉板直接带动拉杆运动，拉杆行程与滑套行程相同。均为全程式调速器，没有两极式变型，也很难增加负扭矩校正，增压补偿、大气压力补偿等附加功能。一般用于拖拉机、农用运输车、工程农机和船舶用柴油发动机，由于其操纵力比较大和调速精度不高，仅少量用于汽车和发电机组用柴油发动机上。

1. TⅠ型钢球调速器

Ⅰ号泵用TⅠ型钢球调速器有两种不同的结构形式，一种是由大连油泵油嘴厂独家生产的ⅠTD型，为带飞球座的双排钢球、高低速、启动并联压簧、全程式调速器，钢球直径为 11/16in（1in＝2.54cm，下同），具有启动加浓扭矩校正功能；另一种是单排钢球、扭簧、全程式 TⅠ调速器，其结构与 T7B 型调速器相似，钢球直径为 1in，具有启动加浓和扭矩正校正功能。

2. TⅡ型钢球调速器

Ⅱ号、Ⅱ加强泵用TⅢ型钢球调速器，调速器结构为带飞球座的双排钢球、高低速启动并联压簧、全程式调速器。钢球直径为 3/4in，具有启动加浓和扭矩校正功能，扭矩校正机构为内调整式。主要用途为拖拉机、农机、汽车和工程机械用柴油发动机。

3. TⅢ型钢球调速器

Ⅲ号泵用TⅢ型钢球调速器。结构形式和TⅡ型调速器基本相同，但其结构尺寸大于TⅡ型，工作能力也加大了。也是带飞球座的双排钢球、高低速启动并联压簧、全程式调速器。钢球直径为 7/8in，具有启动加浓和扭矩校正功能。扭矩校正机构为内调整式，主要用于工程机械、汽车、发电机组用柴油发动机。

（二）RS（RSV）系列调速器

RS（RSV）系列调速器广泛用于中、轻型载重车用柴油发动机 A 型喷油泵配套，另外 P、P7、ZHB 型泵和Ⅰ号泵也部分需要配用 RS（RSV）系列调速器。RS（RSV）系列调速器的结构比较复杂，零件数量多，制造成本相对比较高。其感应元件为两块飞锤，调速弹簧为拉簧，除此之外，还有一组包括支撑杆、张力杆、浮动杆、调速拨杆等杆件组成的复杂的杠杆系统来控制齿杆的运动。RS（RSV）系列调速器用的飞锤质量有大小几种规格，配以几种不同刚度的调速弹簧后，可以满足各种转速范围和不同大小喷油泵对调速器工作能力匹配的要求，从而扩展了调速器的使用范围。如前联邦德国 Robert Bosch（罗伯特·博世）公司生产的 RS（RSV）系列调速器用的飞锤质量有 138g、255g 和 320g 三种规格；日本 Zexel（杰克赛尔）公司生产的 RS（RSV）系列调速器用的飞锤质量有 320g、370g、400g 和 470g 四种规格；日本 Nippon Denso（电装）公司生产 RS（RSV）系列调速器用的飞锤质量有 138g、255g、320g 和 360g 四种规格。国内目前生产的 RS（RSV）系列调速器飞锤质量在 225g～350g 范围内，有 225g、300g、305g、312g、320g、330g 和 350g 七种不同的规格。感应转速变化产生的飞锤运动通过滑套并由杠杆系统来带动齿杆运动，齿杆行程和滑套行程不同，其间有一个杠杆比。调速器在高速和怠速时采用一个固定杠杆比，制造比较容易，根据需要在高速和怠速采用不同的杠杆比（可变杠杆），对于高速车用柴油发动机用调速器尤为必要。高速时采用较大杠杆比，加速性好；怠速时采用较小杠杆比，使怠速运转比较稳定，但调速器的杠杆系统更为复杂，制造上难度也更大。RS（RSV）系列调速器为两极（全程）式，在其基本结构基础上派生了包括两极全程通用调速器在内的多种变形产品，如 RSUV、RFD、RAD 等。结构上相互变形较方便，并且具备正负扭矩校正、增压补偿、大气压力补偿等附加功能，以满足各种用途柴油发动机对调速性能的要求。目前国内生产的主要型号如下。

1. RSV 型和 RSUV 型调速器

RSV 型和 RSUV 型调速器其结构形式和博世公司的同类产品基本一致。RSV 型为全程式调速器。感应元件飞锤的质量有 255g、300g、305g、320g 四种；滑套行程有 9mm 和 11mm 两种，采用固定杠杆比，杠杆比有 2 和 2.4 两种。具有启动加浓和扭矩校正功能，主要用于发电机组、拖拉机和工程机械用柴油发动机。

RSUV 型是在 RSV 型基础上发展的变型产品，为全程式调速器。感应元件飞锤的质量为 320g，滑套行程为 11mm，采用固定杠杆比，杠杆比为 2.28。采用了一对增速齿轮，用以提高飞锤部件的转速，其增速比分别为 1.86、2.16、2.75、3.29 和 4。从而使调速器的工作能力得到了成倍增长，可以适应各种不同转速柴油发动机对调速性能的要求。该调速器主要装在 PS7100 型和 ZW 型喷油泵上，与中低速船用和固定电站机组柴油发动机配套。

2. RSVD 型、RAD 型、RBD 型、RFD 型和 RLD 型调速器

RSVD 型、RAD 型、RBD 型、RFD 型和 RLD 型调速器，其结构形式均与日本 Zexel 公司的同类产品基本一致。

RSVD 型为两极式和全程式通用型调速器，其感应元件飞锤质量为 320g，滑套行程为 12mm，采用固定杠杆比，杠杆比为 1.6。具有启动加浓和扭矩校正功能。主要装在 BW 型微型泵上，用于汽车和拖拉机用柴油发动机。

RAD 型为两极式调速器，其感应元件飞锤质量有 300g、312g、320g 三种；滑套行程有 10mm、11mm、11.5mm、13.4mm 四种。其杠杆系统带有独特的连杆机构，可以改变杠杆比，高速杠杆比有 2 和 2.48 两种，怠速杠杆比为 1。具备启动加浓、扭矩正（负）校正、增压补偿、大气压力补偿等功能。主要用于车用柴油发动机。

RBD 型为气膜机械组合式全程调速器，气膜调速器在低速时调速能力强、怠速时转速稳定，而机械离心式调速器具有高速时调速能力强、能达到较低调速率的特点。该调速器把两者的优点结合在一起，用气膜调速器控制中速和低速，用机械离心式调速器控制高速，从而改善了总的调速性能。由于它的机械离心式调速器部分仅在高速时起作用，因此感应元件飞锤的质量设计得较小，有 115g 和 125g 两种；滑套行程有 7mm 和 10mm 两种。采用固定杠杆比（机械部分），杠杆比为 1.5。具有启动加浓和扭矩校正功能。主要用于车用柴油发动机。

RFD 型为全程式和两极式变型调速器。感应元件飞锤的质量有 312g、320g、330g 和 350g 四种；滑套行程有 8.5mm、10mm、11.5mm、13mm 等几种。其杠杆系统带有独特的连杆机构，可以实现可变杠杆比，高速杠杆比有 2 和 2.48 两种，怠速杠杆比为 1。具备启动加浓、扭矩正（负）校正、增压补偿、大气压力补偿等功能。特别适用于工程用车（如起重车、搅拌车等）柴油发动机，车辆行驶时发动机作车用动力，使用两极调速器机构，停下作业时发动机作为工程机械动力，使用全程调速机构，它也是我国车用柴油发动机上应用最广的一种调速器。

RLD 型为全程式调速器。它也是在 RSV 型调速器基础上发展的产品，仅保留 RSV 型调速器的感应元件飞锤部分。调速弹簧采用了一组内、外圈并联的压簧，杠杆系统与 RSV 型完全不同，更为复杂。它具有一套结构独特的凸轮控制式油量校正机构，其油量校正特性可根据各配套发动机的具体要求，自由地设计，使各配套发动机在其全部外特性的工作范围内，按冒烟界限的控制要求运行，因而不仅能使发动机在各转速工况下的排气污染都得到可靠的控制，而且能使发动机在各转速工况下的最大功率都得以充分利用，以充分发挥柴油发动机的潜力。该调速器还具有杠杆反力小。操纵轻便的优点，主要用于车用和工程机械柴油发动机。

（三）RQ（RQV）系列调速器

RQ（RQV）系列调速器与 PS1000 型喷油泵相配套。RQ（RQV）系列调速器的感应元件为两大飞锤结构，德国博世公司生产的 RQ（RQV）系列调速器用大飞锤的质量有标准型（530g）和加重型两种规格，而国内有 610g 和 635g 两种，均为加重型。大飞锤能具有较高的工作能力。并且由于飞锤体积大，可把调速弹簧布置到大飞锤的内部，使飞锤感应转速而产生的离心力直接作用于调速弹簧，不必经过杠杆系统，因而调速器的摩擦阻尼小。杠杆

系统相对 RS（RSV）系列调速器而言，较为简单，由操纵机构联动调速杠杆上的滑块来实现可变杠杆比。RQ 型的可变杠杆比高速为 3.23，怠速为 1.59；RQV 型的可变杠杆比高速为 5.9，怠速为 1.7；调速弹簧为压簧。RQ（RQV）系列调速器（全程）式，并具备正扭矩校正、增压、补偿等功能，可根据柴油发动机的不同用途选用。

1. RQ 型、RQV 型和 RQV-K 型调速器

RQ 型、RQV 型和 RQV-K 型调速器的结构形式与博世公司同类产品基本一致。

RQ 型为两极式调速器，具备启动加浓、正负扭矩校正、增压补偿等功能，主要用于汽车柴油发动机。

RQV 型为全程式调速器，具备启动加浓、正负扭矩校正、增压补偿等功能，主要用于汽车和工程机械用柴油发动机。

RQV-K 型为全程式调速器，具备启动加浓、正负扭矩校正、增压补偿等功能。该调速器采用带曲线轨道的满载限制器来控制全负荷油量，使柴油发动机在全负荷工作时，按柴油发动机冒烟极限控制要求工作，以充分发挥柴油发动机的潜力，和 RLD 型调速器所采用的扭矩凸轮的作用相同。这种满载限制器的曲线轨道和扭矩凸轮曲线，均可根据不同柴油发动机的需要自由设计，这种调速器与 12 缸 P 型泵配套用于军用特种车辆用柴油发动机。

2. R(RV) 系列调速器

R(RV) 系列调速器的结构与捷克 A 型泵配套的同类产品基本一致。该系列调速器的变型产品有两极式的 R 型和全程式的 RV 型，具备启动加浓和扭矩正校正功能，主要是作为进口捷克汽车用柴油发动机的维修配件。R4E 型调速器具备启动加浓和扭矩正校正功能，主要用于斯太尔和 135 系列车用柴油发动机。R（RV）系列和 R4E 型调速器，其结构与 RQ（RQV）系列调速器相似，也是采用大飞锤结构，但其飞锤的质量较小。如 R4E 型调速器用的大飞锤质量有 408g 和 430g 两种，滑套行程为 9mm；高速杠杆比有 2 和 2.3 两种。调速弹簧为压簧，杠杆系统较为简单，是采用带偏心的操纵轴来拨动调速杠杆，也可算具有可变杠杆比，但杠杆比的变化很小。

（四）其他系列调速器

直列泵用机械离心式调速器除上述归纳的三大类外，还有一些系列调速器，其结构特征与上述的差异较大，如 B 型喷油泵用的 TB 系列调速器和 JT 型调速器；Z 型喷油泵的 RU（RUV）系列调速器和 TZ 型调速器；I 号泵用的 FTI 型飞锤式调速器；以及轻型高速 BQ 型喷油泵用的 TQ 型小飞锤调速器。

1. TB 系列调速器

TB 系列调速器在我国已有 40 年的生产历史，它是专为 B 型喷油泵配套的一种体积较大的调速器，用于 135 系列柴油发动机。TB 系列调速器的感应元件采用两个飞锤结构，飞锤的质量为 302g，用一对增速齿轮来提高飞锤的转速，以增加调速器的工作能力，其增速比为 2.7；调速杠杆系统非常简单，为单杠杆结构，杠杆比固定为 3.8。TB 系列调速器有全程式和两极式，两者调速弹簧和调速杠杆的结构完全不同。全程式调速器采用拉簧，操纵手柄可以根据柴油发动机的用途分别采用汽车和工程机械用的远距离操纵手柄，电站机组柴油发动机用的微调操纵手柄，并可装有可变调速率机构，以及船的快速操纵手柄，使用方便。两极式调速器采用压簧调速，弹簧预紧力采用外调整方式。TB 系列调速器具备启动加浓和扭矩正校正功能，主要用于汽车、工程机械、船舶、农机和电站机组用柴油发动机。

2. JT 型调速器

JT 型调速器由山西柴油发动机厂生产，与该厂 B 型泵配套用于 12V150 各型柴油发动机上。JT 型调速器柴油发动机的感应元件为单排 6 个钢球，钢球直径为 1in，其质量为 65g×6 个；滑套行程为 5.3mm；杠杆系统非常简单，为单杠杆结构，杠杆比固定为 3.3；

调速弹簧为拉簧，为全程式调速器。具有扭矩正校正功能，主要用于特种履带车辆、工程机械和电站机组柴油发动机。

3. RU(RUV) 系列调速器

RU(RUV) 系列调速器的结构原理与 RQ(RQV) 系列调速器相似，它的感应元件为两个大飞锤结构，其质量为 $675g\times2$ 个；调速弹簧为压簧，为了适应船用中低速调速性能要求，采用一对增速齿轮来提高感应元件的回转速度，以增加调速器的工作能力；增速比为 3。杠杆系统结构较为简单，由带偏心的操纵轴来拨动调速杠杆，具有可变杠杆比，但杠杆比变化很小，高速时杠杆比有 4.3 和 5.3 两种。RU(RUV) 系列调速器，可以有两极（全程式），这两种变型的结构，除了调速弹簧座及其布置有些不同外，其他完全一样。该调速器体积较大，与 Z 型喷油泵配套，主要用于船舶和电站机组用 6160 系列柴油发动机。

另一种 RU 型调速器其结构形式与日本 Nippon Denso 公司同类产品基本一致，为两极式调速器，感应元件为三个小飞锤，其质量为 $91.5g\times3$ 个，用一对增速齿轮来提高飞锤的转速，增速比为 2.43，提高了调速器的工作能力；高速调速弹簧为扭簧，怠速调速弹簧为压簧；杠杆系统的结构简单，杠杆比为 1.98。该调速器的结构紧凑，主要与高速 A 型泵配套，适用于车用柴油发动机。

4. TZ 型调速器

TZ 型调速器的结构与 TB 型调速器相似，为飞锤、增速、拉簧全程式调速器。其感应元件的质量为 $463g\times2$ 个，滑套行程为 9mm，采用简单的杠杆结构，杠杆比为 2.8。TZ 型调速器采用 Z 型喷油泵，配用于 6200Z 型柴油发动机，主要用途为船舶和电站机组。

5. FTI 型飞锤调速器

FTI 型飞锤调速器是由 TI 型钢球调速器逐步发展而来的，该型调速器也有两种不同的结构形式。一种是飞锤、扭簧、全程式调速器，其感应元件为两个飞锤结构，飞锤的质量有 175g、190g 和 210g 三种。没有杠杆系统，感应转速产生的飞锤运动，是通过滑套部件上的油门拉板直接带动拉杆的，拉杆行程和滑套行程一致，它与 TI 型钢球调速器比较，仅仅是将感应元件由钢球改成飞锤，其他部分结构相似。由于感应元件的结构不一样，在制造工艺上有很大差异，但在使用性能上基本一样。具备启动加浓、扭矩校正功能，主要用于农用运输车、拖拉机、工程机械和农用柴油发动机。另一种飞锤、扭簧、全程式调速器，其感应元件也是两个飞锤，飞锤的质量有 300g、320g 两种；滑套行程为 4mm，具有简单的单杠杆系统，杠杆比为 3。该调速器主要是为满足发电机组柴油发动机对调速率和稳定性的配套要求。具备启动加浓和扭矩正校正功能，扭矩校正为外调整式，主要用于发电机组和工程机械用柴油发动机。

6. TQ 型全程式调速器

TQ 型全程式调速器与轻型高速 BQ 型喷油泵配套，用于小缸径高速直喷和非直喷柴油发动机。TQ 型调速器的感应元件为三个小飞锤，飞锤质量有 50g 和 55g 两种，滑套行程为 6mm；杠杆系统结构简单，杠杆比为 2；调速弹簧为拉簧。该型调速器由于飞锤体积很小，结构紧凑，加之杠杆系统的反力小，因此具有操纵轻便的优点。该型调速器也具有启动加浓、扭矩正负校正功能，主要用于农用运输车柴油发动机。

二、液压、电子调速器

(一) 液压调速器

液压调速器广泛用于内燃机车、柴油发电机组、船舶等大功率中低速柴油发动机。其基本工作原理是，感应元件（飞锤）产生的离心力推动一个质量很小的滑阀（柱塞）移动，控制液压放大机构——动力油缸进油和回油，使动力活塞带动喷油泵齿条运动，以实现供油量调节。由于飞锤产生的离心力间接作用于喷油泵齿条，因此液压调速器又常称为间接作用式调速器。

液压调速器一般均为全程式，它具有调节精度高、工作能力大、通用性强、使用寿命长和便于实现自控和遥控等优点。但液压调速器结构复杂、零件多而精密，对制造工艺、调试和维护技术要求高，相应成本也较高。液压调速器有两种基本形式，即表盘式和杠杆式。表盘式（旋钮式）液压调速器，将各种需要调节的机构以旋钮的形式集中在调速器的一个表盘上，可以方便地在调速器外部进行调节，顶盖上还装有转速伺服电动机。这种调速器一般适用于柴油发电机组。杠杆式液压调速器，其特点是柴油发动机转速的改变是通过控制调速器的操纵轴来实现的，稳定调速率的调节机构都放在调速器内部。这种调速器一般适用于主机。我国生产的液压调速器型号较多，根据实际使用要求形成船用和机车用柴油发动机燃油系统所配用的液压调速器系列，其型号完全不同，各具特色。现有 10 余种型号、40 余种变型产品。船用柴油发动机燃油系统配用的液压调速器主要有 YT111、YT555、YT170、YT7、CYT15、TH5、DY1103 和 M503 型 8 种型号。其中 YT111、YT555、YT170 和 YT7 型的结构型式和美国伍特沃德公司同类产品基本一致。YT111 和 YT555 型这两种型号液压调速器的内部结构基本相同，只是工作能力和外形尺寸不同。YT111 型的工作能力为 10.87N·m，YT555 型的工作能力为 54.4N·m。YT111 型的变型产品有 YT111B 型（表盘式）和 YT111G 型（杠杆式）。YT555 的变型产品现只有 YT555G 型（杠杆式）。这两种型号的液压调速器均为双反馈式液压调速器，性能比较好，即具有刚性反馈和弹性反馈机构。刚性反馈机构能进行稳定速率调节，同时还能改变并联运行机组间的负载分配比例和提高柴油发动机运行的稳定性；弹性反馈机构能进行补偿调节，可调整瞬态调速率、稳定时间等动态指标。

YT170 型液压调速器为杠杆式，无刚性反馈装置，工作能力为 16.7N·m。其作往复输出的单作用式伺服器可以安装成垂直或水平方向四个输出位置，但在柴油发动机启动时必须借助辅助启动器建立油压。YT170 型的变型产品 YT170-2 型为表盘式，加装了外面可调的稳定调速率机构，变速调节改用遥控电动机和旋钮手调，能用于柴油发电机组的并联运行。

YT7 型是一种压力补偿型单作用液压调速器，其工作能力为 5～7N·m，是国产液压调速器中工作能力最小的一种。调速器内部没有稳定调速率调节机构，可满足多台柴油发动机和发电机组并联运行或单机恒速运行配套要求。顶盖上的调速螺钉和伺服电动机可供手动和遥控调速。现已配用于 L20/27 柴油发动机，供发电机组配套。

CYT15 型液压调速器是 CYT 型船用液压调速器系列中的一种。其工作能为 15N·m，主要机构特点如下。

① 采用液压弹性反馈机构。

② 输入轴和飞锤的传动采用弹性传动和有阻尼装置，可消除由柴油发动机干扰频率所引起的转速波动。

③ 调速、补偿负荷限制和稳态调速率等调节，可在调速器外部进行。

④ 操纵轴和输出轴垂直布置，便于左右调油机构传动杆系的安装和连接；可以采用操纵轴或调速器上的旋钮来改变调速弹簧预紧力，设定柴油发动机转速。

DY1103 型为电液调速器，由电磁测速传感器、调频器、电液执行器等部分组成。其基本工作原理是以调速电压信号输入电液执行器，由执行器驱动调速机构，实现发动机的转速调节控制，它具有结构较简单、调节精度高和便于实现多机组并联运行等优点。

M503 型液压调速器适用于 42160ZC 型高速柴油发动机，其工作能力较大，为 71.1N·

m。为适应高速轻型机的要求，采用了高工作油压和铝合金外壳，使调速器尺寸紧凑、重量较轻，约 14.8kg。来自柴油发动机的 0.78～0.98MPa 的润滑油，经自身油泵增压至 2.75～3.04MPa，进入随动式的伺服器，油压靠气动式蓄压器来保持稳定，在柴油发动机启动时，蓄压器同时起到辅助启动器的作用。

机车用柴油发动机燃油系统配用的液压调速器主要有 QJY 型、联合型和 QY300 型三种型号共 18 种变型产品。

QJY 型液压调速器其结构型式与原苏联生产的 Tэ3 型内燃机车 2д100 型柴油发动机用液压调速器相似，由工作油供给系统、配速系统及转速调节系统等部分组成。配速系统可根据需要采用手动或电动式，能实现有级或无级配速。调速器通过配速系统的作用使配速活塞处于预定位置，从而得到预定的调速弹簧预紧力，以实现转速调节。1978 年，人们对 QJY 型调速器的结构进行了重大改进，即采用缓冲型补偿系统代替原来的补偿系统，新系统的主要特点是采用了两个对置的缓冲弹簧和空气缓冲腔结构，提高了滑阀的灵敏度，并使滑阀补偿时间延长，从而使调速系统的工作稳定性显著改善，从根本上解决了柴油发动机游车的问题。该产品用于东风型 10L207、北京型 12V240、东风 7 型 12V240 等内燃机车柴油发动机，12VE230 船用柴油发动机，以及地面柴油发电机组等配套。

联合调节器是在 QJY 型调速器基础上开发的产品，其主要改进是增加了柴油发动机功率调节功能。它由工作油供给系统、配速系统、转速调节系统及功率调节系统等部分组成。除功率调节系统外，其他组成部分的结构和工作原理与 QJY 型调速器相同，另外也采用了与 QJY 型调速器相同的缓冲型补偿系统。功率调节系统作用于发电机的励磁系统，自动调节发电机的励磁，使发电机取得适应内燃机车牵引需要的较理想的双曲线外特性，避免机车运行速度变化时，柴油发动机过载或欠载，获得恒定的功率输出。这种联合调节器主要用于电传动内燃机车，目前应用于东风 4B 型、东风 C 型、东风 5 型调车机车，以及东风 8 型机车、东风 9 型准高速机车等柴油发动机配套。QY300 型调速器是参照美国伍特沃德公司 PG 型调速器开发的产品，如图 3-79 所示。其由工作油供给系统、配速系统、转速调节系统、功率调节系统及各种附加装置组成。该调速器采用的压力型反馈补偿系统，不受外界大气压力的影响，具反馈超前作用，避免一般反馈系统作用滞后伺服动力作用的缺点；同时缓冲弹簧空间大，能根据不同时间常数的机组配用不同的缓冲弹簧；它能根据用户的需要增加逆控、油压保护、增压压力故障保护、水压保护、延时停车、紧急和降速自动停车、海拔高度补偿、防回手柄停车、稳态调速率调整、启动限油、可调最大最小励磁启动等多种附加功能。QY300 型调速器具有技术指标先进、调速精度高、功能完善和可靠性好等优点，是新一代的液压调速器产品，已试用于 16V240、16V280 型机车柴油发动机和工业汽轮机上。

(二) 电子调速器

电子调速器具有调节精度高，易于实现多功能控制，易于实现远距离控制及全自动化控制，易于实现多台机组同步并联运行等特点，它可用于柴油发动机、汽油机、燃气轮机和煤气机等动力机械配套。电子调速器的应用，在国外已有近 40 年的历史，应用范围也较广，我国开发电子调速器始于 20 世纪 80 年代初。如 DT 系列电子调速器、OWDT-3 型计算机调速器和 CDD 型电子调速器等。1985 年从德国海茵茨曼公司引进 E 系列电子调速器制造技术。

电子调速器一般由控制器、执行器、传感器等部分组成。如图 3-80 所示为引进 E 系列电子调速器基本系统方框图。

E 系列电子调速器的基本工作原理是，电子调速器与被调对象——发电机组成转速、电压双闭环调速系统。其控制器由比例-积分-微分（PTD）三种作用规律的调节器组成，转速

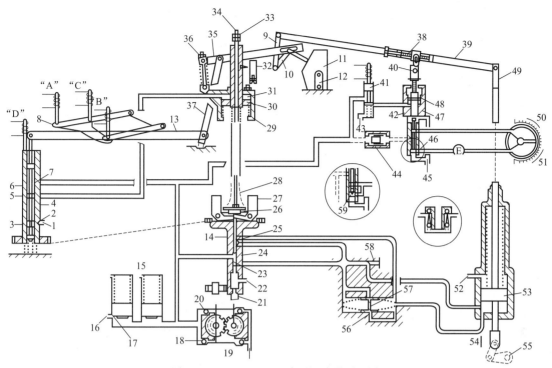

图 3-79　QY-300NDG 液压调速器原理图

1,43,45—通调速器油槽；2—间断出油孔；3—放油槽控制台的沟槽；4—配速旋转套；5—配速控制台；6—配速调节导阀；7—间断供油孔；8—配速三角板；9—连杆；10—V 形杠杆；11—功率靠模板；12—功率靠模板调整螺钉；13—速度调节浮动钢板；14—旋转套座；15—储油室；16—通油槽孔；17—排油孔；18—单向阀（打开）；19—油泵；20—单向阀（关闭）；21—驱动轴；22—通调速器油槽；23—控制台；24—导阀柱塞；25—补偿台；26—推力轴承；27—飞铁；28—调速弹簧；29—配速油钢；30—配速活塞；31—限位螺钉；32—指示板；33—停车螺母；34—停车螺杆；35—复原杠杆；36—基准速度螺母；37—复原连杆；38—调节螺杆；39—负荷控制浮动杠杆；40—偏心调节；41—逆控电磁阀；42—油封；44—负荷控制轴向供油阀；46—控制小孔；47—负荷控制导阀柱塞；48—逆控活塞；49—动力活塞杆；50—增加励磁；51—减少励磁；52—通油槽；53—动力活塞；54—增加方向；55—转动输出轴；56—旁通孔；57—补偿活塞；58—补偿调节时针；59—快速卸载

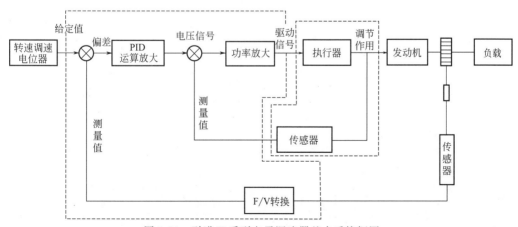

图 3-80　引进 E 系列电子调速器基本系统框图

调整电位器的作用是设定转速，调节电位器，可将一个标准电压值分压，从而给所需要的转

速以对应的电压值；转速传感器为磁感应式，它通过与发动机相连的传感齿轮，将发动机实际转速的频率信号送至控制器，频率信号经 F/V 转换成为实际测量的电压值。在转速闭环中，给定的电压值与实测的电压值相比较，得到的偏差被送至比例-积分-微分调节器中进行运算放大，成为按一定规律变化的电压信号；执行器中设置了一个位置反馈传感器，它将执行器输出轴旋转的位置以电压形式送到控制器的调节系统中，与经过运算放大输出的电压信号相比较，这两个电信号的差值经功率放大环节处理，驱动执行器电动机运转，从而控制发动机的供油量。这种双闭环调速系统，利用尽可能小的相对超调振幅获得了快速响应的时间。

第四章 柴油发动机燃油供给系统其他装置

柴油发动机燃油喷射系统附属装置对保证喷油泵总成的技术性能和柴油发动机的正常工作有着十分密切的联系。

第一节 输油泵

输油泵的作用是保证燃油在低压油路内循环，并供应一定数量和一定压力的燃油给喷油泵，其输油量应为全负荷油量的4～8倍。输油泵有活塞式、膜片式、齿轮式和叶片式等几种，活塞式输油泵由于工作可靠，应用最为广泛。

活塞式输油泵用于直列式喷油泵配套，广泛用于汽车、工程农机、船舶等小中功率柴油发动机上。输油泵的基本作用是将燃油在一定的压力下经过滤清器送至喷油泵的低压油腔。绝大部分的输油泵均配装手压泵，用于柴油发动机启动时充油和排气。

输油泵的主要性能要求如下。

① 柴油发动机标定转速下，出油油路关闭时的油压不低于0.2MPa。

② 在吸油负压不低于0.012MPa，供油压力为0.08MPa时，达到规定的输出流量。

输油泵按其外形分，有普通型（P）、狭窄型（X）、宽型（K）、左进油狭窄型（XZ）、双作用型（KF）等。国产活塞式输油泵安装法兰除SW/PD2504（SDW25-01）、SZ/K2712（1212A）、SZ/K3013型为四孔式外，其余均为三孔式。绝大部分的输油泵均采用单偏心轮驱动，个别产品（如SP/K2204型泵）采用双偏心驱动。除第一拖拉机工程机械公司和南阳油泵油嘴厂生产的SD22型、衡阳南岳油泵油嘴有限公司生产的SDA22-04型和金湖输油泵厂生产的SDP22-03型、FP/K22AD21/2型输油泵采用顶杆驱动结构外，其余输油泵均采用滚轮驱动结构。

我国现生产的活塞式输油泵产品有30余种（包括变型产品），用于Ⅰ、Ⅱ、Ⅲ、A、B、P7、P、Z等直列泵，大多数为国内自行开发的产品。1985年金湖输油泵厂引进了奥地利FM公司P7泵输油泵、德国博世公司A型泵用输油泵、美国Carepilar公司33B系列柴油发动机输油泵等产品技术。

一、输油泵型号编制规则

```
    1       2       3       4           5
    S       D               ××          ××
```

1——输油泵代号。

2——活塞作用形式：D表示单作用式。缺位表示双作用式。

3——喷油泵系列代号。

4——活塞直径（mm）。

5——设计编号（以两位数表示）。

二、输油泵的结构与工作原理

输油泵的结构以可与 A 型泵配用的 S6 或 S7 型为例，如图 4-1 所示。

凸轮轴的运动经挺柱与推杆传到输油泵活塞，活塞弹簧使活塞回位。活塞的往复运动导致燃油的进油和出油交替进行。

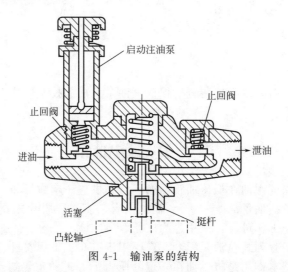

图 4-1　输油泵的结构

输油泵的工作情况如图 4-2 所示，当凸轮轴向位置 A 移动时，经进油口的止回阀吸入燃油，如图 4-2(a) 所示。

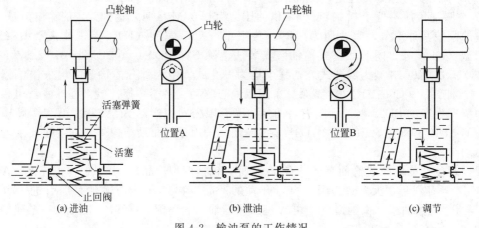

图 4-2　输油泵的工作情况

当凸轮轴从位置 A 向位置 B 移动时，燃油被压缩，进油口止回阀闭合，燃油经出油口止回阀排出，如图 4-2(b) 所示。

如果出油口侧的燃油压力异常增高，活塞弹簧开始起作用，压缩输油泵室内的燃油，使进油口止回阀闭合，以免进一步吸入燃油。如图 4-2(c) 所示。

启动手油泵，以便进行排气工作，用手动方式把燃油箱里的燃油供给喷油系统。

三、输油泵试验

对经检修后重新装配的输油泵或对试图更换的输油泵，为了确认其可用程度，应进行性能试验。

1. 密封性试验

拧紧手油泵手柄，堵死出油口，并将输油泵浸入清洁的柴油中，从进油口通入 0.2MPa 的压缩空气。若从管接头、活塞室和手油泵接口处有气泡冒出，应进行修理。若从顶杆和泵体之间冒出气泡，应更换整个输油泵（静止时无气泡，用手挤压顶杆往复运动时有微量细小气泡溢出还是允许的）。

2. 吸油能力试验

将内径为 8mm、长度为 2m 的塑料管通过油管接头接至进油口，并将塑料管插入试验台油箱或清洁柴油容器中（输油泵与油面距离为 1m），以 60～100 次/min 的速度操作手油泵，要求在 30 次之内从出油口处有油排出，否则应进行修理或更换（如用喷油泵带动输油泵吸油，要求在 150r/min 内能开始供油）。

3. 输油能力试验

安装方法与吸油能力试验相同。把出油侧油管放在离输油泵上方 0.3m 处，并引入容量为约 500mL 的量筒中，以 1000r/min 的转速运转喷油泵（将输油压力调节为 0.16MPa），计测 15s 内的泵油量。泵油量在 300mL 以上为合格；若少于 200mL，应给予修理或更换。

4. 输油压力试验

在出油口侧装压力表，以 600r/min 的转速驱动输油泵，最低输油压力不应低于 0.18MPa，否则应修理或更换。

四、输油泵检修

由于不清洁的燃油总是首先对输油泵构成威胁，因此对输油泵经常进行例行检查是很必要的。至于是不是一定要全部分解，这应视具体情况而定。一般来说，只要送修的喷油泵的凸轮室中润滑油的油质和油量尚可（无水锈和明显变稀变多的现象），就不必全部分解。

对输油泵检修的步骤如下。

① 用套筒扳手拧开螺塞封盖（不可用活动扳手），检查铜垫圈，如有损坏，应予以更换。

② 检查活塞弹簧，如有折断（有时虽未断，但只要发现弹簧有轻微弯曲，即是弹簧将断的预兆），必须予以更换。转动喷油泵凸轮轴，使输油泵顶杆处于顶进的上止点位置，将活塞弹簧装入，此时弹簧应有部分凸出于泵体外（套上螺塞后，螺塞与密封平面间最少应有 5mm 以上的压缩余地），否则此弹簧也属于不合格，应予以更换。

③ 用尖嘴钳取出活塞和挺杆，检查磨损情况。活塞磨损严重时，外圆表面会有许多较深的划痕或数片磨损的亮斑，应予以更换。挺杆磨损严重时，顶端会有一段被磨细，此时，若另一端还完好，可调头使用；若已调头使用，两端均已被磨细，则必须更换或重新配制。

④ 拆卸各油管接头，检查铜垫圈是否损伤。若损伤轻微，可在细油石上将伤处磨平，否则应予以更换。进油管接头内常配有粗滤网，应取出清洗。若有破损，必须更换。有些喷油泵中输油泵的粗滤网是装在输油泵内部的。装配粗滤网时，为了能准确对位，可在滤网口处涂抹些润滑脂。

⑤ 拆下手油泵，取出止回阀及其弹簧，检查止回阀平面是否已磨出凹痕，若有凹痕，

应在细油石上小心磨平。

⑥ 用手推压手油泵手柄，看手柄是否能靠弹簧之力顺利复位，检查手油泵活塞有否锈蚀或被卡住。将已连接上输油泵的进油管口浸渍于柴油中，并使手油泵工作，看是否能顺利吸压燃油。如吸不上油，应检查原因，排除不了的应予以更换。

⑦ 若发现喷油泵内润滑油变稀变多（已混入大量柴油）而因此对顶杆油密性产生怀疑，应拆卸卡环，取出顶杆总成进行检查。如果发现顶杆滑动部分的油封损坏或顶杆本身磨损时，应更换整个顶杆总成或整个输油泵。

第二节　喷油器

喷油器总成是影响柴油发动机各项性能指标和工作可靠性的关键部件，喷油嘴偶件又是柴油发动机的主要易损件，在维修配件中占有很大比例。

国产喷油器总成均采用以弹簧顶杆压在喷嘴偶件上的传统结构（PT型喷油器为特殊结构）。但按柴油发动机的不同设计要求，其安装方式、安装尺寸、调压方式、调压弹簧位置等有所不同。安装方式有压板式、法兰式和螺纹安装式，安装尺寸的差异主要是装入气缸盖内部分的直径和长度以及回油管螺纹等尺寸不一。调压方式有螺钉调节和垫片调节两种。调压弹簧上置的，顶杆较长；调压弹簧下置的，顶杆很短，称为低惯量结构。

喷油器以用于小型单缸柴油发动机的压板式，螺钉调节、上置弹簧的装轴针式偶件的品种为最多，其中又以195单缸和95系列多缸柴油发动机的PB35S型产量最大，其次是用于R175柴油发动机的PB46S型，其余小型单缸机也采用这类结构，只是安装尺寸有所不同。4125和4115柴油发动机采用法兰式结构PF36S和PF46S型喷油器总成，装长型孔式喷油嘴偶件的总成用于直喷式柴油发动机，其结构以法兰式为最多。国内主要是装S、P、J系列偶件采用螺纹安装的低惯量喷油器，装S系列喷油嘴偶件的有Deutz912/913，SteyrWD-615，天动6130、495Q等柴油发动机喷油器总成；装P系列偶件的有SOFIM8140.27、Cummins6B.6BT、ISUZU4JB1和Mitsubishi498等柴油发动机喷油器总成。装J系列偶件的有LR100、LR105、4115等柴油发动机喷油器总成。中速柴油发动机的喷油器是每种柴油发动机都有一个品种，多数装用T系列偶件。

一、喷油器型号编制规则

（一）喷油器总成

```
1      2        3        4      5       6
P                ××               ××
```

1——喷油器代号。

2—安装形式。F表示法兰式安装。B表示压板安装式。L表示螺纹直接旋入式；缺位表示连接螺母旋入式。

3——有效装入长度（mm）。

4——喷油嘴偶件系列代号。

5——附加装置代号。L表示有过滤器，无放气螺钉。F表示无过滤器，有放气螺钉。缺位表示无过滤器，无放气螺钉。

6——设计编号（以两位数表示）。

（二）轴针式喷油嘴偶件

1	2	3	4	5	6	7
Z	S	××			××	××

1——喷油嘴偶件代号。

2——轴针式喷油嘴偶件代号。

3——理论喷雾角（°）。

4——喷油嘴偶件系列代号。

5——喷孔流通截面型式。J 表示节流式。缺位表示非节流式。

6——喷孔直径（mm）。

7——设计编号（以两位数表示）。

（三）孔式喷油嘴偶件

1	2	3	4	5	6	7
Z		××		××	××	××

1——喷油嘴偶件代号。

2——喷油嘴偶件特征代号。CK 表示长型孔式。K 表示短型孔式。

3——各喷油孔轴线所组成锥体的锥角或主副喷油泵孔轴线的夹角（°）。

4——喷油嘴偶件系列：S、T、U 等。

5——喷孔数。

6——主喷孔直径（mm）的 100 倍。

7——设计编号（以两位数表示）。

二、喷油器的作用

喷油器是柴油发动机燃料供给系中重要部件，燃油的雾化质量与喷油器有直接关系，喷油器的功用是将柴油雾化成较细的颗粒，并把它们分布到燃烧室中。根据混合气形成与燃烧的要求，喷油器应具有一定的喷射压力和射程，以及合适的喷射锥角。此外，喷油器在规定的停止喷油时刻应能迅速地切断燃油供给，不发生滴漏现象。在维修、调试时必须保证喷油器的流量均衡、稳定和各缸喷油量一致。

三、喷油器的结构与工作原理

喷油器的结构如图 4-3 所示，由喷油器体、针阀偶件、紧固螺母、顶杆、调压螺钉等组成。针阀偶件用紧固螺母紧固于喷油器体上，调压弹簧通过顶杆部件将针阀紧压在针阀体密封锥面上，调压弹簧的压力由调压螺钉调节，调压螺钉用螺母锁紧。其中的针阀偶件（由针阀和针阀体组成）按结构形式可分为开式和闭式两大类。目前广泛应用的是闭式，它分为轴针式和孔式两种主要形式（图 4-4）。

当高压燃油作用在针阀上的轴向力超过调压弹簧的预紧力时，针阀便被抬起（开起）。燃油通过针阀体上的喷孔喷入燃烧室内。供油中断时，针阀在调压弹簧的作用下，紧压于针阀体密封锥面上，燃油喷射停止。

为了防止燃油渗漏，针阀与针阀体的密封锥面及导向表面经过精密加工后配对研磨，针阀与针阀体配成了精密的针阀偶件，故应成对使用或更换。

孔式喷油器的针阀只起喷孔的起闭作用，燃油喷射状况主要由针阀体的喷油孔大小、方向和孔数来控制。按孔数不同，可分为单孔式和多孔式两种；按结构形式，又可分为短形孔式和长型孔式两种（图 4-5）。孔式喷油器的特点是雾化质量较好；缺点是喷孔直径小，容易堵塞。

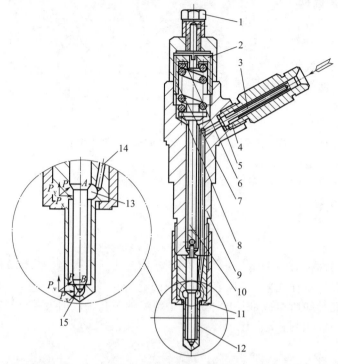

图 4-3　喷油器的结构

1—回油管接头；2—调压螺钉；3—滤清针；4—进油管接头；5,6—垫片；7—锁紧螺母；8—调压弹簧；
9—喷油器体；10—顶杆；11—针阀偶件紧固螺母；12—针阀偶件；13—盛油槽；14—进油孔；15—喷孔

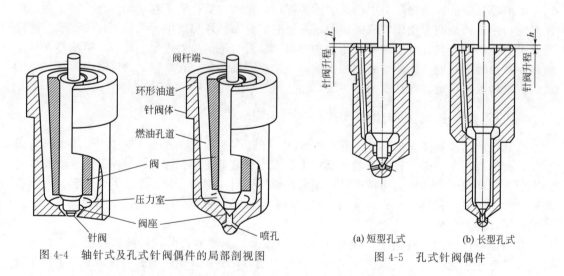

图 4-4　轴针式及孔式针阀偶件的局部剖视图

图 4-5　孔式针阀偶件

(a) 短型孔式　　(b) 长型孔式

　　轴针式喷油器的针阀头部有一个小轴针插入喷孔中，与喷孔构成一个很小的环状间隙（间隙为 $0.005\sim0.025$ mm），高压燃油通过这个间隙喷出。针阀头部轴针形状有圆柱形、锥形和倒锥形（图 4-6），喷入柴油发动机燃烧室的燃油由于不同的轴针形状而形成不同喷雾角度的油柱或油束。

　　上述喷油器的结构因调压弹簧位置在喷油器的上部，这种结构由于弹簧位置与针阀距离

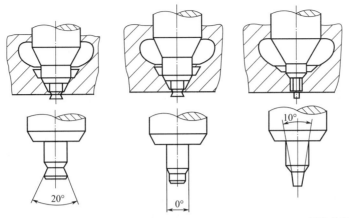

(a) ZS15S15型针阀偶件 (b) ZS4S1型针阀偶件 (c) ZS0SJ1型针阀偶件

图 4-6 轴针式针阀偶件头部形状

较远，所以必须通过一根较长的顶杆作为桥梁，把弹簧与针阀的运动联系起来。这种结构的优点是在调压弹簧顶部容易布置调压螺钉，针阀开起压力用调压螺钉进行无级调整，调整方便。但这种结构的缺点是由于顶杆较长，重量较大，产生的惯性力也大。因为针阀由静止到开起应迅速，喷油结束后，针阀应迅速由向上运动转变成向下运动，以求针阀尽快落座并停止供油。但这种运动的转变与喷油器运动件的惯性有关，惯性越大，针阀关闭所需时间越长，燃烧室内高温气体也越容易倒灌入针阀偶件内，引起积炭、烧损密封座面等现象。为了克服上述结构的缺点，近几年来国内外已发展了一种新的喷油器总成（图 4-7）。改进后的喷油器结构的显著特点是取消运动件顶杆，改用一个质量小的弹簧下座，将调压弹簧下移到接近针阀尾部，有时把针阀直径也减小。由于这种喷油器结构降低了运动件的惯量，所以又称为低惯量喷油器。它的优点是可提高针阀开起和关闭速度，降低针阀落座时在密封锥面处的冲击应力，既能改善性能，又能提高使用寿命。但这种结构对针阀开起压力的调整是采用改变垫片厚度的办法，因此开起压力的调整不如一般喷油

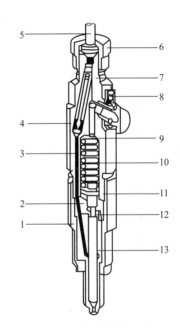

图 4-7 低惯量喷油器

1—紧固螺母；2—垫块；3—油孔；4—喷油器体；5—油管；6—螺母；7—滤清针；8—回油接头；9—调整垫片；10—调压弹簧；11—弹簧下座；12—定位销；13—针阀偶件

器所采用的调整螺钉方便，而且压力只能进行有级调整，为了保证足够的调整精度，采用每隔 $0.05mm$ 为一级的垫片进行调整。

四、针阀偶件的分类

柴油发动机采用不同的燃烧室，对喷雾特性的要求也不同。为满足不同燃烧室燃烧过程的要求，对于影响喷雾特性主要因素之一的针阀偶件设计了不同的结构。

$$常用针阀偶件分类 \begin{cases} 孔式 \begin{cases} 长型 \\ 短型 \end{cases} \\ 轴针式 \begin{cases} 一般轴针式 \\ 节流轴针式 \\ 分流轴针式 \end{cases} \end{cases}$$

（一）孔式喷油嘴偶件

喷油嘴偶件在工作中长时间承受高频、高压、高温的机械、液力和热负荷，还要经受化学品腐蚀，它是柴油发动机中工作条件最恶劣的部件之一，又是对制造精度和金相、材料要求最高的部件。一般油嘴偶件都是利用座面密封直径和中孔直径的差别形成的压差原理进行急速喷射，形成雾柱。油嘴偶件的主要参数对柴油发动机性能指标的影响很大，特别是孔式喷油嘴偶件头部的各项参数，如喷孔的个数、直径、长度、角度、压力室直径、座面密封直径等，都是根据柴油发动机燃烧系统的要求，经优化和匹配而选定的。因此，相对于某一种直喷式柴油发动机，都配有某一品种的孔式喷油嘴偶件。

根据每循环喷油量大小的不同，形成了与其相应的偶件产品尺寸系列。我国采用了国际上通用的系列尺寸，即分为 P、J、S、T、U、V 系列，其具体尺寸参见"国家柴油发动机燃油喷射装置产品系列型谱"。高速柴油发动机主要采用 S、P 及 J 系列，孔式油嘴偶件中 S 系列占绝大多数，P 系列一般用于 115mm 缸径以下柴油发动机，采用 J 系列的机型较少，目前只用于 LR100、LR105 及 X4115 柴油发动机。近年来孔式喷油嘴偶件产量最大的是用于 4102、6102、6105 和 ZH1105 柴油发动机的 ZCK154S432 偶件（朝柴 CY410ZQ 等柴油发动机用 ZCK154S430）。其次是用于 135、110、120、130 及 90 各系列柴油发动机的偶件。P 系列和 J 系列用于引进生产和新开发投产的几种机型上。

（二）轴针式偶件

轴针式喷油嘴偶件与孔式喷油嘴偶件的主要不同之处是其轴针末端的轴销由针阀体的孔中伸出，按其轴针部分结构的不同，分为非节流式和节流式。前者针阀刚刚上升一个很小的升程（一般 ≤0.1mm），针阀体与轴针间的流通断面积即突然增大，而后者则要上升一个较大的升程（称为重叠升程，一般大于 0.3mm）才结束节流状态。两种结构偶件的喷油规律和喷雾状态有较大差别，国内中小功率柴油发动机主要是非直喷式柴油发动机。ZS4S1 油嘴偶件有中孔为 $\phi5mm$ 和 $\phi6mm$ 两种（其他参数也相应不同），$\phi6mm$ 偶件主要用于 95mm 及以上缸径柴油发动机，75mm 缸径及以下柴油发动机则常用 $\phi5mm$ 偶件，这两种偶件在多数情况下可以通用。型号为 ZS4SJ1 和 ZS0SJ1，相当于国外的 DN4SD24 和 DN0SD21 型号。12V180 柴油发动机则采用 ZS0SJ2 偶件。ZS12SD12（ZS12SJ1）则用于喷油泵试验台上的标准喷油器。以上均为 S 系列尺寸，P 系列轴针式喷油嘴偶件国内只有少部分使用。

五、喷油器的维修

（一）喷油器的分解与清洗

喷油器分解时首先应注意工作场地及所用的设备、工具、油盆、清洗油剂等的清洁，同时，操作时应细心，以免碰坏零件的精密表面。

分解喷油器时，可将喷油器夹于台钳上，并且在台钳的钳口两边衬铜片或者铝片，以免损伤喷油器件，如图 4-8 所示。其操作步骤如下。

① 首先将喷油器放在油盆中，将外表面洗刷干净，操作时注意保护针阀偶件头部，并用软毛刷刷洗。特别要注意轴针式喷油器，这种喷油器的轴针伸出针阀体外表，注意不要损坏。

② 将喷油器夹在有铜钳口的台虎钳上，旋下针阀偶件紧固螺母，拆下针阀偶件。

应注意不要碰伤喷油器体下端的研磨平面，所以在拆下针阀后应旋上针阀偶件紧固螺母，保护该平面。

③ 分解针阀偶件。针阀如果被卡在针阀体内，不可硬拔，应该浸泡在干净的煤油中，经过相当长时间再拔（有时需要浸泡一天）。拔时将针阀上面柄部用台虎钳轻轻夹住，用木块护住针阀体平面，轻轻敲击。应注意不得用台虎钳夹住针阀体，以免针阀体变形。针阀与针阀体是精密偶件，拆下后应成对配合存放，不得弄错，并注意保护精密加工的表面。

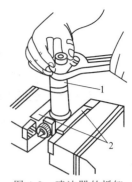

图 4-8　喷油器的拆卸
1—喷油器帽；2—铜或铝垫片

分解后的针阀偶件应放在清洁的柴油中进行清洗，并清除积炭。如图 4-9 所示，用软毛刷或细铜丝刷清除针阀体和针阀外部积炭，如图 4-9（a）、（b）所示；用直径比喷孔小的探针清理针阀体喷孔积炭，如图 4-9（c）所示；喷孔背部的积炭清理如图 4-9（d）所示；用黄铜制的弯头刮刀（刀头形状与压力室形状相似），深入压力室内转动而刮除针阀体内压力室中的积炭，如图 4-9（e）所示；用铜针清理针阀体油路，如图 4-9（f）所示；最后将针阀偶件放在专用工具内用柴油清洗，如图 4-9（g）所示。

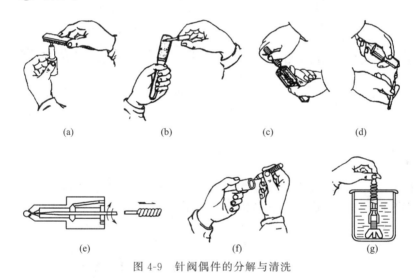

图 4-9　针阀偶件的分解与清洗

④ 将喷油器体夹在台虎钳上，拆下喷油器体上的调压螺钉、螺母、调压弹簧、弹簧座以及顶杆等其他零件，并在清洁柴油中仔细清洗，除去污物。

（二）喷油器件的检修

1. 喷油器的损伤及其影响分析（图 4-10）

（1）针阀偶件部分

① 轴针与喷孔配合被破坏。轴针与喷孔最初的配合间隙只有 $0.005\sim0.020$mm。由于长期使用，轴针磨损，喷孔孔径扩大，配合间隙被破坏，表面出现纵向沟痕。磨损后节流断面加大，表面粗糙度升高，引起柴油流速下降，雾化质量变坏，出现油滴或油束，使柴油燃烧不完全，发动机冒烟并形成积炭。

② 密封锥面磨损。由于高压柴油与调压弹簧的作用，工作中轴针频繁振动，使锥面产生挤压塑性变形，并磨成沟槽，密封环带由 $0.20\sim0.25$mm 加宽到 $0.50\sim1.00$mm，使封闭

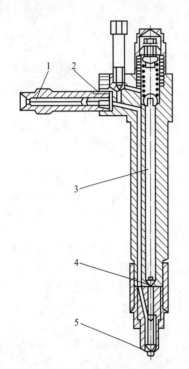

图 4-10　喷油器损伤

1—滤油芯松动以致损坏；2—进油管处漏油；
3—顶杆弯曲而引起内摩擦；4—限位平面
磨损；5—针阀偶件损伤

不严，造成针阀体上产生积炭，滴油严重，使发动机工作不均匀，排气中夹有黑烟。

③ 反锥体磨损。主要由于受柴油及磨料的冲刷，使反锥体磨损后产生环状凹陷，柴油喷射角增大。严重时，使部分柴油喷射至燃烧室壁，形成油膜，不能完全燃烧，造成发动机燃烧不良，冒烟并形成积炭。

④ 导向面磨损。针阀导向圆柱面与针阀体孔配合间隙因磨损加大，使回油增加，供油量减少，雾化质量变差，喷油开始时间落后，造成发动机启动困难，功率下降。

⑤ 针阀偶件卡住。由于喷油器雾化质量变差、产生滴油、弹簧压力过低或折断，磨粒卡入导向面等原因，使针阀因高温积炭而卡死。当针阀卡死在开起位置时，工作中发动机有强烈的敲击声，冒黑烟；拧松高压油管接头，有气体从油管中冒出。若针阀卡死在关闭位置，则该缸不工作。

⑥ 长孔型式针阀偶件的磨损特征及其影响。长型孔式针阀偶件经长期使用，在导向部分、密封环带以及喷孔处产生磨损。磨损后造成密封不严，雾化不良，回油过多。

（2）滤油芯松动以致损坏　导致进入喷油器的燃油不洁净，加速精密副磨损，从而破坏了喷油器性能，降低其使用寿命。

（3）进油管接头处漏油　浪费了燃油，降低了喷射压力，影响喷雾质量，破坏了燃烧过程。

（4）顶杆弯曲　不仅引起内部摩擦或使阀产生偏磨，而且降低了喷射压力。

（5）针阀升程限位平面磨损　引起针阀升程增加。针阀升程是一个特别重要的参数，但在针阀偶件的维修过程中往往被忽视。由于针阀升程增加，会增加阀座上的冲击负荷；增长了针阀的开闭延续时间，会产生滴油、气体回窜和侵蚀；升程过大会增加升程限位平面上的负荷，从而弹簧应力状态出现异常现象。上述情况的出现会导致缩短喷油器的使用寿命。在修复时，如针阀升程缩小到规定限度以下，又会导致因节流而使阀座处压力增大，从而引起雾化不良和喷油泵超载。因而在维修时必须保证针阀升程在维修标准之内。

（6）调压弹簧断裂　由于弹簧保存不良或因回油中所含的水分和回窜燃气都会使其产生腐蚀，逐渐形成微小损伤而形成应力集中，在工作中导致疲劳断裂。

2. 喷油器的检验、换件和修理

① 检查喷油器的工作情况。喷油器从气缸盖上取下后，在整体未分解前，可将喷油器放在喷油器试验器上进行试验。将油压增至 24.5MPa 后，每分钟油压下降速率不大于 1.96MPa，则密封性好。再将喷油压力调整到 12.25MPa±0.50MPa，然后以每分钟 80 次左右的速度进行雾化试验。如发现有以下现象时，说明喷油器工作不良。

a. 针阀的压力没超过 11.8MPa 时就开起。

b. 针阀偶件头滴油及雾化不良，甚至形成明显的连续油滴流出。

c. 柴油喷射不能立即切断，出现多次喷射现象。

d. 多孔针阀偶件头的喷孔喷出的油束不均匀，长短不一。

e. 喷孔堵塞，喷不出油。

如果没有专门的喷油器试验仪，可在车上进行检查调整。用一个经三通管连接成的"T"形高压油管，将待检修的喷油器与事先调好的标准喷油器并联在喷油泵上，高压油管的下端连接在喷油泵出油阀上部高压油管接头上，排除油路中的空气，然后驱动喷油泵使喷油器喷油，观察比较其雾化程度。如果喷油器喷油时发出一种清脆的响声，并且喷射角度偏差不大于3°，雾化良好而不滴油，就认为该喷油器工作情况较好。否则就要进行检修。

② 经过清洗的零、部件，应仔细检查，对于精密加工的表面，可利用放大镜加以检查，针对具体情况，进行修理。

③ 经过清洗后的针阀偶件可以进行简单的滑动性试验，以检查偶件是否能应用。检查的方法是将沾有清洁柴油的针阀放入针阀体内，然后将针阀偶件倾斜45°，将针阀拉出全长1/3放手后，针阀应靠其自身的重量，缓慢而又顺利地全部滑下，不能有任何阻碍、卡住等现象。

对于针阀偶件，如发现有严重缺陷时应调换新的，因为一般情况下修复比较困难，对于缺陷不严重的，可用研磨的方法进行修复。一般针阀、针阀体和喷油器体之间遇有下列情况，则可以进行研磨修整。

a. 针阀与针阀体配合不够光滑，滑动试验时不符合要求。这时，可将针阀抹上清洁的凡士林或柴油，将针阀柄部夹在有青铜钳口的台虎钳上，套上针阀体，用手进行左右转动研磨。研磨时不要拍击，研磨时间不要太长，以免过度磨损。研磨几分钟后应将偶件清洗，并做滑动性试验，直至符合要求。

b. 针阀与针阀体锥形密封面有轻微损伤（用放大镜观察针阀的锥形密封面可发现），可用手工研磨密封锥面。研磨时，在密封锥面上涂些氢氧化铬，注意不要涂到轴针和导向部分。否则会造成部分磨损过大，甚至报废。

c. 调试喷油器时，如果雾化尚好，断油也干脆，但慢压油时有漏油现象，这就表明喷孔部分有磨损，需要进行缩孔。缩孔的目的是缩小因磨损而扩大了的喷孔，提高喷油质量及射程，减少废气侵入。缩孔后还要进行研磨，恢复缩孔后被损坏的喷油部分的配合间隙，加强封闭严密性。缩孔如图4-11所示，在针阀体中央放一个滚珠（喷孔为 ϕ1mm，用 ϕ3mm 的滚珠；喷孔为 ϕ1.50mm，用 ϕ4mm 的滚珠；喷孔为 ϕ2mm，用 ϕ6mm 的滚珠），用小锤轻轻地将滚珠敲击一下，进行缩孔。要特别注意，因为喷孔是可以多次缩孔修复的，所以第一次和第二次敲击时，用力宁轻勿重。如缩孔后不能恢复指标，或用力较大，损坏了喷孔部分的配合间隙和封闭部分的严密性，就必须再进行研磨。

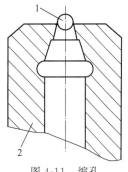

图 4-11　缩孔
1—滚珠；2—针阀体

d. 所有经检验不合格或不可修复的零件都应更换。

（三）喷油器装配

将所有零部件仔细清洗干净，检验合格后方可进行装配。其操作步骤如下。

将喷油器体夹在装有紫铜钳口的台虎钳上，装入顶杆、弹簧下座、调压弹簧、弹簧上座，再旋入调压螺钉和螺母；倒转夹住喷油器体外壳，并清洗配合表面，将清洗干净的针阀与针阀体装合后放在喷油器体平面上（注意：必须使针阀柄部准确地装入顶杆孔中），装上针阀偶件紧固螺母并拧紧，装上油管接头和螺母等其他零件。

应当注意：对于一些起密封作用的紫铜垫圈，应予以更新。如果要继续使用旧件时，应将紫铜垫圈退火软化并将两面磨平后再装入，否则密封作用不良，容易漏油。

六、喷油器的试验

对于装配好的喷油器或使用一段时间后的喷油器应进行检查和调整，这项工作最好在喷油泵试验台或喷油器试验器上进行。

在进行试验、调整之前，首先应进行试验器本身密封性的检查。检查的方法是堵死高压油管出口（不装上喷油器），用手柄压油至压力表数值为 29.4MPa，观察各接头处，不应有漏油现象，在 3min 内其压力下降应不超过 0.98MPa。试验器经检查合格，将喷油器装在试验器上进行以下一些项目的试验与调整。

（一）针阀偶件密封性的检查

将喷油器的调压螺钉往下旋，使其在 19.6MPa 时尚不漏油。如果压力表指针由 19.6MPa 下降到 17.7MPa 的时间在 9～20s 范围内，就表明针阀偶件密封性良好。如果磨损大、漏油多，则可能达不到这样高的压力数值，或者是下降很快。应注意这时的油管接头处不能有漏油现象。

（二）喷油压力的检验与调整

用手柄压油，当开始喷油时压力表所指的数值即为喷油压力数值。如果喷油压力数值不符合规范要求，则需要进行调整。旋松锁紧螺母，如果旋入调压螺钉，增加调压弹簧的压力，则是提高喷油压力；如果旋出调压螺钉，减少弹簧的压力，则是降低喷油压力。应按照各种柴油发动机规定的数值进行调整，并且各缸喷油器的喷油压力数值应尽量调整一致，一般相差不超过 245kPa。

（三）喷雾质量的检验

在试验器上以每分钟 60～70 次的速度压动试验器手柄，使喷油器喷油，喷雾质量应符合如下要求。

① 喷出的柴油应呈雾状，没有明显可见的油滴、油流以及油束不均的现象。

② 喷油开始和停止供油时，不应有滴漏现象，喷油干脆并伴有清脆、连续的响声。

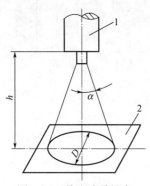

③ 喷油器喷出的柴油雾化呈锥形，而不应偏斜，其锥角应符合原厂规定。喷雾锥角可用印痕法进行测量：在距喷孔 100～200mm 处放一张白纸（或涂有润滑脂的金属网），进行一次喷射，使油雾喷射在纸上（或金属网上），量出喷孔到油迹的距离 h 和纸上油迹直径 D，如图 4-12 所示，根据 h 和 D 计算出锥角 α 的大小。

图 4-12　检查喷雾锥角
1—喷油器喷油头；2—纸或金属网

如果没有喷油器试验器，可以采用喷油器对比试验方法进行调整与检查。利用此法可进行喷油压力的调整，方法是使喷油泵产生的高压柴油同时进入两个喷油器中。如果需要检验的喷油器的喷油压力低于标准喷油器时，必然是它喷油，而标准喷油器不喷油；如果需要检验的喷油器的喷油压力高于标准喷油器时，必然是标准喷油器喷油，而检验的喷油器不喷油。所以调整待检验的喷油器的调压螺钉，改变喷油压力，使两个喷油器同时喷油，则表示两者喷油压力相同，从而得到了正确的调整。同时，还可以观察两个喷油器所喷出的油束形状、角度大小、喷射雾化情况、喷射距离等以做比较，判断需要检验的喷油器的工作情况。此法简单易行，便于判断。采用此法，使用的喷油器必须是同一型式才能用来比较。

必须注意：在检验喷油器时，手和眼睛应离喷油器的喷孔远一些，否则喷出的高压油束会损伤人体。另外，喷出的油雾极易着火，务必注意安全。

七、喷油器的常见故障

喷油器的常见故障与排除方法，见表4-1。

表4-1 喷油器的常见故障与排除方法

故障现象	原因	排除方法	柴油发动机可能发生情况
喷油很少或喷不出油	(1)油路有空气 (2)喷油孔不畅通 (3)针阀卡滞 (4)针阀和针阀体间隙太大 (5)调压弹簧变形 (6)油路漏油严重 (7)喷油泵供油不正常 (8)滤清器堵塞	(1)放气 (2)清理喷孔 (3)修理或更换 (4)更换 (5)更换弹簧 (6)拧紧油管接头或更换零件 (7)排除故障 (8)拆洗或更换滤芯	启动困难、动力不足
喷油压力太低	(1)调压螺钉松 (2)调压弹簧压力减退	(1)调整压力 (2)更换	启动困难、排气冒黑烟、动力不足、油耗增加
喷油压力太高	(1)调压弹簧压力太高 (2)针阀卡滞	(1)调整压力 (2)修理或更换	动力不足
针阀偶件漏油严重	(1)调压弹簧折断 (2)针阀偶件密封面损坏 (3)针阀卡滞	(1)更换 (2)更换 (3)修理或更换	排气冒黑烟、油耗增大
喷油雾化不良	喷孔周围积炭太多	修理	动力不足、油耗增加、排气冒黑烟
喷油角度扩大	喷孔口积炭	修理	油耗增加、工作不稳定、排气冒黑烟、发动机过热
喷油成线	(1)喷孔损坏 (2)针阀体锥面磨损 (3)针阀卡滞	(1)更换 (2)更换 (3)清理或更换	动力不足、油耗增加、排气冒黑烟

八、PT型喷油器

（一）PT型喷油器的结构及工作原理

PT型喷油器有三种形式：B型、C型和D型。B型为初型，D型是C型的改进型。常见的圆柱形PTD型喷油器用于缸盖内有进回油道的康明斯发动机上。顶置式PTD型喷油器如图4-13所示。

PT型喷油器的基本功能为，将PT型燃油泵送来的低压燃油转变为高压（68.89～137.79MPa）燃油喷入燃烧室；对燃油进行计量，与燃油泵共同作用以满足发动机对燃油供油量的要求；协同喷油器驱动凸轮，在规定的时刻和期间内完成喷射过程；确保雾化质量优良和喷射结束后无滴漏等不良现象。

发动机凸轮轴上的喷油器驱动凸轮，通过凸轮随动件、推杆、调整螺钉、摇臂、喷油器柱塞顶杆驱动喷油器柱塞向下运动，喷油器柱塞的上行，靠柱塞弹簧的作用。喷油器柱塞在上下运动的过程中，完成对燃油的计量、喷射作用。喷油器体的外圆上装有O形圈。三个

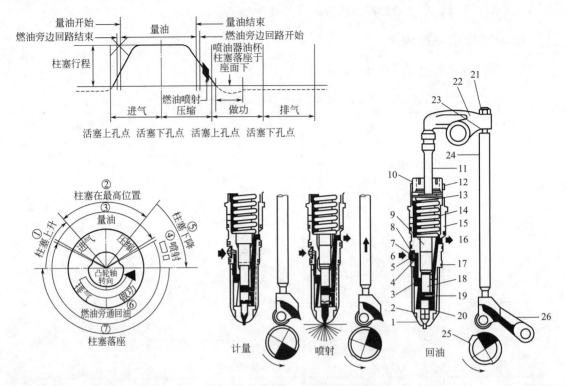

图 4-13　顶置式 PTD 型喷油器

1—喷油器喷油嘴；2—喷油器螺母；3—止回球阀；4—卡簧；5—滤网；6—燃油进口；7—进油量孔塞；8—量孔塞垫；
9—柱塞接合套；10—限位螺套；11—喷油柱塞顶杆；12,21—锁紧螺母；13—弹簧座；14—柱塞弹簧；15—喷油
器体；16—燃油出口；17—O 形圈；18—喷油器柱塞；19—喷油器柱塞套总成；20—计量孔；
22—摇臂；23—调整螺钉；24—推杆；25—喷油器驱动凸轮；26—凸轮随动件

O 形圈与缸盖上的孔相密封组成燃油进、回油道。滤网用卡簧固定在喷油器体的进油孔上。进油道的燃油经滤网、进油量孔塞、止回球阀，进入由喷油器体、喷油器柱塞套总成、喷油嘴环槽和柱塞上的环形槽组成的油道。当喷油器柱塞上行使计量孔露出时，喷油器内的回油油路被切断，燃油由计量孔进入喷油器喷油嘴，燃油计量开始。当喷油器驱动凸轮驱动喷油器柱塞下行而关闭计量孔时，燃油计量结束。喷油器柱塞关闭计量孔产生的压力波使止回球阀关闭，以避免由此产生的高压对其他喷油器造成不良影响。当柱塞继续下行时，对进入喷油器中的燃气和燃油进行压缩，并使燃油以高压喷入发动机燃烧室。燃油计量结束后，当喷油器回油油路打开时，进入喷油器的燃油又流回回油道。

喷油结束后，喷油器柱塞一直位于喷油器的喷油嘴座面上，直到下一个工作循环开始。

由上述可知，进入锥形空间的燃油量取决于计量量孔的大小、计量量孔开启时间以及进油压力三个要素。对于一定型号的发动机，计量量孔尺寸是确定的，虽然喷油器驱动凸轮（图 4-13）形状也已确定，但计量量孔开启时间却随发动机转速而变化，转速高则进油时间短。如要保持喷油量不变，可由 PT 型燃油泵提高喷油器的进油压力，增加通过燃油计量孔的燃油流量来弥补。这就是通过压力和时间两个因素的匹配以控制循环供油量的原理。

来自 PT 燃油泵的燃油大约只有 20％经计量量孔喷入燃烧室，其余则通过回油量孔流往油箱。这样，保持足够的燃油回流量既可使燃油温度恒定，也可对柱塞进行充分润滑和冷却。

回油量孔的作用是维持计量量孔的进口压力不变。平衡量孔的作用有两点：一是回油量

孔和计量量孔存在制造误差，影响各缸供油量的均匀性，因此，应选装不同尺寸的平衡量孔对各缸喷油量进行调整；二是更换不同尺寸的平衡量孔，可使同一喷油器适用于不同功率的柴油发动机。

采用不同厚度的密封垫片，可以调节计量量孔的开启时间，保证各缸喷油量的均匀性（图 4-14）。变更滚轮架销轴盖下的调整垫片（图中未画）的厚度，即可改变滚轮和凸轮的原始相对位置，借以调整喷油时刻。垫片减薄，喷油时刻推迟；反之，喷油时刻提前。

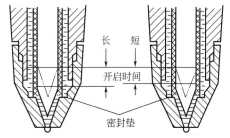

图 4-14　计量量孔开启时间的调节

喷油器喷油时，如柱塞压不到底，则残存在底部的燃油既影响喷油量，又造成喷孔附近积炭，妨碍喷油器正常工作。如柱塞压到底的作用力过强，则影响柱塞锥面的密封接触。为此，必须对柱塞落座压力予以调整，这可通过图 4-13 中的调整螺钉 23 实现。但调整时，滚轮应位于最高处。

（二）PTD 型喷油器的维修

1. PTD 型喷油器的分解

PTD 型喷油器的分解如图 4-15 所示，这里不做细述，但应注意如下操作要点。

① 抽出柱塞，取下柱塞弹簧后，应再将柱塞重新装入柱塞套，切勿使柱塞与套筒弄混。

② 将柱塞偶件以连接端朝下竖立放好。

③ 每次拆卸维修时，都要从喷油器体上拆下 O 形圈，以便更换。

④ 拆纽扣形滤网座圈和滤网，但不要拆下进油量孔。

⑤ 拆卸紧固螺母时，要用专用扳手旋松。

⑥ 卸下紧固螺母后，取下喷油嘴、柱塞套。拆柱塞套时切勿丢失止回阀小球，将其从球座处倒出。

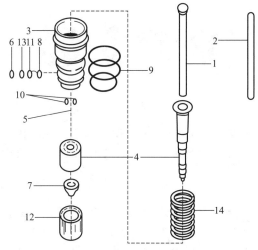

图 4-15　PTD 型喷油器的分解

1,2—顶杆；3—壳体；4—柱塞偶件（柱塞、套筒）；5—止回阀小球；6—卡簧；7—喷油嘴；
8—进油量孔塞垫；9—O 形圈；10—定位销；11—进油量孔塞；12—紧固螺母；13—滤网；14—柱塞弹簧

2. 零件的清洗

① 需在专用清洗剂中清洗，然后经矿物油和酒精中和，或用超声波清洗设备进行清洗，

清除积炭。清洗后用洁净的压缩空气吹干。

② 对喷孔积炭的清理，不准用钻头或其他工具旁通，应用比孔径略细的金属丝清理喷孔，以免因此改变孔径和孔壁的光洁度。

③ 喷油器的故障往往是由于脏污而产生的，因而在使用和拆装过程中，必须保证各零件清洁。

3. 主要零件的检验

（1）检查推杆　检查推杆两端头的球面处，若出现过度磨损，则应更换。

（2）喷油器柱塞与顶杆的检查

① 仔细检查柱塞与顶杆有无咬伤和擦伤；检查其机械加工部位的顶部、底部和中部，观察这些部位有无亮点或表面裂纹，这是由于摇臂推力作用的正常结果，除产生过度磨损需更换外，柱塞还可以继续使用。

② 若柱塞运动长度上出现窄条，常常是因防锈处理后渗透层厚度变化的结果，除表面产生裂纹外，柱塞仍可使用。

③ 用手转动，以检查顶杆与柱塞间有无缝隙或松动。

④ 检查顶杆和壳体的弹簧座面是否过度磨损或擦伤。

注意：在检查柱塞时，务必拿紧柱塞，勿使其脱落，否则会导致损坏而不能再用。

（3）检查喷油器的喷油嘴

① 以新的喷油嘴与所检查的喷油嘴相比较的方法进行检查，用放大镜检验喷孔和顶端，相比之下若有下列任何一种情况，喷油嘴应报废。

a. 有擦伤　往往开始于内部，应该内、外部结合起来检查。

b. 有锈蚀和过热影响　这是由于燃油中酸和硫的含量较高或超负荷运行所致。

c. 喷孔扩大或变形，这是由于清洗不当造成的严重后果。

② 检验喷油嘴与柱塞配合的座面形状。假若围绕喷油嘴锥面或柱塞孔有 40% 的连续的座面面积（图 4-16），则喷油嘴还可继续使用。不过必须经过漏油试验。接触位置高低并不重要。

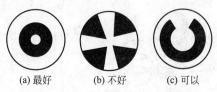

(a) 最好　　(b) 不好　　(c) 可以

图 4-16　喷油嘴柱塞座面形状

③ 检查喷油嘴与柱塞套筒接触端面有无损伤或不平，看其内密封环面有无损伤；用一块研磨平板涂以蓝色，检查端面平整度，若发现损伤或不平，则作为待修记号，以便研磨修整。

（4）检查喷油器套筒

① 检查柱塞套筒内孔有无损伤，若喷油器通过漏油试验，漏损未超过极限，套筒可继续使用，若漏油量过多，套筒与柱塞必须一并更换。

② 用高倍放大镜检查量孔。看量孔孔径是否有变化，若量孔损坏，则喷油器工作就不正常。

③ 如图 4-17 所示，检查图示黑暗区域有无损伤和不平。在研磨平板上，涂以蓝色，检查端面的平面度。若出现伤痕或不平，则进行研磨修复。在清理过程中，对喷油嘴和套筒接合面处，切勿用纱布或钢丝刷进行清理。

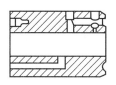

图 4-17　套筒端面与喷油嘴端面间接触面积形状

先将洗净的套筒用压缩空气吹干，在研磨平板上涂上蓝色以检查端面的平面度，如发现端面有伤痕或不平，应进行研磨修理。

（5）检查钢球与球座

① 用放大镜检查钢球有无刻痕或粗纹。对钢球或球座发现损坏时，应进行重新研磨球座，并更换钢球。

② 更换钢球时要注意材质，因为这种钢球是用特种材料制成的。

（6）检查喷油器壳体

① 检查平衡量孔，有无粗纹或其他损伤；检查两个油道是否相通。

② 检查紧固螺母的螺纹有无损坏，装 O 形圈部位是否有刻痕或粗纹，这种损伤将使 O 形圈安装时造成损坏。

③ 检查与套筒配合面处有无刻痕或粗纹，如发现，则应研磨修理。

4. PT(D) 型喷油器的装配要点

按分解的相反程序，仍采用分解时所用的专用夹压工具进行装配。装配时，必须注意以下几点。

① 所装零件的配合表面必须清洁、光滑和平整；存在任何缺陷，都必须修整，合格后才能进行装配。否则，将使燃油流量不精确，影响发动机的动力性和稳定性。

② 只有修理 5/16 型喷油器时，在套筒和喷油器体间才需放一个垫片。

③ 装好后，检查喷油嘴与柱塞是否对中；拆下柱塞并涂以干净的柴油或试验油；而后将喷油器直立（喷油嘴朝下），握住柱塞让柱塞滴下少许几滴柴油或试验油于喷油嘴内；将柱塞插入套筒内约 13mm 处，柱塞应能自由滑入；以手掌压住顶杆使柱塞在喷油嘴内落座，并转动 90°，此时压紧的柱塞一定要碰着喷油嘴座面；将喷油器的喷油嘴迅速翻转朝上时，柱塞应能自由滑出，如不能滑出，则拆下柱塞，松开紧固螺母，调整喷油嘴（转动 1/4 转），重紧后，按以上方法进行试验，直到达到要求为止。

④ 检查喷油嘴喷孔。检查喷孔是否畅通的简易方法是，拆下柱塞和弹簧；往喷油器注入清洁的燃油；不带弹簧将柱塞插入喷油器内，迫使柴油快速从喷孔流出，借以检查喷孔是否良好。

⑤ 最后将弹簧和柱塞装好，并存放在洁净的地方，以备进行漏油、喷雾和流量等试验。这些试验，都在专用试验设备上进行。

（三）PT 型喷油器的调试

安装调整后，必须在专用的 ST-990 喷油器漏油试验仪上分别对柱塞与喷油器壳体和柱塞与喷油器喷油嘴锥形座面之间进行漏油检查，以判断喷油器是否需要研磨和能否继续使用，ST-990 喷油器漏油试验仪使用按说明书进行。

1. 综合检查与调试

① 喷油器应夹紧在规定位置，为便于安装喷油器，支承板可以倾斜。

② 将塞尺放在滚花扳手和锁紧螺母之间，用扳手调整，以获得合适的间隙。

③ 安装并拧紧喷油器出油孔的输油管。使出油孔位于操作者右边，面向试验台的前面，然后拧紧 T 形手柄。

④ 将回缩杆从"A"移到"B"，使柱塞卸掉负荷并允许柱塞从喷油器喷油嘴锥形座面缩回约 1.22mm，并确认柱塞已确实缩回。

⑤ 在球形阀上（浮子）的上部读出空气流量计的读数。

⑥ 顺时针缓慢转动柱塞上部，同时观察流量计的读数（注意不要接触柱塞上部或夹紧机构的任何零件）。然后继续慢慢转动柱塞，并观察流量计的最大读数。

ST-900 喷油器漏油试验仪测试 PT 型喷油器允许的最大泄漏量，见表 4-2。

表 4-2　ST-900 喷油器漏油试验仪测试 PT 型喷油器允许的最大泄漏量

喷油器型号	泄漏量/mL	
	新　　品	用　过　的
PTB 型、HNH 法兰型	6.5	9.5
PTC 型 3/8in 柱塞	3.5	4.5
PTD 型 3/8in 柱塞	2.5	4.5
PTD 型 5/16in 柱塞	2.2	4.5

1in＝2.54cm。

经检查后，如果喷油最大漏油量超过规定值，则必须更换喷油器，若不超过表 4-2 中所列数值，则将回缩杆移回到"A"处，松开 T 形手柄夹，此时就有 90.7kg 的负荷作用在柱塞上。

⑦ 假如在 10s 内没有气泡出现或在气泡检查杯中超过 5s 才看到连续气泡，则可以认为柱塞与喷油器喷油嘴的密封是合格的。

⑧ 检查结束后将回缩杆放回"A"处，拆下输气管，排除气缸空气再拆下喷油器。如果喷油器喷油嘴锥形座面损伤而喷油器不能通过 ST-990 喷油器漏油试验时，柱塞可在喷油嘴内互研，以获得良好的配合。研磨时，应选择合适的研磨剂，用轻轻的压力以 4 次/min 的速度在喷油嘴内回转柱塞。研磨之后，喷油嘴和柱塞必须彻底清洗。磨料如不除净，将损坏燃油系统的零件，也可用高效率去净（使用超声波清洗）方法进行清洗。

2. 喷油嘴雾化形状的检查

在设备 ST-668 试验器上检查喷油嘴的喷雾情况（设备使用按说明书进行）。接好进油管及回油管，使燃油压力调整到 3432.3kPa，燃油将从喷孔喷出。然后用手转动基底内的目标环，使喷油器某一喷射与目标环手柄附近的高指示窗口对准。如果此时从喷孔喷出的油束能够全部喷入目标环的相应指示窗口，即表示喷雾角良好。如果有的油束不能喷入指示窗口，则可将目标环的高指示窗口移向油束。如仍不能完全喷入高指示窗口，则需将喷油器卸下，向喷头吹入压缩空气，再次在试验器上进行试验。如果油束仍然不能喷入指示窗口，则必须换用新喷油嘴。

卸下试验合格的喷油器，装回柱塞和弹簧，存放在干净处（如果没有专用仪器时，在使用中可检查喷孔是否畅通，观察雾化状况）。检查时，先取下弹簧并在喷油器柱塞孔内注入清洁柴油，然后把柱塞插入并迅速压下，迫使燃油从喷孔喷出，为易于看清是否有堵塞的喷孔，可向白纸上喷射燃油，以便直观检查喷孔是否畅通。

3. 喷油器的喷油量检查

在 ST-790 喷油器试验台上测定喷油量（设备使用按说明书进行）。

① 启动试验台前，应反复检查定时轮记号是否对准。启动后，应把燃油压力精确调整

到 8237.6kPa。

② 按下控制燃油流动的始动按钮约 30s，此时计数器接通，同时喷油器喷射的燃油进入量杯中。在此 30s 内，将允许空气从系统中排除。在达到预定的行程次数后，计数器脱开，喷油器喷射的燃油经回油管返回油箱。

③ 使试验台停转，重新调好行程计数器。启动试验台，按下燃油始动按钮，在量杯刻度上读出燃油喷射量。

把空气阀操纵手柄转到水平位置（排气），打开液力油阀卸下喷油器。

④ 如喷油量不符合规定值，可更换进油量孔塞。

（四）PT 型喷油器的故障诊断与排除

1. 在试验台上

下述排除故障方法只涉及喷油器。在分析喷油器之前，首先应确保试验台工作情况良好。

① 如果喷油器不喷油，确定下列诸项目中哪些项目清洗得不好。

a. 计量孔、进油孔堵塞了吗？

b. 节流阀孔堵塞了吗？

c. 喷油器壳体中的油道堵塞了吗？

② 如果喷油器供油量少，检查下述项目。

a. 如果计量孔太小，就应扩孔或更换。

b. 如果喷油嘴的孔堵塞了，就应清理疏通它。

c. 判定喷油器柱塞与柱塞套是否磨损了。

d. 修整夹紧压力。

③ 如果喷油器供油量太多，应判定究竟下列哪些因素引起问题。

a. 如果计量孔太大，应调换一个小的。

b. 如果进油压力调得太高，应把它重调到 827.4kPa。

2. 在柴油发动机上

当柴油发动机运转时，通过压下喷油器摇臂便能找出不发火的喷油器，当扳下或压下一个喷油器时，观察柴油发动机的工作是否有变化。如果有，说明喷油器可能工作正常，如果它不改变柴油发动机的工作状况，喷油器便可能坏了。

① 如果喷油器所在的气缸不发火，检查下述项目。

a. 检查喷油器的调整情况，确保正确。

b. 取下喷油器并检查量孔，从而判定是否堵塞。

② 如果喷油器在下部位置卡死了，检查下述项目。

a. 判定喷油器的紧固螺母是否拧得太紧。

b. 判定喷油器的喷油嘴与套筒对中是否正确。

③ 如果柴油发动机排烟过浓，其原因可能是下列项目之一。

a. 如果喷油嘴的喷孔堵塞，则取下喷油器并清洗，或者更换喷油嘴。

b. 检查喷油器摇臂的调整情况，核实是否正确。

第三节　供油自动提前器

一、提前器的作用

在燃烧过程中，柴油着火和燃烧需要一定的时间。当柴油发动机运转加快，而燃烧时间保持不变时，则大部分的燃烧将在上止点之后进行，这叫作燃烧滞后，而且几乎总是产生较差的特性。为了修正这种燃烧滞后，喷射必须在上止点前才能得到额定转速时的良好特性，可是，这种固定的喷油提前仅使发动机的特性在额定转速最佳。对于在宽广范围内改变转速的汽车柴油发动机，需要在所有转速时均有准确的喷油提前角。因此在现代车用柴油发动机上常装有供油提前角自动调节器，以适应转速的变化而自动调节喷油提前角。这种方法实际上是通过随转速的变化而自动改变柴油发动机曲轴与喷油泵凸轮轴的相对角位置来自动调节整个喷油泵在不同转速的供油提前角，从而使喷油提前角在任何转速时都得到保证。常用的供油提前角自动调节器（也称提前器）有 SA 型提前器、SP 型提前器和双偏心提前器。由于它们在结构和工作原理都基本相同，所以，这里仅以 SP 型提前器为例来介绍提前器的维修与调校。

二、提前器型号编制规则

| 1 | 2 | 3 | | 4 | | 5 | 6 | 7 | 8 |

Q　　　　　　×××-×××　　　　××　　　　　××

1——提前器代号。

2——外径尺寸特征代号：W 表示微型，$d < 125\text{mm}$；Z 表示中型，$d = 135\text{mm}$；D 表示大型，$d = 145\text{mm}$；T 表示特大型，$d = 165\text{mm}$。

3——安装型式：N 表示内装式，缺位表示外装式。

4——工作转速（横线前表示开始起作用转速，横线后表示喷油泵标定转速），r/min。

5——旋转方向（从传动端看）：Y 表示右旋，Z 表示左旋。

6——最大提前角度（°）的 10 倍。

7——安装锥孔大端直径（mm）的代号：A 表示 17，B 表示 20，C 表示 22，D 表示 25，E 表示 30，F 表示 35。

8——设计编号（以两位数表示）。

三、SP 型提前器的构造

SP 型提前器的构造见图 4-18。驱动盘 1 与联轴器连接，驱动盘上装有两个飞块销 14，

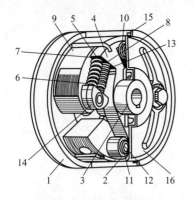

图 4-18　SP 型提前器的构造

1—驱动盘；2—内壳；3—轮廓；4—从动盘；5,6—弹簧销；7—调整垫片；8—弹簧座；9—飞块；10—滚轮外圈；11—滚轮内圈；12—滚轮销；13—弹簧；14—飞块销；15—密封圈；16—盖板

两块大小相同、重量相等的飞块 9 分别套在飞块销上，飞块的另一面压有滚轮销 12，滚轮销上套有滚轮外圈 10 和滚轮内圈 11，飞块销 14 由飞块端伸出的小外径处套有弹簧座 8，每个弹簧座上压有两个弹簧销 6，从动盘 4 固定在内壳 2 上，从动盘的轮廓部分有一个键槽与喷油泵凸轮轴连接。从动盘有两臂，臂的两侧面一侧为曲面，与飞块滚轮外圈 10 相接触；另一侧面为平面，平面上各有两个弹簧销 5，两组弹簧 13 分别压装在弹簧销 5、6 上，弹簧销 6 上装有调整垫片 7，用以调整弹簧预紧力而改变提前器起作用转速。

四、SP 型提前器的工作原理

SP 型提前器静止时，飞块在两组弹簧的作用下被压在最小回转半径位置，柴油发动机启动后，油泵转速慢慢升高，在油泵相应转速低于提前器起作用转速 n_1 时，飞块离心力小于提前器弹簧的作用力，提前器不起

作用。油泵转速等于 n_1 时处于平衡状态，只有当油泵转速大于 n_1 时，飞块离心力增大到足以克服弹簧力的作用而向外运动，这时装有飞块上的滚轮中心点 B 将以 A 点为圆心，AB 为半径，沿从动盘曲面向外滚动，飞块在以 A 为圆心向外飞张的过程中，A、B 两点均属于飞块上的固定点，其相对长度是不变的，所以 B 点沿轨迹 BC 向外移动时，滚轮外圈会压迫从动盘曲面迫使从动盘向提前器旋转方向，相对于驱动盘转过一个 $\Delta\theta$ 角。由图 4-19 可见，滚轮沿曲面向外滚动后，键槽中心与驱动盘沿转动方向相对转动了 $\Delta\theta$，使油泵可以在静态提前角 θ 的基础上又提前了 $\Delta\theta$ 角。当转速达到提前器作用终了转速 n_2 时，飞块向外飞张到最大回转半径位置，$\Delta\theta$ 角最大，提前器作用终了。调整垫片 7 的增减可改变提前器的 n_1，在弹簧不变的条件下，增加垫片将使 n_1 升高，减少垫片则使 n_1 降低。不同的弹簧刚度可改变提前器工作特性。

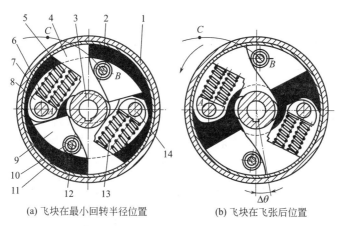

(a) 飞块在最小回转半径位置　　　　(b) 飞块在飞张后位置

图 4-19　SP 型提前器工作原理

1—驱动盘；2—内壳；3—轮廓；4—从动盘；5,6—弹簧销；7—调整垫片；
8—弹簧座；9—飞块；10—滚轮外圈；11—滚轮内圈；
12—滚轮销；13—弹簧；14—飞快销

五、提前器的拆装

(一) 分解

提前器的分解如图 4-20 所示，在专门制作的夹具上进行分解。

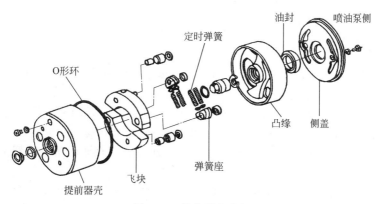

图 4-20　提前器的分解

（二）检验与更换零件

检验的主要部位是飞块（图 4-20）上的销孔与支承销间隙、弹簧和油封。

① 检查飞块上的销孔与支承销间隙，如发现磨损或偏磨明显，则应更换或修复。

② 弹簧。若检测不合格、损坏明显，则应更换。

③ 油封。检查提前器壳的油封和法兰油封的唇部。损坏明显的油封应更换。油封是用于防止提前器中润滑脂的外流，油封损坏会加速零件的磨损，从而引起提前器性能的变坏。

（三）装配

① 应采用各种专用夹具和工具进行装配，以免损坏零件，影响装配质量。

② 装好后，应进行气密性试验。拆除提前器边上的两个锁止螺钉中的一个，并接上压缩空气管子，封闭其他孔，并将提前器放在盛有柴油的盆中，在 49kPa 压力下，检查压缩空气漏失情况。

③ 在气密性试验后，用加脂器向提前器壳中加注 50g 润滑脂。在完成提前角试验之后，装配时要对正飞块架同提前器壳槽，并封起飞块架。

六、提前器的特性检查

保养时应检查供油自动提前器外表面有无损坏，有无漏油等现象。在三级技术保养或者调整喷油提前角后，柴油发动机工作若仍不正常，应拆卸并分解提前器加以检查，分解前要清洗干净并分清提前器外壳的内螺纹旋向，分解后要仔细检查以下各项。

（1）飞块底板销钉和飞块配合孔的磨损程度　按装配要求，标准间隙应为 0.08～0.10mm，最大允许磨损极限为 0.2mm，若超限，应对磨损严重的一方给予更换。较大型的提前器以滚轮和滚轮套圈代替销钉，可改善润滑条件，比较耐用，但用久了，同样会磨损，也要酌情更换。

（2）弧形弹簧座接触表面的磨损程度　若磨损严重可进行焊补修复。

（3）弹簧是否损坏或出现永久变形　必要时要给予更换。

（4）底盘脚是否松动　由于经长期使用后，弹簧长度常会有所缩短，造成运转时产生不应有的冲击而可能导致底盘脚的裂脱。对此，可重新给予定位后焊牢，但必须同时设法更换弹簧并对其他严重磨损处进行一定程度的修复，否则即使焊接了也是坚持不了多久的。

（5）油封是否损坏　如有条件，这类易损件最好每次拆卸供油自动提前器后重新装配时，应保证各运动件的灵活，不得有阻滞或卡死现象。上紧外壳时，要妥善放置好 O 形圈，不使其扭曲和压伤。对于 SA 型供油自动提前器，外壳上紧后应采取止转措施。最后应从螺塞孔（或从底盘背面的两个螺孔）向提前器内部加注 150g 润滑脂（或 HC-14 机油），然后将螺塞或螺钉拧紧（螺塞拧紧力矩为 50～60kN·m）。

七、VE 型分配泵供油提前角自动调节机构

VE 型分配泵供油提前角自动调节机构装在壳体下部的垂直通孔内，它能随柴油发动机转速的变化自动调节供油提前角。要使分配泵供油时间提前，必须将端面凸轮盘按旋转方向提前转动一定的角度，或者将滚轮及滚轮圈按与旋转方向相反转动一定的角度。因为二级输油泵的输油压力取决于柴油发动机的转速，所以要使分配泵供油时间提前，可采取将滚轮及滚轮圈朝与端面凸轮盘旋转方向相反的方向转动的方式。供油提前角自动调节机构的结构，如图 4-21 所示。

供油提前角自动调节机构由密封盖、密封圈、压缩弹簧、正时活塞、滑轮、调整销、盖板等零件组成，调整销和滑轮将正时活塞与滚轮圈连接起来。

通常，正时活塞被压缩弹簧压向供油滞后方向，如图 4-21(a) 所示。

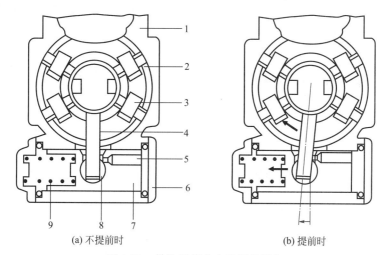

(a) 不提前时　　　　　　　　　(b) 提前时

图 4-21　供油提前角自动调节机构

1—壳体；2—滚轮圈；3—滚轮；4—调整销；5—油路；6—盖板；7—正时活塞；8—滑轮；9—压缩弹簧

当柴油发动机转速增加时，分配泵油腔内的燃油压力上升，燃油由油腔进入正时活塞一侧的油室。当作用于正时活塞上的燃油压力超过压缩弹簧的弹力时，正时活塞被推向左方，滚轮圈便被转向，与传动轴回转的相反方向，使供油时间提前，如图 4-21(b) 所示。当柴油发动机转速降低时，泵室内的燃油压力下降，由于压缩弹簧的作用，正时活塞被推向右方，滚轮圈便转向，与传动轴回转的相同方向，使供油时间滞后。

第四节　冒烟限制器

一、冒烟限制器的作用

冒烟限制器（增压补偿器）如图 4-22 所示。装有增压补偿器的发动机用于汽车和工程

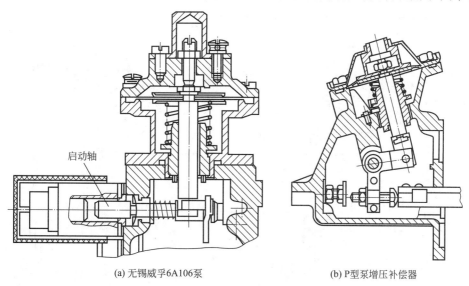

启动轴

(a) 无锡威孚6A106泵　　　　　　　　　(b) P型泵增压补偿器

图 4-22　P 型泵增压补偿器

机械后，若加大喷油泵的供油量，固然能提高柴油发动机的标定功率，但低速时，增压器供气不足，进气压力 P_k 较低，送至气缸中的空气量减少，这时，如果供油量不变，则喷入气缸中的燃油不能得到充分燃烧，使油耗增加，排气冒黑烟。为此，在喷油泵上加装冒烟限制器，它能使喷油泵在低速时适当地减少供油量，从而使喷入气虹的燃油充分燃烧。

二、冒烟限制器的结构与工作原理

（一）启动过程

　　冒烟限制器在启动位置如图 4-23 所示，启动时将调速器负荷手柄置于最大负荷位置，把冒烟限制器轴置于启动位置，这时供油拉杆移到启动油量位置，并与启动限位螺钉接触。启动结束后，供油拉杆在调速器的作用下，向减油方向移动，在回位弹簧的作用下，轴退回原始位置，如图 4-24 所示。

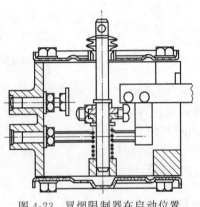

图 4-23　冒烟限制器在启动位置

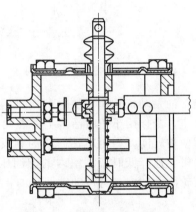

图 4-24　冒烟限制器启动后

（二）工作过程

　　冒烟限制器气压低时如图 4-25 所示，发动机启动后，由于柴油发动机转速较低，增压供气不足，来自增压柴油发动机进气歧管中的空气进入冒烟限制器膜片的上方空间，所产生的压力不能将弹簧压缩，使供油拉杆不能前移。

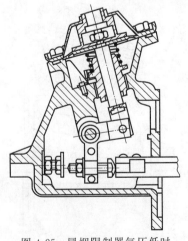

图 4-25　冒烟限制器气压低时

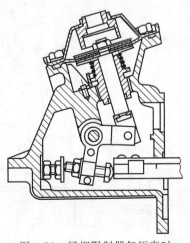

图 4-26　冒烟限制器气压高时

随着发动机转速的升高，增压器的供气量增加，增压压力 P_k 增大。当 P_k 达到某值时，膜片上方的压缩空气产生的压力，开始推动弹簧下移，如图 4-26 所示。通过杆件作用，供油拉杆向增油方向移动；转速继续升高，增压压力 P_k 达到另一值时，弯角摇杆上的限位螺钉与满载限位螺钉接触，供油拉杆达到全负荷位置。转速再升高，由于限位螺钉的作用，使膜片不能下移。当发动机转速降低时，增压压力 P_k 随之下降，冒烟限制器膜片上方的空气压力小于弹簧力时，弹簧开始推动膜片上升，通过杆件作用，使供油拉杆向减油方向移动，这样发动机在低速时不会冒黑烟。

三、冒烟限制器的拆卸、检查、装配和调整

（一）拆卸

拆卸前应将冒烟限制器表面清洗干净，可按以下步骤拆卸。

① 松开上盖螺栓，取下上盖，将导向轴转 90°，取下导向轴、膜片压板、膜片；松开导向轴螺母，将膜片、膜片压板与导向轴分离，并取下主弹簧，拧下导向套筒。

② 取下轴上的防尘罩，松开两侧盖板螺栓，取下两侧盖板。

③ 将轴上的开口挡圈取下，取下轴、回位弹簧、弯角摇杆、U 形弯板和连接销等。

（二）检查

将拆卸后的零件清洗干净，检查各零件，有缺陷的应更换，膜片属于易损件，应更换。

（三）装配

装配的顺序与拆卸相反。

（四）调整

调整冒烟限制器时，必须具备压缩空气、压力调节器（调压阀）和压力表。

① 将装有冒烟限制器的喷油泵总成装到油泵试验台上，接通各管路。

② 将冒烟限制器的两侧盖板取下，将限位螺钉松开，不要与拉杆接触。

③ 负荷手柄在全负荷位置，试验台转速为 n 时，供油拉杆位置为 S_2。

④ 将空气压力调至 P_1，调整导向套筒使膜片在最大上死点位置，调整限位螺钉，使拉杆位置为 S_1。将限位螺钉紧固，调整导向套筒，使膜片刚好推动弹簧下移为止（供油拉杆将动未动）。

⑤ 将空气压力调至 P_2，限位螺钉后移，供油拉杆向增油方向移动，这时供油拉杆位置为 S_2。若不符合要求，应更换弹簧，调整满载限位螺钉与限位挡钉接触后并锁紧。

⑥ 将轴置于启动位置，使供油拉杆前移，调整启动油量限位螺钉，使启动油量符合要求，将其紧固。

⑦ 冒烟限制性能曲线如图 4-27 所示。

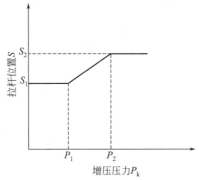

图 4-27　冒烟限制性能曲线

第五章 柴油发动机燃油供给系统调试

第一节 调试设备

喷油泵试验台是喷油泵调试工作的关键设备。在喷油泵试验台上，可检查和调整喷油泵供油量及供油均匀性；可测试喷油泵供油起始点及供油间隔角；可检查和调整调速器的工作性能；可检查喷油泵的密封性；加上附属器械后，可检查测试输油泵和供油自动提前器的工作性能等一系列试验工作。显然，对喷油泵试验台进行正确的使用、恰当合理的维护及保养具有非常重要的意义。

一、喷油泵试验台简介

喷油泵试验台是调整、检测喷油泵的专用设备。目前我国有 20 多家生产喷油泵试验台的企业，年产量约 2000 台，产品种类 20 多种。目前，按调速系统的不同，我国生产制造的喷油泵试验台大体上可分为以下几种。

① 采用直流电动机可控硅无级调速系统的喷油泵试验台，这种试验台具有噪声低、输出功率大、机械特性好、运行稳定、转速精度高等特点。

② 采用交流变频无级调速系统的喷油泵试验台，即变频式试验台。

③ 采用电磁转差离合器调速系统的喷油泵试验台，简称滑差式试验台。

④ 采用液压电动机传动的喷油泵试验台，简称液压式试验台。

⑤ 采用机械传动的喷油泵试验台，简称机械式试验台，这种试验台目前已趋于淘汰。

按转速和量油显示方式的不同又分为电子显示和屏幕显示；按控制方式的不同又有计算机控制和非计算机控制等系列。在实际工作中液压调速和滑差电动机调速正在减少，而变频式试验台逐渐成为主流。以泰安试验设备厂的产品为例，液压调速系列以 12PSY55、12PSY100、12PSY170、1PSY185、12PSY55-1、12PSY100-1 为代表，特点是液压无级调速，转速和量油次数采用电子计数显示，燃油温度自动控制。变频调速系列以 8PSDB40、12PSDB55～110、12PSDB55ⅡA～75ⅡA、12PSDB55ⅡB～185ⅡB、PSDB185～300、12PSDT185 为代表，转速和量油次数采用电子计数显示，进口变频器无级调速，转速范围 ±(0～4000)r/min；多功能控制器，转速设有 8 挡预置、记数、油温预置数显，12V、24V 直流电源输出，辅助气路系统，新型同步带传动等功能。普通型设有三挡齿轮变速箱，能极大增强低速扭矩及高速性能，改进 A 型采用新型机架、机壳。燃油采用压缩机强制冷却加风冷，转速 ±(0～3000)r/min，改进 B 型转速（0～4000）r/min。新一代高科技屏幕数显计算机控制试验台，以 CCPS-Ⅱ为代表，用于铁路内燃机车、轮船系统的单缸泵、复合泵试验；引进技术、彩色屏幕显示、动态测量，自动打印。

喷油泵试验台型号含义：如 12PSDB75ⅡA 喷油泵试验台，其中，12 表示试验台最多可试分泵数；PS 表示喷油泵试验台；DB 表示主机采用电传动变频无级调速［DH（D）主机采用电传动，滑差（调速）电动机无级调速；Y 表示主机采用液压无级调速；J 表示主机采用机械皮带轮无级调速］；75 表示主机输入功率 kW×10；A 表示变形编号（A、B、I、K）。

二、BD850B 型喷油泵试验台

1. 概述

BD850B 型喷油泵试验台是泰安拉宝地公司在引进意大利先进技术基础上加以改进，自行设计研制的新一代产品。BD850B 型试验台分 BD850B5.5、BD850B7.5、BD850B11、BD850B15 四种规格。它采用目前较先进的变频调速技术，无级调速范围在 0～4000r/min 之间，试验台转速、量油计数、燃油温度、气体压力全部采用数字显示，其显示清晰、工作可靠、控制精度高。该试验台具有转速稳定、输出扭矩大、超低噪声，具有 10 挡转速预置功能，预置速度快、精度高。

（1）特点　主机为方钢框架结构，整体结构紧凑、稳固，壳体采用静电喷涂；集油箱可左右旋转，也可上下调整。主机采用原装进口富士变频器变频调速，调速范围为（0～4000）r/min，转速可以 10 挡任意预置。量油计数、主轴转速、燃油温度、气体压力均采用数字显示。0～0.25MPa 气压输出，具有 12V 和 24V 直流电源。试验台有紧急制动开关，有欠压、过压、过热、过载等保护。超低噪声、节约能源。

（2）技术参数

① 主轴转速：0～4000r/min 正反转可选择。

② 最多可测试喷油泵分泵数：12 分泵。

③ 主轴转速波动：±1r/min。

④ 主机功率：5.5kW，7.5kW，11kW，15kW。

⑤ 供油传动电动机功率：1.1kW。

⑥ 主轴中心距工作台高度：125mm。

⑦ 量油计数：0～1000 次，每 50 次一档。

⑧ 转速、计数、显示位数：4 位。

⑨ 气压、燃油温度显示位数：3 位。

⑩ 燃油温度设定：40℃。

⑪ 气源压力：0～0.25MPa。

⑫ 燃油箱容积：60L。

⑬ 燃油泵供油量：＞10L/min。

⑭ 燃油滤清器精度：5μm。

⑮ 玻璃量筒容积：大量筒：150mL。小量筒为 45mL。

⑯ 燃油压力表 1.5 级：0～0.6MPa，0～6MPa，0～0.16MPa，0～1.6MPa

⑰ 标准喷油器：ZS12SJ1。

⑱ 冷却方式：强制风冷。

⑲ 试验台外形尺寸（mm）：1600×960×1750。

⑳ 试验台质量：1300kg。

（3）功能　B 型喷油泵试验台根据所调试的油泵，选用适当的附具，可进行如下项目的调试。

① 测试不同转速下喷油泵的各分泵供油量和供油均匀性。

② 测试喷油泵的供油始点及供油间隔角度。

③ 调速器工作性能的检查及调整。

④ 压力补偿器性能的测试及检查。

⑤ 分配泵工作性能的测试及调整。

⑥ 分配泵电磁阀性能的检查。

⑦ 分配泵各种转速下的回油量测量。

⑧ 分配泵各种转速下的内压测定。

⑨ 喷油泵密封性能试验。

⑩ 安上自吸供油管可对输油泵进行检查。

2. 结构

（1）试验台整机结构　BD850B 型试验台主体结构如图 5-1 所示，它由矩形钢管焊接而成，整体结构紧凑，造型合理。壳体采用高压静电喷塑，具有抗划、耐磨、美观等特性。内部是试验油箱、叶片泵、散热器、冷却风扇、电动机、变频器等。该试验台后机壳门上装有电源控制开关，打开后门，便是配电系统。主电动机直接与惯性轮和联轴器相连，这样保证输出功率最大。该试验操作部分，分别布置在仪表箱，操作盒及液压面板上操作十分方便。试验台供油系统中，油泵电动机直接带动叶片泵，燃油从油箱依次经滤清器、叶片泵、调压装置、喷油泵、喷油器、集油箱、拐臂、集油盘然后到油箱。

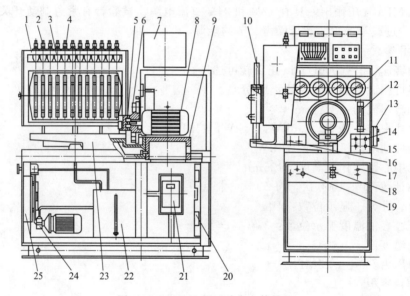

图 5-1　BD850B 型试验台主体结构

1—集油箱；2—标准喷油器；3—集油杯；4—量筒；5—万向节；6—刻度盘；7—仪表箱；8—主电动机；
9—机座；10—升降系统；11—压力表；12—流量计；13—操作盒；14—回油接头；15—压力表接头；
16—供油接头；17—气路系统；18—调节阀手柄；19—直流电源；20—配电盘；
21—变频器；22—油箱；23—工作台；24—叶片泵；25—散热片

试验台转速计数部分由霍尔传感器、惯性轮、转速表、计数器控制开关等组成。试验台燃油温度控制部分由传感器、温度控制仪、加热器、风扇、控制开关等组成。试验台气路部分由气压调节阀、传感器、显示仪组成。

试验台的仪表箱部分装有主要操作控制机构，包括主机启动、停止开关；油泵启动、停止开关；燃油温度控制开关；量油计数控制开关；转速、计数、温度、气压显示仪、12 键转速预置机构等。

前面板部分装有燃油压力低压表、高压表、分配泵回油测量压力表和回油流量仪等。液压面板部分有 12V、24V 直流电源输出插孔，燃油压力调节阀、气压调节阀、气压输出孔。

电器门上装有主电源控制开关、紧急刹车开关、电源指示灯。

试验台操作盒装有主调速电位器，主机启动、停止开关，油泵电动机启动、停止开关，主机左、右转向控制开关等。

（2）量油机构　量油机构是测量被试喷油泵各分泵供油量的机构，如图 5-2 所示。由集油箱体、立柱、旋转臂、标准喷油器、量筒板、量筒、集油自动切断装置等组成。它可绕工作台下面的轴左右旋转 180°。转动集油箱的升降螺杆可以升高或降低集油箱，以适应不同类型喷油泵的要求。断油盘在电磁铁的带动下可以前后移动，打开或切断试验油进入量筒的通道。电磁铁是由计数机构控制的，计数机构由转速计数器控制，量筒板可以翻转以便量油或倒空量筒的试验油。

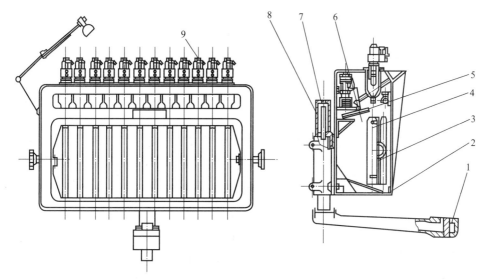

图 5-2　试验台量油机构

1—旋转臂；2—集油箱体；3—量筒板；4—量杯；5—断油盘；6—电磁铁；
7—升降螺杆；8—立柱；9—标准喷油器

3. 油路系统

试验台油路系统工作原理如图 5-3 所示。

本试验台燃油调压不但能调节低压油压，而且还具有调节高压油压的作用。具体结构如图 5-4 所示。

当阀杆向左移动时，调压弹簧受压，弹力增大，使油压升高，调压范围为 0～0.4MPa；当阀杆向右移动时，调压弹簧放松，弹力减小直到零，使低压油路压力降到零；当阀杆再继续向右移动时，阀杆的锥面开始接近阀体的 A 处，油流面积减小，开始阻油，这时高压油路压力开始增高；当阀杆锥面完全将油路堵住时，高压油压到达 4MPa，此时，油流通过油路上的溢流阀流回油箱。溢流阀的溢流压力是可调节的，出厂时调到4MPa。因此高压油路的调压范围是 0～4MPa。该试验台调压阀手柄的操作如图 5-5 所示。

当手柄顺时针转动时，是调节低压油的压力，范围

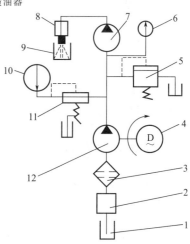

图 5-3　试验台油路系统工作原理

1—油箱；2—散热器；3—滤清器；4—油泵电动机；5—溢流阀；6—高压表；7—被试喷油泵；8—标准喷油器；9—集油箱；10—低压表；11—调压阀；12—叶片泵

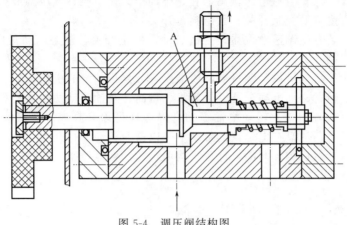

图 5-4　调压阀结构图

是 0～0.4MPa；当手柄逆时针转动时，是调节高压油的压力，范围是 0～4MPa。

4. 电器系统

BD850B 型喷油泵试验台电器部分主要由配电盘、变频器、电动机、控制元件和显示仪表组成。

（1）BD850B 型喷油泵试验台的电器原理　试验台主电器原理如图 5-6 所示，试验台转速预置原理如图 5-7 所示，试验台主电器接线如图 5-8 所示，试验台仪表接线如图 5-9 所示，控制盒接线如图 5-10 所示。

（2）试验台变频调速系统

① 感应电动机变频调速理论基础。感应电动机的转速 n、电压 U 频率 f、磁通密度 Φ 和转矩 T 之间具有下列关系。

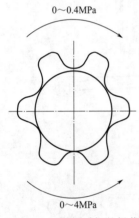

图 5-5　调压阀手柄的操作

$$n = \frac{120f(1-S)}{p} \tag{1}$$

$$\Phi = K_1 \frac{U}{f} \tag{2}$$

$$T = K_2 U \frac{I}{f} = K_3 \left(\frac{U}{f}\right)^2 \tag{3}$$

$$P = K_4 Tn \tag{4}$$

式中，p 为电动机极数；S 为转差率；P 为输出功率；I 为转子电流；K_1、K_2、K_3、K_4 均为常数。

由式（1）可知，转速 n 与频率 f 成正比，与极数 P 成反比，在极数不变的情况下，通过改变频率可以改变转速。

② 变频器工作。三相交流电源由输入端 R、S、T 接入，输出端 U、V、W 接电动机。外部调速电位器接变频器 11、12、13 三端子，注意：电位器中心轴头接 12 端子，11、13 端提供基准电压。FWD、REV、CM 三端子接启动（正反转）停止开关 S4，当 FWD、CM 端或 REV、CM 端接通后，通过旋转电位器，可以控制变频器的输出，电动机响应，进行运转。

③ 变频器保护功能。

a. 瞬时停电保护。在发生瞬时停电时，变频器在约 5ms 内继续运行；停电时间超过 5ms 时，将自动切断变频器输出，以判断停电。

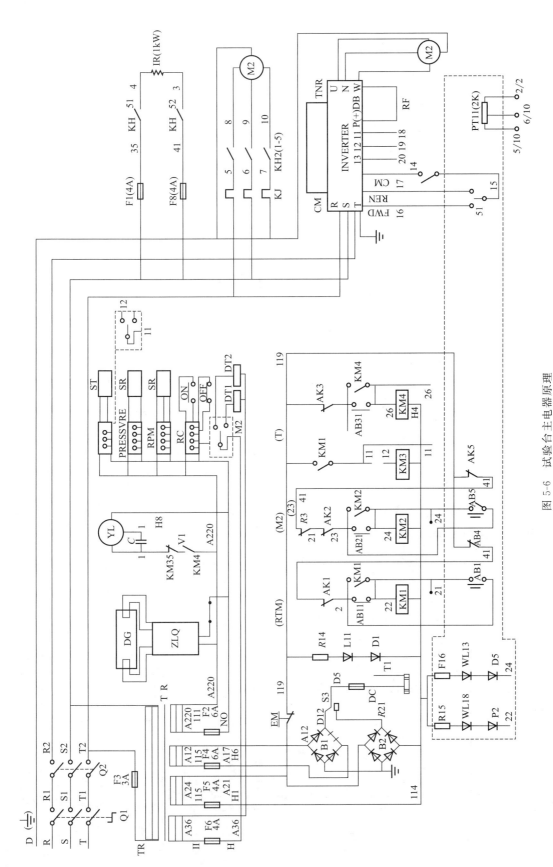

图 5-6 试验台主电器原理

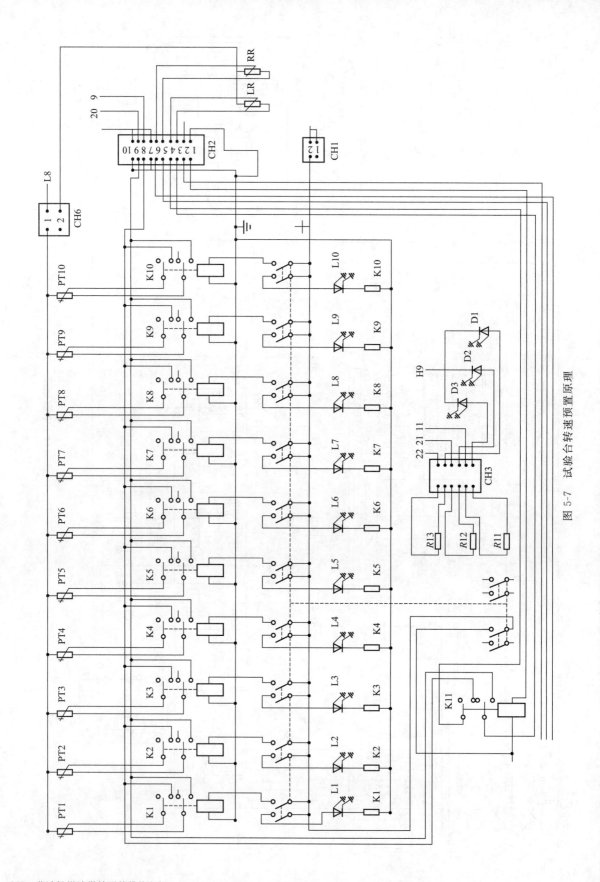

图 5-7　试验台转速预置原理

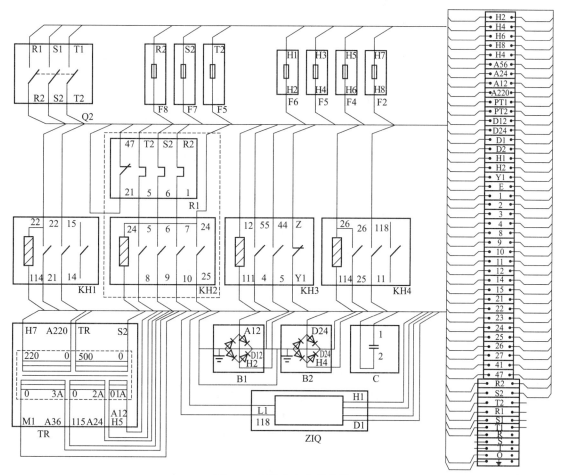

图 5-8 试验台主电器接线

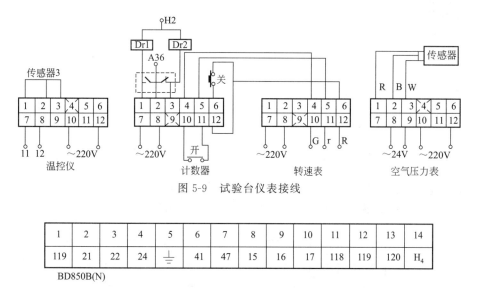

图 5-9 试验台仪表接线

1	2	3	4	5	6	7	8	9	10	11	12	13	14
119	21	22	24	⊥	41	47	15	16	17	118	119	120	H₄

BD850B(N)

图 5-10 控制盒接线

b. 当电动机受到约束等原因而使大功率晶体管的最大电流超过规定值时，为保证大功率晶体管不被损坏，将瞬时断开基极信号进行保护。

c. 欠电压保护。若变频器的输入电压下降，控制电路就不能发挥正常的功能，将会产生电动机发热、转矩不足等不正常情况，因此，当输入电压低于规定值时，保护电路将切断变频器的输出，保护变频器。

d. 过电压保护。变频器在换流器部分将交流电变成直流电，该换流器的直流电压会因电动机呈发电状态而引起电压上升，若换流器部分的电压过分上升，就会造成器件损坏。所以，当电压超过规定值时，保护电路动作，使减速暂时停止，防止电压上升。如果电压继续上升，这时将自动断开变频器的输出，保护变频器；如果给变频器配置了专用制动组件，可以防止变频器因过压而产生的跳闸现象。

e. 过负载保护。电动机的过负载保护特性一般取决于电流和工作时间，电动机由于电流的积蓄，需要进行过负载保护。当电动机流过大电流时必须短时间，如果时间较长，变频器将进行过负载保护。

（3）试验台 10 挡转速预置系统　该部分主要有 12 键开关、电位器、继电器、信号指示灯等组成，组装到 YSB1、YSB2 板上。输入及输出信号通过连线和试验台连接。

当转换开关 S12 █ 接通时，该系统不工作，这时可调整操作盒上的电位器进行调速。

当 ▤ 断开，S12（0）接通时，S12（0）为复位键，系统停止工作，此时，任何调速旋钮都不起作用。

当 S12（1）接通时，第一预置挡位工作，这时只能调整电位器 R1，主机转速改变。当转速调到所需时，停止调 R1，完成第一转速预置。

当 S（2）接通时，第二预置挡位工作，这时只要调整电位器 R2，主机转速相应改变，当转速调到所需时，停止调节 R2，完成第二转速预置。

第 3 挡至第 10 挡工作原理与 1、2 挡相同，10 挡全部设定完毕后。该系统接通哪个挡位，就实现该挡对应的转速。

（4）转速表 ZSB-1　ZSB-1 转速表采用霍尔传感器测取转速信号，单片机进行数据采集处理，数显转速，工作可靠，测量精度高，本转速表为微型框式结构。

① 技术参数。

a. 测速范围：0～9999r/min。

b. 测量精度：±1r/min。

c. 工作电压：220V±22V。

d. 频率：50Hz±1Hz。

e. 工作环境：0～40℃。

f. 开孔尺寸（mm）：91×43。

g. 外形尺寸（mm）：160×96×48。

② 安装方法。

a. 将转速表从控制箱面板开孔处插入，用安装挂钩固定在面板上。

b. 接线方法：按转速表后面接线示意图，接线方法如图 5-11 所示。

			地	输入	复位
1	2	3	4	5	6
7	8	9	10	11	12
~220V			地	输入	+5V

图 5-11　转速表接线方法

接线柱 4、5 单独使用时不接，与 JSQ-1 型计数器同时使用时，分别与 JSQ-1 型计数器的接线柱 4、5 连接起来；接线柱 7、8 接交流 220V 电源，接线柱 10～12 分别与传感器和地、输入、+5V 连接起来；接线柱 6、12 接复位按钮。

（5）计数器 JSQ-1

① JSQ-1 型计数器主要用于记录和显示量油次数，采用霍尔传感器来测取信号，单片机进行计数和控制，量油次数可以设定。

② 技术参数如下。

a. 计数范围：0～1000 次。

b. 量油次数设定范围：50～1000 次，每 50 次为一档。

c. 显示方式：4 位 LED 数字显示。

d. 电源：220V±22V，50Hz±1Hz。

③ 安装方法。与 ZSB-1 相同。

④ 接线方法。计数器接线方法如图 5-12 所示。

a. 接线柱 1、2　常开触点。

b. 接线柱 2、3　常闭触点。

c. 接线柱 4～6　分别与霍尔传感器的"地""输出""+5V"连接起来。

常开	中点	常闭	地	输入	复位
1	2	3	4	5	6
7	8	9	10	11	12
～220V				计数	复位

图 5-12　计数器接线方法

如果与 ZSB-1 型转速表同时使用时，只需将线柱 4、5 分别与 ZSB-1 型转速表的接线柱 4、5 连接起来。

④ 接线柱 7、8　接交流 220V 电源。

⑤ 接线柱 10、11　接计数按钮。

⑥ 拉线柱 12、6　接复位按钮。如果不与 ZSB-1 型转速表同时使用，只需将接线柱 12 与 ZSB-1 型转速表的接线柱 6 连接起来。

（6）燃油温度控制系统　该部分是用来控制试验台的燃油温度，使油温保持在 40℃±2℃。

① 技术参数。

a. 控温范围：0～99℃。

b. 温度设定：0～99℃任意设定。

c. 信号拾取方式：Cu50。

d. 电源电压：～220V±22V。

e. 温度显示位数：三位。

f. 测量精度：1％。

② 工作原理。使用之前将温度控制仪设定到 40℃，接通温度控制开关，该系统进入温度自动控制系统状态。燃油温度通过 Cu50 传感器，将信号传递给温度控制仪，然后将信号整形、放大，通过 LED 显示当前温度。该信号与设定信号相比，如低于设定温度 40℃，温控仪输出信号控制加热器对燃油进行加热，当温度到 40℃，温控仪输出信号使加热停止，风扇接通。

由此在温控仪控制下，燃油温度被控制在 40℃±2℃范围之内。该系统比水冷快捷，控温精度高。

（7）BD850B 型喷油泵试验台操作符号说明

① BD850B 型仪表箱说明如图 5-13 所示。

② BD850B 型试验台前面板说明如图 5-14 所示。

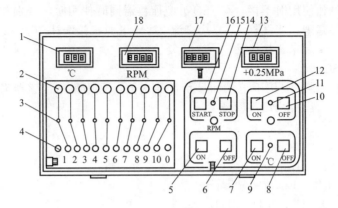

图 5-13　BD850B 型仪表箱说明

1—温控仪；2—10 挡预置调速器；3—10 挡预置指示灯；4—12 位键开关；5—量油计数按键；6—量油停止按键；
7—油温控制运行按键；8—油温控制关断按键；9—油温介入指示灯；10—油泵停止键；11—油泵
运行指示灯；12—油泵运行按键；13—气压显示仪；14—主机停止按键；15—主机运行指示灯；
16—主机启动按键；17—量油计数仪；18—转数显示仪

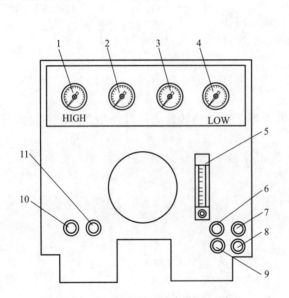

图 5-14　BD850B 型试验台前面板说明

1—压力表 1.5 级（0～6MPa）；2—压力表 1.5 级（0～1.6MPa）；
3—压力表 1.5 级（0～0.16MPa）；4—压力表 1.5 级（0～
0.6MPa）；5—流量计；6—进流量计接口；7—喷油泵回油接
口；8—0～0.16MPa 压力表接口；9—0～0.16MPa 压力
表接口；10—喷油泵供油接口；11—VE 型分配泵自吸接口

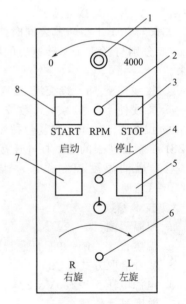

图 5-15　BD850B 型试验台操作盒说明

1—主机调速电位器；2—主机启动/停止指示灯；
3—主机停止按钮；4—油泵电动机指示灯；
5—油泵电动机停止按钮；6—主机左、
右转向开关；7—油泵电动机
启动按钮；8—主机启动按钮

③ BD850B 型试验台操作盒说明如图 5-15 所示。

④ BD850B 型试验台液压面板说明如图 5-16 所示。

5. 气路系统

① BD850B 型试验台气路系统原理如图 5-17 所示。

② 试验台气路由调压阀、传感器、数显表等部件组成。整个调节系统装在试验台液压

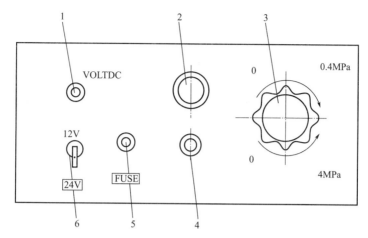

图 5-16　BD850B 型试验台液压面板说明

1—直流电源输入孔；2—气压调节阀；3—供油压力调节阀；4—气源输出口；

5—直流输出保险座；6—直流 12V、24V 电源转换开关

面板上。气压调压阀下方为气源输出口，气压数显在试验台上部的仪表箱上。

③ 用户根据所调整的喷油泵，将泵和气源输出口用附具中的塑料软管连接好，此时压力数显表显示气压，用气压调压阀调节到所需气压时，即可正确地调试喷油泵。

6. 安装

① 试验台安放在空气干燥、远离腐蚀性气体、不易风沙和尘埃侵蚀的房间内，环境温度一般以 5～35℃ 为宜。

② 试验台必须安装在水平坚固的地面上，四脚安放减振橡胶，试验台周围应留有一定空间，便于操作。

③ 试验台配电。电源要求：三相四线 380V/50Hz。允许电压波动：−15%～+10%。频率波动：5%。

④ 试验台气源。外部输入气源 0.6MPa，必须经过气水分离、干燥等。

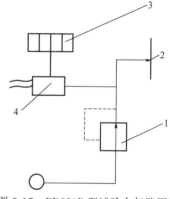

图 5-17　BD850B 型试验台气路原理

1—调压阀；2—气压输出口；

3—气压数显；4—气压传感器

⑤ 试验台试验油标准。注入符合 GB 252-64 号的 0 号柴油或符合 ISO 4113—1978C 技术要求的试验油 40～50L。

⑥ 试验台接线。

a. 选择电缆线。5.5kW、7.5kW 的试验台，供电线选用 4mm×4mm 四芯电缆线。11kW、15kW 的试验台，供电线请选用 4mm×6mm 四芯电缆线。

b. 接线步骤。首先将电缆线通过地沟或穿入蛇皮管中引到试验台电器门，将电缆线通过试验台配电盘右下方底板孔穿引到试验台配电盘接线端子 R、S、T、0 处，然后分别将四根线压到接线端子 R、S、T、0 上，注意"0"一定要接零线，因本试验台采用接零保护。

如果采用接地保护，一定要把 0、E 端子之间的连线拆开，然后将 E 端子可靠接地。

⑦ 燃油箱加油要求。

a. 燃油在加入油箱之前必须先清洗油箱。

b. 燃油在加入油箱之前必须严格滤清，燃油中所含机械杂质粒度都应控制在 0.05mm

之内。

　　c. 燃油油位通过油标 2/3 以上。

7. 调试

　　(1) 调试试验台的准备工作

　　① 检查联轴器。输出主轴的联轴器一旦拆下，再安装联轴器时，必须使用千分表找到保证其与输出轴同轴，注意其同轴度要求为 0.05mm。如不同轴将会引起振动。

　　② 检查防护罩是否已固定好。

　　③ 装夹高压油泵。使用随机的装夹附具将高压喷油泵可靠地装夹到试验台的工作台面上，并与主轴联轴器连接好，然后连接好试验台与油泵之间的油管。如果所用喷油泵是分配泵，需要 12V/24V 电源时，应使用随机提供的专用连接线，将试验台前侧的 12V/24V 电源插孔连至分配泵的电磁阀线圈上，并选择合适的电压。

　　④ 加入试验油。打开试验台下部的四个侧门。注意油位显示管，不要使油从该管中流出。旋出油箱盖，向油箱中加入 40L 试验油。

　　⑤ 接入电源线。确保试验台下部门上的主电源开关处于 "0" 位，打开下部后门，将未通电的容量合适的三相四线电缆线从试验台底孔中引入配电盘。如有良好的地线用户，应将地线一并引入。应在右侧接线端子的下部找到未接线的 R、S、T、0、E（或）五个端子。注意产品出厂时已将 0 与 E（或）两端子短接，有良好地线的用户，应将短接线去掉，把引入的地线可靠地连至 E（或）端子上，把三相四线的零线可靠地连至 0 端子上；无良好地线的用户，不要去掉短接线，应直接把引入三相四线的零线可靠地连至 0 端上。把三相四线的三根相线依次可靠地接至 R、S、T 三个端子（一个端子上接一根相线），确保无短路连接。关闭后门。

　　⑥ 除掉防锈油。试验台刻度盘和工作台上的防锈油，使用前一定要除掉。

　　(2) 空载试验

　　① 通电前的准备工作。配电盘各接线端子重新检查紧固，防止运输过程中接线端子的松动或脱扣。接线检查无误后，可通电试车。

　　② 油泵转向的试验。将试验台供油输出口用丝堵堵紧。打开外部配电盘控制开关，打开试验台电器主开关，电源指示灯亮，仪表箱上所有仪表工作，表明试验台已通电。

　　按一下仪表箱油泵启动开关（ON）；指示灯亮，油泵电动机工作，观察试验台内叶片泵转向，如叶片泵转向与标箭头方向一致，证明主电源接线正确，如叶片泵反转，请按 "OFF" 按钮，油泵电动机停止转动，关闭试验台主开关，停掉外部供电电源，打开电器门，将接线端子 R 和 S 线对换一下，重新接好。这样叶片泵将正转（或按控制盒上的油泵启动按钮进行调试）。

　　叶片泵正常工作后，调节油路调压阀，前面板上低压表应有显示，一般应将压力表调到 0.1~0.15MPa 即可。

　　③ 主机试车。因试验台惯性轮刻度盘有万向节，所以试验台空转时速度不能太快，开机前将方向节联轴拨爪螺钉拧紧。

　　首先按下 10 速第 1 挡预置按键，逆时针逐渐调节调速旋钮，这时主机转速由转速表显示不断增高，表明第 1 挡工作正常，然后按照同样的方法可以检查第 2 至第 10 挡转速预置情况，10 挡转速预置检查完毕后，将预置转换键接通，可通过控制盒上的调速旋钮进行调速。

　　④ 试验台正反转测试。试验台转速调整到 200r/min，然后将操作盒的正反转开关打到另一侧，如试验台主机方向改变，说明试验台正反转正确。

　　⑤ 试验台计数功能测试。试验台主机转速调整到 200r/min，将计数器计数次数设定到

200 次，按一下仪表箱计数清零开关，计数器显示 0000，再按一下计数按键，计数表示开始计数，经过 1min 后，计数器计数到 200 次，停止计数，断油盘断油。经过以上检查，证明试验台计数功能完好。

⑥ 燃油温度控制系统测试。必须在油箱中注入燃油后，才能将燃油温控系统置于工作状态。

将温度控制仪设定到 40℃，启动燃油开关，信号灯亮，系统进入工作状态。油温如果低于 40℃，燃油被加热，经过一段时间，温控仪显示 40℃，此时加热停止，风扇被打开。经过以上检查表明燃油温度控制系统工作正常。

⑦ 气路系统。通过试验台进气口将 0.6MPa 气源接到试验台上，然后调节气压调节阀，气压表将显示当前气压。

（3）加载试验 试验台经空载试验后，如一切正常，可进行加载试验，根据所测试的油泵，选好对应的垫块和联轴器，利用夹持弓将喷油泵固定在工作台上，注意紧固喷油泵之前，一定要将联轴器和万向节间距调整好，一般留有 1～2mm。用供油管把泵和试验台连好。打开油泵开关，打开主机启动开关，将转速开到 100r/min 以下，使油泵往外泵油，将油泵脏油泵出，然后将高压油管接上，调整主机转速，根据油泵的工况进行测试。

8. 维护保养

（1）燃油系统的维护、保养

① 燃油箱内的燃油每工作 800h 或调试 500 个喷油泵后应更换新油。

② 各连接部位的油管夹箍必须正确设置并夹紧，以防止漏油和进入空气。

③ 粗滤清器每工作 800h 或调试 500 个喷油泵后应进行清洗。

④ 调压阀手轮不论左旋或右旋到底后，都不得再用力旋转，以免损坏调压阀。

（2）标准喷油器的调整 为了保证试验台的测试精度，应用 PJ-40 校验器定期对标准喷油器进行校验，检查开起压力是否正确，标准压力为 17.2MPa±0.3MPa，并检查喷油器的流量均匀性。

（3）变频器定期检查 变频器定期的维护检查，可保证主机更稳地定安全运行，注意检查变频器时必须断电。在切断交流电后，变频器"充电"指示灯熄灭前，电容器仍未放电完毕，这时请勿触摸电器及器件，应待到指示灯熄灭再进行检查。其检查项目见表 5-1。

表 5-1 变频器定期检查内容

检查部位	检查项目	解决办法
外部端子、变频器固定螺钉、连线接头	运行时是否有杂声或振动（一般累积运行 2 万小时后）	固定旋紧
散热片	是否有灰尘或杂质堆积	以压力为 0.4～0.6MPa 的空气喷枪清除
印制电路板	是否有导电金属或油渍堆积	小心清除
冷却风扇	运行是否有杂声或振动（一般累积运行 2 万小时后）	更换
功率元件	是否有灰尘或杂质堆积	以压力为 0.4～0.6MPa 的空气喷枪清除
电容器	是否有变色、异臭异常现象	更换电容器

（4）联轴器万向节检查 因长时间运行，应当定期检查万向节连接螺钉和弹片是否有松动或断裂，以保证主机运行安全。

（5）BD850B 试验台变频器保护功能 BD850B 试验台变频器保护功能报警显示含义见表 5-2。

表 5-2　BD850B 试验台变频器保护功能报警显示含义

保护功能	键盘面板显示		保护动作		
	LED	LCD			
过电流	OC1	OCDURINGACC	加速时	电动机过电流或输出端发生短路等情况,逆变器的输出电流瞬时值大于过电流检测值时,过电流保护功能动作	
	OC2	OCDURINGDEC	减速时		
	OC3	OCATSETSPO	恒速运行时		
过电压	OU1	OVDURINCACC	加速时	由于电动机的再生电流增加,使主电路直流电压达到过电压检测值时,过电流功能保护动作。但是如逆变器输入侧错误地施加高的电压时,则不能保护 过电压检测值如下 200V 系列:200V 400V 系列:400V	
	OU2	OVDURINGDEC	减速时		
	OU3	OVATSETSPO	恒速运行时		
欠电压	LU	UNDERVOLTAGE	如电源电压降低等,使主电路直流电压低至欠电压检测值以下时,保护功能动作。如选择 F10 瞬时停电再启动功能,则电源中断时,显示 LU,电源恢复时 LU 自动复位,进行再启动,这时,不输出总报警信号。如当电压值降低至不能维持逆变器控制电路电压时,则全部保护功能将自动复位 欠电压检测值如下 200V 系列:200V 400V 系列:400V		
散热板过热	OH1	F1NVERHEAT	如冷却风扇发生故障,则冷却整流油管和 1GBT 功率模块的散热板的温度上升,保护功能动作		
外部报警输入	OH2	EXTFAULT	当控制电路端子 THR-CM 门连接制动单元制动电阻、外部热过载继电器等设置的报警常闭接点时,按这些接点的信号动作		
逆变器过热	OH3	HIGHAMBTEM	如逆变器内部通风散热不良,其内部(主要是控制部分)的温度上升,则保护功能动作		
DB 电阻过热	dbH	DBROEREAT	内装 DB 制动电阻过热时,DB 放电动作停止,同时逆变器停止运行		
电动机过载	OL	MOTORL	当电动机电流(逆变器输出电流)超过电子热过载继电器的设定值时(F09),保护功能动作。此功能可保护 4 个标准三相电动机。其他电动机可能保护不好,故使用时应核对电动机的特性。另外,由一个逆变器驱动多个电动机时,各个电动机都必须安装各自的热过载继电器		
逆变器过载	OUL	INVERTEROL	当逆变器输出电流超过规定的反时限特性的额定过载电流时,保护功能动作		
熔断器断路	FUS	DCFUSEOPEN	当由于 1GBT 功率模块烧损短路等原因使主电路直流部分的熔断器烧断时,保护功能动作(≥11kW 逆变器)		
存储器出错	Er1	MEMORYERR0R	存储器发生如错误时,保护功能动作		
通信出错	Er2	KEYPDCOMERROR	当由键盘面板输入 RUN 或 STOP 命令时,如键盘面板和控制部分传送的信号不正确,或者检测出传送停止①,则保护功能动作		

保护功能	键盘面板显示		保 护 动 作
	LED	LCD	
CPU 出错	Er3	CPUERROR	如由于噪声等原因,CPU 出错,保护功能动作
	Er4 Er5	—	使用选件卡时出错,保护功能动作
调谐出错	Er7	TUNINGERROR	在自动调谐时,如逆变器与电动机之间的连接线闭路或接触不好,则保护功能动作

① 如采用控制电路端子信号操作,则即使显示信号 "Er2",逆变器仍继续运行,不报警跳闸。当通信恢复时,"Er2" 显示将自动清除。

三、CZPS55（75）型车载喷油泵试验台

(一) 试验台概述

CZPS 型车载喷油泵试验台是为野外状态下,抢修柴油发动机的工程抢修车配套的专用设备,为适应车载野外作业的特点,该试验台的仪表、变频器等采用了抗震处理措施。为保证该设备的运转可靠性,它采用了日本专用于军事装备的安川变频器。为了方便野外作业,它配备了专用的喷油泵拆装工具,装在试验台自身工具箱里,为节约车内空间,它做到了一机多用,将喷油器试验器藏在机内且实现了压力的数字显示,使操作可靠而且方便,独特的集油箱设计,保证了野外车载情况下的调试喷油泵作业的需要,具有静音、节能、高精度、高可靠、重量轻、体积小、抗颠簸、功能齐全的特点。使用 CZPS 型车载喷油泵试验台,可以完成以下工作。

1. 试验台的功能

① 直列泵各分泵供油量误差的检测与调整。

② 直列泵各分泵的供油间隔角度误差的检测与调整。

③ 直列泵第一分泵供油预行程的测量与调整。

④ VE 型分配泵各分泵供油量误差的检测与调整。

⑤ VE 型分配泵回油量误差的检测与调整。

⑥ 各种机械、气膜调速器工作误差的检测与调整。

⑦ 各种喷油泵装配密封质量的检测。

⑧ 启动冒烟限制器工作质量的检测与调整。

⑨ VE 型分配泵电磁阀性能的检测与调整。

⑩ VE 型分配泵内腔压力的测量与调整。

⑪ 各种喷油器的检测与调整。

2. 试验台的技术参数

① 输出轴转速范围:正、反 0～3000r/min,无级升降。

② 可试喷油泵分泵数:12 分泵。

③ 主轴中心线距台面高度:125mm。

④ 量杯容积:150mL。

⑤ 试验油箱容积:40L。

⑥ 试验油供油压力:低 0～0.6MPa、高 0～4MPa。

⑦ 试验油供油泵供油能力:10L/min。

⑧ 气压调整范围:1.50MPa±0.15MPa。

⑨ 空气压缩机功率：125W。

⑩ 油泵电动机功率：0.75kW。

⑪ 主电机功率：5.5kW、7.5kW、11kW。

⑫ 输入电源：380V、50Hz。

⑬ 标准喷油器开启压力：17.2MPa±0.2MPa。

⑭ 直流输出电压：12V/24V。

⑮ 试验台外廓尺寸：1600mm×1350mm×700mm。

（二）试验台的结构及功能

1. 试验台的结构及各部分名称（图 5-18）

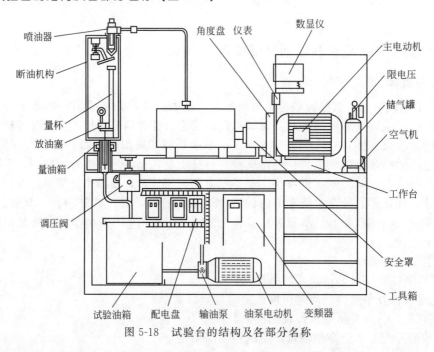

图 5-18 试验台的结构及各部分名称

2. 试验台仪表盘（板）

试验台仪表盘（板）的布局与各部分名称如图 5-19 所示。

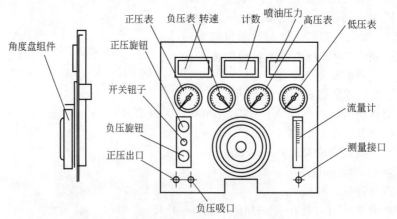

图 5-19 试验台仪表盘（板）的布局与各部分名称

（1）角度盘组件　试验台的角度盘是一个质量均匀、平衡的钢质圆盘。它的主要作用是储存与释放主电动机传来的机械能，以克服喷油泵各分泵隔喷油而产生的脉动阻矩，使试验台输出转速均匀；连接主轴与万向节，带动喷油泵旋转；记录各分泵喷油始点角度，与指针配合，检查分泵与分泵之间的喷油间隔角度。

（2）试验油压力表　显示供油油路系统内的即时压力，用于检查被试泵各分泵供油量均匀性和泵体密封性。使用时用油管连接试验台供油口与被试泵进油口即可。

（3）正负气压表　显示气路系统内的即时压力，用于调整与检测气膜调速器和启动冒烟限制器的性能，使用时，用管道将试验台供气口与被试验泵的相应口连接即可。

（4）玻璃转子流量计　用于测试 VE 型分配泵的即时回油量，也可测试输油泵的供油量。使用时将从泵来的油管接入流量计下方的回油测量口即可。

（5）气路开关　用于控制试验台本身自备气泵的启动和停止。

（6）气路正压调整旋钮　用于调整本试验台自备气源的供气压力。

（7）气路负压调整旋钮　用于调整本试验台自备气源提供的真空度。

3. 试验台油路系统

试验台油路系统如图 5-20 所示。试验油经多级过滤后被油泵泵入调压阀，经调压阀特制的特定压力的实验油分为两路：一路是经供油管进入喷油泵，被喷油泵加压，经由高压油管、喷油器进入量杯计量后，倒入集油箱，经回油汇流道流回油箱；另一路自调压阀溢流后，流回油箱。试验油的高低压信号均取自调压阀。

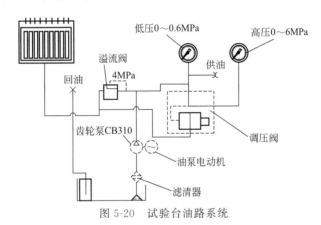

图 5-20　试验台油路系统

本试验台的调压阀安装位置按人体工程学优选后确定。人自然站定后俯视调压手柄，顺时针转动为低压调制，逆时针转动为高压调制，中间有一段空行程。

本试验台高压的限定是由调压阀上附设的溢流阀来完成的。高压限值为 4MPa，在出厂时已调定，用户一般无需变动。

每调试 300 个泵或试验台实际工作 500h 后，需更换新油，并清洗或更换滤清器。

试验油箱外装的塑料软管，既是放油口，又是油位显示器，通过试验台侧门上的长槽可以方便地观察到油位。油箱内的油位应经常保持在油箱高度的 4/5 以上。每次加油时都应注意加到油箱内的副油箱中，经粗滤后进入油箱。如图 5-21 所示试验台回油汇流通道。

4. 试验台气路系统

试验台气路系统有自备气源（图 5-22），该系统采用一台 125W 的空调压缩机及与一个容积为 1.5L 的储气筒串联的、必要的气动标准件，组成了一个可靠的气路系统。它双向做功，吸入端产生负压，通过调节负压旋钮可调真空度的高低，将压缩空气压入储气罐，一方面使气体降温；另一方面满足操作时对气量的需要。储气罐上设有一个安全限压阀，将气罐内压力限制在 1.40MPa±0.01MPa 范围内，通过调节正压旋钮，可在 1.40MPa±0.01MPa 范围内调定输出气压。

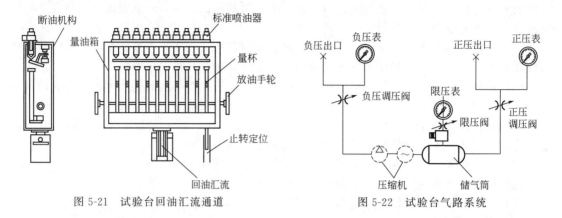

图 5-21　试验台回油汇流通道　　　　图 5-22　试验台气路系统

5. 试验台电器系统

（1）配电盘

① 打开配电盘箱门，从试验台底部进线孔引入三相四线制的电源线。按从左到右依次为 L1、L2、L3、N 的顺序接好电源线，出厂时已接好。

② 本试验台出厂时，采用接零保护，如果用户有良好的地线，应将接零的线断开和地线连接牢固。

③ 总电源开关安装在试验台的前端面上，通电时必须先打开总电源开关，然后再打开计数仪的电源开关。断电时顺序相反。

④ 在该端面上安装了正、反转选择开关，选择主电动机的旋转方向，还安装了急停开关。

⑤ 在该端面上，安装了直流 24V 和 12V 插口，用于调试 VE 型分配泵等。

（2）转速计数仪的操作　在后面板上，断开电源开关。将焊好线的插头与相应的插座连接牢固。

转速计数仪具有测量转速、数显油量、量油次数设定的功能。

① 转速测量范围为 0～9999r/min，4s 内接不到送来的信号就回零。

② 转速调整通过安装在试验台上的操作旋钮来实现。

③ 喷油次数范围为 0～9999 次，当接通电源时，一般显示为 200，如果不是 200，按复位键即可显示为 200，这个值是经常需要设定的喷油次数。如果需要设定的值不是 200，可按设定升（△）或设定降（▽），计数值以 10 为一级增加或减少，达到要设定的值为止。

④ 按计数键，显示清零，松开后计数开始。同时继电器吸合，当计到设定值时，计数自动停止，同时继电器释放，送出停油信号。再按一次计数键，又开始新一次计数。在计数状态时，按设定键无效，计数照样进行。按停止键，计数停止。

⑤ 停止、正、反转键是主电动机的启动按键。由正转状态转换为反转状态时，必须先按停止键，使主电动机停下来，再按反转按键；反之亦然。主电动机的旋钮方向只决定试验台端面的正、反转转换开关。使用正、反转按键启动主电动机。

（3）控制器件的操作

① 使用正、反转换开关，选择正、反转，调节调速电位器，调到需要的转速。

② 按油泵启动按钮，油泵电动机启动，按停止按钮，油泵电动机停止。

③ 按急停按钮，主电动机立刻停止。

（4）电器元件　CZPS(75) 型车载喷油泵试验台电器元件明细表见表 5-3。

表 5-3　CZPS(75) 型车载喷油泵试验台电器元件明细表

序号	代号	名　　称	型号	规格	数量
1	G5	变频器	616G5	5.5～7.5kW	1
2	DM1	主电动机		5.5～7.5kW	1
3	DM2	油泵电动机		0.75W	1
4	Z1	空气断路器	DZ47～60/3P		1
5	W1	可调电位器	WX03～13		1
6	JT1	急停按钮	LAY3～11ZS/1		1
7	BT	电源变压器	BK～200		1
8	DZ1	交流接触器	CTX1-12/22-24V	10A	1
9	D1,D2	全桥整流器	KBP3502～5A		2
10		熔断器	RT18～32A		5
11		蜂鸣器		9～15V	1
12	DT1,DT2	电磁铁	MQW	7N/127Y	2
13		计数器			1
14		转速表			1
15		开启压力表			1

6. 试验台变频器

变频器具有多组运行参数，厂家经过多次试验优选确定，用户一般不宜改动。

（三）喷油器试验

本试验台兼具调试喷油器的功能，使用时将夹具固定在工作台前端，将待测喷油器固定好，用高压油管将喷油器与工作台前端的喷油器实验口接好，用刻度盘扳杠的锥端从壳体开槽处插入基体扳杠内，反复压动即可调整喷油器。当喷油器喷射时，观察前面板上喷油器压力显示值，即为该喷油器开启压力，与标准参数比较，调整一致即可。测试喷油器连接图如图 5-23 所示。

（四）试验台安装与试车

① 试验台的四个地脚螺栓应与车底盘的结构支撑牢固地连接在一起，中间应加一个橡胶减振垫。

② 清除试验台上的防锈油，试验台各连接部位的螺栓是否紧固。

特别要仔细检查电气箱内各接线螺钉是否紧固，各线头是否有脱落。

③ 将试验油箱内加入 5/6 容积以上的试验用油（0[#] 轻柴油或专用校泵油），所加试验油应经 48h 以上沉淀。

④ 将试验台万向节与被试泵连接好（或将两拨爪螺钉夹紧），将调压阀手轮逆时针旋到底后，退回 2 圈。将供油口、回油口与被试泵相对应连接好（或用螺堵封死）。

⑤ 将试验台接入三个 380V、50Hz 电源，并妥

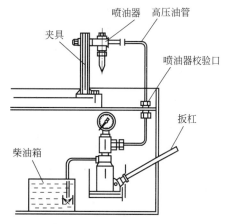

图 5-23　测试喷油器连接图

善接地。将数显仪各对应插头牢固插好。

⑥ 接通电源，接通数显仪开关。数显仪计数窗内应显示 200，若不对，请按复位键，若还不对，请检查各接头座正确与否。重新开关数显仪。接通主电源开关后，应能听到变频器风扇的转动声。

⑦ 快速启停一下油泵开关，注意输油泵旋向与标识一致，若不一致请更换一下三相电源线的相序（油泵反转会损坏油泵）。

⑧ 将试验台侧面的调速旋钮向低速旋到底。依所安装泵转向将试验台正、反转开关拨至正转或反转。缓慢调整旋钮，使试验台转速由低慢慢升高，同时注意观察各部位有无异常。转速正常后，再调试量油次数设定。

⑨ 在试验台供油口封死的情况下，按顺时针方向旋转调压手柄，观察低压表升压是否正常，再逆时针方向旋转调压手柄，观察高压表升压是否正常，将手柄逆时针旋转到底，高压表指针应在 4MPa，若不对，应调整调压阀上附加的溢流阀。

⑩ 在试验台供油口封死的情况下，将气泵旋钮开关打开，分别调整正、负调压旋钮，观察气压表指针反应是否正常。正压表最高压力不超过 1.4MPa，若不对，应调整储气罐上的限压阀。

(五) 试验台常见故障

试验台常见故障的产生原因及排除方法见表 5-4。

表 5-4　试验台常见故障的产生原因及排除方法

常见故障	产生原因	排除方法
电动机不能启动	(1)电源不通 (2)缺相 (3)控制仪未启动 (4)热继电器断开 (5)变频器未启动 (6)中间继电器坏	(1)接通电源 (2)检查保险是否接通 (3)检查控制仪接线,启动 (4)热继电器复位 (5)检查变频器接线,启动 (6)检查或更换中间继电器
电动机发热伴有不正常声响	(1)缺相运行 (2)负荷过大	(1)检查电源、保险等是否接通 (2)减小负荷
转速不稳或不显示转速	(1)转速传感器距离调整不当 (2)转速表失真	(1)调整转速传感器 (2)检修转速表
油泵电动机不工作	(1)油泵电动机损坏 (2)缺相或断线 (3)启动按钮损坏	(1)检修或更换 (2)检修 (3)更换
控制仪显示混乱无序	(1)程序进入死循环 (2)集成电路板损坏	(1)多按几次复位键 (2)更换
断油盘不动作	(1)长时间不用,结合面之间被油污粘住 (2)电磁铁损坏 (3)控制线路损坏	(1)清理干净 (2)更换 (3)检修
试验油低压调不上去或油压不稳	(1)油箱内油量少 (2)滤清器堵塞 (3)油泵老化、磨损	(1)加油 (2)清洗 (3)更换
试验油高压调不上去	(1)高压限压阀太低 (2)高压限压阀损坏 (3)供油口未封死	(1)调整限压值 (2)换修理 (3)封死供油口

常见故障	产生原因	排除方法
各方面正常,但主电动机不能启动	防护罩下的安全保护装置起作用	使该装置复位
气泵不能启动	(1)背压太大 (2)线路断 (3)启动电源损坏	(1)释放储气罐上限压值至 0.15MPa 以下 (2)检查接通 (3)更换

(六)试验台维护保养

① 变频器的保养按原厂要求进行,保证变频器周围的清洁。

② 电气箱内应经常用干燥空气清除附尘。

③ 每调试 300 个喷油泵或实际工作 500h 后,应当更换试验油并清洗滤清器。

④ 标准喷油器的调整。每调试 30 个喷油泵后,应检查标准喷油器的开启压力是否保持在 17.2MPa±0.2MPa。每调试 100 个喷油泵后应对标准喷油器的流量均匀性进行检查。对标准喷油器流量均匀性进行检查应在标准喷油泵上进行,并应保证其开启压力符合 17.2MPa±0.2MPa 的要求,若无标准喷油泵,也可用交互比较法来测试。即可用固定的一个分泵和固定的转速来检测所有的标准喷油器的流量。若发现明显差别,应更新标准油嘴。

⑤ CZPS(75)型车载喷油泵试验台变频器保护功能报警显示的检查和处理见表 5-5。CZPS(75)型车载喷油泵试验台变频器保护功能的检查和处理见表 5-6。

表 5-5 CZPS(75)型车载喷油泵试验台变频器保护功能报警显示的检查和处理

异常显示	原因说明	检查事项	处理方法
EГГ	操作错误	是否按说明书进行操作	按规程顺序正确操作
EГ0	内部 ROR、RAM 的误动作	切断电源后待 CHARE 灯熄再接入电源	更换元件
EГC	内部 CPU 的误动作	外部干扰是否过大	加装接点吸收装置及静噪滤除器
OCPR	加速中的过电流(额定电流的 180%)	是否急加速运转	延长加速时间
OCPD	减速中的过电流(额定电流的 180%)	是否急减速运转	延长减速时间
OCPn	恒速中的过电流(额定电流的 180%)	是否发生了负载的急剧变化	避免负载的急剧变化
OCS	输出短路或接地障碍(额定电流的 270%)	是否发生了输出短路或电动机的接地障碍	检查端子部分,并以兆欧表检测电阻
OU	直流过电压(DC 电压超过 800V)	是否减速过快,是否有大负载	延长减速时间或用外部制动电阻(选购品)
LU	瞬停、停电电源欠压(DC 电压低于 400V)	测试电源电压	整修电源供电系统、改善电源条件
OH	散热片过热	冷却风扇是否正常(>7.5kW 的几种？是否周围温度高、过载?)	更换冷却风扇、降低周温、检查周围温度、检查负载条件
OLE	电动机过热(电动机用热动继电器)	电动机是否过载	减少负载 增大变频器和电动机的容量
DOL	变频器过载(电子热敏器设定值的 150%,1min)		

异常显示	原因说明	检查事项	处理方法
BUOH	制动电阻的过热（闪烁10s）	制动频度是否合适	降低负载GD2，延长减速时间，减少制动频度
FB	熔丝断	检查熔丝及晶体管	更换熔丝及晶体管

表5-6　CZPS（75）型车载喷油泵试验台变频器保护功能的检查和处理

保护状态		保护原因	处理方法
电动机不转		是否已向电源端子 R、S、T 供电	接入电源 把电源切离后再接入
		是否接错线	重新接线
		电动机是否锁定	减轻负载
		是否保护功能动作	确认显示器的表示内容
		操作面板的设定如何	对设定情况予以确认
电动机启动时变频器跳脱	在电动机启动或加速时显示 OCPR（过电流保护功能动作）	因负载过重而使始动转矩不足	改变转矩补偿值（Cd06）
		与负载 CD2 相比，加速时间过短	延长加速时间（Cd08，Cd10） 提高始动频率（Cd16）
		始动频率过低	
		当电动机还在空转时，就启动了变频器	使用转速跟踪再启动功能（Cd30＝1）
电动机减速时变频器跳脱	减速时显示 OU（过电压保护功能动作）	急减速时负载 GD2 过大，再生能量吸收不了（因再生能量使 DC 电压超过 800V 时过电压保护功能动作）	延长减速时间（Cd09，Cd11） 使用外部制动电阻（选购品）
在运转中跳动	运转中显示 LU	电源电压不足	研讨电源设备容量
	运转中显示 OU	由负载带动电动机旋转	使用外部制动电阻（选购品）
	运转中显示 OCPn	是否发生了急剧的负载变化，特别是有无冲击负载	选用较大容量的变频器

四、试验台的保养、维护与检修

1. 试验台的保养和维护

喷油泵试验台是维修检验柴油发动机燃油系统的一种必不可少的关键设备。对试验台进行妥善的保养和维护，既可以保证对喷油泵的调试质量，又可延长其本身的使用寿命，还可减小运行时的机械噪声，改善工作条件。

试验台的保养和维护主要应注意以下要点。

① 试验台的所有电气零件应保持清洁、干燥，防止潮湿或发霉。每月应清除尘埃及污物一次。

② 除清扫及调整需要外，电气接线板的箱盖应保持盖好，不得随意打开。

③ 应定期检查电气的绝缘程度与接地的可靠性。各接线处必须夹紧，以免发热和氧化。若有烧焦和发黑的接触面，要用细砂纸擦净。

④ 应定期更换电动机轴承中的润滑脂。

⑤ 交流接触器、继电器、电磁铁吸合后若有过大的响声，说明接触面短路环接触不良，应及时检查并排除故障。

⑥ 经常注意护线塑胶管的防护性能，保证电路畅通。

⑦ 发现电动机难启动或转速异常，应及时检查是否缺相运行，以免烧坏电动机。

⑧ 喷油泵在上试验前要用手试旋供油自动提前器，看凸轮轴转动是否顺畅。若有问题，应先予以检查和排除，然后才能上试验台调试。

⑨ 主轴箱的油平面不得低于油标以下，并应定期更换润滑油。

⑩ 在一切需要润滑的地方，必须定期注入干净的润滑油。

⑪ 定期检查各三角皮带或链条的松紧程度，并及时进行张紧度的调整。

⑫ 无级变速操作只允许在试验台开动后进行，否则将引起内部零件的损坏或变形。

⑬ 主轴箱上的离合手柄必须在停车后才能换挡。

⑭ 在不进行油量测试时，应将主轴箱上的离合器置于空挡，这样既安全，又可减少不必要的磨损，延长机器的使用寿命。

⑮ 在调试较大的喷油泵时，停车前应将调速手柄转至低速位置，以利于下次的启动。

⑯ 喷油泵紧固时应耐心反复进行同心校正，不可草率行事，以免因试验台及喷油泵受力不足而导致不应有的损失。

⑰ 试验台喷油器应定期进行检验和校准，除了在喷油器试验仪上进行喷射压力和雾化情况的检验外，还要在同等供油条件下（例如在同一分泵、同一供油齿杆位置上）进行供油量的比较。若流量差大于2％，应设法给予调整或更换。即使暂时不能解决，也可做到心中有数，以便在调试喷油泵时将此误差考虑进去。

⑱ 试验台必须安装在干净的工作场所，并应经常保持试验台的清洁。

⑲ 应定期清洗试验台油路中的柴油滤清器。视情况更换滤清器的滤芯。

⑳ 调试过程中滴漏在试验台上的柴油已被污染，应单独收集，并且不要试图再进行循环使用。视使用环境情况，试验台油箱应定期进行清洗和更换新的试验用油。

2. 试验台的检修

无论是哪一种类型的喷油泵试验台，其传动系统、机身、电气控制箱、显示器以及量油系统和供油系统都会出现这样或那样的故障，因而需要定期检查与及时维修。一般类型喷油泵试验台的机械部分，尤其是油路部分的常见故障与检修方法，分述如下。

（1）标准喷油器不喷油　试验台输油泵启动后，油压表无油压显示，全部喷油器不喷油。此时，应做如下检修。

① 先检查油箱的油位是否低于最低规定值。

② 检查输油泵的转向是否反转。若反转，可将油泵电动机的任意两根电源线对调。

③ 在停止输油的一瞬间，检查轴封有无漏油。若有，拆检并修理轴封。

④ 检查输油管路是否存在气阻。若是，旋开滤清器空气塞，放净空气。

⑤ 逐段拆开输油管接头，检查输油管路是否阻塞。如阻塞，将其疏通。

（2）标准喷油器断续喷油　试验台输油泵启动后，油压表指针虽能调节到规定值，但全部或个别喷油器不喷油或者喷油量明显减少，产生断续喷油现象，在这种情况下通常应做如下处理。

① 旋开喷油泵的放气塞，放净空气，如喷油器仍不出油，可将高压油管与喷油器接头旋开，启动喷油泵泵油，直到高压油管喷油正常。

② 拆开喷油器，检查喷油嘴偶件有无拉毛或卡滞现象。如拉毛严重，须调换油嘴偶件。

③ 调节进油阀的开度，增加油量。

（3）标准喷油器喷油但油压表指针却静止不动　此时应做如下检查。

① 用标准油压表进行校表，调整油压表的内部机构，检查现用的油压表是否失灵。

② 拆开通向油压表油路的各个管接头，检查是否有堵塞现象，如有应予以疏通。

（4）喷油泵泵体抖动或噪声大　喷油泵运行时，泵体产生抖动现象或发出很大的机械噪声，这主要起因于弓形架未将喷油泵夹紧或泵轴与传动主轴同心度未调整好。相应的解决办法是将夹头盘各处紧固螺钉上紧，调整泵轴与传动主轴的同心度，再检查一下夹头盘与安全罩之间是否存在摩擦现象。若是，适当调整两者之间的间隙。

（5）试验台在喷油泵试验中出现异常声响　喷油泵在运行过程中有时会发出"叭叭"响声，这主要是喷油泵泵油压力过高，造成喷油泵负荷过大，解决办法是拆下喷油器，重新调整弹簧压力，以调准开起针阀的油压。

第二节　调试技术规范

一、A型喷油泵调试技术规范

A型喷油泵性能调试技术规范见表5-7。

表 5-7　A 型喷油泵性能调试技术规范

项目		油泵型号			
		6A204-8.5 右 1500	A205-9.5 右 1400	6A206-8.5 右 1400	6A207-9 左 1500
配套主机	型号/用途	Y6102/汽车	6105QZP/车用	6105Q/汽车	6102BQ/车用
	功率/转速 kW/(r/min)	98.8/3000	102.5/3800	95.2/2800	102.5/3000
	主机厂/汽车厂	扬州柴油发动机厂	湖南动力机厂	柳州汽车发动机厂 玉林柴油发动机厂	朝阳柴油发动机厂
喷油器	针阀偶件	ZS4S1A	CN-DLLA150S324	ZS4S1A	NP-DLLA154S324
	开启压力/MPa	13+1	190+0.5	12	19.5+0.5
标定	转速/齿杆行程 (r/min)/mm	1500/(11.0±0.1)	1400/(10.4±0.1)	1400/(10.4±0.1)	1500/(11.0±0.1)
	油量/(mL/200 次)	12.40±0.25	13.6±0.3	12.50±0.25	12.10±0.25
校正	转速/齿杆行程 (r/min)/mm	900/(11.6±0.1)	—	780/(10.7±0.1)	1000/(11.3±0.1)
	油量/(mL/200 次)	12.7±0.5		11.1±0.5	120±0.6
怠速	转速/齿杆行程 /(r/min)	(250+50)/ (7.8±0.5)	(250+50)/ (8.2±0.5)	(250+50)/ (7.3±0.5)	(250+50)/ (9.4±0.5)
	油量/(mL/200 次)	3.0±0.7	3.0±0.7	2.5±0.7	3.5±0.5
启动	转速/(r/min)	125	125	125	125
	油量/(mL/200 次)	16～19	16～19	16～19	13～21
调速	起作用转速 /(r/min)	1510～1525	1415～1430	1415～1430	1525～1550
	停油转速/齿杆行程 (r/min)/mm	≤1660/(1.0～4.2)	≤1560/(1.0～4.0)	≤1580/(1.0～3.7)	≤1650/(1.0～3.0)

项目		油泵型号			
		6A204-8.5 右 1500	A205-9.5 右 1400	6A206-8.5 右 1400	6A207-9 左 1500
配套主机	型号/用途	Y6102/汽车	6105QZP/车用	6105Q/汽车	6102BQ/车用
	功率/转速 kW/(r/min)	98.8/3000	102.5/3800	95.2/2800	102.5/3000
	主机厂/汽车厂	扬州柴油发动机厂	湖南动力机厂	柳州汽车发动机厂 玉林柴油发动机厂	朝阳柴油发动机厂
供油顺序/旋向		1-5-3-6-2-4/顺	1-5-3-6-2-4/顺	1-5-3-6-2-4/顺	1-5-3-6-2-4/顺
供油预行程/mm		2.60±0.05	2.80±0.05	2.20±0.05	2.40±0.05
极限转速/行程怠速 (r/min)/mm 高速		500/(0.5~2.6) 1700/(1.0~2.0)	500/(0.5~3.0) 1590/(1.0~2.5)	500/(3.0~5.5) 1660/(1.0~2.5)	500/(4.0~5.5) 1660/(1.0~2.5)
配套主机	型号/用途	6102BQ/垃圾车	6105QA/车用	LR6105Q/车用	6110A-1/汽车
	功率/转速 kW/(r/min)	102.5/3000	95.2/2800	98.8/2800	103/2900
	主机厂/汽车厂	朝阳柴油发动机厂	广西玉林柴油发动机厂	洛阳拖拉机厂	大连柴油发动机厂
喷油器	针阀偶件	CN-DLLA154S324	ZCK154S434	CAVJ 系列	CN-DLLA155S305
	开启压力/MPa	18+0.5	19+0.5	20.0	22
标定	转速/齿杆行程 (r/min)/mm	1500/(11.0±0.1)	1400/(10.0±0.1)	1400/(11.0±0.1)	1450/(11.3±0.1)
	油量/(mL/200 次)	12.0±0.25	13.0±0.5	16.5±0.6	14.6±0.34
校正	转速/齿杆行程 (r/min)/mm	1000/(11.3±0.1)	900/10.3	800/(11.2±0.05)	900/11.6
	油量/(mL/200 次)	11.7±0.6	12.80±0.25	15.6	130±0.5
怠速	转速/齿杆行程 (r/min)/mm	(250+50)/ (9.6±0.5)	(250+50)/ (8.5±0.5)	(250+50)/ (9.6±0.5)	250+50/9.7
	油量/(mL/200 次)	1.0~3.0	1.0~3.0	30±0.6	3.0±0.5
启动	转速/(r/min)	150	150	150	150
	油量/(mL/200 次)	13~21	16~22	20~26	18~23
调速	起作用转速 /(r/min)	1500~1530	1425~1440	1425~1440	1480~1495
	停油转速/齿杆行程 (r/min)/mm	≤1650/(1.0~3.0)	≤1590/(1.0~4.5)	≤1570/(1.0~4.5)	≤1650+30/—
供油顺序/旋向		1-5-3-6-2-4/顺	1-5-3-6-2-4/顺	1-5-3-6-2-4/顺	1-5-3-6-2-4/顺
供油预行程/mm		2.40±0.05	3.00±0.05	3.40	3.40±0.05
极限转速/行程怠速 (r/min)/mm 高速		(500+50)/ (0.4~5.0) 1660/(1.0~3.4)	(500+30)/ (3.0~4.5) 1680/(0~1.0)	(550+50)/ (4.0~5.0) 1670/(1.0~3.4)	500/(3.5~5.0) 1750/(1.0~3.4)
配套主机	型号/用途	N6102Q/车用	6110	6110Z	611Z-2A
	功率/转速 kW/(r/min)	—/3000	117/2900	147/2600	132/2600
	主机厂/汽车厂	南充内燃机厂	大连柴油发动机厂	大连柴油发动机厂	大连柴油发动机厂
喷油器	针阀偶件	ZCK154S432A	ZKC155S529	ZCK155S532	ZCK155S532
	开启压力/MPa	18.5	22~23	22+1	22~23

项目		油泵型号			
		6A204-8.5右1500	A205-9.5右1400	6A206-8.5右1400	6A207-9左1500
配套主机	型号/用途	N6102Q/车用	6110	6110Z	611Z-2A
	功率/转速 kW/(r/min)	—/3000	117/2900	147/2600	132/2600
	主机厂/汽车厂	南充内燃机厂	大连柴油发动机厂	大连柴油发动机厂	大连柴油发动机厂
标定	转速/齿杆行程 (r/min)/mm	1500/10.5	1450/12.2	1300/12.6	1300/12.4
	油量/(mL/200次)	12.9±0.3	16.0	19.3	18
校正	转速/齿杆行程 (r/min)/mm	900/10.5	900/12.5	850/12.6	850/12.4
	油量/(mL/200次)	11.5±0.35	15	19.4	18
怠速	转速/齿杆行程 (r/min)/mm	300/(7.8±0.2)	275/9.9	275/10.9	250/10.7
	油量/(mL/200次)	3.00±0.45	2.30±0.35	2.30±0.35	2.30±0.35
启动	转速/齿杆行程 (r/min)/mm	100+25	100	100	100
	油量/(mL/200次)	12+2	＞16	≥16	≥16
调速	起作用转速 /(r/min)	1500+50 +35	1480~1490	1320~1330	1320~1330
	停油转速/ (r/min)	≤1680±10	≤1650	≤1440	≤1440
供油顺序/旋向		1-5-3-6-2-4/顺	1-5-3-6-2-4/逆	—	—
供油预行程/mm		3.3	—		
备注		大连油泵	—	大连油泵	—
配套主机	型号/用途	6110A1/车用	6110A-1/车用	6102QB/车用	HD6105/车用
	转速/(r/min)	2900	2900	3000	2800
	主机厂/汽车厂	大连柴油发动机厂	无锡柴油发动机厂	东风朝阳柴油发动机公司	湖南动力机厂
标定	转速/齿杆行程 (r/min)/mm	1450/10.6	1450/10.6	1500/10.5	1400/10
	油量/(mL/200次)	15.70±0.45	13.70±0.35	10.70±0.25	12.90±0.35
校正	转速/齿杆行程 (r/min)/mm	900/11.0	950/11.0	1000/11.1	900/9.9
	油量/(mL/200次)	14.70±0.41	13.40±0.3	11.20±0.27	12.20±0.35
怠速	转速/齿杆行程 (r/min)/mm	250/9.4	250/约9.4	300/约9	275/7.8
	油量/(mL/200次)	2.70±0.41	2.40±0.3	1.5±0.2	1.80±0.25

项目		油泵型号			
		6A204-8.5 右 1500	A205-9.5 右 1400	6A206-8.5 右 1400	6A207-9 左 1500
配套主机	型号/用途	6110A1/车用	6110A-1/车用	6102QB/车用	HD6105/车用
	转速/(r/min)	2900	2900	3000	2800
	主机厂/汽车厂	大连柴油发动机厂	无锡柴油发动机厂	东风朝阳柴油发动机公司	湖南动力机厂
启动	转速/(r/min)	100	100	100	100
	油量/(mL/200 次)	≥20	≥17	≥12	≥16
供油顺序/旋向		1-5-3-6-2-4/逆	1-5-3-6-2-4/逆	1-5-3-6-2-4/顺	1-5-3-6-2-4/顺
供油预行程/mm		3.40±0.05	3.40±0.05	2.40±0.05	4.20±0.05

二、P 型喷油泵调试技术规范

P 型喷油泵性能调试技术规范见表 5-8 和表 5-9。

表 5-8　P 型喷油泵性能调试技术规范 (一)

项目		油泵型号			
		BoschP300 PES6P120A720RS3234	BoschP7100 PES6P120A720RS7179	BHM6P110 YAY21	PE6P115/321 RS1.P166
配套主机	型号/用途	YC6112ZLQ-180	YC6112ZLQ-190	WD615.68/斯太尔	X6130/客车
	功率/转速 kW/(r/min)	177/2300	199/2300	—/2200	—/2100
	主机厂/汽车厂	玉柴	玉柴	潍柴、杭发、川柴	杭发
喷油器	针阀偶件	DLLA143P253	DLLA143P253	ZCK150P531	ZCL150S437
	开启压力/MPa	27+0.8	27+0.8	—	21±0.5
标定	转速/齿杆行程 /(r/min)/mm	1150/—	1150/—	1100/(13.8~13.9)	1050/8.8
	油量/(mL/200 次)	33~33.3	42.4~42.8	36.8~37.2	26
校正	转速/(r/min)	700	750	—	—
怠速	转速/齿杆行程 (r/min)/mm	(350+20)/—	(350+25)/—	300/(4.0~4.1)	225/6.5
	油量/(mL/200 次)	5.3~6.5	4~5.2	3.1~4.2	2.6±0.4
启动	转速/(r/min)	100	100	100	100
	油量/(mL/200 次)	26~34	30~36	48~55	33.8~36.4
调速	起作用转速/(r/min)	—	—	—	1120~1140
	停油转速/(r/min)	1340~1380	1310~1350	1280	1180
供油顺序/旋向		1-5-3-6-2-4	1-5-3-6-2-4	—	—
供油预行程/mm		—	—	2.9±0.05	3.4±0.05
备　注		—	—	重庆油泵厂	杭州汽车发动机厂油泵分厂

项目		油泵型号			
		BoschP300 PES6P120A720RS3234	BoschP7100 PES6P120A720RS7179	BHM6P110 YAY21	PE6P115/321 RS1.P166
配套 主机	型号/用途	X6130Q/车用	6130ZG1/工程	WD615.67/车用 （斯太尔）	WD615.61/车用 （斯太尔）
	转速/(r/min)	2100 济汽集团、 杭发集团	2200 天津动力机厂	2400 潍柴集团、 杭发集团	2600 潍柴集团、 杭发集团
喷油 器	针阀偶件	ZCK150S437	ZCK150S437	ZCK150S434	ZCK150S434
	开启压力/MPa	210±0.5		22.5	22.5
标定	转速/齿杆行程 (r/min)/mm	1050/9.8	1100/—	1200/11.9	1300/9.5
	油量/(mL/200次)	26.2±1.0	29.0±1.1	33.6±1.2	31.2±1.2
校正	转速/齿杆行程 (r/min)/mm	700/9.6	700/—	700/12.1	700/8.7
	油量/(mL/200次)	25.8±1.5	27±1.5	33.8±1.8	27.4±1.5
怠速	转速/齿杆行程 (r/min)/mm	225/6.6	225/—	250/6	250/5.1
	油量/(mL/200次)	5.2±1	6.5±1.2	6.0±1.2	6.0±1.2
起动	转速/齿杆行程 (r/min)/mm	100/—	120/—	100/11.1	100/11.1
	油量/(mL/200次)	35±3	30±3	40±3	40±3
调速	起作用转速 /(r/min)	1067~1070	1110~1120	1210~1220	1340~1350
	停油转速 （r/min）	1180	≤1240	≤1370	≤1470
供油顺序/旋向		1-5-3-6-2-4/顺	1-5-3-6-2-4/顺	1-5-3-6-2-4/顺	
供油预行程/mm		3.40	3.60	2.85	3.40
极限转速/行程怠速 （r/min)/mm 高速		400/1.5 1200/1.5	—	—	—

表 5-9 P 型喷油泵性能调试技术规范（二）

项目	机型	
	D114ZQ152.4(kW)/2200(r/min)	STEYRWD615.67 212.5(kW)/2200(r/min)
喷油泵型号	P76G11-93P·528ⅡR01F	P76T11-93P202BⅡR100
调速器型号	B4EL2 5-110/392	R4EL20-120/2021D

项目	机型			
	D114ZQ152.4(kW)/2200(r/min)		STEYRWD615.67 212.5(kW)/2200(r/min)	

试验条件	试验用油	JB-1 校泵油		JB-1 校泵油	
	润滑机油	HC11·HC14		HC11·HC14	
	油温/℃	40＋5		40＋5	
	进油压力/MPa	0.15		0.15	
	标准喷油器	PB55ST42		EFEP215	
	标准针阀偶件	ZS12SJ1T		EFEP216A/172＋3Pa	
	标准高压油管/mm	$\phi6×\phi2×600$		$\phi8×\phi2×100$	

喷油泵	预行程/mm	5.0＋0.1	3.0＋0.1
	供油始点差/mm	±0.15,凸轮夹角与第一缸	±0.15,凸轮夹角与第一缸
	供油顺序	1-5-3-6-2-4	1-5-3-6-2-4
	凸轮夹角/(°)	60	60
	转向	右	右

操纵手柄位置全负荷	LDA进气压力/×10⁵Pa	喷油次数/次	转速/(r/min)	油量值/mL	LDA进气压力/×10⁵Pa	喷油次数/次	转速/(r/min)	油量值/mL
	1.0	1000	1100	125±1	0.9	1000	1200	214±2
	1.0	1000	700	123±2	0.9	1000	900	197±3.5
	0	1000	400	80.0±2.5		1000 1000	600 300	115.0±3.5
	0	100	100	15＋3		100	100	15.5

手柄位置怠速及全负荷	怠速开始	怠速结束	起作用点	作用结束点	调整点/(r/min)			
	调整点/(r/min)				怠速开始	怠速结束	起作用点	作用结束点
	200＋20	360＋40	1120＋20		140＋20	450＋20	1240＋20	

安全停油转速/(r/min)	1200＋40	1360＋40
停油齿杆行程储备/mm	至少 1	至少 1
连接杆部件尺寸 C/mm	46＋2	54
法兰支承尺寸 A/mm	33.0±0.5	35.0±0.5

注：本表仅作参考。

三、RLD 型调速器调试技术规范

WO6E 型柴油发动机 RLD 型调速器性能调试技术规范见表 5-10。

表 5-10　WO6E 型柴油发动机 RLD 型调速器性能调试技术规范

检查调整项目	操纵手柄位置	油泵转速 /(r/min)	齿杆行程 /mm	油　量 /(mL/500 次)	调整部位
急速控制	急速位置	100	约 13.5		急速限位螺钉
		250	约 8		急速弹簧组件
		450	6.4		调速器轴调节螺钉
		1050	4.7		只做检查
中速和高速控制	高速全负荷位置	1625～1640	齿杆开始动		高速限位螺钉
		100 1600 1300 650	9.4 9.3 9.5 8.75	30.2～31.2 30.8～32.8 19～21	全负荷油量调整螺 钉和扭矩凸轮 调整螺母
		1780	6.7		只做检查

WO6E 型柴油发动机 RLD 型调速器调速特性曲线如图 5-24 所示。

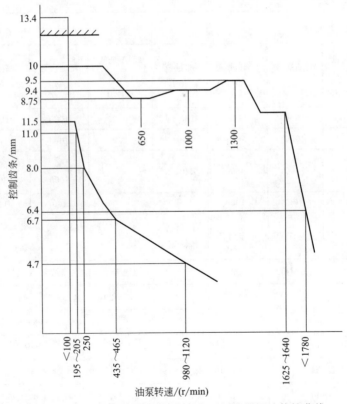

图 5-24　WO6E 型柴油发动机 RLD 型调速器调速特性曲线

四、33 型喷油泵主要调试技术规范

卡玛斯汽车 33 型喷油泵性能调试技术规范见表 5-11。

表 5-11　卡玛斯 33 型喷油泵性能调试技术规范

项目		序　号		
		1	2	3
机　型		KAMA3-55111	—	KAMA3-5320
柴油发动机型号		740·10-20	740·10	740
标定功率	功率/kW	162	154	
	转速/(r/min)	2600～2650	2600～2650	2600
喷油泵型号		33-02	33-02	33
喷油压力/MPa		新 22.5/旧 19.85	新 19.3/旧 18.3	新 19.3/旧 18.3
标定工况	转速/(r/min)	1300	1300	1300
	次数/次	200	200	200
	油量/mL	16.0～16.5	15.0～15.5	15.2
校正工况	转速/(r/min)	850	850	800
	校正行程/mm	1.0±0.2	1.0±0.2	—
	次数/次	200	200	200
	油量/mL	14～16	13～15	19.2
启动工况	转速/(r/min)	100～150	100～150	100
	启动行程/mm	7.5±0.5	7.5±0.5	—
	次数/次	200	200	200
	油量/mL	36～44	32～40	42
怠速工况	转速/(r/min)	300	300	300
	怠速行程/mm	从标定工况回移 3.0±0.2	从标定工况回移 3.0±0.2	—
	次数/次	200	200	200
	油量/mL	3.2～4.2	3.2～4.2	3.2～4.2
完全断油转速/(r/min)		≤400	≤400	≤400
调速器开始作用转速/(r/min)		1330～1340	1330～1340	1340～1350
调速器完全断油转速/mm		≤1490	≤1490	≤1500

五、PP4M3113、3112 喷油泵调试技术规范

6211、7211 拖拉机 PP4M3113、3112 喷油泵性能调试技术规范见表 5-12。

表 5-12　6211、7211 拖拉机 PP4M3113、3112 喷油泵性能调试技术规范

检查调整内容	型号						操纵手柄位置
	4M3113			4M3112			
	转速/(r/min)	油量/(mL/200 次)	允许不均量/mL	转速/(r/min)	油量/(mL/200 次)	允许不均量/mL	
怠稳弹簧起作用终止转速	530～550	—	—	530～550	—	—	高速位置

检查调整内容	型号						操纵手柄位置
	4M3113			4M3112			
	转速/(r/min)	油量/(mL/200 次)	允许不均量/mL	转速/(r/min)	油量/(mL/200 次)	允许不均量/mL	
调速器起作用转速	1130~1140	—	—	1130~1140	—	—	高速位置
标定供油量	110	12.5~13	±0.5	1100	12~12.5	±0.5	高速位置
停油转速	1280~1300			1280~1300			高速位置
怠速弹簧起作用终止转速供油量	530~550	10.5~12	±0.5	530~550	10~11.5	±0.5	高速位置
怠速油量	300	3~3.5	±0.5	300	3~3.5	±0.5	怠速位置
怠速停油转速	≤400	—	—	≤400	—	—	怠速位置
启动油量	150	22~26	±1	150	22~26	±1	高速位置

六、BQ 型喷油泵调试技术规范

BQ 型喷油泵性能调试技术规范见表 5-13。

表 5-13 BQ 型喷油泵性能调试规范（山东油泵油嘴厂）

项目		型号	
		BQ	BQ
配套主机	型号	375	—
	主机厂/汽车厂	黑豹运输车	篮箭 1041 轻卡
喷油器	针阀偶件	ZS4S1	—
	开启压力/MPa	13	—
标定	转速/(r/min)	1225	1600
	油量/(mL/200 次)	4.2	7.6
校正	转速/(r/min)	850	1120
	油量/(mL/200 次)	4.4	8
怠速	转速/(r/min)	300	300
	油量/(mL/200 次)	2±0.5	2±0.5
启动	转速/(r/min)	150	150
	油量/(mL/200 次)	>5.2	≥9.6
	停油转速/(r/min)	1340	1760

七、VE 型喷油泵总成调试技术规范

（一）VE4 系列喷油泵性能调试技术规范

1. VE4/11F1900LNP 型喷油泵性能调试技术规范

VE4/11F1900LNP 型喷油泵性能调试技术规范见表 5-14。

表 5-14　VE4/11F1900LNP 型喷油泵性能调试参数

标志号：104741～1101　　　　　　　　　　　　　　　发动机型号：4JB1
喷油泵型号：VE4/11F1900LNP×××　　　　　　　　　公司：ISUZU

1	内压试验	泵速/(r/min)	1000	1450	1950
		压力/MPa	0.31～0.37	0.50～0.54	0.64～0.70
2	供油提前器活塞行程	泵速/(r/min)	460～660	1400	1950
		行程/mm	0.5	1.6～2.2	5.3～6.2
3	溢流量	(r/min)/(mL/10s)		1450/(53～97)	
4	全负荷 （海拔高度补偿）	泵速/(r/min)		喷油量/(ML/1000 次)	
		1000		44.1～45.1	
		2100		17.2～23.2	
		1800		42.8～47.8	
		1450		45.2～49.2	
		2300		最大 5	
		1000		减少 3.6～6.2	
5	怠速油量	390		6～106	
6	启动油量	100		75.0～115.0	

注：1. 试验电压为 12～14V。

2. $K=2.7～2.9$，MS$=0.9～1.1$，KF$=4.9～5.1$。

3. 预行程为 0.30 ± 0.02mm。

2. VE4/11F1800LN779 型喷油泵性能调试技术规范

VE4/11F1800LN779 型喷油泵性能调试技术规范见表 5-15。

表 5-15　VE4/11F1800LN779 型喷油泵性能调试技术规范

标志号：104741-6410　　　　　　　　　　　　　发动机型号：4JB1　ISUZU
喷油泵型号：VE4/11F1800LN779×××　　　　　　公司：成都发动机公司

内压试验	泵速/(r/min)	1600		
	压力/MPa	0.49 ± 0.02		
供油提前器活塞行程	泵速/(r/min)	1300	1600	1950
	行程/mm	1.4 ± 0.4	3.9 ± 0.2	$7.6^{+0.4}_{-0.3}$
溢流量	(r/min)/(mL/10s)			
全负荷	泵速/(r/min)	喷油量/(mL/1000 次)	流量散差/mL	
	2100	12.9 ± 3.0		
	1800	47.6 ± 3.0	4	
	1450	44.5 ± 2.5		
	1000	42.1 ± 1.0	4.0	
	700	34.9 ± 2.5		
	500	38.6		
怠速油量	390	6.7 ± 2.0	2.0	
启动油量	100	60～100		

注：1. 试验电压为 12～14V。

2. $K=2.7～2.9$，MS$=0.9～1.1$，KF$=4.9～5.1$。

3. 预行程为 0.30 ± 0.02，平面凸轮升程 2.2mm。

3. NP-VE4/11 1900LNP414 型喷油泵性能调试技术规范

NP-VE4/11 1900LNP414 型喷油泵性能调试技术规范见表 5-16。

表 5-16 NP-VE4/11 1900LNP414 型喷油泵性能调试技术规范

标志号：104741-1210

喷油泵型号：NP-VE4/11　1900LNP414×××

发动机型号：4JB1-BG

公司：ISUZU

内压试验	泵速/(r/min)	1000		1450	1950
	压力/MPa	0.31～0.37		0.5～0.54	0.64～0.70
供油提前器活塞行程	泵速/(r/min)	1200～1320		1450	1950
	行程/mm	0.5		1.6～2.2	6.0～6.2
溢流量	(r/min)/(mL/10s)		1450/(53.0～97.04)		
全负荷	泵速(r/min)	喷油量/(mL/1000 次)		不均匀度流量差/mL	
	1000	44.1～45.0		3.0	
	1800	42.8～47.9			
	2000	33.32～40.3			
	2300	5 以下			
急速油量/(r/min)/(mL/1000 次)	390	6.0～10.0		2.0	
启动油量/(r/min)/(mL/1000 次)	100	75.0～115.0			

注：1. 试验电压为 12～14V。

2. $K=2.7～2.9$，MS$=0.9～1.1$，KF$=4.9～5.1$。

4. NP-VE4/11F 1900LNP415 型喷油泵性能调试技术规范

NP-VE4/11F 1900LNP415 型喷油泵性能调试技术规范见表 5-17。

表 5-17 NP-VE4/11F 1900LNP415 型喷油泵性能调试技术规范

内压试验	泵速/(r/min)	1000		1500	1950
	压力/MPa	0.31～0.37		0.5～0.54	0.64～0.70
供油提前器活塞行程	泵速/(r/min)	1200～1300		1500	1950
	行程/mm	0.5		2.0～2.6	5.3～6.2
溢流量	(r/min)/(mL/10s)		1500/(53.0～97.0)		
全负荷	泵速(r/min)	喷油量/(mL/1000 次)		不均匀度流量差/mL	
	1000	39.0～40.0		3.5	
	1800	36.4～41.4			
	2000	29.2～36.2			
	2300	5 以下			
急速油量/(r/min)/(mL/1000 次)	390	5.5～9.5		2.0	
启动油量/(r/min)/(mL/1000 次)	10	75.0～100.5			

注：1. 试验电压为 12～14V。

2. $K=2.7～2.9$，MS$=0.9～1.1$，KF$=4.9～5.1$。

（二）BoschVE6/12F1300R377-1 分配式喷油泵性能试验规程

BoschVE6/12F1300R377-1 分配式喷油泵［东风汽车 EQ1141G（153）6BT118-01 型康明斯柴油发动机分配式喷油泵］性能试验规程如下。

1. 试验条件

① 试验燃油回油温度：仪表式 40～48℃；电子式 42～50℃。

② 试验台输油压力：0.03～0.04MPa。

③ 标准喷油器喷油压力：25.0～25.3MPa。

④ 喷孔直径：0.5mm。

⑤ 高压油管内径×外径×长度：$\phi 2mm \times \phi 6mm \times 840mm$。

2. 柱塞行程

① 预行程（从柱塞下止点）：0.30mm±0.02mm（±0.04mm）。

② 发动机第一缸压缩上止点时的柱塞行程：2.35mm±0.02mm（±0.06mm）。

3. 在确定转速下的正时活塞行程

在确定转速下的正时活塞行程见表 5-18。

表 5-18 在确定转速下的正时活塞行程

补偿空气压力/MPa	分配泵转速/(r/min)	正时活塞行程/mm
0.1	1300	0.70～2.50
0.1	1200	1.40～1.80
0.1	1100	0.40～1.20

4. 在确定转速下的二级输油泵输油压力

在确定转速下的二级输油泵输油压力见表 5-19。

表 5-19 在确定转速下的二级输油泵输油压力

补偿空气压力/MPa	分配泵转速/(r/min)	输油压力/MPa
0.1	500	0.48～0.54
0.1	1200	0.81～0.87
0.1	1300	0.86～0.92

5. 在各种不同转速下的供油量

在各种不同转速下的供油量见表 5-20。

表 5-20 在各种不同转速下的供油量

补偿空气压力/MPa	分配泵转速/(r/min)	供油量/(mL/1000 次)	备　　注
0.1	850	73.5～74.5	全负荷供油量
0.1	1300	64.0～69.0	额定供油量
0	500	50.5～51.5	补偿器设定点
0.1	1400	54.0～60.0	调速器开始起作用点
0.1	1540	＜15.0	最高空转速
0	350	9.0～11.0	怠速转速
0	100	60.0～140.0	启动供油量

6. 在确定转速下的回油量

在确定转速下的回油量见表 5-21。

表 5-21 在确定转速下的回油量

补偿空气压力/MPa	分配泵转速/(r/min)	回油量/(mL/10s)
0.1	500	104.20～145.90
0.1	1300	111.20～194.60

八、НД-22 型分配泵调试技术规范

НД-22 型分配泵性能调试技术规范见表 5-22。

表 5-22　НД-22 型分配泵性能调试技术规范

项目	机型			
	T-150K	T-150,T-157	ДТ-75C	ДОН-1500
柴油发动机型号	СМД-62	СМД-60,СМД-68	СМД-66	СМД-31
喷油泵型号	НД-SS	НД-22	НД-22	НД-22
喷油器型号	ϕА-22	ϕД-22	ϕА-22	ϕД-22
喷射压力/MPa	17.0+0.5	17.0+0.5	17.0+0.5	17.0+0.5
泵腔压力/MPa	0.11~0.13	0.11~0.13	0.11~0.13	0.11~0.13
起作用转速/(r/min)	1080±5	1030±5	970±5	1020±5
标定转速/(r/min)	114.7±2	110±2	126±2	158±2
标定油量/(mL/1000 次)	150	100	950	1000
停油转速/(r/min)	1130~1180	1080~1130	1025~1065	1080
校正转速/(r/min)	750^{+50}_{20}	750^{+50}_{20}	750^{+50}_{20}	750^{+50}_{20}
校正油量/(mL/1000 次)	135~146	129.2~140	130~146	164~176
校正开始转速/(r/min)	950~1025	900~975	850~925	900~975

九、DM 型分配泵调试技术规范

DM 型分配泵性能调试技术规范（1075 型联合收割机用）见表 5-23。

表 5-23　DM 型分配泵性能调试技术规范

检查调整内容	油泵转速 /(r/min)	供油量/(mm³/循环或 mL/1000 次)			泵腔压力/MPa
		国际标准嘴	美国 SAE 孔板嘴	单缸最大油量差	
标定调整点	1250±10	74~78	66~70	4	0.595 −0.665
校正调整点	750±10	80~86	79~85	7	—
高速人工停油检查	1250±10	3	3	—	—
最高空转油量	1350±10	10~15	10~15	4	—
调速器高速停油检查	1350±10	5	5	—	—
急速油量	400±10	10~15	10~15	—	—
急速人工停油检查	400±10	3	0	—	—
启动油量	75±10	48	38	—	>0.07
自动提前量	200r/min 时开始动；450r/min，为 7.0°±0.5°				

注：人工停油指切断电磁给油装置电源或用停油杆闭车。

第三节　喷油泵调试

一、喷油泵总成试验条件

（一）实验室环境和试验台

调试室应清洁无尘，有通风和降噪功能；喷油泵试验台要有足够的电动机驱动功率，以保证喷油泵在最大供油量及最大转速下能稳定运转。用三角皮带变速的试验台，需经常检查并调整皮带的张紧度，以防皮带用久了会变软、变松，使功率传递效率降低。喷油泵试验台应具有足够宽的转速变化范围。试验台能达到的最高转速必须比所调试的喷油泵的空载最高转速还要高出 30％以上，并且能采用无级变速来实现其转速的调节。喷油泵在调试前必须仔细清洗，上台紧固后须经数分钟中速全供油运行，以彻底排清管道中残存的空气，然后才能进行正式测试。

集油计量要可靠。试验台要带有电动或机械式自动装置来实现供油的行程控制。

（二）标准喷油器

试验台上应安装标准喷油器，建议采用 ZSl2SJI 型喷油嘴，喷油压力应调整为 17.5MPa，高压油管和喷油器的组合流量差应不大于 1％。

（三）高压油管

试验台的高压油管的规格一般为内径 ϕ2mm 外径 ϕ6mm 长度 600mm 的标准油管。对于供油量较大的 P 型泵，可使用内径 ϕ3mm、外径 ϕ8mm、长度 800mm 的标准油管。

（四）试验用油和油温

调试室温度控制在 15～20℃时，可以用 0#轻柴油作为试验用油；若在冬季无法完全控制室温，就要靠燃油加热器和恒温控制器来提高试验用油的温度；在调试过程中，油温最好能保持在 40～45℃。实践验证 0#轻柴油作为试验用油缺乏抗蚀能力，氧化安定性差，胶质高，时间一长，柴油氧化变质，酸度增加。我国目前采用 JB-1 型校泵油，这种油能满足喷油泵调试时防锈性、润滑性和抗氧化性的要求，并有良好的黏温特性，解决了 0#轻柴油存在的问题。

（五）试验台供油压力

试验台试验油的压力（输油泵输出油压）规定为 0.16MPa。

二、喷油泵总成试验内容

（一）喷油泵的试验准备

为了对喷油泵进行准确调试，事先弄清楚喷油泵的性能参数是十分必要的。喷油泵有关的性能参数大致可包括以下部分。

1. **匹配的柴油发动机。**

① 柴油发动机的型号。

② 柴油发动机的缸径×行程（mm）。

③ 柴油发动机的额定功率（kW）。

④ 柴油发动机的额定转速和怠速（r/min）。

2. **供油自动提前器**

① 供油自动提前器的型号。

② 供油自动提前器的提前特性（凸轮轴转角/泵转速）。

3. **输油泵**

① 输油泵的型号。

② 输油的压力（MPa）。

③ 活塞弹簧常数。

④ 输油量［L/(r/min)］。

⑤ 活塞行程（mm）。

⑥ 活塞弹簧自由长度（mm）。

4. **喷油泵**

① 喷油泵型号。

② 喷油泵的旋转方向（从驱动端看）。

③ 喷油泵与柴油发动机的连接方式。

④ 供油顺序。

⑤ 柱塞直径×行程（mm）。

⑥ 柱塞槽旋向。

⑦ 柱塞弹簧自由长度（mm）。

⑧ 柱塞弹簧常数（kg/mm）。

⑨ 挺杆与柱塞的间隙（mm）。

⑩ 齿杆行程（mm）。

⑪ 供油间隔角度（°）。

⑫ 润滑油量（L）。

5. 调速器

① 调速器型号。

② 调速器型式。

③ 调速器调速特性曲线（图 5-25）。

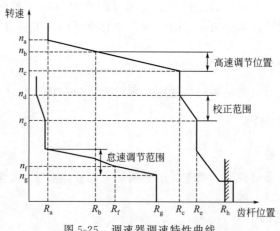

图 5-25　调速器调速特性曲线

④ 调速器调速范围。

⑤ 调速器调试基准设定。

⑥ 标定工况的供油齿杆位置 R_c、转速 n_c、供油量、不均匀度。

⑦ 校正工况的供油齿杆位置 R_e、转速 n_e、供油量、不均匀度。

⑧ 怠速工况的供油齿杆位置 R_f、转速 n_f、供油量、不均匀度。

⑨ 空载最高转速 n_d、供油齿杆位置 R_d、供油量、不均匀度。

⑩ 启动工况的供油齿杆位置 R_h、供油量。

6. 配用的喷油器

① 喷油嘴型号。

② 开始喷射压力（MPa）。

③ 喷孔个数×喷孔直径（mm）。

④ 喷雾倾角（单孔）或喷雾锥角（多孔）。

7. 喷油泵试验报告

喷油泵试验报告见表 5-24。

表 5-24　喷油泵试验报告

| 试验员：　　　　　　送检员： | | | 年　　　月　　　日 |

喷油泵型号		调速器型号	指导老师评语
制造厂家		匹配发动机	
试验前技术指标	启动工况供油量	空载断油转速	标定转速供油量	怠速工况供油量
故障描述				
试验后技术指标	启动工况油量	空载断油转速	标定转速供油量	
恢复技术状况描述				
修理及更换零件情况	零件名称		零件数量	
遗留问题及情况说明				

以上所述性能参数的项目很多，能够在调试前将它们找齐，对调试当然大有帮助。但实际上除了生产喷油泵组件的厂家、大型车队或与众多生产厂家直接挂钩的少数维修单位外，绝大多数维修点并不容易获得各种车型都如此详尽的技术资料。而且从我国的国情出发，短时期内也无法做到凡是喷油泵组件磨损超量就一定能给予更换。这里既有经济上的原因，也有零配件生产配套以及零配件质量方面的问题。因此在大多数维修场合下，由于喷油泵内部某些机械零件磨损超量，使经调试后的喷油泵的性能无法完全达到新喷油泵出厂时的指标是不足为奇的。考虑到送修的喷油泵铭牌上的数据可供参考，喷油泵内部拆卸下来的零件可作为采购的样品依据。事实上，以上所述的性能参数中，除少部分参数是一定需要在调试前知道外，并不是所有的数据都是必不可少的，完全可以根据送修喷油泵情况的不同做出合理的取舍。

（二）喷油泵调试的注意事项

喷油泵在准备上台调试前，应注意以下事项。

1. 详细询问车况和喷油泵使用情况

若属常规的二保、三保作业，询问时应掌握以下要点。

① 什么车型（包括所属车类、主要用途和工作环境）？

② 发动机型号（包括发动机的额定功率和最高转速）？

③ 汽车动力性（动力不足的突出表现是爬坡减挡太多，在平坦路面上车速提不高）？

④ 汽车耗油量（包括耗柴油和耗机油两种情况）？

⑤ 汽车排烟情况（包括怠速下排烟、加速瞬间排烟、高速下排烟三种情况）？

⑥ 汽车启动性（包括冷车启动和热车启动两种情况）？

⑦ 喷油泵上次保修时间（包括在何处保修，保修时换过什么零件，保修后运行是否正常）？

若属故障性送修，除了询问以上问题外，还应详细了解故障的表现。包括问清楚是突发性故障，还是逐渐演化而来的故障；是在什么情况下发生的故障；当时对故障采取了什么临时性措施。

2. 观察喷油器外观

汽车发动机工作良好时，喷油器外观清洁，喷油嘴只附着薄厚均匀、干燥的轻微炭渣；当发动机气缸空气压力不足时，喷油嘴将有严重的积炭。积炭可分几种情况。一种是积炭虽多，但不湿润。若积炭集中于喷油嘴口处，则可能是喷油嘴性能不良；若积炭分布面较大，则可能是气门密封性差、喷油时间过早、喷油器雾化不良等。另一种是积炭多，且附着湿润的柴油，原因可能是气门关闭不严、喷油时间过迟、喷油嘴针阀卡死在不能关闭的位置上、漏油严重等。还有一种是积炭多，且附着带黏性的湿润机油。原因是气缸活塞环、活塞、气缸套之间的配合间隙过大，有机油上窜到燃烧室。除此以外，若喷油嘴紧固螺母的外圆面有积炭，说明密封铜垫圈不良；若喷油嘴紧固螺母上方有积存物，说明螺母紧固不良。

3. 突发性故障

若属突发性故障，并怀疑可能是喷油泵内柱塞弹簧折断、柱塞卡死、供油齿杆卡滞、凸轮轴轴承碎裂、加油操纵臂紧固处松动、气动式调速器气膜漏气等原因造成时，应打开喷油泵边盖，一面摆动加油臂（或拉动熄火杆）；一面观察供油齿杆移动情况（同时可感觉出供油齿杆运动的灵活程度）；或者用手拧转供油自动提前器，观察柱塞、柱塞弹簧上下运动情况（可看出柱塞有无卡死，柱塞弹簧有无折断）。用起子插在供油自动提前器与喷油泵体之间撬动，可根据凸轮轴轴向窜动量，判断凸轮轴轴承的完好程度。将配气动式调速器的喷油泵的加油操纵臂摆向断油位置，再用另一只手按紧调速器负压室的气管接头口，然后松开加油臂，观察供油齿杆是否移动。若移动，说明调速器气膜已破损漏气。

（三）喷油泵调试前的操作

在完成接修喷油泵的初步问诊、检视以及查找到必要的调试数据后，还要做好几项准备工作，才能进行正式的喷油泵调试。

① 拆卸不便于与喷油泵试验台输出轴连接的部件。不同类型的喷油泵，其凸轮轴上套装的部件会有所区别。有的装有供油自动提前器；有的装有花键套；有的装有刚性联轴节。装供油自动提前器的也有多种，常见是带矩形双凸缘的，也有带扇环形四凸缘的，带弹性联轴节的，带传动齿轮的等。对于喷油泵凸轮轴上套装的部件，若存在不能与试验台输出轴匹配连接情况的，都应首先给予拆卸。应使用专用工具拆卸，切不可用榔头硬打硬敲。

② 对喷油泵体进行彻底的清洗。对于沾满油泥的喷油泵，最好先用竹片等物刮去油泥（若是 P 型泵，要先将泵体上方的防尘盖取下，用竹片将盖内的厚泥尘刮去），然后将与泵体相通的油口用布塞住，再放在清洗台上，用可循环使用的废柴油冲刷清洗。冲洗前，要将出油阀紧座的锁码拆除，并应特别仔细地刷洗出油阀紧座及其周围。对于调速器与喷油泵体之间有空隙的喷油泵，要用废锯片穿过缝隙，边拉动边冲洗。有条件的地方，若能分粗细两级清洗，效果当然更好。

③ 若接修喷油泵时已发现问题。不要先分解喷油泵，先更换某些损坏零件；若更换后无法上台调试，应先给予分解。

④ 将喷油泵抬上试验台，利用专用夹具进行同心校正和紧固。紧固时，要注意四个泵体紧固螺栓的循序渐进。不要先将单个或单边螺栓拧得过紧，而造成泵体的变形。初步同心校正后，要用手反复旋动联轴器，以检查校正的准确性，若有误差，应重新校正。精确校正既可减少有关机械的磨损，还能减小调试时的撞击和噪声，因此应不厌其烦地细心做好。若发现怎样校正都无法做到完全同心，说明喷油泵凸轮轴锥体端部存在弯曲变形，应先分解喷油泵，取出凸轮轴，视情况给予校正或更换。

⑤ 检查喷油泵体和调速器的润滑油面，不足的，应按油尺标记高度给予补充。

⑥ 将高压油管按分泵接至出油阀紧座，上好低压进油管，松开喷油泵放气螺钉，试验台挂空挡，再点动电动机，直至放气螺钉处冒出的柴油无气泡为止。然后重新拧紧放气螺

钉，试验台挂挡，再启动电动机。将加油操纵臂扳向最大供油位置，使转速逐渐增至喷油泵的额定转速，并维持运转数分钟，直至从喷油器喷出的燃油流不含空气为止。

三、直列喷油泵调试

（一）调试的必要性与试验条件

喷油泵总成性能的好坏，直接影响到柴油发动机的动力性、经济性和运转性能。对于在用喷油泵总成，除了正确维修其零部件外，决定喷油泵总成使用性能的关键是调整试验。调试的内容与要求，对各种产品不尽一致。

1. 调试的必要性

① 同一产品，可应用于不同机型的柴油发动机上或不同要求的柴油发动机工况。如135喷油器总成，同一产品有不同的开启压力，因此，调整参数不同则出现不同型号；同一喷油泵，因所配的调速器不同，或喷油泵与调速器完全一致而使用柴油发动机型或工况不同，导致调整参数不一样，于是也产生了不同型号的喷油泵总成。所以，装配后的喷油泵总成，必须按照不同配套柴油发动机型号的要求进行调整。

② 同一型号的喷油泵总成，具有很多可以调整的参数。所以，装配完成以后，并不等于喷油泵总成具有相同或相等的参数值（如多缸喷油泵总成的各分泵每循环供油量值、各分泵油量均匀度、供油始点——预行程、调速率、断油转速、开始起作用转速等等）。故必须经过调试，才能满足配套使用要求。

2. 调试的要求

喷油泵必须能保证将燃油定时、定量以一定喷雾质量供应给柴油发动机，因此喷油泵的调试就是按配套柴油发动机的要求，从定时、定量和一定的喷雾质量这三方面入手的。定时，包括对喷油泵进行第一分泵供油时刻的调整、各分泵供油间隔角的调整及对供油提前角的调整等内容。定量，就是要对油泵在柴油发动机不同工况下的供油量进行调整，包括在启动工况、全负荷工况、最大扭矩工况、怠速工况下对供油量的调整。对多分泵喷油泵来说，还必须保证各分泵供油均匀性。保证一定的喷雾质量，主要取决于供油系统和喷油器总成的各种结构参数及加工质量。如果不经上述内容调试，或不按配套的主机要求调试，都会影响柴油发动机的性能。如供油定时不对，就会影响柴油发动机功率，达不到油耗指标，排放不好等；供油量不均匀，就会引起柴油发动机工作粗暴，功率下降和排气冒烟等不良状况。

喷油泵在专用设备上调试是一种模拟性的，在某种意义上，与实际使用情况仍有一定差距。但经过调试，具有满足配套柴油发动机的动力性和经济性等实际意义。因此维修装配后的调试，是直接影响维修质量和使用性能的重要一环。其表现如下。

① 它控制着柴油发动机的功率、油耗、排放等性能和动力性指标。

② 它控制着柴油发动机的安全运行。

③ 调试没有达到精度或达不到规定要求，尽管有全部合格的零部件和总装要求，仍将造成不合格品。

④ 喷油泵总成，必须有高度的清洁度和防锈要求，否则将造成早期磨损，缩短使用寿命，甚至造成卡死、飞车等事故。

3. 试验条件

一般采用标准试验条件，即对影响喷油量的有关因素，尽可能地掌握一致，把调试时的偏差控制在最小范围内。这些条件的主要内容如下。

① 调试应具有技术状态良好、合乎要求的试验设备，独立、明亮、干净的试验室，以防止外界粉尘污染。

② 试验用油必须清洁干净，符合规定要求，并定期更换。实践证明，采用 0# 轻柴油作为试验用油，缺乏抗蚀能力，氧化安定性差，胶质高，时间稍长易氧化变质，酸度增加。我国研制的 JB-1 型校泵油，经鉴定证明，这种油能满足喷油泵调试时防锈性、润滑性和抗氧化性的要求，并有良好的黏度稳定性，受温度影响很小，解决了 0# 轻柴油调试后油泵内的锈蚀问题。目前我国主要油泵油嘴公司都已在生产中采用。

③ 由于油温直接影响油的黏度，以致影响油泵的调试油量，因此必须严格控制试验油温度。标准试验条件试验油温度为 40℃±2℃。

④ 调试用的喷油器总成，必须是专用的、按标准选择的标准喷油器总成，并有规定的喷油嘴开启压力。

标准针阀偶件采用喷雾锥角为 12°、喷孔直径为 1mm 的节流轴针式针阀偶件 ZS12SJ1 型。标准试验条件针阀开启压力取 17.5MPa。

⑤ 试验用高压油管及输油压力等，也都会影响调整参数的变化，对这些附件也需按规定要求进行控制和选择。按照标准，调试直列式喷油泵时高压油管参数如下。

长度×外径×内径＝600mm×ϕ6mm×ϕ2mm，用于每循环供油量不超过 300mm³ 的油泵调试。

长度×外径×内径＝800mm×ϕ8mm×ϕ3mm，用于每循环供油量超过 300mm³ 的油泵调。

⑥ 调试人员要求。要求调试人员认真负责，一丝不苟，并经过专业技术培训和严格的技术考核。

(二) 直列喷油泵的调试内容及方法

1. 调试前的准备

(1) 选用合适的安装定位垫块和采用合理的连接方式　将喷油泵总成与试验台主轴弹性联轴节连接，然后用手扳动试验台主轴，检查喷油泵有无卡住、晃动现象，若没有，则将喷油泵总成紧固。此时应注意喷油泵与联轴器的结合处不应有间隙存在，以免在传动中产生敲打现象，因为这样不但会发出很大噪声，甚至损坏联轴器，同时影响试验准确性。最后，分别在调速器室和喷油泵凸轮轴室内加入规定量的润滑油，方可启动试验台。

在未接高压油管前，挂空挡启动试验台，燃油压力调整为规定值。用手转动喷油泵，检查出油阀偶件及压紧座的密封情况，确认无不喷油及漏油现象后，连接试验台高压管路，放净空气，然后进行试运行或磨合。

将操纵杆放在不同供油位置，松开标准喷油器的放气螺钉，逐渐增速至 400r/min。将操纵杆移至最大供油位置，排除高压油路中的全部空气。旋紧放气螺钉后，使转速增至600～800r/min，在满负荷下，使油泵运转 3～5min。在磨合过程中必须检查下列事项。

① 各件运转是否灵活、平顺，有无异响。

② 各密封、接头处有无渗油现象。

③ 滚动轴承和中间轴承处是否过热。

④ 各分泵供油是否正常。

发现故障，必须找出原因，及时排除，在无任何故障下，方可进行喷油泵的试调工作。

(2) 齿杆（拉杆）移动阻力的检查　齿杆移动应灵活，其阻力应小于最大许可值。检查时可用弹簧秤测量齿杆的移动阻力。首先检查静止时齿杆在全行程上的移动阻力（图 5-26），而后使泵在规定转速下运转，再次测定齿杆的移动阻力，两者均应符合说明书规定的标准值。常见直列柱塞喷油泵齿杆移动阻力见喷油泵调试技术规范表，也可用检查齿杆滑动性来代替齿杆阻力检查，其方法是：在未装调速器前油泵各分泵滚轮体处于任意位置，齿杆垂直地面时，应借其自重自由无阻地滑动。

（3）供油齿杆（拉杆）行程零位确定　在油泵不带调速器的一端装上供油齿杆测量仪或其他供油齿杆测量装置（以 A 型泵为例，见图 5-3），用调速螺钉将调速器起作用转速调在 $500\sim600r/min$，继而升高油泵转速，由于调速器起作用而把齿杆向减油方向拉动。当转速上升到飞块全张，供油齿杆不再移动时，即可将这时的齿杆位置定为齿杆行程零位。当供油齿杆到达零点后，校正供油齿杆测量仪的千分表（千分尺）的零位置。

注意：供油齿杆零点位置是不能用强制方法来进行的（图 5-27），否则会损伤调速器内部的杠杆机构。

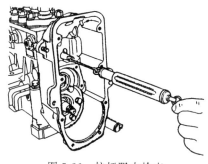

图 5-26　拉杆阻力检查

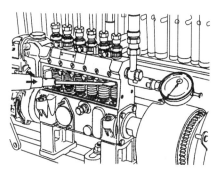

图 5-27　拉杆零位确定

2. 喷油泵总成的调试

（1）开始供油时刻检查及调整　A、P 型喷油泵的供油时刻是用柱塞预行程来表示的，Ⅱ号泵用供油起始角来表示。预行程是指柱塞由下止点移至其上端面关闭油孔这段行程。检查预行程时齿杆应在规定位置，多缸泵只测定基准分泵，通常以第一分泵为基准，检查方法如下。

① 检查时拆去第一分泵出油阀接头，取下出油阀弹簧及出油阀芯，并装上带旁通溢流管的专用量具（图 5-28）。在喷油泵进油口处通入压力为 15kPa 的试验油，试验油能通过出油阀阀座中孔从旁通管流出。转动喷油泵凸轮，使柱塞处于下止点极限位置，定百分表读数在零位。然后，再按喷油泵旋转方向转动喷油泵凸轮轴，使柱塞缓慢地上升。当柱塞顶面上升到与进、回油孔上边缘处相切时，进回油孔关闭，溢流口滴油减少到每 10 滴油需 $8\sim12s$，这时百分表上的读数即为第一分泵供油预行程。也可以用带旁通定时管的专用量具进行（图 5-29），检查测量与上述方法相同，只是进、回油孔关闭时，前者以基本停止滴油为准，后者则以定时管内油面移动瞬间为准。

② 喷油泵出油阀弹簧及出油阀零件不需要取下，直接利用试验台上与第一分泵相接的标准喷油器的旁通溢流管，试验时首先松开第一分泵标准喷油器旁通阀螺钉（图 5-30），再从进油口通入高于出油阀开启压力的高压油。通常 A 型泵可取 $3.0\sim3.5MPa$ 的压力。柱塞在下止点时，由于进油压力大于出油阀开启压力，所以出油阀芯始终处于开启状态。从进油口进入油泵的试验油将直通标准喷油器旁通溢油管，并从该管流出。按油泵规定方向转动油泵凸轮轴，使柱塞缓慢上升。当柱塞顶面上升到与进回油孔上边缘处相切，标准喷油器旁通管流出的油量减小到每 10 滴油需流 $8\sim12s$ 时，即可认为进回油孔已关闭。这时停止转动凸轮，取下出油阀接头、出油阀弹簧、出油阀芯等零件，换上百分表（可用简单夹具固定，见图 5-31）。使其测头与柱塞端面接触，并记录当时百分表读数 S_1，然后转动油泵凸轮，使柱塞降到下止点，记录百分表读数 S_2，$S_2-S_1=S$ 即为柱塞预行程。

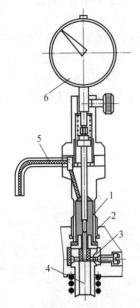

图 5-28　旁通溢流管预行程测量
1—顶杆；2—出油阀座；3—柱塞套；
4—柱塞；5—旁通溢流管；6—百分表

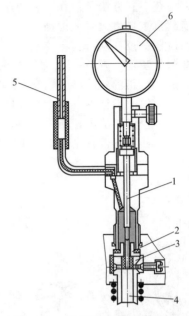

图 5-29　旁通定时管预行程测量
1—顶杆；2—出油阀座；3—柱塞套；
4—柱塞；5—旁通定时管；6—百分表

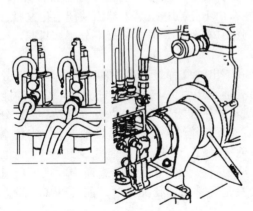

图 5-30　第一分泵供油始点检查

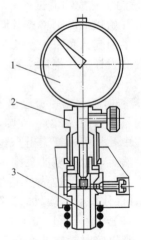

图 5-31　预行程测量夹具
1—百分表；2—夹具；3—柱塞

③ 采用如图 5-32 所示的专用量具测试。测试时拆下测量分泵的高压油管、出油阀、出油阀弹簧，换上定时管，将窗口盖板取下，把专用量具卡在泵体窗口处，测量脚接触在滚轮架上端面。测量时可转动油泵，使定时管油面开始移动瞬间，即进回油孔柱塞关闭位置，记下百分表读数，然后转动油泵使测量分泵滚轮架处于下止点位置，再看百分表读数，前后两次的读数差即预行程。这里也可以不拆高压油管、出油阀、出油阀弹簧，直接利用试验台上的标准喷油器旁通溢油管或如图 5-33 所示定时管，只是需通入 3.0～3.5MPa 的高压油。

图 5-32　预行程测量专用量具

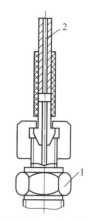

图 5-33　定时管结构图

1—接头；2—定时管

　　通常预行程允许误差为±0.05mm，如检查结果超差，则需进行调整。调预行程主要是通过改变柱塞在下止点时其顶面与柱塞套的进、回油孔的相对位置。由于油泵结构不同，所以，调整方法也不同。图 5-34（b）中，用改变垫片厚度的方法来调整。图 5-34（a）中，用调整正时螺钉高度的方法改变预行程。测出的预行程值大于标准值时，则拧出调整螺钉（或增厚垫片）；反之，预行程小于标准值时，则拧入调整螺钉（或减薄垫片），调完后用锁紧螺母可靠锁紧。

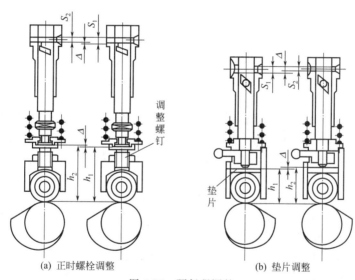

(a) 正时螺栓调整　　　　　　　　(b) 垫片调整

图 5-34　预行程调整

　　基准分泵柱塞预行程调整完后，保持喷油泵在基准分泵供油开始时刻位置，观察喷油提前自动调节器壳体上的刻线应与泵体前端的记号对正，否则要复查测定结果，检查无误后，重新打印记号。

　　（2）各分泵供油间隔角的检查和调整　　检查各分泵供油间隔角的主要目的是检查各分泵供油始点之间的间隔角，使各分泵供油提前角能保持一致性，对保证柴油发动机各项性能具有较大作用。以基准分泵的预行程为基准，利用试验台刻度盘，按工作顺序依次检查各分泵供油始点与基准分泵的供油始点的间隔角度。误差不得超过±0.5°凸轮轴转角。若不在规定值范围内，按调整预行程的方法调整。

（3）测量滚轮体升程安全间隙　为确保喷油泵在运转过程中无任何卡阻现象，必须使滚轮体运动到上止点时还有一定向上移动的安全间隙。测量可与检查调整供油时刻同时进行。在柱塞处于上止点位置时，用螺丝刀向上撬动滚轮体并观察百分表的指示，或用厚薄规测量此间隙值应不小于 0.2mm。

（4）出油阀开启压力检查　出油阀开启压力对喷油泵供油量有影响，开启压力低，供油量大；开启压力高，供油量小。开启压力过低时出油阀芯易抖动，容易引起油量不均匀。为了确保多缸泵各分泵供油均匀性，对出油阀开启压力既要有大小的要求，又要有各分泵均匀的要求。

开启压力的大小可在油泵试验台上检查。检查方法：首先在油泵试验台上转动凸轮轴，使检查分泵的柱塞处于下止点位置，并将检查分泵所对应的喷油器旁通阀打开；然后，使试验台输油压力慢慢升高，直到旁通阀开始滴油，表示出油阀已开始打开，这时压力表所示压力数即该分泵出油阀开启压力。依次检查每一个分泵。

开启压力对供油量虽有影响，但在调整点总能设法把各分泵调得均匀。如各分泵开启压力不均匀度过大，则油泵转速离开调整点后，各分泵供油量不均匀度将随之增加，实际生产中由于出油阀接头、出油阀弹簧、出油阀偶件高度等尺寸，在制造过程中总有一定的误差存在，最终会造成出油阀开启压力不同。为了控制各分泵开启压力的均匀性，必要时应对有关零件进行选配分组，如 A 型泵不均匀性应在 5%～10% 范围内。

（5）供油量的调整　喷油泵供油量的调整就是在规定转速与规定齿杆行程位置时对各分泵供油量和均匀度的调整，主要包括标定转速、怠速、启动、校正等工况的供油量及均匀度的调整。

供油量总的要求是必须在满足各分泵供油量的前提下，同时要满足各分泵供油均匀的要求。

在调试标准参数中，往往会给出同一控制齿杆行程不同喷油泵转速时的供油量标准，这是检查喷油泵的自然供油特性。如果低速和高速时供油量相差大于标准时，说明柱塞磨损严重。

而各分泵供油均匀的程度通常用各分泵供油量不均匀度来评价，一般车用柴油发动机喷油泵额定转速供油不均匀度不超过 3%，怠速供油不均匀度不超过 15%，柴油发动机在启动和短暂超负荷运转的时间很短，故不均匀度可放宽。只要额定转速和怠速供油不均匀度合乎要求，启动和超负荷供油不均匀度一般均可达到要求。

通常供油量的调整主要是调整标定工况、最大扭矩工况和怠速工况等几个典型工况。调整时先固定齿杆位置，然后在规定的转速下调整其相应的供油量。

① 标定工况油量调整。标定油量的调整是使柴油发动机在标定转速下能获得标定功率的保证。调整时将操纵杆固定在全油量（或全速）位置，首先应将齿杆调整到规定的标定行程，使油泵转速在标定转速或稍低于标定转速 10～20r/min，保证调速器在不起作用的条件下，再按要求调整各分泵油量及其均匀性。

油量调整方法：首先松开扇形齿圈（或调节叉）紧固螺钉（图 5-35），然后以专用工具轻轻敲打油量控制套（或调节叉），使其左转或右转（或右移或左移），如图 5-36 所示，可以改变每分泵供油量大小。各分泵供油量及均匀度调定后，必须将扇形齿圈（或调节叉）紧固螺钉旋紧。如不旋紧或旋得不够紧，容易在振动中松开。一旦松开，扇形齿轮和油量调节套（或拉杆和调节叉）就不能同步动作。调速器作用时，齿杆行程改变，扇形齿圈虽能随齿的啮合转动，但油量调节套却不能跟着转动，会造成加油加不上、减油减不下的现象。加不上油，功率就上不去；减不了油，后果更为严重，会产生柴油发动机飞车现象。

图 5-35　松开控制齿圈夹紧螺钉

图 5-36　喷油量调整

② 最大扭矩工况调整（或检查）。调整最大扭矩工况时，操纵杆应固定在最大位置，最大扭矩工况的油量是指油泵在相应的转速下最大校正行程时的油量。最大校正行程的油量一般要比标定工况的油量大一些，但对于某些高速车用柴油发动机有时并不如此，有些甚至不需校正，就已有足够的扭矩储备。有些即使需要校正，但其校正行程很小，最大扭矩工况的供油量有时小于或接近标定油量。行程少量增加，油量反而减小，这是由于喷油泵速度特性所致。

柴油发动机最大扭矩点转速通常要求为标定转速的 $65\%\sim70\%$，有时甚至更低些。如以标定工况为喷油泵油量的调整点，则最大扭矩工况油量调整时只对齿杆行程进行调整，而对各分泵油量均匀性只做检查，这时对任何分泵的油量进行调整都将影响到标定工况各分泵供油量的均匀性。不过有些车用柴油发动机的喷油泵，考虑到车用的特点，规定将最大扭矩工况作为各分泵油量的调整点，这样在标定工况时只对油量进行检查，不做调整，调整点定在最大扭矩点的目的是为了使车用柴油发动机在常用的中速满负荷时能获得合适的油量值及更好的各分泵油量均匀性。

③ 怠速油量检查。怠速油量是维持柴油发动机最低稳定空转所需要的油量。检查时使操纵杆处于松懈状态，通过调整怠速限位螺钉的位置，使齿杆（或拉杆）在规定的行程位置，来调整怠速，然后检查怠速油量值及各分泵的均匀性。如果不均匀度超过国家标准或工厂验收标准，则不能进行调整，因为调整后会影响标定工况的均匀性。有时怠速油量不均匀度超差，可用更换出油阀的方法进行调节。但更换出油阀后对调整点的标定油量或校正油量有影响，应予以复查，以保证高、中、低速的均匀性都在规定范围内，有时个别分泵怠速油量不均匀度超差不大，做微量调整后既能满足怠速要求，又仍能保证调整点及其他特殊点的油量不均匀度在许可范围内，这也是允许的。

在供油量的调整操作中应注意：每次计量结束后，须停留一定时间，使计量筒中油液气泡消除，以液面凹面齐平来计数。燃油从计量筒中倒出后，至少等待 30s，再做回复。每次均用同等时间进行计量，主要是使计量筒中残留油液在同等时间内相等，减小计量误差。

四、VE 分配喷油泵

（一）调试准备

1. 试验条件

① 试验用的标准喷油器开启压力为 15MPa，经过 20h 的试验后，应复查开启压力，如有变化应进行调整。

② 高压油管：$\phi6mm\times\phi2mm\times840mm$。

③ 试验油温度：46～54℃。

④ 试验输油压力：0.2MPa。

⑤ 试验用油：ISO 4113 或 GB 8029—1987 规定的校泵油。

2. 试验准备

① 将分配泵安装在试验台上（图 5-37），接通电路，放净空气。

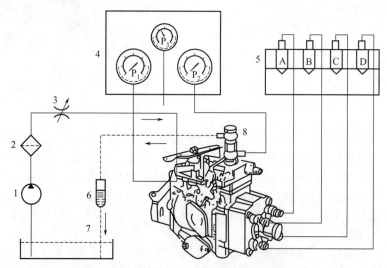

图 5-37　喷油泵试验台性能试验管路图

1—输油泵；2—滤清器；3—调节阀；4—蓄压器；5—喷油器；6—回油燃油量筒；7—燃油箱；8—回油管接头；
P$_1$—进油压力表（0～1×10^{5}Pa）；P$_2$—泵室内压力表（0～15×10^{5}Pa）；P$_3$—正压或负压表
（正压，用于增压补偿器，0～2×10^{5}Pa；负压，用于大气压力补偿器，0～10^{5}Pa）

② 按规定的 12V 直流电压接通电磁阀，要求在 8V 电压下电磁阀就能打开油路。切断电源后，电磁阀应能迅速关闭油路。

③ 以手扳动油泵，检查有无卡阻现象，确认正常后，才能进行试验。

3. 磨合运转

首先使油泵在约 300r/min 时进行低速运转，并把泵室内空气通过回油螺钉彻底排净，然后逐渐提高油泵转速到 1000r/min，进行磨合运转，连续 30min。如运转中发现漏油、不喷油或有异响等不正常现象时，应立即停止，查找原因并加以排除。

（二）自然吸气柴油发动机用 VE 分配泵调整

1. 试验步骤

① 预行程检查调整。

② 检查各分泵供油间隔角。

③ 全负荷油量预调。

④ 调速器轴轴向位置的预调整。

⑤ 检查并调整泵室内压力。

⑥ 检查回流量。

⑦ 转速提前装置调整。

⑧ 全负荷特性调整。

⑨ 操纵杆高速限位。

⑩ 操纵杆怠速限位。

⑪ 启动油量检查。

⑫ 负荷提前特性检查调整。

⑬ 停油检查。

2. 试验内容

（1）预行程检查调整 将泵头螺塞拆下，换上预行程检查仪（图 5-38）。使柱塞处于下止点位置，确定百分表读数对准零位，接通 0.2MPa 的低压油，操纵杆置于高速或大油门位置。试验时，试验油应能顺利从溢流管流出，然后使油泵按柴油发动机要求的方向慢慢旋转，至溢流管停止流油为止（也可以慢滴油为准）。这时表明柱塞上的环槽已经关闭，百分表上的读数即预行程。如果预行程不符合规定尺寸，可以通过改变柱塞后部的调整垫片厚度尺寸进行调整，直至符合要求。预行程调整精度为 ±0.02mm。如柱塞上无环槽，则预行程不用调整，本项目不需检查。

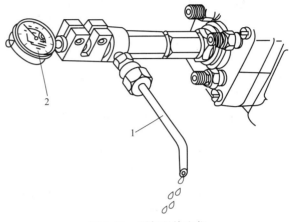

图 5-38 预行程检查仪
1—溢流管；2—百分表

（2）检查各分泵供油间隔角 各分泵供油间隔角是各分泵供油始点间的夹角，对有环槽的柱塞来说，环槽关闭时刻即供油始点，各分泵均用同一环槽。因此，各分泵供油间隔角误差主要是由凸轮轴上各凸轮型线间的形位公差引起的。无环槽柱塞预行程为零，柱塞在下止点时，各分泵的进油直槽首先关闭，然后升起，开始供油。因此，各分泵供油间隔角误差除凸轮因素外，柱塞上进油直槽间的角度偏移也有影响。

检查各分泵供油间隔角时可以用预行程检查仪进行检查。以任一分泵为基准，在图 5-38 所示溢流管 1 停止流油时，即供油始点，观察试验台刻度盘读数，并把记号板移到对准某一整数位置。然后对各分泵依次检查，要求与基准分泵成一定角度的倍数。4 分泵为 90° 的倍数，6 分泵为 60° 的倍数，各分泵与基准分泵的供油角度误差为 ±30′。

（3）全负荷油量预调 VE 分配泵全负荷油量的大小对泵室内压力、回流量、提前特性等都有一定影响。因此，在检查调整这些项目前，应把油量预调（也可称粗调整）到全负荷位置。预调全负荷油量时，要使调速弹簧预紧力足够大，调速器不起作用，并使油泵转速在标定转速下进行。调整时，通过全负荷油量调节螺钉把油量调至标定值。当油量不足时，可将调节螺钉向里拧，使有效行程加大，供油量增加，调节螺钉向外退，有效行程减小，供油量降低。

尺寸(L)/mm	形状
53 55 57	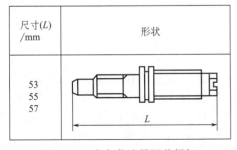

图 5-39 全负荷油量调节螺钉

供油量调至标定值后，全负荷油量调节螺钉的 O 形密封圈不应暴露在泵体之外。如有此现象，应换用较短的调节螺钉；相反，如果因调节螺钉太短，调不出全负荷油量，或者虽能调出，但伸出螺纹牙数太少，无法锁紧时，应换较长的调节螺钉。通常，有几种调节螺钉供调整时选用（图 5-39）。

在调整全负荷油量的同时，检测各分泵供油均匀性，应在规定范围内。如果超差，可通过更换出油阀、出油阀弹簧、出油阀接头等零件复查。

（4）调速器轴轴向位置的预调整　装有负荷提前装置的 VE 分配泵，调速器轴轴向位置对泄油孔的开启时间、负荷提前特性有直接影响，因此，这样的 VE 分配泵对轴向位置有较严格的要求。此外，轴向位置对启动油量及其他调速特性等也有一定影响。因此，在调试前，对调速器轴的轴向位置进行预调。

如不带负荷提前装置，则此项不需要，而是根据需要一次调定。

若在装配时已经调整的，此时则不用再调。

（5）检查并调整泵室内压力　泵室内燃油压力是控制供油提前角自动调节装置的重要参数。检查时，将操纵杆置于高速位置，压力表接在能反映泵室的压力处，检查泵室内压力 p 随油泵转速的变化。通常应从低速到高速测量 3～4 点，当泵室内压力低于规定值时，可以将堵塞轻轻向下压（图 5-40），加大压力调节弹簧的预紧力，使滑阀必须在较高的压力下才能上移到回油孔被打开位置；反之，如果泵室内压力高于规定值，必须卸下调压阀，从内侧轻轻把堵塞向外顶入，减小回油弹簧预紧力，直至泵室内压力符合要求为止（图 5-41）。

一般情况下，应尽量避免拆卸调压阀。

（6）检查回流量　VE 分配泵工作时，必须有一定量的燃油从泵室经回油螺钉，源源不断地流回油箱，带走一定的热量，确保泵室内各零部件能在正常的温度下工作。随着油泵转速升高，泵室内压力上升，内外压差加大，使回流量增加，在单位时间内可带走更多的热量，这与高速时要求加快传热是一致的。检查回流量时，操纵杆置于高速位置，把回流管与回油管接头接通，同时把回流的燃油引入量筒，测量高、中、低几种不同转速时的回流量，应符合要求，如果超差，可更换回油螺钉部件进行复测。

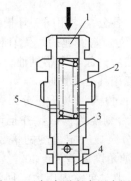
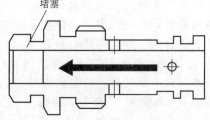

图 5-40　加大泵室内压力调整　　　　图 5-41　减小泵室内压力方法

1—堵塞；2—压力调节弹簧；3—滑阀；4—弹簧圈；5—回油孔

（7）转速提前装置调整　操纵杆置于高速位置，卸下供油提前角自动调节器高压端盖（即无弹簧的一端），装上行程计量仪（图 5-42）。然后在规定转速下测量定时活塞行程。若不符合规定，则可相应增减定时弹簧一端的垫片厚度进行调整。但应注意定时弹簧两侧的垫片，各自不得少于 1 片。为了便于调整，制有不同厚度的垫片，供调整时选用。不同厚度的垫片分别为 0.6mm、0.7mm、0.9mm、1.0mm、1.2mm。检查时应注意定时活塞的移动位置，加速、减速不应有较大的滞后，通常允许滞后值小于 0.3mm。如有超差，应检查定时活塞是否有卡阻现象，或检查定时活塞与泵体的间隙是否正常。若无卡阻且间隙正常，则表明弹簧刚度不符合要

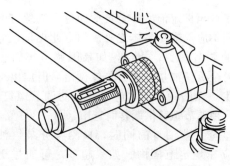

图 5-42　VE 分配泵自动提前调量仪

求，应更换弹簧后复测。

（8）全负荷特性调整 全负荷油量的大小对内压力、回流量、提前特性等项目都有一定影响，反过来这些参数对全负荷油量也有一定影响。因此，经过上述项目的调整后，预调好的全负荷油量也会有些变动，需要重新复调，也可称为精调。

调整时，操纵杆应置于高速位置，要在调速器弹簧不起作用下进行。

全负荷特性调整主要包括标定工况和最大扭矩工况。检查时，分别测各点供油量及回油温度（在回油螺钉处测量）。

① 如标定工况油量不符合要求，应调整全负荷油量调节螺钉位置。

② 对装有机械校正的油泵，如最大扭矩工况油量不符合要求时，可通过改变校正量解决。对不装机械校正的油泵，最大扭矩油量则是由于与速度特性匹配不良造成的，可以通变影响速度特性的出油阀部件进行复查。

③ 如回油温度过高，应复查回流量是否足够。如回流量正常，则应从运动件间的配合间隙、加工精度、进油温度是否进行磨合等方面分析原因。

（9）操纵杆高速限位 将操纵杆（图5-43）紧靠高速限位螺钉，需满足下列条件。

① 在标定转速时，全负荷油量应符合要求。

② 试验时要求起作用转速、停油转速以及中间转速供油量都能满足要求。

③ 操纵杆位置的 β 角（图5-43）应在一定范围内。如果在调整中 β 角过大或过小，可以通过改变操纵杆与操纵杆轴间的相对位置解决。

（10）操纵杆怠速限位 把油泵转速降低到怠速转速，操纵杆（图5-43）与怠速限位螺钉接触，在满足怠速油量的条件下，角度 α 应符合要求。如果 α 角超差，应适当改变操纵杆与操纵杆轴的相对位置。改变后，应对高速限位螺钉的位置进行重新复查，如果为满足 α 的需要，过多地改变操纵杆和操纵杆轴的相对位置，会引起高速限位时 β 角的超差，因此，调整时应兼顾高、低速的极限位置，使 α 和 β 角都在合格范围内。

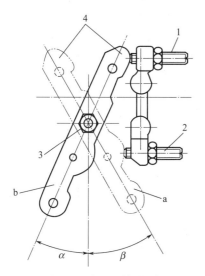

图 5-43 操纵手柄限位

1—怠速限位螺钉；2—高速限位螺钉；3—操纵杆轴；

4—操纵杆；a—高速位置；b—怠速位置

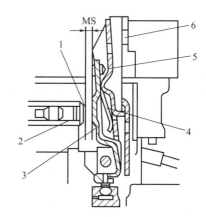

图 5-44 启动行程 MS 尺寸

1—启动行程调整塞；2—锁紧卡圈；3—启动杆；

4—启动弹簧；5—张力杆；6—导向杆

（11）启动油量检查 操纵杆固定在高速位置，油泵在规定的启动转速下，检查启动油量。启动油量的大小取决于启动行程 MS 值（图5-44）。检查时，如启动油量不符合规定要求，可以通过更换调整帽（图5-45）来改变启动行程 MS 的大小。为便于调整，调整塞做成不同规格，决定 MS 大小的头部 L 尺寸每隔 0.2mm 一挡。调整时加长 L 则减小启动行程 MS；缩短 L 则加大启动行程。不过，L 的改变也只能在一定范围内进行，因为 L 改变后，会改变正常的行程分配，使调速滑套与启动杆接触时飞块张开角度不同。如 MS 过大，则飞块必须在较大的张角时，才能使调速滑套与启动杆接触。这样启动行程就会耗去调速滑套总行程中的较大一部分，以致飞块全张时，造成调速滑套移到极限位置时也难停油。如果必须很大的 MS 尺寸，才能满足启动油量要求，就应检查柱塞间隙是否过大。如 MS 尺寸过小，则启动油量不够。

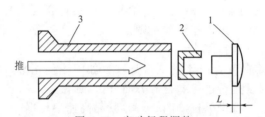

图 5-45　启动行程调整

1—启动行程调整塞；2—锁紧卡圈；3—调速滑套；

L（mm）= 1.7、1.9、2.1、2.3、2.5、2.7、2.9、3.1、

3.3、3.5、3.7、3.9、4.1、4.3、4.5、4.7、5.1

（12）负荷提前特性检查调整

① 负荷提前装置起作用点的检查调整。VE 分配泵装有负荷提前装置时，与转速提前装置同由一个定时活塞控制。为避免在检测负荷提前特性时，由于转速变化的影响，干涉负荷提前的正确测量，因此，试验时把油泵固定在规定的转速下进行，使操纵杆由高速（或全油门）位置慢慢向小负荷方向移动。由于调速弹簧预紧力逐渐减小，而飞块离心力不变，因此，调速滑套在离心力的作用下逐渐克服弹簧力向小油门方向移动。当操纵杆移到一定位置，供油量符合规定的部分负荷要求时，固定操纵杆，然后调整调速器轴并观察泵室内压力。当泵室内压力调到开始下降的瞬间，表明调速滑套的控制孔开始被调速器轴上的控制槽打开。该孔一旦被打开，泵室内的燃油即向输油泵进口处回流，产生压降，即负荷提前装置起作用，这时把调速器轴固定。

调速器轴固定后，将操纵杆继续向小负荷位置慢慢移动，控制孔开度不断加大，泵室内的压力逐渐减小。当操纵杆移到某一部分负荷时，泵室内压力停止下降，表明控制孔已全开。这时固定操纵杆，检查供油量是否在规定范围内。如果超差，不能通过改变调速器轴的位置来进行调整，而是应该检查调速器轴上的控制槽与调速滑套上控制孔等相关零件的位置尺寸是否正确。

② 定时活塞行程。将油泵固定在规定转速下，检查因负荷变化而引起定时活塞行程的移动量，要求在规定的范围内。

③ 完成上述调整后，检查调速器轴轴向尺寸，应符合规定值。

（13）停油检查

① 电磁阀可靠性检查，要求切断电源能迅速停止供油。

② 停油手柄扳向停油位置应能迅速停止供油。

（三）增压柴油发动机用 VE 分配泵（带增压补偿装置）调整

1. 试验步骤

① 预行程检查调整。

② 检查各分泵供油间隔角。

③ 全负荷油量预调。

④ 检查、调整泵室内压力。

⑤ 检查回流量。

⑥ 供油提前角自动调节装置调整。

⑦ 全负荷特性低速段。

⑧ 增压补偿器性能检查调整。

⑨ 增压时全负荷特性中、高速段调整。

⑩ 操纵杆高速限位调整。

⑪ 操纵杆怠速限位调。

⑫ 启动油量检查。

⑬ 停油检查。

2. 试验内容

增压柴油发动机用 VE 分配泵与自然吸气柴油发动机用 VE 分配泵，在调试方法上大部分相同。但由于增压 VE 分配泵一般都带有增压补偿装置，这个装置在进气压力的作用下，与供油量有直接关系，因此，在调试方法上就出现一些差异。除装有负压测量仪外，其他试验条件与自然吸气相同（图 5-37）。

（1）预行程检查调整 预行程检查调整与自然吸气同。

（2）各分泵供油夹角检查 各分泵供油夹角检查与自然吸气同。

（3）全负荷油量预调 增压柴油发动机在最大扭矩工况和标定工况内，进气始终处于高压状态，这区间增压补偿装置膜片应始终被压在最大油门位置。因此，试验时应通入略大于最大进气压力的压缩空气，保证增压补偿装置是在最大有效行程下进行试验。例如，最大进气压力为 0.09MPa，试验时可用压力为 0.1MPa 的压缩空气。带增压补偿装置的 VE 分配泵，有 3 处可调全负荷油量。

① 锥形偏心轴的起始位置，可以用不同转角调整。偏心轴的起始位置，对不同柴油发动机所需油量和所需的转角，一般已经过计算、试验选定。因此，安装后，通常很少需要调整。

② 膜片行程，以调整垫片的厚度尺寸进行调整。调整膜片行程时，必须拆开补偿器盖，取下膜片后才能更换调整垫片。调整也是比较麻烦的，因此，对不同的柴油发动机，经计算和试验，把尺寸控制在公差范围内，尽量避免在调试时更换垫片厚度尺寸。

③ 全负荷油量调节螺钉，以拧进或退出进行调整。全负荷油量调节螺钉装在油泵外部，调整十分方便，因此，增压泵与自然吸气泵一样，通常在这里调整全负荷供油量。只有在特殊情况下，全负荷油量调节螺钉调整遇到困难，调到极限位置仍不能满足时，再去改变调整垫片厚度尺寸或者改变锥形偏心轴的转角进行调整。

（4）检查、调整泵室内压力 与自然吸气泵同。

（5）检查回流量 与自然吸气泵同。

（6）供油提前角自动调节装置调整 柴油发动机中、高速区，正是转速提前器的作用区，而且正处于高压比进气状态。因此，检查定时活塞行程时，操纵杆置于高速位置，并应通气加压，把膜片压到最大有效行程位置后，检查高、中、低三种转速时定时活塞的行程位置。低速取提前器起作用转速，即定时活塞克服弹簧预紧力开始移动时的转速；高速取定时活塞最大行程转速；中速取高、低两种转速的中间值。检查、调整方法与自然吸气泵相同。

（7）全负荷特性低速段 增压柴油发动机在全负荷的低速段，进气压力急剧下降，喷油泵在增压补偿装置膜片回位弹簧的作用下，有效行程不断减小。当膜片轴上移到极限位置，有效行程最小。有效行程的大小，直接决定了外特性低速段的供油量。试验时，操纵杆置于高速位置，使进气压力为零。在规定的低转速时测试油量，应符合要求。如果低速油量超差，可改变增压补偿器上下位置调整螺钉进行调节。调整螺钉向下拧，有效行程加大，低速供油量增加；向上退，有效行程减小，低速供油量降低。

（8）增压补偿器性能检查调整　检查目的如下。

① 保证负校正作用时，有效行程（油量）的变化快慢与柴油发动机外特性的中低速区的进气量相适应。

② 保证在一定的进气压力下，增压补偿器膜片能被压到底，即最大有效行程位置，供油量能分别满足最大扭矩和最大功率的需要。这时如无机械校正，则不同转速时的供油量取决于速度特性。如有机械校正，则是在增压补偿器被压到最大有效行程的基础上进行校正。

检查方法：柴油发动机转速、负荷及其相关的进气压力直接影响有效行程的大小。为了便于检查增压补偿装置的工作特性，常在固定的转速下，以不同的进气压力，求相应的供油量。

检测时，转速通常固定在增压补偿开始起作用的转速。把操纵杆置于高速位置，做下列试验。

a. 油泵转速固定在增压补偿器起作用的转速，通入 3kPa 的压缩空气，要求增压补偿器开始起作用。即通入 3kPa 的压缩空气后，供油量应比不通压缩空气时略有增加。如果通入 3kPa 压缩空气后油量不变，表明增压补偿器弹簧预紧力太大，尚未起作用；如果通入 3kPa 的压缩空气后油量增加太多，表明增压补偿弹簧预紧力太小。因此，在很小的压力作用下就已有过大的压缩量。如果出现上述两种情况，可改变增压补偿器调整齿轮的上下位置进行调整。

b. 油泵转速固定在增压补偿器起作用的转速，通入不同压力的压缩空气，从零值开始到最大值，取 3～4 点，测各点相应的供油量。如果各点相应的供油量出现偏差，表明增压补偿弹簧刚度过大或过小，出现这种情况应更换弹簧。

（9）增压时全负荷特性中、高速段调整　对于全负荷特性中、高速段，重点是检查并调整标定工况及最大扭矩工况的油量。

① 检查。检查时所通入的压缩空气，应保证是柴油发动机在实际工作中外特性上的中、高速段的进气压力，从最大功率点到最大扭矩点，膜片都能被压到底，即油量调节套在标定有效行程位置。通常，最大扭矩工况的进气压力要略低于标定工况时的压力。在预调全负荷油量时，必须在略大于最大进气压力下进行。这样可以确保增压补偿装置能稳定在最大有效行程下求得全负荷油量，才能正确地去检查泵室内压力、回流量及自动提前特性。

但在精调全负荷特性时，所用的压缩空气压力不应取略大于最大进气压力，而是应该取最大扭矩点的压力。原因如下。

如果以最大进气压力测得的最大扭矩工况油量，而实际工作中的进气压力只相当于最大扭矩工况的进气压力，由于进气压力降低后，有时会因有效行程的变动而使实际供油量比测量值有所减少。

因此精调时，用相当于最大扭矩工况的进气压力的压缩空气通入检查外特性各点供油量。如果满足规定所需，则在正常工作时不会因进气压力低于检查时所用的值，造成供油量不够而影响性能。

② 条件。操纵杆置于高速位置，通入的压缩空气压力取最大扭矩工况的进气压力，转速分别在标定转速和最大扭矩转速时，测量供油量及回油温度。

③ 调整。经检查，下列项目中如有不符合要求的，应进行调整。

a. 标定工况油量超差：应调整全负荷油量调节螺钉位置。

b. 最大扭矩工况油量不符合要求：对装有机械校正的油泵，可通过调整校正量解决；

对不装机械校正的油泵，最大扭矩工况的油量则是由于速度特性不匹配造成的，可通过改变影响速度特性的出油阀部件进行复查。

c. 回油温度过高：应复查回流量是否正常，如果不正常，应从运动件间的加工精度、配合间隙以及是否进行磨合等方面分析原因。

（10）操纵杆高速限位调整　操纵杆高速限位调整方法与自然吸气泵相同，只是在通入略大于最大进气压力的压缩空气下进行调整。

（11）操纵杆怠速限位调整　操纵杆怠速限位调整方法与自然吸气泵相同，试验时不必通入压缩空气。

（12）启动油量检查　启动油量检查方法与自然吸气泵同，试验时不必通入压缩空气。

（13）停油检查　停油检查方法与自然吸气泵同。

（四）НД-22 型分配泵调试

试验台输油泵压力应不低于 0.12MPa。

1. 启动油量的检查

在油泵转速为 100～150r/min 时测定 100 次油量应为 20mL，不符合要求时可通过转动偏心销轴（图 5-46）进行调整，以改变摇杆的倾角。当摇杆上抬时两个泵的油量都减少，下降则油量增加，调整后可靠地拧紧紧固螺钉。

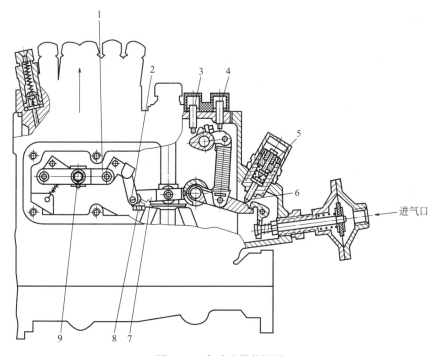

图 5-46　启动油量的调整

1—可调连接杆；2—偏心轴；3—停油螺钉；4—高速限位螺钉；5—校正器
螺套；6—推杆；7—摇杆；8—紧固螺钉；9—连接杆紧固螺杆

2. 调速器起作用转速的检查

首先退出校正器，将转速调至规定的起作用转速（T-150K 拖拉机转速为 1080r/min ±5r/min），然后调整高速限位螺钉（图 5-46），使 750 次供油量超过规定的标定油量（T-150K 拖拉机 750 次油量为 86.0mL±1.5mL）1mL，而对 ДОН-1500 型联合收割机则为 2mL。

3. 标定油量的检查调整

装回校正器，逐渐拧入泵体，使油量达到规定要求。T-150K 拖拉机要求转速为 1050r/min 时 750 次油量为 86.0mL±1.5mL，拧入校正器时油量减少，反之则增加。然后复查起作用转速，在规定转速下的供油量应低于标定油量。油量不均匀度不应大于 5%，不符合要求时可通过改变可调连接杆的长度进行调整，为此应松开连接杆紧固螺钉（图 5-46）。当增加连接杆长度时，将使第一泵组的供油量增加，反之则减少。调整后应将紧固螺钉可靠拧紧，并复查启动油量。

4. 停油转速的检查

T-150K 拖拉机要求转速为 1130～1180r/min 时完全停止供油，不符合要求时可通过弹簧挂耳改变调速弹簧的工作圈数进行调整。增加工作圈数时，在相同转速下，摇杆及泄油环都向减油方向移动较大距离，使停油转速降低。调整后应重新复查起作用转速，并附加检查逐渐降速时开始供油的转速，开始停油及开始供油的转速差不应超过 25r/min，否则说明调速器机构或泄油环机构的阻力过大，应予以排除。

5. 最大扭矩油量的检查

T-150K 拖拉机要求在最大扭矩转速 750^{+50}_{-20} r/min 下，测定 650 次油量为 88～95mL，必要时可通过校正器螺套（图 5-46）改变校正弹簧预压量，及通过限制螺钉改变推杆的行程。调整后应附加检查停油转速。

6. 停油螺钉的调整

在启动转速下调整停油螺钉（图 5-46），使操纵手柄抵靠该螺钉时油泵能停止供油，并保证在这时用手还能向停油方向转动泄油环驱动机构，以防止强制停油时，泄油环不能和泵体相靠而使泄油环驱动机构受到额外的负荷而损坏或变形。

7. 增压补偿器的检查

试验台有气压装置时可通过压缩空气在规定气压下（一般为 0.02MPa 左右）推动膜片以增加油量。没有气压装置时，可用一个 M10×1 的螺钉拧入增压补偿器的进气口（图 5-46），将膜片推至极限位置测定增压器起作用时的标定油量。而在拧出螺钉时则可测定无气压时的标定转速供油量约为标定油量的 75%，油量不符合要求时，可拧入或拧出校正器壳体，改变它相对于泵体的位置。

（五）DM 型分配泵调试

1. 调试条件

（1）调试用喷油器　采用国际标准 DN12SD12 喷油器时，压力为 17.5MPa；采用 SAE 孔板式标准喷油器时压力为 20.4MPa。

（2）实验用高压油管　外径 6mm、内径 2.0mm、长度 508mm 的高压油管用于 DN12SD12 标准嘴；内径 1.6mm、长度 635mm 的高压油管用于 SAE 标准嘴。

（3）试验油温　43～46℃。

（4）试验台输油压力　6.86～20.58kPa，注意不要超过 68kPa。

（5）电磁给油装置电源　12V 直流电源或蓄电池，没有直流电源时可人为用夹具将电磁铁摇臂与电磁铁压靠在一起，使摇臂调速器联动杆不脱离。

2. 喷油泵调试油路的连接

如图 5-47 所示，按规定应将喷油泵的回油管接至油泵驱动轴前端的轴承处，以全部回油润滑该轴承，然后经由调试台床身流回油箱，但在实际维修中，由于试验时间不长，一般也可不进行润滑。

另外需要拆下液力头底部的定位螺钉，通过带开关的接头和油管与压力表相连，以便检查输油泵的输油压力。由于 DM 泵全部采用英制螺纹，因此调试时进油口及各分泵出油口都需采用过渡接头才能和国产试验台的进油管及高压油管相连。为了观察供油自动提前装置的提前角，可将泵侧的观察窗盖板换成自制的透明塑料盖板。

3. 调试内容

（1）泵腔回油量的检查　油门操纵手柄处于最高转速位置，转速为 1250r/min，将回油管插入量筒中，测定 1min 回油量应为 225～475mL。

（2）输油泵输油压力的检查　油门操纵手柄仍处于最高转速位置，检查输油泵输油压力应为 0.58～0.65MPa，否则应将连接油泵进油口接头油管卸下，用六角扳手调整压力调节器的调整螺塞，顺时针调节时压力增加，反之则减少。注意勿过度调整，任何情况下压力都不能超过 0.9MPa，注意通压力表的阀门（图 5-47），只有在检查压力时才打开。

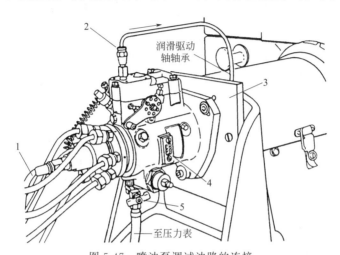

图 5-47　喷油泵调试油路的连接
1—进油管；2—回油管；3—喷油泵固定支架；4—检视窗；5—阀门

（3）自动提前角的检查　操纵手柄处于怠速位置，从透明观察窗观察凸轮外圆的刻线（图 5-48），要求转速在 200r/min，凸轮环刻线便开始移动。转速升至 450r/min，提前角应达到最大位置 7°左右。一般透明盖上相距 1mm 的刻度约相当于油泵转角 2°。提前角过小时，应对提前装置进行拆卸，检查提前活塞是否发卡，并进行清洗。如活塞移动灵活，则应通过提前装置一侧的调整螺钉（图 5-48），对活塞弹簧的预压量进行调整，松开锁紧螺母，向里拧时供油提前角增大，反之则减少。

（4）启动油量的检查　要求转速 75r/min 的油量应大于 5.0mL/100 次，输油泵压力不小于 0.068MPa。如启动油量过小时，根据经验必要时可适当缩短联动杆的长度，使计量阀向增油方向转动以增大启动油量，但必须注意不能影响停油的可靠性。

（5）标定油量的检查调整　油门操纵手柄在高速位置，右边转速为 1250r/min。当增压补偿器活塞推杆处于上下两极限位置时可以测得相当于无气压与有气压的两个不同油量，标定工况油量应为活塞推杆处于向下位置的有气压油量。对 1075 收割机应为 8mL/100 次。不符合要求时，根据经验可以适当调整停油杆的后调整螺钉（图 5-49），通过改变停油凸轮的位置改变油量，退出后螺钉时油量增大。无效时可考虑适当改变联动杆长度或输油泵压力，但必须保证停油。

对于无气压油量，根据维修经验，最好保持在 6mL/100 次，太小时可以适当拧入停油杆的前调整螺钉（图 5-49）以增加无气压油量。

以上是在试验台无压缩空气装置，无法向增压补偿器中供气时的经验调整方法。按规定

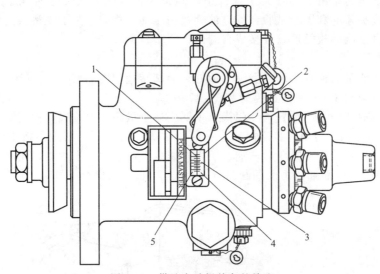

图 5-48　供油自动提前角的检查

1—检视窗刻度；2—检视窗透明盖；3—凸轮环刻线；4—凸轮环；5—飞锤座

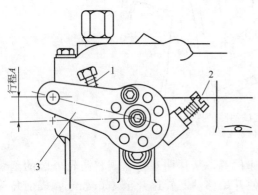

图 5-49　增压补偿器的检查调整

1—后调整螺钉；2—前调整螺钉；3—停油手柄

应在向增压补偿器通气的情况下对活塞推杆和停油杆调整螺钉进行如下调整。

① 按要求油量（实际经验值为 6mL/100 次）设定前调整螺钉（图 5-49）。

② 调整后调整螺钉使停油杆与活塞推杆连接孔的极限行程 A 为 11.43mm±0.64mm。

③ 将停油杆和活塞推杆连接上，向增压补偿器输以 1.1～1.4MPa 压力的气体时，活塞推杆应开始向下移动。检查时可在前调整螺钉下面垫以薄片，当活塞推杆开始移动时带动停油杆，使前调整螺钉离开油泵壳体，因此垫入的薄片便能自由抽动。

将气压继续提高至 4.5～5.1MPa 时，活塞推杆应达到极限满行程。如果推杆开始移动气压大于 1.4MPa，则需逆时针转动推杆，加长推杆的长度；反之如果小于 1.1MPa，则需缩短推杆的长度。调整完毕，应复查气压将推杆推到底的油量，并将前、后调整螺钉的锁紧螺母可靠拧紧。

（6）最大扭矩油量的检查　操纵手柄处于高速位置，当油泵转速为 750r/min 时，油量应为 9mL/100 次左右，检查时可在有气压状态下进行。但根据实际测定的结果，大多数情况下，活塞推杆在上下两极限位置的油量差别不大，因此也可在无气压状态下测定。

（7）怠速油量的检查调整　操纵手柄置于怠速位置，在油泵转速为 400r/min 时测定油量应为 1.0～1.5mL/100 次，不符合要求时可调整调速器盖顶部的怠速螺钉，或操纵手柄上的怠速螺钉。当转速升至 500～600r/min 应停止供油。

（8）高速空转及停止供油转速的检查　操纵手柄位于最高转速位置，油泵转速为 1350r/min 时供油量应为 1.0～1.5mL/100 次，转速升至 1375r/min 时应停止供油。允许油量为 0.5mL/100 次，偏差过大时可适当调整操纵手柄上的高速螺钉。

（9）电磁给油装置的检查　无论在任何工况运转时切断电源，都应立即停止供油。

五、P7 型喷油泵的试验调整

喷油泵的试验调整应与调速器装配成喷油泵总成后方能进行，现介绍喷油泵总成中有关喷油泵预行程及供油量的调整。

（一）喷油泵预行程测量及调整

拆下第一缸的出油阀和出油阀弹簧，将预行程测量仪的百分表触头与柱塞顶面相接触；把操纵手柄置于全负荷供油量位置。在柱塞位于下止点位置时将百分表调整到零位。然后在进油口中通入 0.015MPa 的试验油，按规定转向转动凸轮轴，直至油液停止从溢油口流出为止，此时百分表读数即为第一缸预行程，如图 5-50 所示。

若预行程不符合要求，可用预行程调整垫片调整，如图 5-51 所示。

注意：同一柱塞套法兰下的前后垫片厚度应相等。

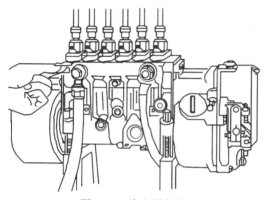

图 5-50　检查预行程

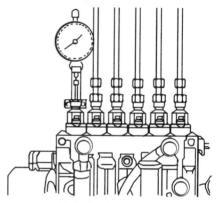

图 5-51　调整预行程

（二）各缸供油夹角调整

按规定转向转动凸轮轴，按供油顺序依次读出各缸喷油器溢油管停止溢油时的刻度盘角度。如测得的供油夹角偏差不符合要求，则按预行程调整的要领调整，如图 5-52 所示。

（三）供油量调整

将操纵手柄与限位螺钉相碰，按调试规范中要求检验供油量。如不符合，则拧松紧固柱塞套的两个六角螺母，用铜棒略微转动柱塞套，进行调整。

调整结束后应均匀交替地拧紧两个六角螺母，最终拧紧力矩为 22～27N·m，如图 5-53 所示。

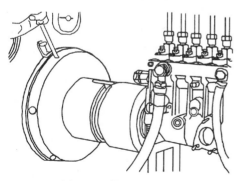

图 5-52　供油夹角调整

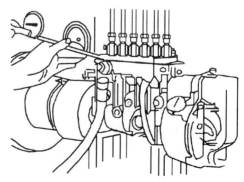

图 5-53　供油量调整

（四）弹性启动加浓部件调整

按调试规范要求，在给定的启动转速时将操纵手柄与全负荷限位螺钉相碰。测量泵体端面至调节齿杆端面间的距离 R；调整弹性启动加浓部件，使尺寸 $M=R+(0.2\sim0.4)$，如图 5-54 所示。

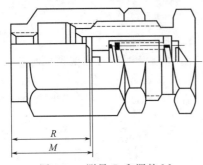

图 5-54　测量 R 和调整 M

将弹性启动加浓部件装到泵体上。

按调试规范检验启动油量和全负荷油量。

六、PT 燃油系统调试

（一）PT 泵调试

1. 调试准备

① 在喷油泵试验台上接一根进油软管，然后向齿轮泵进油孔注入清洁柴油，便于齿轮泵吸油。

② 通过 PT 泵顶部的塞孔，给泵体内加满柴油（在 V6-14 或 V8-185 型柴油发动机上，还要通过进油附件），重新装管塞或附件。

③ 出油管接到停车阀接头上。

④ 软管接到泵体齿轮的冷却排油止回阀上，有冷却排油阀的齿轮泵不应在排油孔堵塞的情况下工作。

⑤ 无论试验、调整及工作时，稳压器都不应拆下，否则，会导致喷油泵工作不稳定，加速磨损。

⑥ 将测量仪表的指针调到零位。

2. 试运转

① 怠速小孔阀、节流阀和泄漏阀全关闭，真空调节阀、断油阀和流量调整阀全开。用弹簧使节流阀保持开启位，把 PT 泵转速提高到 500r/min，如果 PT 泵不吸油。应检查进油管路中的阀是否关闭，有无漏气，旋转方向是否正确；如果旋转方向不对时，就会损坏真空表。

② 如 PT 泵为新修或曾分解过，则要以稍高的转速运转 5min 左右，以排除泵内空气。

③ 装有 MVS 调速器的 PT 泵，调速器的操纵杆也应处于全负荷位置。

④ 试验油温应在 32～38℃ 范围内。

3. 泵密封件检查

① 将 PT 泵的转速调节到 500r/min，打开流量调整阀，关闭真空调整阀，直到真空表读值达 50.8kPa。

② 将少量轻质润滑脂抹在喷油泵前盖主轴密封装置通气孔上。如润滑脂在 50.8kPa 真空压力下被吸入孔中，说明密封不良，应予修复。

③ 节流阀 O 形环、密封圈孔、MVS 调速器操纵杆轴和调节螺钉处以及齿轮泵与壳体之间垫片等处，均需检查是否漏气。

④ 进行上述检查时，还应细心观察流量计燃油中有无气泡，它往往可以指明有无空气漏入燃油泵。

4. 真空度调节

① 将试验台的流量阀调节到全开位置。

② 将燃油泵转速提高到柴油发动机额定转速。

③ 调节真空调节阀，使真空表读值为 27kPa。

5. 流量计调整

① 将燃油泵调节到额定转速。

② 调整流量出油阀，将流量计的浮子调到规定值范围内。

6. 调速器断开点转速的调整

节流阀处于全开位置，当喷油泵转速提高到燃油压力刚开始下降时，检查喷油断开点转速是否在规定值范围内，用 ST-774 试验台检查泵转速时要乘 2。因为燃油泵计时表驱动装置的转速是柴油发动机转速的 1/2。

如果装有 MVS 型调速器，必须将最高转速限位螺钉退出足够量。用 PTG 调速器控制调速器的断开点转速，而 MVS 操纵杆必须保持在最大转速位置。

如果转速低于规定值时，则可在调速器弹簧和长环之间加入垫片；反之，则应取出垫片。每取下 0.025mm 厚度的垫片时，转速将改变约 2r/min。

对装有 MVS 调速器的 PT 泵，在调整断开点转速后，应使燃油泵节流阀在全开的情况下转动并拧入调速器最高转速螺钉，直到燃油出油口压力开始降低为止，调整 MVS 调速器时，要从这一点旋出一圈，使其略高于 PTG 调速器。

7. 燃油压力检查

提高喷油泵转速，当燃油压力值下降到 274.6kPa 时，检查泵的转速是否在规定范围内，若比规定值高出 20r/min 以上时，则须更换同级调速器柱塞，并应重复 4~7 项的检查。

燃油压力达到 274.6kPa 后，提高喷油泵转速，燃油压力仍能下降到零点。如不能降到零点，则可能是 PT 泵内部燃油短路。

8. 额定转速与最大扭矩点转速时燃油出口压力的调整

确认压力零点后，将 PT 泵的转速继续下降到规定值，检查燃油出口压力是否符合规定。如不符合，可增减垫片（带可调式节流阀轴柱塞的节流阀）或转动节流阀的调整螺钉（装有 MVS 型调速器，节流阀使用时固定）进行调整。

完成上述调整后，使 PT 泵转速下降到有最大扭矩时的值，并检查燃油出口压力是否符合规定值。如果不符合，可调整飞块助推柱塞的伸出量（增减低速扭矩弹簧的垫片）。增加垫片时，燃油压力升高；反之，燃油压力下降。

9. 飞块助推压力的检查

对带调速器并有飞块柱塞的 PT 泵，常进行飞块助推压力的检查来验证所加垫片是否合适。

检查的方法是先将 PT 泵转速调节到 800r/min，此时燃油出口压力应达到规定值。否则，需增减扭矩校正弹簧的垫片来进行调整。这样调整后，还应按 1~8 项复检。

10. 怠速转速和怠速时燃油出口压力的调整

先关闭节流阀、泄漏阀和流量调整阀，打开怠速小孔阀。然后将节流阀轴调到怠速位置并紧靠挡钉，使 PT 泵在推荐的怠速转速下运转。检查燃油出口压力表上的压力是否符合规定值。如压力过低，可将怠速调整螺钉向里旋进；反之，则向外旋出。

MVS 型调速器怠速的调整：先将 PTG 调速器按上述步骤进行调整，然后使节流阀处于全开位置，将 MVS 型调速器杠杆移到怠速位置，调整怠速调节螺钉，将其调到与 PTG 调速相同的怠速转速。

对于带短柱的节流阀轴，调整怠速时，应先将 PTG 调速器怠速螺钉旋出，直至脱离弹簧夹为止（这一点很容易感觉出来，因为螺钉不再受到弹簧夹的转动阻力）。然后使 MVS 操纵杆处于怠速位置，并调整后部的怠速调整螺钉，直到怠速压力超过规定值 7.0~8.4kPa 为止。调整后，立即锁住怠速螺钉，以防空气进入系统中。最后调整 PTG 调速器怠速螺钉，直至获得所需的怠速压力。

应当注意的是，MVS 型调速器不可能使柴油发动机转速超出 PTG 调速器的调整范围；每当取下螺塞并调整怠速螺钉、重新检查压力之前，要先运转燃油泵，以排除空气，同时要关闭怠速小孔阀，打开流量调整阀。

11. 出口燃油压力的调整

将节流阀放在全负荷位置。如果用 MVS 调速器操纵杆，必须使其处于最高转速位置，使喷油泵转速升高到规定值，调节燃油流量计到规定的油量（用燃油出口压力检查表检查燃油压力）。如果压力不符合规定值时，应做两项调整。

① 对于带有可调式节流阀轴柱塞的节流阀，应卸下节流阀轴，取出或加入调整垫片进行调整。

② 对于带有短柱的节流阀轴，可转动节流阀调整螺钉进行调整。

12. 节流阀泄漏量的检查

将喷油泵转速提高到规定值，测定流量和燃油压力值。调整正确后，将节流阀操纵杆放在怠速位置。然后把流量调整阀和怠速小孔阀关闭，打开节流阀、泄漏阀，使燃油流入带刻度的量杯中。若泄漏量不符合规定值时，应做下列调整。

① 对于装有 PTG 调速器的 PT 泵，可拧动节流阀前限位螺钉，以调整泄漏量。所有 PT 泵的最小泄漏量应能达到 15mL。

② 对于装有 MVS 型调速器的燃油喷油泵，可增减调整垫片，这样的调整可能影响柴油发动机的减速时间，必须调整准确。

13. 复查

前述各项完成后，须按 4～11 项的程序复查。最后铅封下列各处：节流阀限位螺钉、MVS 型调速器最高限速和怠速调整螺钉、计时表等部位。

(二) PT 泵故障排除

1. 在试验台上

① 如果在装上试验台的初期，油泵不能泵油（在流量计中不显示有油量），就应遵循下述程序。

a. 松开油管，再检查所有的接头，并紧固。

b. 确定停车阀电磁线圈是否处于起作用的位置。

c. 检查油泵的铭牌是否匹配。

d. 检查怠速柱塞与调速器柱塞间的装配情况。如有必要，更换一件或者两件都更换，使它们之间获得良好的配合。

e. 检查齿轮泵的吸油口，确定齿轮泵是否已经磨损。

f. 判定齿轮泵在主泵体上的安装是否正确。

② 检查在流量调节装置里的燃油是否有空气混在里面。如有空气，则说明在油泵的吸油侧某处漏气了。

在 PTG 壳体上不同处的任何泄漏都会引起吸油泄漏，因为在工作时，PTG 壳体是在齿轮泵的吸油一侧。

如果下述零件有缺陷，会使空气漏进油泵。

a. 确定转速表传动件的密封是否泄漏。检查时可在油泵运转时把少量柴油放到转速表传动联轴节中去，柴油不应被吸入油泵。

b. 检查油泵壳体上的所有垫片并重新拧紧所有的带头螺钉。

c. 取下油门轴杆并检查其上的 O 形圈，必要时应更换。

d. 检查传动轴密封情况。使用油罐，把少量润滑油喷到密封件间的泄漏孔中去，润滑油不应被吸走。如果被吸走了，说明内部或后油封泄漏了。

③ 如果调速器飞车，应该检查下列每个项目。

a. 检查或者更换调速器。

b. 检查调速器飞块，看看销轴是否磨损。

c. 确定调速器柱塞是否在套筒中粘牢了。

d. 确定在调速器弹簧上是否具有正确数量的垫片。

④ 如果油门泄漏不能调好，移动之后它还回到原处，就要检查下述内容。

a. 确定油门轴杆是否损坏或擦伤了。

b. 检查调速器柱塞，看看它是否磨损了。

⑤ 如果燃油管道压力无法调整正确，就要确定下列内容是否处于正常工作状态。

a. 查看怠速柱塞是否正确。

b. 检查吸油口并确定齿轮泵是否磨损了。

c. 查看调速器柱塞是否磨损了。

d. 确定油门轴杆是否磨损了。

e. 查看油门限制的调节是否正确。

⑥ 如果最高扭矩检查和低速校正作用检查并不符合规范要求，要检查下列项目。

a. 扭矩弹簧是否正确。

b. 飞块柱塞调整是否正确。

c. 调速器飞块配用是否正确。

d. 齿轮泵是否磨损或擦伤。

⑦ 如果油泵工作时有噪声，就应确定下述零件中是哪一个磨损了。

a. 调速器磨损。

b. 调速器传动齿轮磨损。

c. 齿轮泵磨损或擦伤。

2. 在柴油发动机上

① 如果柴油发动机不运转，检查下列程序。

a. 检查停车阀的工作。

b. 如果对燃油滤清器是否已堵塞存有怀疑的话，就把它换下。

c. 确保所有通向油泵的管路都已紧固。

d. 检查进油管的阻塞情况，利用空气软管对油管反向吹气的办法来检查。

e. 取下转速表传动软轴并驱动柴油发动机，此时转速表传动应该旋转，这是表明油泵是否旋转的一个很好的方法。

f. 如果油泵不旋转，则检查叉形传动接头或带花键槽的传动套筒。

② 如果柴油发动机运转但动力不足，应检查下述项目，以查明问题原因。

a. 检查燃油滤清器，必要时应予更换。

b. 检查弹性膜片压力。即把一个压力表接在停车阀上的一个附加外接接头处，然后将柴油发动机迅速从怠速加速至全油门。在加速时从表上读取最大压力值。它应该非常接近油泵校准资料中柴油发动机燃油压力的规定值。弹性膜片压力的检查在 APC 油泵上并不精确。

c. 如果弹性膜片压力低，有必要改变油门限制或怠速柱塞。

d. 如果怠速调整得偏高，就要变动调速器弹簧垫片。

e. 如果油门行程不正确，就应该核实：当汽车加速踏板踩到底时，油门是否处于大开的位置。

③ 柴油发动机往往不能正确地降速。当油泵经过大修并在试验台上校准之后，这是个普遍的问题，因为每台柴油发动机在降速时都会要求不同的油量。

a. 如果柴油发动机降速太慢，将油门止动螺钉逆时针转动进行调整。在转动此螺钉之前，先要检查其位置，然后使其转动一点点。如果没有变化，就使螺钉退回它原先的位置并把锁紧螺母锁紧。

b. 确保油门回位弹簧可把油门推回到怠速位置。

c. 油门加速踏板连接杆不应有弯曲或阻滞黏结等情况。

④ 如果柴油发动机停车了或者运转时自动降到怠速时，要检查下述内容以确定故障部位。

a. 怠速调节螺钉正确地调整了吗？注意：怠速调节螺钉应做如下调节，取下调速器弹簧组罩壳上的螺塞，从开口处插入一把螺丝起子到螺钉上去。将螺钉旋入，可提高怠速转速；将螺钉退出，可降低怠速转速。

b. 在进油管处有吸油泄漏吗？

c. 燃油滤清器阻塞了吗？

d. 油门泄漏螺钉调整得正确吗？注意：当在柴油发动机上调节油门泄漏情况时，应先把螺钉拧入少许，如果看不到改善，应将它退回原位。

⑤ 如果柴油发动机的高怠速不正确，检查下述每个项目。

a. 根据需要从调速器弹簧处加减垫片。

b. 检查油门行程。

c. 检查调速器，以确定它是否磨损或不正确。

⑥ 如果柴油发动机在载荷下过分冒黑烟，要检查下述项目。

a. 检查弹性膜片压力，如果有要求的话，调节油门限制螺钉。

b. 查清是否已经用了正确的调速器怠速柱塞。

七、喷油泵调试后期工作

（一）喷油泵维修完毕时的注意事项

喷油泵维修完毕时，应注意做好如下收尾工作。

① 用中号螺钉起子将各分泵油量调节齿圈（或拨叉）的紧固螺钉拧紧一遍。对螺栓调节式挺杆的锁紧螺母也应全部复紧一遍。

② 将喷油泵体后侧的供油齿杆锁紧螺钉拆下，换上原泵配装的导向螺钉，并加以紧固（注意要套上垫圈）。紧固后，要检查一下供油齿杆移动的灵活性，以免导向螺钉误装而顶住了齿杆。

③ 装上所有出油阀紧座的锁码，再拆卸各高压油管接头和低压供油管道，然后对喷油泵重要部位，例如最大供油限位螺栓、稳速弹簧护套、扭矩弹簧护套、调速器后盖等处进行铅封。

④ 装好喷油泵侧面窗口盖板。注意拧紧盖板螺栓时不可过分用力，以免泵体变形，影响供油齿杆移动的灵活性。

⑤ 检查凸轮室和调速器室的油尺，若润滑油量不足或变质，应按油尺标记线补充或更换。

⑥ 给喷油泵所有进出油管口配齐接头螺栓和垫圈。若垫圈有凹痕，应更换。有些喷油泵的回油管接头螺栓中装有溢流阀，这种管接头螺栓如错装在进油口上，将使发动机无法启动。

⑦ 按照拆卸时留下的标记将供油自动提前器旋至原来的方位，以便往发动机上安装时，不至于发生安装错位。

⑧ 用清洁抹布擦干净喷油泵四周的油迹，就可将喷油泵从试验台上卸下。

⑨ 认真填写喷油泵调试报告。报告内容应包括喷油泵的型号和制造的厂家，匹配发动机的型号，检修前和检修后的空载最高转速，各分泵的额定转速供油量、怠速供油量，检修前的故障概述，更换零件的名称和数量，调试条件，检修人姓名，检修日期等。对于因客观原因（例如本该更换的零件，因无法获得备件而勉强使用）造成检修效果上的遗留问题也应在报告书上给予说明。

（二）喷油泵安装时的注意事项

把已调试好的喷油泵装上柴油发动机的时候，应注意以下事项。

① 所有需安装的零件（包括高低压油管接头、管接头螺栓、铜垫圈）都必须保证清洁，若拆卸喷油泵时不慎被弄脏，要用柴油洗净；所有连接件的内、外螺纹都应完好，若有损伤，应在安装前予以修理或更换；所有铜垫圈均应无明显印痕，否则应予以更换（轻微印痕可以修磨）；所用到的弹簧垫圈都应具有适当的预弹倾角，不合规格的要更换。

② 以把喷油泵从柴油发动机上取下前做下的标记为准，用手将供油自动提前器旋至与标记相应的位置，然后才能将喷油泵抬上柴油发动机侧面的托座。在对接时，必须使泵体的倾斜度与拆卸前相同。对于齿轮传动方式，对接后应从齿轮箱侧面小窗的正面查看提前器的正时标记刻线是否与窗侧的凸尖对齐。若有错位，必须将喷油泵拔出，重新调整供油自动提前器方位后再次进行对接，直至标记刻线与凸尖完全对准为止。对于弹性联轴节连接方式，应先上紧一颗连接螺钉，然后用曲轴摇杆旋动发动机曲轴，带动喷油泵凸轮轴跟转半圈后上紧另一个连接螺钉。

③ 安装喷油泵体的紧固螺栓时，不要忘记套上弹簧垫圈。拧紧时，使喷油泵保持拆卸前的倾斜度，并且用力要均衡，一定要使每个紧固螺栓都旋进到位后再分别加力拧紧。

④ 安装高压油管前，应将高压油管的锁码拆除。由于各根高压油管弯曲形状不同，安装时要找准对应的管道。必须先用手将高压油管两端接头分别拧上喷油器和出油阀紧座接口，并至少将螺纹拧入一半以上。若接头连接不顺畅，切不可用扳手硬上。当各分泵的高压油管均用手初步装上后，再用开口扳手（不可用活动扳手）将各高压油管接头拧紧，最后用锁码将高压油管分组固定。

⑤ 由于喷油泵加油操纵臂与外部连杆的连接处比较靠里，因此在安装低压油管前，最好先将此处先连接好，装上开口销和复位弹簧，然后按拆卸时的位置把熄火软线装上并拧紧。

⑥ 安装低压油管时应从下至上依次进行。拧上每个管接头螺栓时，必须注意要加套两个完好的垫圈。低压油管的外表面常附有钢丝网保护层，因此安装旧软管要特别小心，否则很容易被某些散开的钢丝刮伤手腕皮肤。有些车辆从油箱至输油泵的那段油管使用的是无钢丝保护层的橡胶管，而且橡胶管与输油泵进油管接头之间的套联常用铁夹或者铁线来箍紧，由于燃油长期对橡胶的化学作用，使箍紧处的橡胶出现蚀损而可能导致漏气，使发动机难以启动或运行一段时间后自行熄火，所以安装这段油管时要顺便检查软管箍紧处，若有松动，要重新箍紧。柴油滤清器的进出油口和回油口要分清，切不可弄错。滤清器外壳一般均有箭头指示进出油口，而无指示油口的即为回油口。

（三）喷油泵安装完毕后的启动试验

喷油泵安装完毕后，应当进行发动机启动试验。试验的步骤如下。

① 一人在驾驶室内踩下加油踏板，另一人在喷油泵旁观察加油操纵臂是否能两头到位（即分别与止动螺栓和最大供油限位螺栓相接触）。若不符合要求，应调节连杆行程予以校正。若校正后仍达不到要求，则应检查连杆系统的各连接销轴是否磨损过度（复位弹簧拉得过紧也会出现此故障），是则予以修理或更换。有时候此故障是由于喷油泵调速器内部连杆

系统过分松旷所造成的。对于这种情况，最彻底的解决办法是更换调速器总成，若无法做到，一个万不得已的方法是，拆下喷油泵加油操纵臂，在原销轴孔下方适当位置再钻一个与其直径相同的孔，这样当重新安装后，就相当于改变了杠杆比，加大了加油操纵臂的摆动角度。

② 在驾驶室内抽拉熄火线，另一人在喷油泵旁观察喷油泵熄火装置是否能在两个极端位置间自如动作。若熄火行程不适当，可调整钢丝夹紧位置；若熄火回位不良，要检查熄火线本身是否不良，是则应予以更换，一时无法更换的，可人为附加一个弹力适当的拉簧把熄火摇臂拉向复位方向。总之，熄火装置必须做到既能安全熄火，又能在熄火后恢复至原位。

③ 启动前，要松开喷油泵放气螺钉，通过手泵泵油使燃油充满低压管道和喷油泵低压泵腔。当放气螺钉处排出的油流不含任何气泡时，拧紧放气螺钉，再继续泵油十几下，直至手感压力较大时，停止泵油并将手泵柄旋复原位。

④ 初次启动应配合气缸减压（如天气较冷，可用曲轴摇杆先行将发动机旋上几圈）；启动时，加油踏板要踏到底，每次启动时间不应超过 5s，若超过 5s 后仍启动不成功，需稍停片刻后才能再启动，以免长时间强电流放电损坏蓄电池。启动时，若发动机旋转无力，转速很慢，说明蓄电池电力不足，应予以充电。若经几次启动后仍不成功，应检查原因。首先用扳手拧松某缸高压油管与喷油器的接头，观察有无油流溢出。若无油流溢出，说明供油油路存在漏气现象（此时松开喷油泵放气螺钉，再用手泵泵油，会发现从放气螺钉处溢出含气泡的油流），应仔细加以检查并予以处理；如有油流溢出，说明燃油已喷入气缸，供油油路无问题。由于喷油泵和喷油器刚调试过，不会是它们出毛病，如果启动机转速很快，那么余下的可能原因就只剩下两个：一是喷油不正时；另一个是气缸空气压力太低。能造成启动不了的供油提前角误差是较大的，一般多由安装错误所造成，常见的是安装喷油泵时供油自动提前器错旋了 180°，或者齿轮传动的啮合安装发生了错齿，进行检查发现有错误，只能将喷油泵拆下再重新安装。联轴节或空气压缩机的轴销折断也会造成喷油不正时，但这种故障较为少见。排除了喷油不正时的可能性后，若仍不能启动，就与燃油供给系统无关了，应将注意力转到发动机等其他设备的性能检查上去。

⑤ 启动成功后，排气管开始排烟多一些是正常的，运转一定时间后，烟量会大大减小。在怠速下应当看不出排烟，猛踏加油踏板时，有一段短暂的浓烟喷出，立即又趋于无烟状态也是正常的。若在怠速下就有明显排烟，可随车适当调整喷油提前角。经反复调整后仍不能解决问题的，应在发动机本身寻找原因。

⑥ 启动后，应检查怠速是否符合要求；低速运转是否平稳；短暂踏下油量踏板，转速是否能升至空载最高转速；加速后随即松开加油踏板，转速是否能迅速回落至稳定运转；熄火装置是否灵敏可靠等。其中怠速、低速运转平稳性及熄火可靠性是可以随车适当调整的。与低速有关的调整部位是喷油泵调速器的止动螺栓和稳速弹簧调整螺栓。调整时，需记下螺栓原始位置，一般只需在原始位置附近微调即可。短暂加速后松开加油踏板时转速回落太慢多属于调速器调整不当，通常需拆卸返修。若短暂加速无问题，而加速一段时间后松开加油踏板才出现转速回落慢的现象，则多是发动机气缸压力太低所造成的。

⑦ 启动运转一段时间后，仔细检查喷油泵各供油管路的接头处有无漏油现象。若有漏油，应及时给予处理。还要检查各缸喷油器座孔上方有无气流冲出，若有气流冲出，说明喷油嘴铜垫圈或铜锥体密封不良，应将此缸的喷油器拆卸检修后重装。

⑧ 发动机运转几分钟后，可熄火进行不减压启动。此时，应当只需一次点踏加油踏板就能迅速启动，否则可在兼顾排烟正常的前提下，考虑稍微加大喷油提前角以提高启

动的灵敏性。

第四节　调速器试验

一、试验准备与项目

（一）试验准备

调速器试验是在喷油泵各调整项目调整完毕后进行的，在实际工作中也有在对喷油泵检查后单独对调速器进行调试的情况，其准备工作与喷油泵试验要求相同。

（二）试验项目

调速器的调整试验内容随匹配喷油泵的不同而不同，一般有以下几方面。

1. 调速器起作用转速的调整

调试喷油泵总成时，在喷油泵的标定转速下，调速器仍处于不起作用状态（即飞块仍处于全张开位置），使供油齿杆仍处于最大供油量位置。当转速超过标定转速时，才开始拉动供油齿杆，向减少油量方向移动。此时的转速，称为调速器起作用转速。要求起作用转速超过标定转速一定范围，一般为 $10 \sim 20 \mathrm{r/min}$。调整时，可通过调节调速螺钉，使调速弹簧预紧力逐渐减小或加大，观察齿杆或拉杆开始移动到规定要求范围内，锁紧调速螺钉。

2. 转速变化率或停油转速的检查与调整

转速变化率是判断调速器控制性能好坏的指标之一。转速变化率过大或过小，反映到柴油发动机上是调速率过大或过小。如果过大会造成最大空转转速过高，容易损坏机件；但过小，有时会引起工作不稳。不同用途的柴油发动机对调速率有不同的要求，所以，对油泵的转速变化率也有不同的要求。检查时应按要求进行，如果超差，应更换调控弹簧。但对于RSV型调速器来说，由于其结构特点可以改变油泵转速变化率，为此，在一定范围内可以进行调整，不需要更换弹簧。停油转速的高低反映调速器调速特性，也可近似地估计柴油发动机调速率的大小，所以，检查停油转速的目的与检查转速变化率是一致的。另外，检查停油的目的是检查油泵在调速器作用下是否停油，以确保柴油发动机工作安全可靠。

试验时，在起作用转速或标定转速的基础上，仍不改变调速器操纵杆位置，使油泵转速逐步提高，经喷油器喷出的试验油量逐步减少。当油量减少至怠速供油量 $1/4$ 以下时的喷油泵转速，就作为该喷油泵断油转速。调试后，应将转速恢复到额定转速，重复一次测量额定供油量，仍应在要求范围内。

3. 真空（增压）度测量

对于采用气动调速器或气动机械复合式调速器的喷油泵，需在油泵试验台上模拟有关工况的真空（增压）度进行检查和调整。试验时调速器大气室直接与大气相通，真空（增压）室与试验台真空（增压）表的管子相连，油泵转速固定在 $500 \mathrm{r/min}$。测量各工况真空度与齿杆行程的关系，并按设计要求进行调整。

二、两极式机械调速器调试

这里所指的两极式机械调速器以 RAD 型为代表，它广泛应用于我国多种主流车型的柴油发动机燃油喷射系统中。有些车型的柴油发动机的喷油泵虽然采用的是 RFD 型两用机械调速器，但当其作为两极式调速器使用时，与 RAD 型调速器的调速特性并没有多大区别。从严格意义上说，调速器的调整应按调速特性曲线进行，但在实践中，由于零配件供应不足，使不少喷油泵的维修总是只更换柱塞、出油阀偶件，而对其他部件更换甚少，造成调速器内部连杆系统连接松弛，弹簧的弹性系数发生变化，以致无法按原定调速特性曲线实现最佳的调试。因此，在绝大多数情况下，调速器的调试只是一种保证重点，并兼顾全面的近似调试。

两极式机械调速器主要对怠速和超额定转速的转速范围实施控制，因此它的调试重点也应该放在高速控制、怠速控制的作用起始点及作用终止点上。其调试步骤如下。

1. 调试调速器

应确定供油齿杆零点位置，完成供油正时精调和各种供油量的粗调。

2. 高速控制的调整

将加油操纵臂固定在全负荷位置，使泵转速逐渐上升，当达到比额定转速大 10r/min 左右时，供油齿杆应开始向减油方向移动，若不符合要求，应当调整最高转速调节螺钉。继续提高转速，当达到比额定转速大 100～120r/min 时，供油齿杆应能向减油方向移动至零点位置而使供油完全停止。如不能停油，说明调速弹簧已变软。继续增速至比额定转速大 150r/min，若仍不能停油，就应更换调速弹簧。

3. 怠速控制的调整

把加油操纵臂扳向怠速方向，使喷油泵在低于怠速的转速下运转。逐渐加速，同时观察供油齿杆的位置变化。当供油齿杆开始向减少供油方向移动时，此时的转速就是调速器低速控制起作用的转速。此转速应当不高于柴油发动机怠速所规定的转速。继续加速，供油齿杆还会向减少供油方向移动。当这种移动停止时，即为调速器低速作用终止的转速，此时供油应当停止，且转速超出规定怠速值不应大于 200r/min。若不符，可调整怠速弹簧总成的旋进位置（在调节怠速弹簧时，与供油齿杆相对的稳速弹簧应完全放松，使之不起作用）。如经反复调整后仍不能达到要求，可适当配合调节齿杆行程调整螺栓（但调过此螺栓后，全负荷供油量会发生变化，需做复查）。

4. 稳速弹簧的调整

稳速弹簧的作用是能够在发动机急剧减速时，迅速地把供油齿杆推回到怠速位置。当调速器怠速控制调整好后，在怠速下，旋进稳速弹簧螺钉，使供油齿杆位置增加 0.5mm，然后加以紧固即可。

5. 止动螺栓的调整

调整好稳速弹簧后，记下怠速时供油齿杆的位置，然后停机。将加油操纵臂向无喷射方向扳动，当供油齿杆退至比怠速时的位置还短 1mm 时，不再继续扳动操纵臂，并旋进止动螺栓，再同加油操纵臂接触处，将止动螺栓予以紧固，这主要是为了防止把加油操纵臂往无喷射方向扳动时对调速器内部连杆系统产生过分的冲击力。

6. 校正装置的调试

若有特殊的需要（为提高发动机中、低速扭矩），可以在调速器内加装校正弹簧总成，其调试需在高低速控制已调好后才能进行。调试时，加油操纵臂扳向最大供油位置，泵转速一般控制在额定转速的 60%～70%处，旋入校正弹簧总成，使供油齿杆位置略微增大即可。旋进程度以需要增加多少供油量而定，而校正装置起作用的范围，可通过调整校正弹簧的预压量来改变。

三、全程式机械调速器调试

国产Ⅰ、Ⅱ、Ⅲ号系列泵属于全程式机械调速器。但这里介绍的是，以 RSV 型为代表的全程式机械调速器，它广泛应用于发动机负荷骤变情况，特别频繁的施工机械、发电机以及工业用机械的柴油发动机中，而在一般载货柴油汽车中应用较少。RSV 型调速器的调试步骤如下。

1. 调试调速器

应松开怠速副弹簧、校正弹簧和扭矩弹簧，使这些弹簧不起作用。再确定供油齿杆零点位置，完成供油正时精调和额定转速供油量的粗调。然后松退止动螺栓，将加油操纵臂往停车方向扳到底，旋进止动螺栓，使供油齿杆比原位置推进 0.5～1.0mm，最后将止动螺栓紧固。

2. 高速控制的调整

将加油操纵臂固定在全负荷位置，使泵转速逐渐上升，当达到比额定转速大 10r/min 左右时，供油齿杆应开始向减油方向移动。若不符合上述情况，应调节最大转速止动螺栓（与怠速止动螺栓分别处于操纵臂两边，并与怠速止动螺栓位置相对），但此螺栓的调整会影响额定转速供油量，因此调整后需对供油量进行复查。

3. 速度变化率的调整

RSV 型调速器的速度变化率的调整可以通过调节调速弹簧的张紧螺钉来实现。此螺钉装在调速器内部，调整它可以改变调速弹簧的张紧度。拧紧此螺钉，速度变化率会减小；反之，速度变化率会增大（速度变化率一般要求小于 10%，通常控制在 4%～5%）。此螺钉的调整对开始高速控制的转速会有影响，因此在调整后，要复查开始高速控制点，如有误差，应予以修正。

4. 校正装置的调整

校正装置装在调速器拉力杆的下部（但并不是一定要装上），其采用与否随使用目的和使用转速范围不同而异，有时候也作为怠速弹簧来装配。它的调整方法与 RAD 型两极式机械调速器类似。

5. 怠速的调整

在停机时，扳动加油操纵臂，使供油齿杆位于 10～11mm 的位置。开机后，通过调整调速器背面中部的怠速副弹簧，使低速控制起作用转速和终止作用转速符合预定怠速控制的转速范围的要求。

四、气力-机械复合式调速器调试

目前，轻型载货汽车中，有不少喷油泵采用的是 RBD 型气力-机械复合式调速器。这种喷油泵的供油量调整与 A、B 型喷油泵是类似的，但调速器部分由于采用了气力式调速器与机械式调速器的复合形式，因此在调试上有自己的特点。其调试步骤如下。

① 在更换柱塞、出油阀偶件时，齿圈缺口要朝正前方，并应确保供油齿杆对准定位标记（刻在供油齿杆端部）；在调整额定转速供油量时，必须通过调整冒烟限制螺钉使加油操纵臂保持垂直状态。只要能做到以上两点，就可大大简化调速器的调试过程。

② 检查供油齿杆行程。在确定了供油齿杆的零点位置之后，将加油操纵臂向增油方向推到底，供油齿杆的行程应大于 15mm；若不足，应检查零部件是否都已正确装配，必要时可将推杆（装在气力调整部分和机械调整部分之间）更换为较短的。然后将加油操纵臂向停油方向扳到底，供油齿杆的位置应小于 1mm，否则应检查有关零件的装配。

③ 检查气膜密封性。气膜的密封性虽然可通过专门的真空发生装置和真空表测出，但在实际中有一个最简单且行之有效的办法，那就是用一只手将加油操纵臂扳向停油位置，再用另一只手的拇指压紧调速器负压室的气管接口，然后松开加油操纵臂，观察供油齿杆的移动情况。若气膜密封性良好，供油齿杆应只在松开加油操纵臂的瞬间稍有一点儿移动，接着就不再移动了；若气膜已有轻微漏气（有些是铝质气膜箍不平整或气管接口处漏气所致），可观察到供油齿杆不断地缓慢向增油方向移动；若气膜已严重破损，则供油齿杆根本不受控制，会立即移向最大供油位置。上述方法即使在汽车上不打开喷油泵侧边盖的情况下也能应

用（这时虽然看不到供油齿杆的移动，但可在 1min 后松开压紧的负压室气管接口，凭听声感觉出供油齿杆向最大供油位置恢复时发出声音的强弱。声强则密封性好；声弱则有轻微漏气；无声则气膜已破损）。经检查，只要属于气膜本身破损造成的漏气，不论破损大小，都必须更换；若属于其他部位造成的漏气，也应立即检修处理。

④ 气力式调速器部分和机械式调速器部分（图 5-55、图 5-56）的调试。气力式调速器部分的调试需要附设真空发生装置。调试时，喷油泵要以 500r/min 的速度运转，负压一定要从低点开始：逐渐使其上升，并在几个主要点上检查供油齿杆的位置。

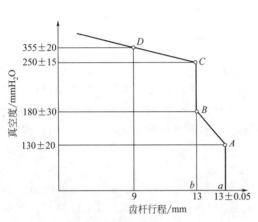

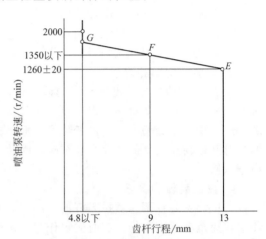

图 5-55　气力式部分调速特性曲线
$1mmH_2O = 9.8Pa$

图 5-56　机械式部分调速特性曲线

其中 A、B 点与校正弹簧的调整有关（A 点不符，可增减校正弹簧的填隙垫圈；B 点不符，可增减校正行程的填隙圆垫片）；C、D 点与怠速弹簧总成和调速弹簧的调整有关；E 点由机械部分的调速弹簧调定；F 点不符，一般多为调速弹簧变软，必要时需更换；G 点为停油点，与飞铁至推杆之间的机构的磨损程度以及泵体和调速器本体的装配有关，必要时，需更换推杆，再重新调整。

五、A 型喷油泵配 RAD 型调速器调试规范（以无锡威孚公司 6A201 喷油泵为例）

① 试验条件。

a. 试验用油：经过沉淀过滤的 0$^\#$ 轻柴油（GB 252—1964）或校泵油（JB-1）；

b. 试验台油温为 38~42℃。

c. 试验台进油压力为 0.1MPa 或根据其具体要求确定。

d. 试验台用标准喷油器开起压力为 17.2MPa＋0.3MPa（执行标准流量系统技术条件）或按油泵具体试验条件要求其他标准喷油器。

② 喷油泵总成装在试验台上，装上齿杆行程表（或行程尺），按要求定齿杆"零"位。一般齿杆零位的确定方法：把怠速弹簧、稳速部件拆下，装上齿杆行程测量装置，试验台转速自零上升到飞锤张开，将齿杆向停油方向退到底，此时齿杆位置为零位。

③ 在油泵第一分泵处测量预行程，检查并调整，使预行程满足要求。

④ 检查供油始点及供油间隔角。以调好的第一分泵预行程处作为刻度盘的"0"（整度数）。检查其他各分泵供油点与第一分泵"0"点夹角应为 60.0°±0.5°，若超出范围，同样可调整正时螺钉的高低（或增减垫片）至符合规定。

⑤ 测量滚轮体升程安全间隙，应大于 0.2mm。用厚薄规定（或螺丝刀）检测。

⑥ 调整大油量挡钉（高速极限行程调整）。转速上升至最高全速时，移动操作手柄，使齿杆位置为高速极限行程 R_j；6A201 型喷油泵高速极限行程为 $1\sim1.5\mathrm{mm}$，用大油量挡钉限制操作手柄位置，并紧固大油量挡钉。

⑦ 检查手柄角度。用手柄角度仪检查大油量时手柄角度，应在规定的范围内（6A201型喷油泵约为 $5°\pm5°$），若手柄角度不对，则需检查调速器套筒安装尺寸 L 值是否符合要求。

⑧ 调整行程限位螺钉（标定齿杆行程调整）。手柄放在大油量位置，转速为飞锤起作用前 $100\mathrm{r/min}$（保证低于起作用转速）时调整行程限位螺钉，使齿杆位置为 R_f，并紧固此螺钉。6A201 型喷油泵标定齿杆行程为 $11\mathrm{mm}$。

⑨ 调整起作用转速。手柄在大油量位置，调整调速螺钉，使起作用转速为 n_f+25，并紧固调整螺钉。

⑩ 调整额定油量。转速为 n_f-25，调整油量控制套筒，使油量 Q_f 为额定油量，各分泵之间油量应满足要求。

⑪ 初步检查以下项目。

a. 调速率。手柄在大油量位置，调整转速，使齿杆位置为 R_h 时，记下转速为 n_h，转速再升至 n_h+60，使齿杆位置应为 R_h'，若不符合要求，则更换合适的调速弹簧。

b. 齿杆抖动动量。使转速从 n_f 上升，除飞锤全张时以外，其齿杆抖动量应不大于 $0.3\mathrm{mm}$。

c. 不灵敏度。从停油转速降至额定转速，测量其油量在额定油量范围内。

d. 停油转速应小于 n_g，停油以后应有储备行程 $\Delta R_g=1\mathrm{mm}$（从停油到极限位置的齿杆行程储备行程）。

⑫ 调整小油量挡钉（怠速极限行程调整）。手柄靠小油量挡钉，调整小油量螺钉，转速在怠速极限转速时，齿杆怠速极限行程为 R_n。用小油量挡钉限制手柄，转速降至 $125\mathrm{r/min}$，检查齿杆位置应不小于 R_j。

⑬ 调整怠速位置。手柄与小油量挡钉接触，转速为怠速 $n_k=300\mathrm{r/min}$，拧进怠速装置，使齿杆位置为 R_k，紧固怠速装置，降低转速为怠速调整转速（$250\mathrm{r/min}$），调整小油量挡钉，使怠速油量达到要求，紧固小油量挡钉，再升高为 n_k，检查怠速应为 Q_k 处，如果不符合要求，微调小油量挡钉，改变怠速调整油量，使 Q_k 达到要求。

注意：

a. 转速为 $650\mathrm{r/min}$，检查油量应小于 $0.5\mathrm{mL}/200$ 次。

b. 低速控制范围，齿杆应无卡滞。

⑭ 调整怠速稳定器。手柄在小油量位置，转速从 $n_k=300\mathrm{r/min}$ 起上升，齿杆行程减少 $1.2\mathrm{mm}$（即从 $7\mathrm{mm}$ 减至 $5.8\mathrm{mm}$）时，拧入稳定器，使齿杆行程增加 $0.2\mathrm{mm}$（行程为 $6\mathrm{mm}$）时，紧固稳定器。

与 6A201 型喷油泵不同，6A85Z16 型喷油泵调整的方法是手柄置于怠速位置，逐步提高转速，当齿杆位置为 $5.2\mathrm{mm}$ 时，此时旋入怠速稳定器，当齿杆向加油方向刚一开始移动则立即停止旋入锁紧。

注意，此项调整，6A85Z16 型喷油泵如按 6A201 型喷油泵进行，高速有不停油的危险。

⑮ 调整校正器。

a. 调整校正起始转速。手柄在大油量位置，拧入校正器，调整校正器螺钉，使（转速从 n_d+30 至 n_d+50）齿杆行程开始下降移动 $0.1\mathrm{mm}$ 以上，紧固校正螺钉。

b. 调整校正行程。手柄在大油量位置，转速降至 n_d，调整校正器，使齿杆行程为 R_d，检查油量，应符合校正油量 Q_d。

⑯ 调整启动油量。手柄在大油量位置，转速为启动转速，旋入冒烟限制器，启动油量应符合要求。重新检查标定油量、校正油量。如有变化，重新调整冒烟限制器。

⑰ 停油机构的检查。油泵在各种转速下，转动停油手柄，各分泵应能停油，放松停油手柄后齿杆应能立即复位，并能保证停油手柄在停油后能继续转动一定角度。

六、A型喷油泵配RBD型气膜机械组合式调速器调试

A型喷油泵配RBD型气膜机械组合式调速器的预行程、各分泵供油夹角、挺柱体安全间隙等项目，按通用方法检查，其余检查调试步骤如下。

(一) 准备工作

油泵安装后，真空室内接通真空表。

(二) 齿杆定零

与机械调速器一样，在调试前把行程表或带有刻度的测量行程装置，装在油泵上，定好齿杆零位。

(三) 检查齿杆总行程

在齿杆零位确定后，将操纵手柄向增油方向推到底，检查调节齿杆最大行程是否达到要求。如测量值小于要求，应进行检查调整，必要时可换用较短的推杆，这样可使摇臂绕支点向大油量转过稍大的角度，齿杆能向加油方向多增加一定行程。但在改用短推杆时，应注意不要影响高速停油（RBD型调速器用推杆长度分别有46～55mm等10种），因为推杆太短，机械调速部分的飞锤张开时，将有较长一段空行程不能利用，容易使飞锤全张时停不了油。

(四) 停油检查

将操纵手柄向停油方向板到底，检查齿杆行程是否在1mm左右，如过大，则应检查有关零件的安装是否正确，并调整到要求值。

(五) 气膜密封性试验

气膜调速的控制原理，主要是应用大气室、真空室间的压差与调速弹簧的平衡过程。如果连接处，特别是气膜部件密封性差，有漏气现象，则真空室内的正常吸力减小，调速受到影响。为了确保气膜部分有正常的调速特性，对每台油泵调速器的真空室应做密封检查。检查方法及要求如下，首先将真空室接通真空表。

(1) 膜片直径为60mm　真空室内真空度由5000Pa下降到800Pa，所需时间应大于10s。

(2) 膜片直径为80mm　真空室内真空度由5000Pa下降到4000Pa，所需时间应大于10s。

如以上两种情况下降时间小于10s，则应检查气膜有否损坏，真空室是否有漏气，并采取措施解决，必要时更换气膜部件。

(六) 气膜调整部分调整

1. 齿杆行程调整

机械调速器是通过飞块或飞球产生的离心力与调速弹簧力的平衡过程来实现自动调节，而离心力则取决于转速的变化，因此在机械调速器中，常以齿杆行程和转速的关系曲线 $S=f(n)$ 来分析其自动调节过程，调试时也以此为依据。而气膜调速主要是真空吸力和弹簧力的平衡过程，柴油发动机工作时，真空度不仅仅受转速影响，同时也受节流阀开度的影响。为此气膜调速器常用齿杆行程和真空的关系曲线 $S=f(p)$ 来分析调速特性，并作为调试依据。图5-57中 A、B、C、D、E、F 各点真空度 p_A、p_B、p_C、p_D、p_E、p_F 均属于柴油发动机上相应工况实测的真空度。调整齿杆行程时，应在如下条件下进行：使油泵转速为

500r/min，调整时首先让怠速弹簧处于自由状态。

（1）油量调整螺钉定位　装上油量调节螺钉部件进行调整，使齿杆行程达到下列要求。

① 带校正。操纵手柄与油量调整螺钉顶杆接触，通过轴向调整把齿杆行程调到 S_C 位置。

$$S_C = S_A + \Delta S$$

式中　S_C——齿杆最大行程（不包括启动行程）；

S_A——标定工况时的齿杆行程；

ΔS——最大校正行程，校正行程 ΔS 在装配气膜及校正器部件时确定。

② 不带校正。操纵手柄与油量调速螺钉顶杆接合时，把齿杆行程调到 $S_C = S_A$ 位置，这时校正行程为零。

齿杆行程调定后，拧紧锁紧螺母，固定油量调整螺钉部件。

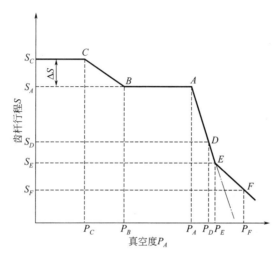

图 5-57　RBD 型调速器齿杆行程与真空度的关系曲线（油泵转速为 500r/min）

（2）校正工况调整　油量调整螺钉部件的位置确定后，对校正工况起作用点及结束点进行调整，调整时真空室内增加真空度，由零开始慢慢增加，当真空度升高到 P_C 时，即校正结束点（图 5-57）。要求真空度稍超过 P_C 值，齿杆行程开始减小，如真空度超过 P_C，齿杆行程不变，则表明校正行程结束时真空度过高。容易造成柴油发动机最大扭矩点转速偏离，应进行调整，增加校正弹簧调整垫片（图 5-58），使校正弹簧预紧力增加，能在较低的真空度下结束校正行程；反之，如校正结束点低于 P_C，则最大校正油量出现在柴油发动机外特性上低于最大扭矩点转速，容易引起冒烟，需减少校正弹簧垫片，降低校正弹簧预紧力，使校正结束时真空度增加。

校正结束点 C 调整后，检查校正起作用点 B，使真空室真空度由 P_C 继续增加到 P_B 值。如果 B 点过早出现，则说明校正弹簧刚度太小；过晚出现，则说明校正弹簧刚度太大；超差过大，则应更换校正弹簧。检查校正行程大小时，如达不到要求，则用增、减校正行程调整垫片进行调整，如图 5-58 所示。增厚垫片尺寸将会减小校正行程 ΔS；减薄垫片尺寸，会加大校正行程 ΔS，都会影响调整特性。因此，调整弹簧垫片也要做相应调整，并应检查齿杆行程调整值。

（3）标定工况　把真空度从 P_B 值再继续调高到 P_A 值，要求 $P_B \rightarrow P_A$ 这段区间内，齿杆停止在标定行程 S_a 位置，P_A 值相当于柴油发动机在标定工况时的真空度。

当真空度调整到 P_A 值时，气膜调速部分应处于临界状态，即真空度稍大于 P_A 值，齿杆即开始向减油方向移动，P_A即起作用真空度。调整时如真空度低于P_A值，齿杆已移动，则表明起作用真空度低于设计要求，应增加调整垫片（图5-59），使气膜调速弹簧预紧力加大，起作用真空度升高（即起作用转速升高）；如真空度高于P_A值，齿杆尚未移动，则表明起作用真空度大于设计要求，应减少调整垫片，使弹簧预紧力减小，以降低起作用真空度。通过这样增减垫片，使起作用真空度达到设计要求。

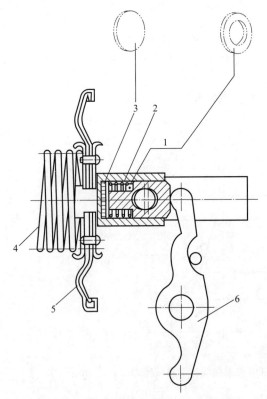

图 5-58　RBD 型调速器校正工况调整

1—校正弹簧调整垫片；2—校正弹簧；3—校正行程调整垫片；

4—气膜调速弹簧；5—膜片；6—摇臂

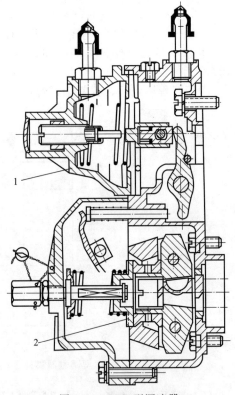

图 5-59　RBD 型调速器

1，2—调整垫片

（4）气膜部分真空度变化率　进一步增加真空度，按试验规范要求，齿杆移到 D 点时（图5-57），检查真空度是否在 p_D 附近，如偏离太大，则应更换调整弹簧。

注意：

① 在调整过程中，如因调整需要拆下气膜时，待装上后需重新进行密封试验。

② 在调整标定工况时，如改变了调速弹簧垫片厚度，会对校正性能有一定的影响，因此需重新检查校正工况，必要时重新调整。

（5）怠速工况调整　怠速调整时采用专用工具。调整时将真空度增加于 p_E，如图5-57所示。用专用套筒扳手和螺丝刀把怠速弹簧部件装入调速器，使怠速弹簧开始起作用。当真空度增加到 p_F 时，要求齿杆行程减到 S_F 位置，S_F 时相当于柴油发动机怠速时的行程位置。在调整过程中，如真空度增加到 p_F 时，齿杆行程无法调到 S_F 位置，则应更换怠速弹簧部件，图5-57中 E 点是怠速弹簧起作用点。调整结束后以锁紧螺母锁紧。

2. 油量调整

（1）调整点油量调整　调整点通常是比较重要的工作点，因此油量值及各分泵平衡均在调整点进行，其他各工况油量只做检查。如取标定工况为调整点时油泵转速为标定转速，同时使真空度大于 p_B、小于 p_A，如图 5-57 所示，齿杆行程为 S_A，调整油量，油量值公差和各分泵不均匀度均要在规定范围内。

（2）检查最大扭矩油量　检查时油泵为最大扭矩点转速，真空室加上相应真空度 p_C 值，齿杆于 S_C 位置，检查各分泵油量及不均匀度，检查时如发现超差现象，则不能进行调整，应重新调整校正行程。

（3）启动油量检查　使油泵在相当于柴油发动机启动转速下（通常取 $100\sim150r/min$），把操纵手柄向启动加浓方向推到底。检查各分泵油量，如油量过小，则不能通过调整油量调整螺钉位置的方法来增加启动油量。因为如果改变后，将会使标定、校正、怠速各工况的油量都发生变化。解决启动油量过小的办法，首先应观察操纵手柄推到底时所处位置，如还有余量可调，只是因为推杆太长，可更换稍短的推杆；如已到极限，即使更换推杆也不再增加启动油量，只能更换油量调整螺钉部件。

（4）怠速油量检查　油泵转速为 $250\sim300r/min$，真空度为 p_F，齿杆在 S_F 位置，检查怠速油量及各分泵油量均匀性。

（七）机械调速部分调整（即高速调整）

1. 起作用转速调整（即标定工况调整）

机械调速部分是在气膜调速部分基本调整结束的基础上进行的，在柴油发动机实际工作中，超过标定转速，机械调速部分控制齿杆时，气膜部分仍在起作用。因此机械部分调整时，应同时向真空室内加一定的真空度，其值相当于柴油发动机标定转速的真空度 p_A。首先调整高速限位螺钉，使机械调速部分与气膜部分共同作用下起作用转速为 n_A，H 点为怠速弹簧接触点。调整时高速限位螺钉进或退到极限位置，若仍不能符合要求，则可采用增、减调整垫片的方法进行调整。

2. 转速变化率检查

起作用转速 n_A 调定后，升高油泵转速，使齿杆行程达到 S_G 时，检查转速是否在 n_G 附近，如超差，应更换机械调速弹簧。

3. 高速停油检查

油泵转速继续升高到 n_K 时，飞锤飞到全张位置，齿杆到最小位置 S_K，供油量应小于 $3mm^3/$ 循环。

4. 紧急停油检查

将停油手柄向停油方向扳到底，油泵应能停止供油。

七、RSV 型调速器调试

1. 齿杆零位的确定

装好齿杆行程测量装置，试验台转速自零上升到飞锤全张，将齿杆向停油方向推到底，此时齿杆位置为零位。

2. 齿杆行程的调整

升高凸轮轴转速为标定转速 n_A，调整操纵手柄到调速器起作用，继续升高转数至飞锤全张，转速为 n_G（参考），齿杆位置在 S_G 范围内，如不符合要求，应检查调速器或拨叉限位销。RSV 型调速器特性曲线如图 5-60 所示。

3. 标定行程和标定油量的调整

将操纵手柄向高速限位方向靠拢，油泵凸轮轴转速为 n_A，调整大头调节螺钉，使齿杆行程位置达到 S_A，调整油泵各分泵油量和任意两分泵油量差，使其符合规定要求。

4. 起作用转速的调整

调整操纵手柄位置，使起作用转速为 n_A，当油泵凸轮轴转速小于起作用转速 n_A 时，齿杆应保持标定转速 n_A 时位置 S_A，不得移动并紧固高速限位螺钉（验证调速器起作用点以齿杆移动 0.10mm 为准）。

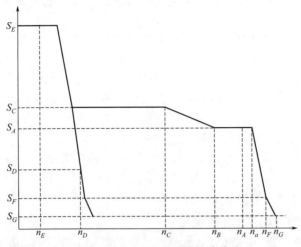

图 5-60　RSV 调速器特性曲线

5. 停油转速的调整

将操纵手柄位置于高速限位螺钉处，上升油泵凸轮轴转速为停油转速 n_F，齿杆位置为 S_F，油泵各分泵应停油（油量≤0.5mL/200 次）。如停油转速 n_F 不符合要求，可调整调节螺钉（调整时，操纵手柄应松开到停油位置），调整后再复校起作用转速和停油转速 n_F。

6. 校正行程的调整

① 将操纵手柄位置置于高速限位螺钉处，凸轮轴转速为校正转速 n_E，旋进校正器弹簧支座，使齿杆位置达到 S_C。

② 转速从 n_C 缓慢下降时，齿杆位置为 S_C，并停止移动，转速从 n_C 缓慢上升到 n_B，齿杆位置为 S_A，然后按校正要求调整检查各分泵油量，应符合要求，否则应增减调整垫片或更换校正弹簧来满足上述要求。

③ 如主机无校正要求，检查在标定转速到 600r/min 的范围内齿杆行程变动量最大允许 0.20mm，否则必须查找原因。

7. 怠速油量的调整

① 油泵凸轮轴为怠速转速 n_D，调整操纵手柄位置为 S_D。检查各分泵油量，应符合要求，然后紧固怠速限位螺钉。

② 调速器配怠速部件时的怠速工况调整在完成第 5 步之后，操纵手柄靠向大油量位置，转速为 500r/min，拧入怠速部件，使齿杆位置增加 0.10mm，然后降低转速到怠速转速 n_D，调整操纵手柄从大油量位置到怠速位置，使齿杆行程为 S_D。检查各分泵油量，应符合要求，然后紧固各个相应部件。

8. 怠速稳定装置的调整

变成保持凸轮转速为 n_D，操纵手柄在怠速位置 S_D，旋入怠速位置装置，使齿杆行程为 $S_D+0.2$mm 后，再向后退到齿杆位置 S_D 为止。检查怠速油量，应符合要求，最后加以紧固。

9. 启动油量的检查

操纵手柄位于怠速位置，凸轮轴转速为 n_E，齿杆行程为 S_E。检查各分泵油量，应满足油量的要求。

10. 停车装置检查

在各工况下转动停车手柄，油泵各分泵应能停油，放松停车手柄后齿杆应能复位，并保证停车手柄在油泵停油后能继续转动一定角度。

11. 冒烟限制器的安装

如果油泵需装冒烟限制器，则拆去行程表，装上冒烟限制器，操纵手柄位于怠速位置，转速为 n_E，达到启动油量，并紧固冒烟限制器，最后复查标定油量，如有校正，还应复查校正油量。

八、RFD 型全程、两极两用调速器调试

RFD 型调速器的调整步骤和调整方法与 RAD 型调速器基本上相同，只是由于结构上的差别，调整调速器起作用转速时稍有不同。RAD 型调速器的高速限位螺钉在调速器后壳后面，而 RFD 型调速器的高速限位螺钉在调速器后壳侧面。在当作两极使用时，则通过怠速限位螺钉顶住调速操纵手柄，使它紧靠高速限位螺钉，使调速弹簧预紧力最大，只有超过标定转速后才能克服高速弹簧预紧力而起作用。这时怠速限位螺钉只起顶紧并固定调速手柄作用，保证弹簧预紧力一直处于最大状态，无其他用途。车辆行驶时，通过移动油量操纵手柄来改变供油量，以适应不同负荷的要求。

在工作时如做全程调速器使用，则应将油量操纵手柄紧靠大油量挡钉并固定其位置，而后将怠速限位螺钉后退到使调速手柄紧靠它时将其固定。工作时只要改变调速手柄位置，就能起全程调速作用。

九、RQ 型调速器调试

1. 实验准备

① 拆下稳速位置。

② 齿杆定零。松开限位螺栓，在油泵静止时操纵杆向停油方向扳到底，此时的齿杆行程定为零位，把齿杆行程测量表读数也相应调到零。

2. 齿杆行程的检查与调整

安装手柄角度仪并调好零位，转动操纵杆，检查齿杆的总行程，对于 A 型泵应为 21mm，将操纵杆扳向全负荷位置，在标定转速下应达到标定齿杆行程。RQ 型调速器特性如图 5-61 所示。

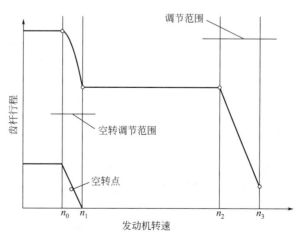

图 5-61　RQ 型调速器特性曲线

3. 标定工况及高速控制的调整

（1）标定齿杆行程的调整　将操纵杆扳到全负荷位置并靠拢全负荷限位螺栓，在油泵转速为标定转速时，调整全负荷限位螺栓，使齿杆行程达到标定位置。

（2）调速器起作用转速的调整　操纵杆处于全负荷位置，提高油泵转速，当达到规定的起作用转速时，齿杆应向减油方向移动，如果起作用转速不符合规定，用专用套筒调整调节螺母，以改变调速弹簧的预紧力，使起作用转速符合规定，调整时应均匀地调整两个飞锤的调节螺母。

4. 怠速工况的调整

① 限位螺栓的调整。将操纵杆转向停油位置并靠紧限位螺栓，调整限位螺栓，使齿杆行程为 0.5～1.0mm。

② 调整怠速时。当油泵转速为 n_C，齿杆行程为 R_C 时（图 5-62），用手柄角度仪将操纵杆固定。

③ 油泵在 n_A 转速运转时，检查齿杆行程是否为 R_A（图 5-62）。

④ 油泵转速升高至 n_E 时，检查齿杆行程是否为 R_E（图 5-62）。

调整怠速时，如果达不到规定的怠速性能，可对调节螺母进行微调，但是应检查高速控制，如超过允许范围时，则应在怠速弹簧处用垫片调整。

5. 校正工况的调整

当油泵以稍低于校正结束的转速 n_D 运转，操纵杆紧靠在全负荷限位螺栓上，此时的齿杆行程应为 R_D，逐渐升高油泵转速达到 n_E 时，齿杆行程应为 R_E（图 5-63）。

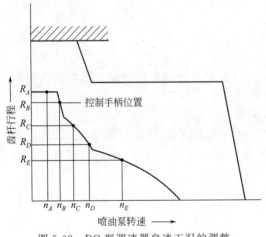

图 5-62　RQ 型调速器怠速工况的调整

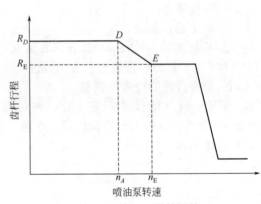

图 5-63　校正工况的调整

如果校正行程与转速范围不符合规定，可用调节垫片进行调整。垫片调整校正弹簧预紧力可改变校正开始和结束转速。

6. 稳速装置的调整

将操纵杆扳到怠速位置，使油泵在规定的稳速转速下运转，调整稳速装置使齿杆行程达到规定值，然后检查高速控制状态下的各规定值。

7. 启动工况的调整

将操纵杆扳到全负荷位置，油泵在启动转速下运转，安装并调整启动油量限位器，以达到启动时要求的齿杆行程。

十、RAD-K 调速器调试

试验准备、齿杆阻力检查、齿杆零位确定、供油预行程检查和调整、各分泵供油间隔角检查和调整、挺柱体间隙检查和调整以及出油阀开起压力检查等项目均按 RAD 型调速器调整所述方法进行，其他调整方法如下。

1. 齿杆行程调整

调整前卸下调速器后壳上的油尺座盖、怠速弹簧部件、负校正弹簧部件及稳速弹簧等，并把行程调节螺钉旋到较里边的位置。

① 首先将调速器起作用转速调到 600r/min 左右，把大油量螺钉旋到一定位置，使油量手柄紧靠大油量螺钉时，反映在角度仪上的夹角 α 应符合要求。然后，使油泵转速逐渐升高到飞锤全张开，检查齿杆行程 S_H 值，如 S_H 超差，且超差量不大时，可在油量手柄位置夹角许可的条件下，通过大油量螺钉的少量调整解决。当 S_H 超差量过大，如仍用调整大油量螺钉的办法，必将引起手柄夹角超差。这时必须拆下调速器后壳，增或减丁字块垫片，使 S_H 值在规定范围内，固定大油量螺钉。

② 操纵手柄置于大油量位置，调速器作用转速可调到远远超出启动弹簧力的作用范围，一般可在 600r/min 左右，做下列调整。

a. 行程调节螺钉限位　油泵转速调到 500r/min 左右，在飞锤离心力的作用下克服启动弹簧力使丁字块头部靠到支撑杆平面后，将行程调节螺钉向后退，把齿杆行程限在相当于负校正结束点 D 的行程 S_D 位置（图 3-49）。

b. 标定工况齿杆行程的确定　油泵转速还是在 500r/min 左右，把负校正行程调节螺钉向里旋，顶摇架部件向左移动，使齿杆行程增大到 S_A 位置（图 3-49），固定负校正调节螺钉。

通过以上调整，操纵手柄在全油量位置，调速器不起作用的条件下，油泵转速只要升高到丁字块头部与支撑杆直平面接触时，就能保证齿杆行程达到 S_A 位置，S_A 即标定工况齿杆行程。

上述调整并不是唯一的方法，也可以用其他调整步骤。例如，先把负校正行程调节螺钉向里调整一定距离，固定后再把行程调节螺钉向后退，使齿杆行程至 S_A 位置后固定。通过这样的调整，丁字块与支撑杆接触时同样能使齿杆行程达到 S_A 位置。但这种调整方法，负校正行程螺钉的起始位置较难调正确。

2. 标定工况调整

与 RAD 型调速器调整方法相同。

3. 怠速工况调整

与 RAD 型调速器调整方法相同。

4. 稳速装置调整

与 RAD 型调速器调整方法相同。

5. 负校正工况调整

把操纵手柄固定在大油量位置。

（1）负校正结束时齿杆行程的确定　首先把油泵转速 n 调到 n_E、n_D 之间（图 3-49），即 $n_D>n>n_E$，装上负校正弹簧部件，该部件包括负校正弹簧、螺塞、锁紧螺母及负校正弹簧螺钉等零件。负校正弹簧部件拧入前，应将螺塞拧得足够紧，要使负校正弹簧作用在负校正杆上的预紧力大于转速 n_C 时的飞锤作用力，并以螺母锁紧。负校正弹簧部件慢慢向里拧，负校正顶杆把怠速顶杆顶出支撑杆平面。在负校正摇架部件的杠杆作用下齿杆行程慢慢减小。当减小到行程位 S_D 时，螺钉停止向里拧并用螺母锁紧，这样保证负校正结束时齿杆

行程在 S_D 位置。

（2）负校正起作用转速调整　柴油发动机沿外特性工作，降低到一定转速，有时因过量空气不足而超过冒烟界限时，也就是需要进行负校正的开始，因此，强调负校正起作用转速 n_C 的调整和正校正相反。带正校正的调速器，通常要满足最大扭矩的需要，在调整时，更重视校正结束点。对负校正来说，在大多数情况下，校正起作用油泵转速 n_C 略低于相应柴油发动机最大扭矩时的油泵转速 n_B，一般 n_C 大约比 n_B 低 100r/min。

调整时，油泵转速固定在负校正起作用转速 n_C，这时由于负校正弹簧的预紧力很大，怠速顶杆被负校正杆压出支撑杆平面最外位置（这里指负校正顶杆与怠速顶杆接触时的最外位置。当油泵转速低于 n_E 时，仅怠速弹簧就足以把怠速顶杆压出到支撑杆平面的最大位置。这时怠速顶杆已脱离负校正顶杆，不属于校正工况的分析范围），即齿杆行程的最小位置，调整时，把螺母松开，将螺塞慢慢后退，使负校正弹簧预紧力逐渐减小，齿杆行程如图 3-49 曲线段 $D→C$ 所示，慢慢加大。当齿杆行程加大到 S_A 位置时，螺塞立即停止后退，并用螺母锁紧。锁紧后，检查负校正起作用转速是否正确。检查时，将油泵转速慢慢降低，如转速低于 n_C，齿杆行程不能减小，表明弹簧预紧力太小，克服不了 n_C 时的飞锤离心力，应适当加大预紧力，使转速略低于 n_C，齿杆行程即开始减小为止。如果油泵转速大于 n_C，齿杆行程就已减小，表明弹簧预紧力太大，在 n_C 时就已能克服飞锤离心力，使齿杆行程减小，应适当减小预紧力，直至调合适为止。

（3）检查负校正结束点　油泵转速由 n_C 慢慢降低，齿杆行程慢慢减小，当开始减小到 S_D 时，检查转速 n_D 是否在规定范围内，如转速不符合要求，则与弹簧刚度有关。这时，如用改变弹簧预紧力的办法调整，将会影响已经调定的起作用转速 n_C。因此，如偏差太大时，应更换弹簧。

其他调整和检查，如齿杆限位装置的安装调整、高速停油检查、停油装置检查等项目均与 RAD 型调速器相同。

十一、R801 型调速器调试

（一）调试前的准备

首先按常规安装齿杆行程测量装置，确定零位，并拆下稳速器装置及控制开关。R801 型调速器的调整部位如图 5-64 所示。如图 5-65 所示为丰田 11B 型柴油发动机 R801 型调速器调速特性曲线。

（二）限位凸块的预调整

拆下全负荷限位器，用游标卡尺测量图 5-66 所示的距离 L_1、L_2、L_3，并调整到规定值。如丰田 11B 型柴油发动机要求：$L_1=23.5mm$、$L_2=23.5mm$、$L_3=23.0mm$。三菱 6D14-2A 型柴油发动机要求：$L_1=11.5mm$、$L_2=11.0mm$、$L_3=11.0mm$，各不相同。

（三）怠速工况的调整（操纵手柄置于怠速位置）

1. 怠速调整点的检查调整

在规定的怠速转速下（11B 柴油发动机为 325r/min），检查齿杆行程应为 9.1mm 左右，怠速油量应为 4.0～6.0mL/500 次，不合适时，可调整怠速限位螺钉 9（图 5-64）。拧入或拧出怠速限位螺钉时，调速特性曲线的变化如图 5-67 所示。

2. 怠速增油调节能力的检查

喷油泵转速为 100r/min，齿杆行程应大于 10.8mm，过小时将降低怠速的增油调节能力，影响怠速稳定性。不合适时必须重新调整怠速限位螺钉。首先满足本项内容要求，然后复查怠速调整点的变化。变化大时只能通过怠速外弹簧垫片进行调整，垫片厚度对调速特性

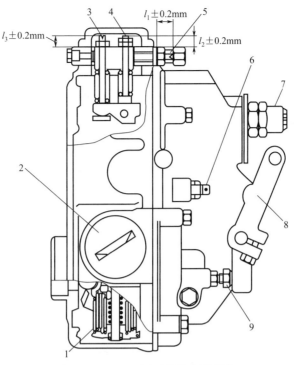

图 5-64　R801 型调速器的调整部位

1—弹簧调整螺母；2—螺塞；3—限位螺栓；4—调节螺栓；5—全负荷限位器；6—高速限位螺钉；
7—怠速缓冲装置调整螺栓；8—操纵手柄；9—怠速限位螺钉

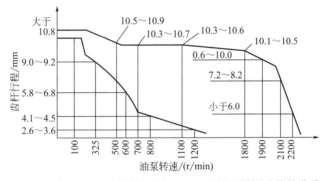

图 5-65　丰田 11B 型柴油发动机 R801 型调速器调速特性曲线

曲线的影响如图 5-68 所示。重新装配完后，两飞锤的调整螺母应恢复原位，并保持在图 5-69 所示的要求范围内。

3. 怠速减油调节能力的检查

喷油泵转速为 600r/min，齿杆行程应在5.8～6.8mm 范围内，误差过大时应调整怠速内弹簧，否则会影响减油调节能力及怠速停油转速。调整后，同样注意恢复两边飞锤调整螺母的位置。

（四）全负荷工况的调整

在进行全负荷工况中，高速检查之前应先将

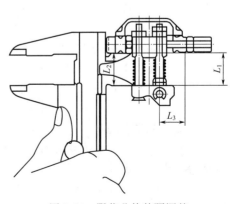

图 5-66　限位凸块的预调整

调速器的起作用转速通过高速限位螺钉按规定调整好，然后进行下列各项调整，操纵手柄一律放在和高速限位螺钉接触的全负荷位置。

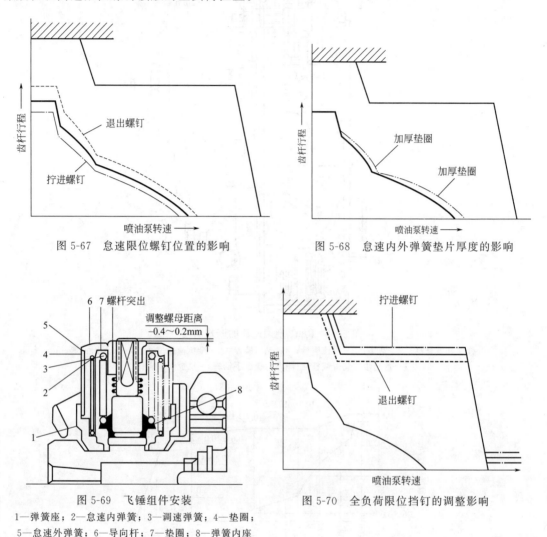

图 5-67　怠速限位螺钉位置的影响

图 5-68　怠速内外弹簧垫片厚度的影响

图 5-69　飞锤组件安装

1—弹簧座；2—怠速内弹簧；3—调速弹簧；4—垫圈；
5—怠速外弹簧；6—导向杆；7—垫圈；8—弹簧内座

图 5-70　全负荷限位挡钉的调整影响

1. 全负荷齿杆位置的确定

全负荷齿杆位置实际上相当于 RFD、RAD 型调速器定工况齿杆行程，所不同的是它的检查不在标定转速下进行，而是在限位凸块起作用初期的较低转速下进行。丰田 11B 柴油发动机要求在 700r/min 的条件下，检查齿杆行程应在 10.3～10.7mm 范围内，如不合适，应通过全负荷限位器挡钉（图 5-64）调整滑块的轴上位置，从而带动限位凸块改变位置，它的作用相当于 RAD、RFD 型调速器的行程调节螺钉。其影响如图 5-70 所示，拧入挡钉时使滑块和限位凸块前移，全负荷齿杆行程增大；反之则减小。

2. 校正工况的调整

校正工况的调整主要按规定的要求确定校正的性质和校正量。以便在限位凸块的作用下获得不同转速的校正油量，丰田 11B 柴油发动机要求在转速 1100r/min 时检查齿杆行程应在 10.3～10.6mm，供油量为 9.6～10.3mL/200 次。不符合要求时应适当调整如图 5-64 所示限位螺栓，改变限位凸块的倾斜度以得到要求的校正效果。限位螺栓的调整影响如图 5-71

所示，拧入限位螺栓时，向负校正变化，使齿杆行程及供油量增大，退出限位螺栓时，则趋向正校正变化，使齿杆行程及供油量减少。

从图 5-71 还可看出限位螺栓的调整，对高速工况齿杆行程影响远大于低速工况，由此可知，为什么全负荷齿杆位置的确定在低速条件下进行，而不在高速标定工况下确定，否则在限位螺栓的调整中将产生变化。

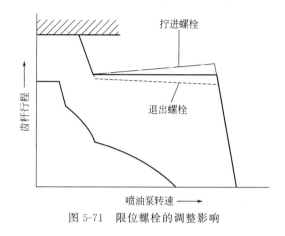

图 5-71　限位螺栓的调整影响

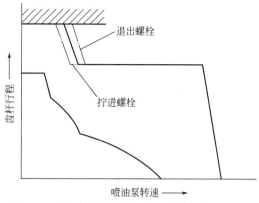

图 5-72　同时调整限位螺栓及调节螺钉的影响

3. 校正作用结束点的调整

R801 型调速器限位凸块从标定转速开始，随着转速的下降一直在起校正作用。在转速降低过程中，浮动杆带着摇杆逐渐下移并逆时针转动，因此，当转速下降到一定程度时，摇杆将突然滑脱限位凸块，向前推动齿杆迅速加油，这一转速即为校正作用区段的结束点，它将影响全负荷的低速油量。如这一转速过高，即突然增油过早，将会使柴油发动机遇大负荷（如爬坡）转速降低时过早冒烟。丰田 11B 柴油发动机要求在低于正常检查的结束点的 500r/min 转速下检查齿杆行程应为 10.5～10.9mm，供油量应为 34.5～40.5mL/1000 次。如齿杆行程及供油量过大，说明校正作用结束得过早，可通过同时拧入限位螺栓及调节螺栓（图 5-64），使限位凸轮保持原有的倾斜度并下降，以降低校正结束点转速。该两螺栓同时调整对调速特性的影响如图 5-72 和图 5-73 所示。

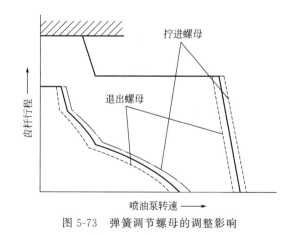

图 5-73　弹簧调节螺母的调整影响

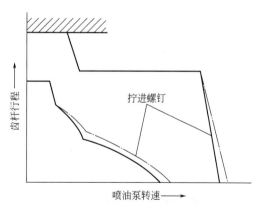

图 5-74　稳速缓冲装置的调整影响

（五）最高转速控制的检查

复查调速器起作用转速有无变化，必要时重调高速限位螺钉。

（六）怠速缓冲装置的检查

操纵手柄位于怠速位置，在规定怠速转速下，拧入怠速缓冲装置螺钉，使它刚与齿杆连杆接触后再退回 0.5～1 圈，并锁定（图 5-74）。

（七）停油手柄的检查

如图 5-75 所示，操纵手柄位于怠速位置，在油泵静止状态，将停油手柄推到底，这时齿杆行程应小于 5mm，并在任何情况下都能使油泵停止供油。

十二、RQV 型调速器调试

1. 测量滑套行程

测量前先将齿杆定零位，然后将齿杆行程测量器固定在规定的齿杆行程位置处，拆下调速器盖，换上检查专用开有窗口的调速器盖。在此处装上百分表，使表杆与滑套接触，当油泵在规定转速下运转时，读出的滑套行程应在调试规范的规定值内。如果超出范围，则调整大飞块内调速弹簧处的调节螺母，向里拧则滑套行程小，调整时应均匀地调整飞块两边的调节螺母，调整完毕，拆下专用调速器盖，松开齿杆行程表的定位螺钉。将手柄角度仪安装在操纵杆处，将操纵杆从停油位置向全负荷位置转动时，齿杆开始移动的位置定为手柄角度仪的零位。当油泵在规定转速下运转时，转动操纵杆使齿杆行程达到规定值，此时读出手柄角度仪上的读数，如超出规定数值时，调整曲线导向板下的调整垫片。

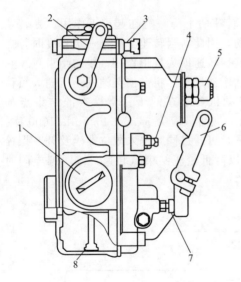

图 5-75　停油手柄的检查

1—螺塞；2—停油手柄；3—全负荷限位器；
4—高速限位螺钉；5—怠速缓冲装置；
6—操纵手柄；7—怠速限位螺钉；
8—调整螺母

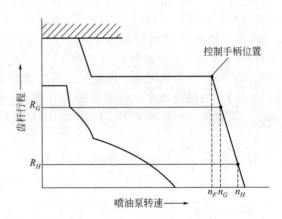

图 5-76　高速控制时调速特性曲线

2. 标定工况及高速控制的调整

（1）调整齿杆行程限位器　将齿杆行程限位器按规定装入并调整，使齿杆行程在规定转速下达到规定的数值。

（2）高速控制的调整　将操纵杆扳到全负荷位置，提高油泵转速。当达到规定的起作用转速时，齿杆应向减少油量方向移动，如果起作用转速不符合规定，可通过调整高速限位螺栓改变操纵杆位置的方式来达到要求，但要注意操纵杆改变的角度应控制在±4°范围内。当油泵转速在 n_G 和 n_H 下运转时，齿杆行程为 R_G 及小于 R_H（图5-76）。如不符合规定，应重新检查调速器的装配情况。

3. 怠速工况的调整

将操纵杆放在规定的怠速手柄角度，油泵在怠速转速 n_C 下运转，用手柄角度仪控制操纵杆在±4°范围内变化，此时应能达到怠速齿杆行程 R_C（图5-77）升高油泵转速至 n_D，检查齿杆行程应为 R_D，如不符合要求规定值，应重新检查调速器的装配情况。

4. 校正工况调整

将操纵杆紧靠高速限位螺栓，油泵以稍低于校正结束转速 n_D 运转，齿杆行程应为 R_D，再逐渐升高油泵转速至 n_E，齿杆行程为 R_E（图5-78）。如果校正行程及转速范围不符合规定值时，可调整调节螺套或螺纹套筒。

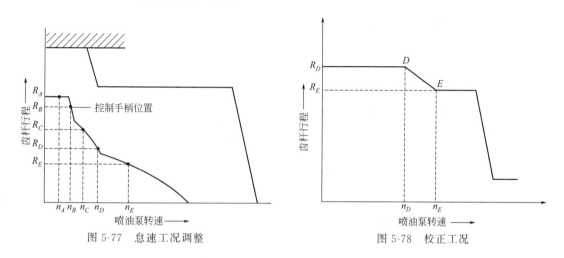

图5-77　怠速工况调整　　　　　　　　图5-78　校正工况

5. 限位螺栓的调整

将操纵杆转向停油位置并靠紧限位螺栓，此时齿杆行程为 $0.5\sim1.0\mathrm{mm}$。

6. 启动工况调整

将操纵杆转至全负荷位置，油泵在启动转速下运转，安装并调整启动油量限制器使齿杆行程达到规定值。

第六章　柴油发动机燃油供给系统故障判断与排除

一、发动机启动困难故障判断与排除

造成发动机启动困难的原因很多，其中以柱塞、出油阀偶件极度磨损；供油齿杆卡死；供油严重不足时；低压油路漏气；气缸空气压力过低等最为多见。有关调速器部分可能造成的启动困难，其故障判断与排除检修要点如下。

1. 检查加油操纵臂联轴处是否松动

此处若松动，将会造成操纵臂上起定位作用的矩形孔"倒角"或连接花键磨损，使启动时供油齿杆移动不到位，启动油量不足。修理时，需在对矩形孔磨损处进行补焊后，用什锦锉重新加工修复（但补焊前必须记下矩形孔的角度方位，锉修时必须严格按原角度方位进行）。对于花键联轴方式，一般只需将加油操纵臂键孔上的开口槽用钢锯加宽一个锯片厚度的位置，就能继续使用。

2. 检查熄火拉杆是否能正常复位

熄火拉杆若不能正常复位，将造成启动时供油齿杆不能达到加浓位置，应找出不能正常复位的原因，给予修复。

3. 供油齿杆导动销脱落

调速器内，导动杆靠导动销推动供油齿杆，若脱落，供油齿杆将不受控制。应打开调速器后盖加以检查，套装导动销时，注意卡簧片要有适度的夹紧弹力。

4. 启动供油量不足

经测试，若喷油泵额定转速供油量和怠速供油量均正常，但启动供油量不足（一般应比额定供油量略大），可先检查调速器内的启动弹簧是否脱钩或损坏，若无问题，则多属装配方面的问题。可能是供油齿杆前移阻滞；装在供油齿杆护套上的扭矩弹簧调节不当（或者更换柱塞）时，对供油齿杆没有预先做下标记，造成重新装配后不能恢复原来的安装位置。对此只能重新进行拆装，别无他法。

二、低速运转不稳故障判断与排除

低速不稳定常表现为怠速运转不平稳和所谓的"游车"现象，其故障判断与排除检修步骤如下。

① 先从供油齿杆移动是否阻滞、怠速供油量是否严重不平衡、供油是否正时、凸轮轴是否轴向窜动过大、低压油路是否通畅、燃油中是否含水或空气、喷油嘴是否有损坏等方面进行检查。若这些方面均无大问题，则低速运转不稳定的原因多与调速器有关。

② 检查调速器内部杠杆系统，看连接销孔是否磨损松旷（供油齿杆移动灵活，但停机时扳动加油操纵臂，供油齿杆移动距离却很小），以致造成调速器的调节灵敏度下降。由于

这种磨损涉及调速器内几乎所有的零件，修理极为复杂且很难恢复原装的性能。因此如有可能，一般最好整个更换调速器总成。

③ 在怠速下，将加油操纵臂扳向怠速供油位置，然后用手指轻触操纵臂，正常时应无振动感。若有撞击振动感，说明调速器内飞块与滑套接触的两个滚轮严重磨损，导致滑套外沿已与飞块内壁直接发生碰撞，造成怠速运转不稳。对此，需更换飞块或将飞块的销轴、小滚轮拆下，通过车床重新配制新件，予以修复（新件要进行必要的热处理）。国产 I、II 号系列泵的调速器中的飞球磨损到一定程度，会导致推力盘与飞球座的直接摩擦，造成怠速不稳。对此一般只能更换飞盘总成。

④ 检查调速器滑套中配装的小滚珠轴承的磨损情况。这个轴承若磨损过甚，会使滑套运行不稳、实际行程缩短，必要时应予以更换。

⑤ 检查怠速弹簧和稳速弹簧是否调整不当。怠速弹簧调整不当（有时还与供油齿杆行程调节有关）会造成怠速控制的转速范围过低或过高。过高会影响发动机的减速性；过低会造成怠速运转不稳或"游车"。另外，怠速弹簧本身的弹性还会影响怠速控制范围的幅度。因此，只要通过检查怠速控制的起作用转速和终止作用转速，就能判断怠速弹簧调整的正确性，从而决定是否需要重新调整。稳速弹簧调整过浅，会降低稳速效果，发动机易自行熄火或产生"游车"；调整过深会使怠速过高。为了能正确地调整稳速弹簧，必须在旋松稳速弹簧使其不起作用情况下先将怠速控制调整后，然后在怠速下，旋进稳速弹簧总成，使供油齿杆位置推进 0.5mm 即可。

三、高速运转不稳故障判断与排除

无负荷高速运转时发生的不稳定运转多与调速器有关，其故障判断与排除检修步骤如下。

1. 检查稳速弹簧是否损坏

稳速弹簧不仅对怠速稳定起作用，当因高速运转而使飞块离心力足以克服调速弹簧的预紧力并将供油齿杆向减油方向推到与稳速弹簧相碰的时候，稳速弹簧也会对高速运转的稳定性产生影响。若稳速弹簧总成因磨损而造成卡滞或因长期使用疲劳而变软，就有必要进行修复或更换。

2. 检查怠速副弹簧是否损坏

对 RSV 型调速器，其设置在背面中部的怠速副弹簧不仅在怠速时起主导控制作用，而且在高速运转时还与调速弹簧共同对高速控制起作用。因此怠速弹簧损坏或调整不当（过度拧紧）会对高速运转的控制产生不良影响，必须给予更换或调整。

3. 检查速度变化率是否调整不当

速度变化率应控制在 4%～10% 之间（少数特殊用途的除外），过大或过小都对高速运转的稳定性产生不良影响。速度变化率是否符合要求，可通过测试喷油泵高速时基本停油的转速（此时的供油量约与怠速油量相当），并与预算值进行比较来判断。速度变化率应满足以下要求：高速控制起作用转速的 1.04 倍应当小于基本停油转速；基本停油转速应当小于高速控制起作用转速的 1.1 倍。

例如，调速器铭牌上标注额定转速为 1500r/min，若调试时，高速起作用转速定为 1510r/min，则经计算后确定基本停油转速应在 1570～1661r/min 之间。

如果实测的基本停油转速不在此范围内，说明调速弹簧弹力不符合要求，应进行调整。有些调速器（例如 RSV、RSUV、RSVD 型调速器）的调整弹簧的预紧力是可以调节的。有些则不能调节，除了某些场合可通过增减垫片的方式勉强应付外，一般只能更换。

四、带负荷转速不稳故障判断与排除

带负荷转速不稳是指发动机受到骤变负荷时，转速变化过大（甚至自行熄火）。这类问题对于一般载客、载货汽车影响并不显著，但对于施工机械、发电机及工业用机械，这类问题就显得相当严重，其故障判断与排除检修要点如下。

1. 检查校正弹簧是否调整不当

可先检查额定转速供油量和高速控制起作用转速是否符合要求。若不符合要求，需拧松校正弹簧，使其不起作用，将额定转速供油量和高速控制起作用转速先调好，然后再重新调整校正弹簧；若已符合要求，就可着手检测校正工况。从额定转速开始缓慢降速，当发现供油齿杆向增油方向移动时，此时的转速即为校正弹簧开始起作用的转速（此转速必须比额定转速小 30r/min 以上）；继续降速，当齿杆停止移动时，即为校正弹簧作用终止的转速（此转速应大于怠速控制终止作用的转速），供油齿杆增移的距离应在 1mm 左右。若经检查发现校正工况不符合要求，可通过调整校正弹簧总成的旋进距离，改变校正弹簧起作用的转速；通过调整校正弹簧的预紧力（增减垫片），改变校正工况的行程。

2. 检查扭矩弹簧是否调整不当

扭矩弹簧的调整总是放在调试喷油泵的最后阶段才进行的，对它应用得当（即预紧力适当）将有助于获得较有韧性的发动机功率特性，并能在突增负荷超过额定功率时为驾驶员赢得换挡操作的必要时间。但若调整过分，则会降低已调整好的额定转速供油量，使发动机最大输出功率减小，同时还会影响发动机正常的减速性能。扭矩弹簧调整的检查应当这样进行：对于拉伸型扭矩弹簧，可用游标卡尺测出原扭矩弹簧的调节位置，再松开扭矩弹簧，测量额定转速供油量和高速控制起作用的转速。然后，在此转速下按扭矩弹簧原调定位置收紧扭矩弹簧，观察供油齿杆向减油方向移动的距离。正常情况下，此距离应为 0.5mm 左右，若过大就要重新给予调整。

对于压缩型扭矩弹簧，只需连同供油齿杆护套一起取出，用游标卡尺测出扭矩弹簧顶杆至护套端面的距离，然后在额定转速下量出供油齿杆顶端相对于泵体（包括铜垫片）的伸出长度，只要此长度比扭矩弹簧顶杆至护套端面的距离大 0.5mm 左右，则属正常，否则就要重新调整扭矩弹簧的顶出位置。

五、减速性能不良故障判断与排除

减速性不良是指试图从某一转速减速到目标转速时，所需时间过长（甚至无法降至目标转速）。减速性不良的主要表现是：松开油量踏板后迟迟降不到怠速，使换挡操作变得十分困难；另外就是出现"飞车"现象。造成减速性不良的原因很多，其中以柱塞、出油阀偶件严重磨损，油量调节机构卡滞，调速器调整不当等最为常见，关于调速器部分，其故障判断与排除检修步骤如下。

① 在检查调速器前，必须先确诊柱塞、出油阀偶件和凸轮轴滚珠轴承的磨损程度，供油齿杆移动的灵活性偶件和凸轮轴滚珠轴承磨损到一定程度就必须给予更换，若勉强使用就无法根除减速性不良的故障。供油齿杆应保证移动绝对灵活，只要稍有阻滞就一定要耐心找出原因，给予排除。这对那些使用日久，比较残旧的喷油泵显得更为重要。

② 摆动加油操纵臂，观察供油齿杆的随动情况。这有几个目的：一是检查加油操纵臂的紧固螺母是否松动；二是判断调速器内的导动杆与供油齿杆的连接销是否脱钩；另外估计一下调速器内部杠杆系统的磨损和松旷程度。如果手推供油齿杆感觉移动很灵活，但操纵臂全程摆动时，供油齿杆却移动甚小，这说明调速器内部杆系磨损严重，应当更换整个调速器总成。

③ 若明知磨损较严重，但因无更换条件而必须继续使用调速器时，则应当将调速器分解。对可以修理的零件，尽可能进行修复，例如重新配制飞块小滑轮、轴销，更换滑套轴承，更换已有明显永久变形的弹簧等。重新装配后，松开校正弹簧、扭矩弹簧、稳速弹簧和止动螺钉，按调整规范，先把额定转速供油量和高速控制起作用转速调整好，只要喷油泵超速自动停油时的供油齿杆位置与停车时的供油齿杆位置的间距能与 A 型泵（21mm）、B 型泵（25mm）、P 型泵（21mm）相差不远，调速器还是有可能调好的，否则应检查装配是否有误，若装配无误，则是调速器已磨损过甚，无法再使用了。

④ 为了方便观察微量供油情况，可拆下喷油泵出油阀紧座上的任一高压油管接头，用一个连有高压油管的通用喷油器（已将喷射压力调至 17.5MPa）直立安装在刚才的油管接头处，然后在额定转速下，将加油操纵臂扳向停油位置，根据换装上的喷油器的喷油情况，一边运转，一边调整怠速弹簧总成，直到喷油器完全停止喷油。再逐渐降低转速，当喷油器重新微量喷油时，转速与怠速之差应在 150r/min 以内；转速继续降至怠速，供油量应能达到怠速供油量规定值，否则就应反复配合调节止动螺钉、稳速弹簧和怠速弹簧总成（必要时甚至还要调整供油齿杆行程调节螺栓）。最终必须达到既满足怠速控制要求，又能实现高速（此时加油操纵臂应处于最小供油位置）收油干净的双重目的。

⑤ 对于磨损较大的调速器，由于调整余地很小，不可能指望达到圆满的调速特性要求，因此对校正弹簧、扭矩弹簧的调整要特别慎重，宁愿让它们不起作用，也切不可调节过量，否则会因小失大，造成减速性不良。

参 考 文 献

[1] 解放军总装备通用装备保障部 . 柴油车修理工教材 . 北京：中国人民解放军出版社，1997.
[2] 解放军总装备通用装备保障部 . 汽车喷油泵调试工教材 . 北京：中国人民解放军出版社，2003.
[3] 吴定才，吴珂民 . 汽车维修机具设备使用与维护 . 北京：国防工业出版社，2007.